OTTO KRÄTZ · HISTORISCHE CHEMISCHE VERSUCHE

Otto Krätz

Historische chemische Versuche

Eingebettet in den Hintergrund
von drei Jahrhunderten

avd
AULIS VERLAG DEUBNER & CO KG KÖLN

CIP-Kurztitelaufnahme der Deutschen Bibliothek

Krätz, Otto:
Historische chemische Versuche : eingebettet in d.
Hintergrund von 3 Jh. / Otto Krätz. — Köln :
Aulis-Verl. Deubner, 1987.
ISBN 3-7614-1123-5

Best.-Nr. 4529

Druck und Bindung: Weiss & Zimmer AG, Mönchengladbach 1
ISBN 3-7614-1123-5

Inhaltsverzeichnis

Vorwort ... VII

I. Zur Einführung ... 1
II. Alchemistische Versuche ... 7
III. Versuche mit Kältemischungen ... 26
IV. Versuche zur Jahrmarktschemie ... 35
V. Versuche mit Schwarzpulver ... 66
VI. Gaschemie des Rokoko. Versuche mit Wasserstoff und Knallgas ... 86
VII. Versuche mit dem Luftballon ... 112
VIII. *Mathias Flurl* (1797): Von der Chemie überhaupt und ihren Mitteln zur Untersuchung der Körper ... 129
IX. Versuche mit dem Lötrohr ... 151
X. Versuche mit Platin ... 162
XI. Pottasche und Kalium ... 171
XII. *C. F. Schönbein* und das Ozon ... 185
XIII. Versuche zur Konservierung von Nahrungsmitteln ... 194
XIV. Versuche mit Alkohol ... 205
XV. *Justus von Liebig:* Öffentliche Experimentalvorlesung ... 218
XVI. Umweltprobleme: Salpeter als Rohstoff für Azofarben ... 241

Literatur ... 251

Stichwortverzeichnis ... 255

Vorwort zur zweiten Auflage

Es gibt für einen Autor nichts schöneres als der Wunsch des Verlegers man möge ein Vorwort für eine zweite Auflage verfassen.
Das vorliegende Büchlein erschien erstmals 1979 als 7. Band der von *Franz Bukatsch* und *Wolfgang Glöckner* herausgegebenen „Experimentellen Schulchemie" und daneben noch in einer Sonderauflage. Beide Teilauflagen sind mittlerweile vergriffen. Naturgemäß fragen sich Verleger und Autor, ob man nun etwas ändern solle, doch scheint uns, daß das Werk auch jetzt noch bestehen wird. Änderungens kosten auch Geld und vereiteln daher einen wohlfeilen Nachdruck.
Zwar hat sich seither die öffentliche Landschaft für die Chemie eher verdüstert. Chemiefeindliche Wand-Sprüh-Graffiti wie:

Schwimmt Chemie im Wasserkübel
wird sogar dem Wasser übel

oder:

Lieber Liebe
als Stickoxide

konnte man zur Zeit des Ersterscheinens noch nicht lesen. Und auch die der Chemie zur Last gelegte Umweltproblematik, die zu starken Sprüchen führte wie:

Setz dich ruhig in die Nesseln.
Wer weiß, wie lange es die noch gibt?

spielte damals noch keine Rolle. Selbst in Comic-Strips ist es heute Mode geworden auf Kosten der Chemie zu blödeln:

Tauchergruß im Hallenbad:
All'ns chlor?

Gerade vor diesem Hintergrund erscheint uns die Herausgabe dieses Buches, das chemische Experimente vor historischem Hintergrund erläutert, ganz besonders wichtig zu sein! Vielleicht ist denn doch ein solches Buch eine Möglichkeit darauf hinzuweisen, daß die Chemie ein legitimer Bestandteil der abendländischen Kultur ist und eben doch mehr als nur eine geheimnisvolle Bedrohung!
Zwar hat man als Lehrer die gleichen Schwierigkeiten zu überwinden, die man schon immer hatte. Doch nun sind neue hinzugekommen. So steht man jetzt einer noch kritischeren und auch ängstlicheren Schar von noch aggressiveren und chemiefeindlichen Schülern gegenüber.
Und dennoch gelten immer noch die alten Warnungen, wie sie z. B. 1884 das „Neue Universum" jungen Anfängern erteilte:
„. . . Indem wir unsere Leser einladen, mit uns die ersten orientierenden Schritte in die Experimentalchemie zu tun, müssen wir ehrlich aussprechen, daß die praktische Beschäftigung

mit der Chemie nicht so harmlos ist, wie das Kultivieren von Pflanzen, das Züchten von Schmetterlingen oder Vögeln. Die chemischen Kräfte, welche man in Bewegung setzt, wollen geschickt beherrscht sein, wenn sie sich nicht in empfindlicher Weise gegen den Experimentator wenden sollen. Sehr viele von den Stoffen, mit welchen man arbeiten muß, sind dem menschlichen Organismus feindlich . . ."

Nicht nur die Chemie als solche ist ein Problem, sondern auch die Frage, wie wirkt man als Experimentator selbst auf sein kritisches Publikum, und wie wirkt man zusammen mit dem chemischen Experiment, das ja durchaus ein — manchmal auch heimtückisches — Eigenleben entfaltet. So kann vor Publikum allerlei schiefgehen. Experimentiert man zu selten vor Zuschauern und dann noch ungeschickt, so kann man große Mißerfolge erzielen. Eine ernste Warnung dieser Art sprach der Literaturnobelpreisträger *Elias Canetti* (geb. 1905) in „Fackel im Ohr. Lebensgeschichte 1921—31" aus:

„. . . Wohl hatte ich den einen oder anderen schlechten Lehrer gehabt, der einem nichts, absolut nichts vermittelte und der einem außerdem noch mit Abneigung für seinen Gegenstand erfüllt hatte. Ein solcher Lehrer war der in Frankfurt für Chemie gewesen. Viel mehr als die Formeln für Wasser und Schwefelsäure war mir von seinem Unterricht nicht geblieben und mit Ekel erfüllten mich seine Bewegungen, während der paar Experimente, die er uns vorführte. Es war, als säße ein verkleidetes Faultier vor uns, das von Stunde zu Stunde langsamer an den Apparaten hantierte . . ."

Immerhin scheinen die hier von *Canetti* angedeuteten Experimente wenigstens funktioniert zu haben. Aber gerade in einer Zeit, in der die Chemie auch von Schülern ob ihrer Gefährlichkeit angegriffen und verteufelt wird, kann man sich weniger denn je Mißgeschicke vor Publikum leisten. Keinesfalls darf es einem so ergehen, wie den beiden Helden in dem Roman „Bouvard und Pécuchet" von *Gustave Flaubert* (1879—80):

„. . . Plötzlich zersprang mit dem Knall einer Granate die Retorte in tausend Stücke, die bis unter die Decke flogen, die Töpfe zerschlugen, die Schaumlöffel platt drückten, die Gläser zertrümmerten; die Kohlen fielen auf die Erde, der Ofen war entzwei und am nächsten Morgen fand *Germaine* im Hof einen Spatel.

Der Druck des Dampfes hatte den Kessel gesprengt, und das um so leichter, weil *Bouvard* den Destillierkolben am Kühlrohr geschlossen hatte.

Pécuchet war gleich hinter einen Kübel gekrochen, und *Bouvard* hockte verstört auf einem Schemel. Zehn Minuten blieben sie in dieser Stellung, wagten sich nicht zu bewegen, blaß vor Schrecken inmitten der Trümmer.

Als sie wieder sprechen konnten, fragten sie sich, warum denn gerade sie so viel Unglück hatten, warum ihnen auch dies noch zustoßen mußte. Aber sie fanden keine Erklärung. Sie begriffen nur, daß sie beinahe elend ums Leben gekommen wären. *Pécuchet* meinte schließlich:

‚Vielleicht kommt es daher, daß wir von Chemie keine Ahnung haben'. . ."

Dies ist ein ganz entscheidender Punkt! Nur dann — und wirklich nur dann! — darf man, und ganz besonders gilt dies beim Arbeiten vor Publikum, ein Experiment wagen, wenn man die ganze Vorschrift einschließlich der Warnungen und Hinweise gelesen hat, und wenn einem der theoretische Hintergrund mit allen lauernden Gefahren klar geworden ist!

Auch hat der Zusehende ein Anrecht darauf, während des Ablaufes des Experimentes voll unterrichtet zu werden. Am deutlichsten hat *Adolph Freiherr von Knigge* (1751—1796) dieses Recht des Betrachters in seinem berühmten „Über den Umgang mit Menschen" formuliert.

Sein Ratschlag wie man sich als Zuseher gegenüber experimentierenden Chemikern und Alchemisten verhalten solle, lautet:

„. . . bevor man sich auf Erscheinungen, Proben und Prozesse einläßt, daß uns vor allen Dingen zuerst die Theorie, auf welcher das alles beruht, recht deutlich erklärt werde, und hier lasse man sich nicht etwa auf eine bildliche Sprache ein, sondern auf bestimmte, verständliche deutsche Worte und auf den Ideengang und Sprachgebrauch, der einmal unter Gelehrten üblich ist . . ."

Bis jetzt wurden dem Experimentator in diesem Vorwort eher negative Ratschläge gegeben, d. h. es wurde ihm nur mitgeteilt, was er eigentlich nicht tun soll und wo ihn Gefahren bedrohen. Doch was eigentlich soll er tun?

Der beste Rat, den man einem Experimentator geben kann, ist die Empfehlung, er möge sich die naive Freude am chemisch-experimentellen Arbeiten nicht rauben lassen. Als Beleg hierfür sei eine Passage aus *Goethes* Annalen zitiert, in der der aufmerksame Leser eine Reihe leicht nachvollziehbarer Versuche erkennen wird. Man achte beim Lesen dieses Textes darauf, daß dem großen *Goethe* auch die mehrfache Wiederholung ein und derselben Experimente ungetrübte Freude bereitete.

Schöne Versuche kann man offenbar immer und immer wieder sehen (Bad Pyrmont, 1801): „. . . Die merkwürdige Dunsthöhle in der Nähe des Ortes, wo das Stickgas (Anm.: Es handelt sich um CO_2, *Goethe* verwendet hier einen altmodischen Ausdruck.), welches mit Wasser verbunden so kräftig heilsam auf den menschlichen Körper wirkt, für sich unsichtbar eine tödliche Atmosphäre bildet, veranlaßte manche Versuche, die zur Unterhaltung dienten. Nach ernstlicher Prüfung des Locals und des Niveaus jener Luftschicht konnte ich die auffallenden und erfreulichen Experimente mit sicherer Kühnheit anstellen. Die auf dem unsichtbaren Elemente lustig tanzenden Seifenblasen, das plötzliche Verlöschen eines flackernden Strohwisches, das augenblickliche Wiederentzünden, und was dergleichen sonst noch war, bereitete staunendes Ergötzen solchen Personen, die das Phänomen noch gar nicht kannten, und Bewunderung, wenn sie es noch nicht im Großen und Freien ausgeführt gesehen hatten. Und als ich noch gar dieses geheimnisvolle Agens in Pyrmonter Flaschen gefüllt mit nach Hause trug und in jedem anscheinend leeren Trinkglas das Wunder des auslöschenden Wachsstockes wiederholte, war die Gesellschaft völlig zufrieden, und der ungläubige Brunnenmeister so zur Überzeugung gelangt, daß er sich bereit zeigte, mir einige dergleichen wasserleere Flaschen den übrigen beizupacken, deren Inhalt sich auch in Weimar noch völlig wirksam offenbarte . . ."

Goethes Versuche werden in Bad Pyrmont noch heute täglich vorgewiesen. Übrigens ist es eine spannende Denksportaufgabe, wie *Goethe* und der Brunnenmeister in der Dunsthöhle das Kohlendioxid drucklos in die Flasche haben füllen können. Die Antwort ist sehr einfach! Man füllt die Flasche zunächst mit Sand oder Hirsekörnern und läßt diesen Inhalt unter Kohlendioxid-Atmosphäre einfach ausrinnen. Das CO_2 wird den Sand ersetzen.

Hier mündet dieses Vorwort unmittelbar in Kap. VII. S. 112 dieses Büchleins: „Versuche mit dem Luftballon" ein.

Es bleibt dem Verfasser nur noch jenen, die sich an dies Büchlein heranwagen, viel Spaß und viel Erfolg zu wünschen.

München, im Sommer 1987 *Otto Krätz*

Dem Andenken des Alchemisten und Goldmachers
Marco Bragadino
der 1591 in meiner geliebten Vaterstadt München den Tod durch das Schwert des Henkers fand.

Gott der Herr sei seiner armen Seele gnädig!

I. Zur Einführung

Zur Einführung: Eine kleine Sammlung guter Ratschläge aus berufenem Munde

Die Situation des Chemieunterrichtes an unseren weiterführenden Schulen hat sich in den letzten hundert Jahren nicht sonderlich gewandelt. *Karl Heumann* (1850 bis 1893) stellte seinem 1876 in Braunschweig erschienenen Werk: „Anleitung zum Experimentiren ..." eine Betrachtung voran, die trotz der enormen Bedeutung, die die Chemie in diesen hundert Jahren für unser aller Leben gewonnen hat, leider wenig an ihrer Aktualität einbüßte:

> „... hat der Lehrer der Chemie an Gymnasien und selbst an Realschulen noch die verschiedenartigsten Hindernisse zu überwinden, welche ihm ungenügende Dotation und unpassende Räumlichkeiten in den Weg legen. Denn sehr oft haben die Directoren oder vorgesetzte Behörden jener Anstalten selbst viel zu wenig Kenntniss des Wesens der Chemie, als daß sie die Unterstützung durch Experimente als conditio sine qua non für den Unterricht in dieser Wissenschaft zu begreifen im Stande wären. Und doch giebt das gesprochene Wort nur ein Schattenbild, zeigt dem Schüler nur die Umrisse einer Wissenschaft, die erst durch das dem Auge dargebotene Experiment verständlich und farbenreich wird.
> Es ist kein Wunder, daß selbst in unserer heutigen Jugend der Sinn für die wunderbaren Geheimnisse der Natur noch so wenig geweckt ist, denn wenn den Knaben eine von den übrigen Lehrern so stiefmütterlich behandelte Wissenschaft an sich schon unwichtig erscheint, so wird sie ihnen noch durch die trockne Aufzählung einer großen Menge chemischer Thatsachen, die dem Gedächtniss einzuprägen sind, zum langweiligsten aller Unterrichtsgegenstände ..."

Dies ist die eine Schwierigkeit. Aber hat man sich erst einmal aufgerafft, trotz vieler Hemmnisse Experimente tatsächlich vorzuführen, dann tauchen auch schon neue Gefahren auf. Chemische Experimente haben so etwas wie ein geheimnisvolles Eigenleben, sie wollen geliebt und gehätschelt werden. So ist es recht gefahrvoll schlecht vorbereitet vor ein kritisches Publikum zu treten. Der große Chemiker *Robert Wilhelm Bunsen* gab in einem Brief vom 11. Oktober 1857 seinem jungen englischen Freund und Lieblingsschüler *Henry* (später *Sir Henry*) *Enfield Roscoe* folgende Ermahnungen, als dieser sein erstes eigenes Laboratorium bezog und sich auf seine erste Experimentalvorlesung vorbereitete:

> „Theuerster Freund
> Ich habe mich herzlich gefreut, daß Sie die Stelle in Manchester erhalten haben und noch mehr darüber, daß Ihnen das Laboratorium nichts zu wünschen übrig läßt. Ich möchte Ihnen recht dringend ans Herz legen, die Lichtarbeit (Anm.: Eine gemeinsame Experimentalarbeit von Bunsen und Roscoe) jetzt ganz zurück zu legen

und alle Ihre Zeit und Kraft auf den Beginn Ihrer Wirksamkeit zu concentriren, denn die Welt bildet sich ihr Urtheil mehr aus dem Eindruck des ersten Auftretens als aus den Erfolgen einer jahrelangen Wirksamkeit. Versäumen Sie es namentlich nicht, selbst die allereinfachsten Versuche vor der Vorlesung zu probiren. Man hat oft einen wahren Teufelsspuk mit den ungewohnten Geräthen im neu übernommenen Laboratorium ..."

Schöne Experimente erzielen eine Wirkung, der sich niemand entziehen kann. Sie erläutern nicht nur einen wissenschaftlichen Sachverhalt, sondern sie werben auch schlechthin für die Wissenschaft selbst. So kommt es, daß manchmal auch honorige Wissenschaftler chemische Experimente nur der optischen Wirkung wegen veranstalten. Zwar wird dies jedem Vollblut-Didaktiker einen furchtbaren Schrecken einjagen, doch Spaß macht es trotzdem.

Ein solcher Fall wird in dem folgenden Brief, den *Alexander von Humboldt* an seinen wissenschaftlichen Freund, den Berliner Professor für Chemie *Eilhard Mitscherlich* (1794 bis 1863) schrieb, geschildert. *Humboldt* lebte in enger Beziehung zum königlich-preußischen Hof und bat nun *Mitscherlich*, sich auf den Besuch zweier Prinzessinnen vorzubereiten:

„... Ich habe Sie, theurer Freund, heute Abend verfehlt, als Sie eben sich in Ihr Gebirge zurückgezogen. Ich kam, um Ihnen zu sagen, daß die Prinzessin Wilhelm, Schwiegertochter des Königs ... in mich dringt, Sie zu bitten ihr Ihre schönen Einrichtungen zu zeigen, ihr und ihrer Schwester Prinzessin Karl. Sie werden auf mich zürnen, aber es war nicht abzuwenden und im Grunde haben solche Besuche immer den Nutzen, daß sie ein Beweis der Ehre sind, die den Wissenschaften und ihren Verkündern gezollt wird. ... Ich glaube ein Paar Stahlfedern in Sauerstoffgas verbrannt oder Erregung von Magnetismus durch elektrische Ströme werden die Damen ergözen ... Prinzeß Wilhelm hat Geist und ist daher leicht zu unterhalten ..."

Das hier von *Humboldt Mitscherlich* empfohlene Experiment sei als erstes vorgestellt. Die Anleitung ist einem berühmten Experimentierbuch des vorigen Jahrhunderts entnommen:

Anleitung zum Experimentiren bei Vorlesungen über Anorganische Chemie zum Gebrauch an Universitäten und Technischen Hochschulen, sowie beim Unterricht an höheren Lehranstalten von Dr. *Karl Heumann*, Privatdocent und Assistent der Chemie am Polytechnikum zu Darmstadt. Braunschweig, Friedrich Vieweg und Sohn. 1876. (*Heumann* wurde unter anderem durch seine Indigo-Synthese berühmt.)

Versuch 1: *Verbrennung einer Uhrfeder in reinem Sauerstoff*

Geräte: Glasflasche mit größerem Durchmesser, deren Boden mit Sand oder Wasser bedeckt ist

Chemikalien: Eine schmale Uhrfeder (die man auch durch einen dünnen Eisendraht oder Blumendraht ersetzen kann), Sauerstoff, Zunder oder Feuerschwamm

Zeit: 5 Min.

„Ausgeglühter Eisendraht wird spiralig auf einen runden Bleistift aufgewunden, letzterer herausgezogen und an dem einen Ende des Drahtes ein kleines Stückchen Zunder befestigt, das andere aber in eine Korkscheibe eingebohrt. Ist der Zunder entzündet, so taucht man den Draht in eine mit Sauerstoff gefüllte Flasche, in welcher sich etwas (3 bis 4 cm hoch) Wasser befindet. Bei der von lebhaftem Funkensprühen begleiteten, äußerst glänzenden Verbrennung des Eisens fallen Tropfen des geschmolzenen Oxyds auf den Boden der Flasche und schmelzen sich in diesen ein, selbst wenn er mit Wasser bedeckt ist. Hat man letzteres unterlassen, so springt die Flasche in der Regel. Statt des Drahtes kann man zweckmäßig auch dünne Uhrfedern verwenden und hat dabei nicht nöthig, sie spiralförmig aufzuwinden; man glühe sie aus, biege sie gerade und befestige an ihrem unteren Ende ein kleines Zunderstück.

Um das Springen des Gefäßes möglichst zu vermeiden, ist es zweckmäßig, einen recht weitbauchigen Kolben zu verwenden und nachdem derselbe mit Sauerstoffgas gefüllt ist, staubfreien Sand hinein zu schütten, so daß der Boden des Kolbens damit bedeckt ist. Eine lange, durch Glühen biegsam gemachte Uhrfeder schiebt man soweit durch eine Korkscheibe hindurch, daß das untere mit Zunder versehene Ende der Feder sich etwas tiefer als in der Mitte des Kolbens befindet, wenn die Korkscheibe auf dem Halse desselben aufliegt. Bei der Ausführung des Versuchs drückt man das über die Korkscheibe herausragende Stück der Uhrfeder in dem Maasse herunter, als die Feder im Kolben durch das Abbrennen kürzer wird.

Man hüte sich besonders bei diesem, aber auch bei den übrigen Verbrennungsversuchen unnöthig große Zunderstückchen zu verwenden, welche nicht nur viel Sauerstoff zu ihrer Verbrennung bedürfen, sondern auch das übrige Gas durch ihre Verbrennungsproducte verunreinigen (verdünnen), ehe noch die beabsichtigte Oxidationserscheinung eingetreten ist."

Eine moderne Beschreibung dieses Versuches findet man in: *Bukatsch/Glöckner*, Experimentelle Schulchemie Bd. 1. Anorganische Chemie — Nichtmetalle, S. 142. Versuch 30.

Ergebnis: *Da bei der Verbrennung eines Stoffes im reinen Sauerstoff eine höhere Verbrennungstemperatur erreicht wird als bei der Verbrennung in Luft, kommt auch Eisen auf seine hohe Entzündungstemperatur. Die Verbrennungswärme ist jedoch in der Luft- oder Sauerstoffatmosphäre die gleiche. In der Luft muß aber der an der Reaktion unbeteiligte Stickstoff miterwärmt werden, wodurch die Verbrennungstemperatur wesentlich herabgesetzt wird und zur Entzündung des Eisens nicht ausreicht.*

Es sei erlaubt, den gleichen Versuch noch ein drittes Mal vorzustellen:
Zu Beginn des vorigen Jahrhunderts erschien ein eigenartiges Werk, das auch ins Deutsche übertragen wurde:

> „Unterhaltungen über die Chemie in welchen die Anfangsgründe dieser nützlichen Wissenschaft allgemein verständlich erläutert werden von Mistreß Marcet. Nach der 13ten englischen Auflage herausgegeben von F. F. Runge. (Berlin, 1839)"

Die Engländerin *Jane Marcet* hatte die glückliche Idee gehabt ein Büchlein zu verfassen, in dem sich drei Damen, eine ältere, weise — kurz *Mrs. B.* genannt und zwei wohlerzogene höhere Töchter — *Emilie* und *Caroline* — im artigen Konversationston über Chemie unterhalten. Im Vorwort heißt es über diesen Punkt:

> „Die Naturwissenschaften werden jetzt mit solchem Eifer betrieben, daß man in geselligen Zirkeln sogar von Physik und Chemie sprechen hört; natürlich nehmen wir Frauenzimmer immer mehr Antheil daran, jemehr die Männer sich bemühen, uns diese Wissenschaften zugänglich zu machen, die so in das Leben eingreifen, daß sie wohl das allgemeinste Interesse verdienen ..."

Der biedermeierliche Stil des Werkes ist für uns Nachgeborene nicht ohne Komik. Jedoch wird man beim Durchlesen der Passage, die sich mit dem Verbrennen von Eisen beschäftigt, erkennen, wie sorgfältig nach dem wissenschaftlichen Stand jener Epoche dieser Versuch vorgestellt wird:

Mrs. B.
„Hier dieses schwarze Pulver ist ein Oxid des Manganmetalls, bekannt unter dem Namen Braunstein. Das Manganmetall hat eine so starke Verwandtschaft zum Sauerstoff, daß es diesen Stoff bei jeder bekannten Temperatur der Luft entzieht und daher nie in der Metallform gefunden wird, sondern immer als Oxid, wo es wenig das Ansehn eines Metalles hat. Es ist nun schwerer als vor der Oxidation, in Folge des Gewichtes des Sauerstoffes, mit dem es verbunden ist."

Caroline.
„Es ist mir recht lieb dies zu hören, denn ich gestehe, ich konnte einige Zweifel nicht unterdrücken, ob Sauerstoff auch wirklich ein Stoff sei, da er doch nicht einfach und handgreiflich darzustellen ist, sein Gewicht scheint mir aber ein überzeugender Beweis dafür."

Mrs. B.
„Man kann sein Gewicht leicht schätzen, indem man ihn vom Mangan trennt, das zurückbleibende Metall ist viel leichter."

Emilie.
„Wenn Sie den Sauerstoff aus dem Metall herausziehen können, werden wir ihn da endlich im einfachen Zustande zu sehen bekommen?"

Mrs. B.
„Nein, ich kann ihn nur vom Mangan trennen, wenn ich ihn mit einem andern Stoff zusammen bringe, zu dem er eine noch größere Verwandtschaft hat. Dies ist der Wärmestoff, und indem er sich mit diesem verbindet, wird er luftförmig. Ich habe etwas Braunstein in eine Retorte gethan und diese Retorte in einem Ofen glühend gemacht. Um Ihnen das Entweichen des Gases deutlich zu zeigen, befestige ich ein gebogenes Glasrohr an den Hals der Retorte, und leite dessen Ende in ein Gefäß mit Wasser. Sehen Sie die Luftblasen durch das Wasser steigen?"

Caroline.
„Ja. Das ist also reines Sauerstoffgas? Wie schade, daß es verloren geht!"

Mrs. B.
„Wir wollen es in einer Glocke auffangen. Zu diesem Zweck fülle ich erst die Glocke mit Wasser, um die Luft auszuschließen, und stelle sie dann auf eine durchlöcherte und vom Wasser bedeckte Bank dicht über die Mündung des Rohres, so daß die Bläschen durch das Wasser nach dem oberen Theil der Glocke steigen müssen."

Emilie.
„Gewiß vermöge ihrer spezifischen Leichtigkeit?"

Mrs. B.
„Ja. Sauerstoff bildet zwar eine schwere Gasart, allein gegen Wasser ist er doch leicht. Sie sehen, wie es nach und nach das Wasser aus der Glocke treibt. Jetzt ist sie voll Gas, und ich kann es auf der Bank im Wasser so lange aufbewahren, bis ich es brauche. Dieser Apparat, der zu allen Experimenten mit Gas unumgänglich ist, heißt pneumatische Wanne.
Nun will ich ihnen ein Experiment zeigen, was auf schlagende Weise darthut, wie wesentlich Sauerstoff zur Verbrennung ist. Sie sollen sehen, daß selbst Eisen in diesem Gase sehr rasch und glänzend brennt."

Caroline.
„Ich hätte wirklich nicht gedacht, daß dies überhaupt möglich wäre."

Mrs. B.
„Eisen verbindet sich, gleich allen anderen Metallen, in atmosphärischer Luft mit Sauerstoff, brennt darin aber nur bei äußerster Temperaturerhöhung; in reinem Sauerstoffgase ist es hingegen in hohem Maße brennbar und — was Sie noch mehr in Verwunderung setzen wird — es kann ohne bedeutenden Hitzegrad in Feuer gesetzt werden. Ich befestige diesen gewundenen Eisendraht an einen Kork, der genau in die Öffnung oben an der Glasglocke paßt."

Emilie.
„Ich sehe, daß die Glocke oben eine Öffnung hat, aber sie ist genau mit einem geschliffenen Glasstöpsel verschlossen."

Mrs. B.
„Dies geschieht, um dem Entweichen des Gases vorzubeugen. Ich werde den Stöpsel herausziehen und den Kork hineinstecken, an dem der Draht hängt, um diesen im Sauerstoffgase zu verbrennen, wozu ein wenig brennender Schwamm hinreicht, den ich an das Ende des Drahtes stecke. Nun wollen wir die Stöpsel wechseln."

Caroline.
„Befürchten Sie nicht das Entweichen des Gases beim Öffnen?"

Mrs. B.
„Sauerstoffgas ist etwas schwerer als atmosphärische Luft, und vermengt sich daher nicht sehr schnell damit, überdies lasse ich die Öffnung nicht unbedeckt."

Caroline.
„O, welch schöne, glänzende Flamme!"

Emilie.
„Weiß und glänzend wie Sonnenlicht! Da fällt ein Stück geschmolznen Drahtes auf den Boden, ich fürchte die Flamme ist verlöscht. Nein, da brennt sie wieder so hell und glänzend wie vorher."

Mrs. B.
„Der Draht wird brennen, bis er ganz verzehrt ist, wenn nicht das Sauerstoffgas eher ein Ende nimmt, denn Sie wissen, dies ist zum Brennen durchaus nothwendig."

Caroline.
„Ich sah nie ein schöneres Licht. Meine Augen können es kaum ertragen! Wenn ich bedenke, daß all dieser Wärmestoff in der kleinen Quantität Gas und Eisen enthalten war, und doch vorher keine bemerkliche Wärme von sich gab!"

Emilie.
„Wie wunderbar schnell die Verbrennung in reinem Sauerstoffgase vor sich geht. Ist nichts von dem Drahte verzehrt, und sind diese Tropfen verbrannten Eisens so schwer, als der Draht vorher war?"

Mrs. B.
„Sogar schwerer, denn das Eisen erleidet durch das Brennen keinen Verlust, sondern gewinnt noch das Gewicht des Sauerstoffs, der verschwunden ist und sich mit ihm verbunden hat. Es ist jetzt Eisenoxid geworden oder das, was man gewöhnlich Hammerschlag nennt."

Caroline.
„Sie sagen, der Sauerstoff ist verschwunden, er war ja aber erst gar nicht sichtbar?"

Mrs. B.
„Der Ausdruck ist nicht ganz richtig, allein, wenn Sie auch das Sauerstoffgas nicht sehen konnten, zweifelten Sie hoffentlich nicht an seinem Vorhandensein, da die Wirkung auf den Draht überzeugend war."

Caroline.
„Natürlich, aber es war ja der Wärmestoff und nicht das Gas selbst, was uns so blendete."

Mrs. B.
„Wärmestoff ist unsichtbar und berührt nur den Sinn des Gefühls. Das Licht blendete Sie."

Caroline.
„Nun ja, aber Licht und Wärme sind so beständig beisammen, daß man sie selbst in Gedanken schwer trennen kann."

Mrs. B.
„Je leichter man sie verwechselt, desto genauer muß man auf den Unterschied merken."

Caroline.
„Warum ist nun das Wasser gestiegen und füllt einen Theil der Glocke? — Ach ich weiß schon. — Der Sauerstoff hat sich mit dem Draht verbunden, der Wärmestoff ist entwichen, folglich ist nichts mehr in der Glocke und das Wasser füllt den leeren Raum."

Emilie.
„Ich wünschte, wir hätten vorher den Draht und das Gas gewogen, dann könnten wir jetzt sehen, ob in dem Oxide das Gewicht beider enthalten ist ..."

II. Alchemistische Versuche

(18. Jahrhundert)

Die Alchemie wurde und wird sehr verschiedenartig beurteilt. Ein interessantes Beispiel dafür ist ein Ausschnitt aus einem Brief, den *Justus Liebig* am 25. Dezember 1849 an *Friedrich Mohr* schrieb:

„... Ich habe mich ferner zum Zwecke einer neuen Ausgabe meiner chemischen Briefe mit der Geschichte der Alchemie... beschäftigt und die Entdeckung gemacht, daß sie keinesfalls als eine Verirrung der Zeit angesehen werden darf, sondern eine natürliche Stufe der Entwicklung war. Bleiglanz war ja für den Alchemisten des 10ten Jahrhunderts ein Metall, sie schieden den Schwefel daraus und bekamen dadurch das Blei. Schwefel war Bestandtheil des Metalls. Warum sollte es nicht möglich sein, durch Entfernen von etwas mehr Schwefel Blei in das vollkommenere Silber zu verwandeln? ..."

Es fällt besonders schwer ein treffendes Bild der experimentellen Alchemie zu zeichnen. Allzu vielseitig war das Erscheinungsbild im Laufe der Jahrhunderte, allzu vielschichtig die religiöse Seite der Alchemie. Meist überwucherte auch das subjektive Erleben der Alchemisten den naturwissenschaftlichen Gehalt ihrer Unternehmungen. Daher sei im Rahmen dieses Buches nur das letzte Aufblühen der Alchemie gegen Ende des 18. Jahrhunderts betrachtet. *Johann Wolfgang von Goethe* (1749 bis 1832) hat in den Aufzeichnungen über seine Jugendzeit eine treffliche Schilderung dieser Spätblüte der Alchemie gegeben und dabei mit großem Einfühlungsvermögen den Hintergrund des damaligen alchemistischen Treibens aufgezeichnet und er hat auch seine eigenen alchemistischen Versuche ausführlich beschrieben. Dabei hatte es ihm besonders die „Kieselflüssigkeit" angetan. Kurze Zeit nach den Experimenten *Goethe*s fand man dann jenen berühmten Versuch, der als „chemischer Garten" in die Geschichte der Chemie eingehen sollte und der einen alten — auch in den Dichtungen *Goethe*s eine große Rolle spielenden Gedanken, des vom Alchemisten in der Retorte künstlich geschaffenen Lebens, scheinbar realisierte. Dieser Versuch hat bis auf unsere Zeit nichts von seinem Reiz verloren, wie auch dessen überaus gelungene Beschreibung durch *Thomas Mann* zeigen wird. Doch zunächst sei der Text *Goethe*s vorgestellt.

(Entnommen aus der *Cotta*schen Ausgabe seiner gesammelten Werke, 1869. 8. Buch, S. 54ff.)

Goethe litt zu dieser Zeit an einer schlimmen Halsgeschwulst, die ihn an sein Elternhaus in Frankfurt fesselte. Der behandelnde Arzt gehörte dem religiösen Freundeskreis seiner Mutter an: „... Der Arzt ein unerklärlicher, schlau blickender, freundlich sprechender, übrigens abstruser Mann, der sich in dem frommen Kreise ein ganz besonders Zutrauen erworben hatte ..."

Abb. 1. Johann Wolfgang von Goethe (1749—1832)

Dieser Arzt heilte auch den jungen *Goethe* schließlich durch eine selbstbereitete alchemistische Arznei und er regte die Phantasie seiner Patienten dadurch an, daß er ihnen spezielle alchemistische Literatur empfahl:

„... Um den Glauben an die Möglichkeit eines solchen Universalmittels zu erregen und zu stärken, hatte der Arzt seinen Patienten, wo er nur einige Empfänglichkeit fand, gewisse mystische chemisch-allchymische Bücher empfohlen (darunter auch Werke von *Paracelsus*) und zu verstehen gegeben, daß man durch eigenes Studium derselben gar wohl dahin gelangen könne, jenes Kleinod sich selbst zu erwerben, welches um so nothwendiger sei, als die Bereitung sich sowohl aus physischen als besonders aus moralischen Gründen nicht wohl überliefern lasse, ja daß man, um jenes große Werk einzusehen, hervorzubringen und zu benutzen die Geheimnisse der Natur im Zusammenhang kennen müsse ...“

Der junge *Goethe* und eine Freundin seiner Mutter — *Katharina von Klettenberg* (1723 bis 1774) — gaben sich nun einem umfangreichen Literaturstudium hin und begannen selbst zu experimentieren:

„... Kaum war ich einigermaßen wieder hergestellt und konnte mich, durch eine bessere Jahreszeit begünstigt, wieder in meinem alten Giebelzimmer aufhalten, so fieng auch ich an, mir einen kleinen Apparat zuzulegen, ein Windöfchen mit einem Sandbade war zubereitet, ich lernte sehr geschwind mit einer brennenden Lunte die Glaskolben in Schalen verwandeln, in welchen die verschiedenen Mischungen abgeraucht werden sollten. Nun wurden sonderbare Ingredienzien des Makrokosmos und Mikrokosmos auf eine geheimnisvolle wunderliche Weise behandelt, und vor allem suchte man Mittelsalze auf eine unerhörte Art hervorzubringen. Was mich aber eine ganze Weile am meisten beschäftigte, war der sogenannte Liquor Silicium (Kieselsaft), welcher entsteht, wenn man reine Quarzkiesel mit einem zugehörigen Antheil Alkali schmilzt, woraus ein durchsichtiges Glas entspringt, welches an der Luft zerschmilzt und eine schöne klare Flüssigkeit darstellt. Wer dieses einmal selbst verfertigt und mit eigenen Augen gesehen hat, der wird diejenigen nicht tadeln, welche an eine jungfräuliche Erde und an die Möglichkeit glauben, auf und durch dieselbe weiter zu wirken. Diesen Kieselsaft zu bereiten hatte ich eine besondere Fertigkeit erlangt, die schönen weißen Kiesel, welche sich im Main finden, gaben dazu ein vollkommenes Material, und an dem übrigen so wie an Fleiß ließ ich es nicht fehlen: nur ermüdete ich doch zuletzt, indem ich bemerken mußte, daß das Kieselhafte keineswegs mit dem Salze so innig vereint sei, wie ich philosophischerweise geglaubt hatte: denn es schied sich gar leicht wieder aus, und die schönste mineralische Flüssigkeit, die mir einigemal zu meiner größten Verwunderung in Form einer animalischen Gallert erschienen war, ließ doch immer ein Pulver fallen, das ich für den feinsten Kieselstaub ansprechen mußte, der aber keineswegs irgend etwas Productives in seiner Natur spüren ließ, woran man hätte hoffen können, diese jungfräuliche Erde in den Mutterstand übergehen zu sehen. So wunderlich und unzusammenhängend auch diese Operationen waren, so lernte ich doch dabei mancherlei. Ich gab genau auf alle Krystallisationen Acht, welche sich zeigen mochten, und ward mit den äußeren Formen mancher natürlichen Dinge bekannt, und indem mir wohl bewußt war, daß man in der neuern Zeit die chemischen Gegenstände methodischer aufgeführt, so wollte ich mir im Allgemeinen davon einen Begriff machen, ob ich gleich als Halb-Adept vor den Apothekern und allen diejenigen, die mit dem gemeinen Feuer operirten, sehr wenig Respect hatte. Indessen zog mich doch das chemische Kompendium des Boerhave gewaltig an und verleitete mich, mehrere Schriften dieses Mannes zu lesen, wodurch ich denn, da ohnehin meine langwierige Krankheit mich dem Ärztlichen näher gebracht hatte, eine Anleitung fand, auch die Aphorismen dieses trefflichen Mannes zu studiren, die ich mir gern in den Sinn und ins Gedächtnis einprägen mochte. ..“

Jedenfalls hatten die der Alchemie gewidmeten Stunden fruchtbare Auswirkungen auf *Goethe*s künstlerisches Schaffen. Ein alter Traum der Alchemie war die Erschaffung künstlichen Lebens in der Retorte. Wir haben oben gehört, daß *Goethe* unter anderen Schriftstellern auch *Paracelsus* studiert hat. Betrachten wir zunächst jene Passage, in der *Paracelsus* die Möglichkeit künstliches Leben zu schaffen bejaht und die Darstellung eines Homunculus beschreibt:

Vorschrift zur Herstellung eines Homunculus (aus: Paracelsus, De generatione rerum naturalium)

„... Wie aber solches zugehe und geschehen mag, ist nun sein Prozeß also: nämlich daß das sperma eines Manns im verschlossenen Cucurbiten per se der höchsten Putrefaction, ventre equino, auf vierzig tag putreficirt werde, oder so lang, bis es lebendig werde und sich bewege und rege, was leicht zu bemerken ist. Nach dieser Zeit wird es einem Menschen einigermaßen gleich sehen, doch durchsichtig, ohn ein corpus. Wenn es nun nach diesem täglich gar weislich mit dem arcano sanguinis humani gespeist und bis auf vierzig Wochen ernährt wird, und in steter gleicher Wärme ventris equini erhalten, wird ein recht lebendig menschlich Kind daraus, mit allen Gliedmaßen wie ein ander Kind, das von einem Weibe geboren wird, doch viel kleiner. Das selbige nennen wir ein homunculum, und es soll hernach nit anders als ein ander Kind mit großem Fleiß und Sorg auferzogen werden, bis es zu seinen Tagen und Verstand kommt. Das ist nun der allerhöchsten und größten Geheimnisse eins, welches Gott den tödlichen und sündigen Menschen hat wissen lassen ...“

Diese Idee wird in *Goethe*s Faust in folgender Weise verarbeitet:

Die alchemistische Erzeugung eines Homunculus

Goethe, Faust II. Teil

Abb. 2. Darstellung eines Alchemisten des 18. Jahrhunderts durch einen unbekannten Künstler

„Laboratorium im Sinne des Mittelalters; weitläufige, unbehülfliche Apparate zu phantastischen Zwecken.

Wagner (am Herde):

Die Glocke tönt, die fürchterliche,
Durchschauert die berußten Mauern;
Nicht länger kann das Ungewisse
Der ernstesten Erwartung dauern.
Schon hellen sich die Finsternisse;
Schon in der innersten Phiole
Erglüht es wie lebendige Kohle,
Ja, wie der herrlichste Karfunkel,
Verstrahlend Blitze durch das Dunkel.
Ein helles weißes Licht erscheint!
. . .
Es leuchtet! seht! — Nun läßt sich wirklich hoffen,
Daß, wenn wir aus vielhundert Stoffen
Durch Mischung — denn auf Mischung kommt es an —
Den Menschenstoff gemächlich komponieren,
In einem Kolben verlutiren
und ihn gehörig cohobiren,

So ist das Werk im Stillen abgethan.
Es wird! die Masse regt sich klarer!
Die Ueberzeugung wahrer, wahrer!
Was man an der Natur Geheimnisvolles pries,
Das wagen wir verständig zu probiren,
Und was sie sonst organisiren ließ,
Das lassen wir krystallisiren . . .
Es steigt, es blitzt, es häuft sich an,
Im Augenblick ist es gethan!
Ein großer Vorsatz scheint im Anfang toll;
Doch wollen wir des Zufalls künftig lachen,
Und so ein Hirn, das trefflich denken soll,
Wird künftig auch ein Denker machen.
(Entzückt die Phiole betrachtend:)
Das Glas erklingt von lieblicher Gewalt,
Es trübt, es klärt sich; also muß es werden!
Ich seh in zierlicher Gestalt
Ein artig Männlein sich geberden.
Was wollen wir, was will die Welt nun mehr?"

Aber es scheint doch recht schwierig gewesen zu sein, einen echten Homunculus zu machen, wiewohl es eine Menge alchemistischer Sagen gibt, in denen dergleichen berichtet wurde. Deshalb waren die Alchemisten schon sehr froh, wenn es ihnen gelang, wenigstens ein scheinbares pflanzliches Leben imitieren zu können. Daraus erklärt sich die Vielzahl von Rezepten für „metallische Vegetationen". Hinter dieser recht romantisch klingenden Beschreibung verbergen sich im allgemeinen reine Kristallisationsversuche, denen man mit Hilfe von meist recht schlichten physikalischen Hilfsmitteln ein pflanzliches Aussehen gab.

„Arbor Saturni oder Bleybaum (Wiegleb).

Zuerst löset man eine Unze Bleyzucker in zwölf Unzen destillirtem Wasser auf und filtrirt die Flüssigkeit aufs klärste, daß sie so helle als reines Brunnenwasser aussiehet. Dann läßt man ohngefähr ein Viertel oder halbes Pfund Zink in einem Schmelztiegel oder in einem starken eisernen Löffel schmelzen, und giesset zu abgesetztenmalen kleine Portionen davon in kaltes Wasser, das sich in einem hölzernen Gefäße befindet. Hierbey geschiehet es oft, das sich der Zink in baumförmigen Figuren bildet. Davon sucht man das beste Stückgen aus, welches einem Aste am ähnlichsten ist, bindet es an einem zarten Zwirnsfaden, und hänget es mit aufwärtslauffenden Zweigen gerade in die Mitte eines Zuckerglases dergestalt auf, daß es den Boden nicht berühre. Alsdann wird die beschriebene helle Auflösung in dasselbe Glas geschüttet, so daß der kleine Metallast in der Mitte derselben zu hängen kommt, und das Glas an einem ruhigen Ort gestellet.

Man kann sonst auch ein kleines Bäumgen von Zink gießen, und den ganzen untern Stamm in braungefärbtes schmelzendes Wachs eintauchen und solchen also damit überziehen. Setzet man nun dies Bäumgen in die vorgeschriebene Flüssigkeit, so wird wie in vorherigen, so auch besonders in diesem Fall das Bäumgen nur an seinen Zweigen, die vom Wachse nicht berührt worden sind, mit den schönsten glänzenden Bleykristallen metallisch überzogen werden, und überaus schön anzusehen seyn.

Arbor Veneris oder Kupferbaum.

Man löset hierzu eine Unze blauen Vitriol in acht Unzen heißen Wasser auf, und filtriret die Flüssigkeit, die eine schöne himmelblaue Farbe haben wird. Ferner formiret man sich aus einem zarten hellen nicht rostigen Eisendrath ein kleines Bäumgen mit Wurzeln, Stamm und kleinen Aesten, das gerade in ein solches kleines Zuckerglas passet, das von der blauen Flüssigkeit voll gefüllet werden kan. Den untern Theil desselben, Wurzeln und Stamm, tauchet man ebenfalls etlichemahl in schmelzendes braungefärbtes Wachs, so daß diese Theile ganz damit überzogen werden und die natürliche Holzfarbe erlangen. Stellet man darauf dieses Bäumgen aufgerichtet in das Zuckerglas, füllet es mit der Vitriolauflösung voll, und setzet es an einem ruhigen Ort bey Seite, so wird man bald deutlich mit Augen sehen können, wie an den Zweigen kleine kupferigte Blätter auszuschlagen scheinen, und wie nach und nach der ganze obere Theil des Bäumgens in allen Zweigen stärker werden, und sich in der schönsten Kupferfarbe darstellen wird.

Arbor Martis oder Eisenbaum.

Diese chemische Vegetation kann auf zweyerley Art bewirket werden. Erstlich läßt man in zwey Unzen starker Salzsäure bey gelinder Wärme so viel reine Eisenfeil auflösen, als möglich ist; dann schüttet man noch zwey bis vier Unzen Wasser hinzu und bringt das Ganze auf ein Filtrum, damit die Flüssigkeit vollkommen klar werde. Diese schüttet man nun in ein kleines Zuckerglas, das eben davon erfüllet wird, und hänget an einem Zwirnsfaden in die Mitte des Glases einen kleinen gegossenen Zinkzweig auf. Bleibt darauf das Glas an einem sichern Ort unangerührt stehen, so wird man ebenfalls deutlich bemerken können, wie der Zink mit Eisenblättgen belegt werden wird.

Sogenannte Arbores Dianae (Dianenbäume) zu verfertigen.

Man löset 2 Loth feines Silber, (entweder von Silberfeilstaub oder ausgebrannte Tressen, welches aber sehr rein seyn muß) in 6 Loth Scheidewasser, in einem kleinen Destillirkolben oder einer Bouteille von weißem Glase, mit einem langen Halse versehen, auf, über etwas warmen Sand, um die Auflösung zu befördern. Wenn diese fertig ist, so leert man sie in eine andere Flasche von weißem Glase und die gerade so groß als nöthig ist, um das Aufgelöste nebst dem, was folgen wird, zu fassen. Nun ist zu bemerken, daß sie ganz rund oben und unten gleich sey, und 36 bis 40 Loth Wasser fasse. Wenn nun vorher schon 2 Loth gut geläutertes Quecksilber hinein gethan worden, so gießt man das obgenannte Aufgelöste nebst der ebenfalls angezeigten Quantität Wasser darein, macht die Flasche sorgfältig zu, und stellt sie auf eine runde von Stroh geflochtene Platte an einem Ort, wo sie binnen 40 Tagen nicht mehr verrückt werden darf. Wenn das Quecksilber sich gehörig mit dem Silber wird krystallisirt haben, so wird man finden, daß sich nach und nach ein Baum bildet, der in einiger Zeit zu seiner ganzen Größe gelangt, sich überall in der Flasche ausbreitet, und an jeglichem Ast einen silbernen Apfel trägt. Das Besondere an der Sache ist, daß, wenn man ihn, nachdem er sich ganz ausgebildet hat, unter einander rüttelt, der Baum zerfällt, hingegen, wenn er wieder auf die Strohplatte 24 Stunden lang gestellt wird, seine erste Gestalt wieder annimmt. Er kann an einen beliebigen Ort gestellt werden, wo man will, daß er in die Augen falle; er wird durch nichts als durch Zerbrechen beschädigt, und ist von beständiger Dauer.

Abb. 3. Chemisch-Technisches Laboratorium zur Zeit Goethes. Entnommen aus W. Lewis: Comercium, Philosopho-Technicum 1755

> Eine andere Art.
>
> Man löse 2 Loth feines in kleine Stücke zerschnittenes Silber in 6 Loth Scheidewasser in einer kleinen Bouteille von weißem Glase auf, die überall glatt und mit einem ganz flachen Boden versehen, aber weit kleiner als die im Vorhergehenden sey. Hierin muß die Auflösung geschehen und bleiben. Wenn dieses beobachtet worden, so läßt man den Liquor ungefähr um die Hälfte ausdünsten; gießt dann 6 Loth destillirten Weingeist darauf, nachdem man denselben ungefähr so warm, als gewöhnlich das Blut ist, hat werden lassen; damit nicht dadurch die Auflösung gestört werde, welche von dem heißen Sande, worauf sie geschieht, ihre gehörige Wärme behalten muß. Dann wird die Bouteille wohl zugemacht, mit beyden Händen gerüttelt, um die Mischung dieser Dinge ganz zu bewirken, auf eine Strohplatte gesetzt, und an einen ungeheitzten Ort gebracht, wo sie einen ganzen Monath unverrückt bleiben muß. Während dieser Zeit wird eine Tanne zum Vorschein kommen, welche völlig diesen Baum, wie er in der Natur vorhanden ist, nachahmen, und wiewohl von Silber, dennoch die Farbe desselben annehmen, und bis an die Oberfläche des Liquors emporkommen wird . . .“

Die Vorstellung des „Baumes der Diana“ stammte aus der griechischen Mythologie. Die Fichten weihte man der Diana und angeblich war einmal ein Bildnis der Gottheit gefunden worden, das von einem Weidenbusch aufrecht gehalten worden war. Der Diana — Schwester und Gegenbild des Apoll — war der Mond zugeordnet und mithin so das Silber. Der „Baum der Diana“ war im 18. Jahrhundert ein allgemein bekanntes Symbol, das auch sonst in der Literatur jener Epoche Verwendung fand.

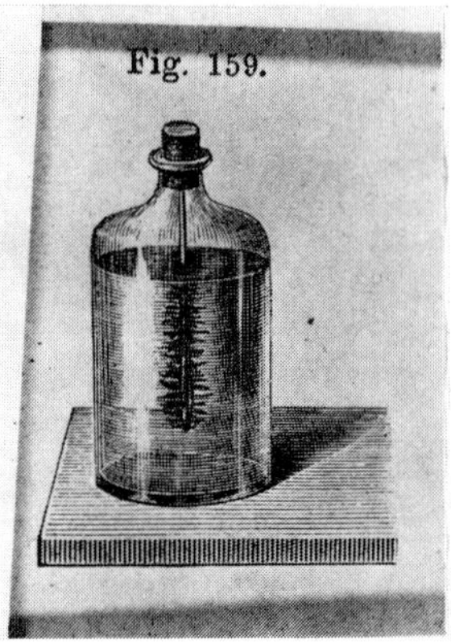

Abb. 4. Bleibaum (nach *Stöckhardt*)

Der aus Valencia gebürtige Opernkomponist *Vicente Martin y Soler* (1754 bis 1810), eine zeitlang Operndirektor an der Italienischen Hofoper in St. Petersburg, schrieb die Oper: „L'Arbore di Diana, dramma giocoso per musica in 2 atti“ mit Text von *Lorenzo da Ponte*. Es ist ein Theaterzettel einer Vorstellung erhalten, die der romantische Dichter *E. T. A. Hoffmann* am 22. Dezember 1813 in Bamberg dirigiert hat. Diesem Zettel kann man entnehmen, daß sich die Handlung vorzugsweise im mythologischen Bereich abspielte. Der Wunderbaum wurde von Doristo, „Hirt und gewählter Wächter“ bewacht, neben einigen Jägern kommen die vornehmsten Nymphen der Diana und ein Gefolge von Priestern vor.

Alle diese Vorschriften kann man sich dadurch vereinfachen, daß man sich die Ausgangssalze nicht wie vorstehend beschrieben herstellt, sondern direkt von deren gesättigten Lösungen ausgeht.

Man kann die vorstehenden Versuche auch sehr viel exakter betreiben, wofür folgendes Beispiel eines Bleibaumes als Beispiel stehen soll:

Versuch 2: *Bleibaum, Fällung von Blei durch unedlere Metalle (nach Stöckhardt)*

Geräte: Fläschchen mit Kork

Chemikalien: Bleiacetat, Wasser, Essigsäure, Zinkstab

Zeit: 20 Min.

„Man löse 20 g Bleizucker in der 12fachen Menge Wasser, kläre die Flüssigkeit durch einige Tropfen Essigsäure, gieße sie in ein Fläschchen und hänge dann in letzteres einen Zinkstab hinein, den man an dem Korke befestigt: das Zink wird sich bald mit einem grauen Überzuge bedecken, aus dem nach und nach glänzende Metallflitter hervorwachsen, die endlich den Rand des Glases erreichen. Sie bestehen aus reinem Blei (Bleibaum). Nach 24 Stunden findet sich keine Spur von Blei mehr in der Flüssigkeit gelöst, sondern dafür essigsaures Zink. An diesem Versuche sieht man nicht nur die verschiedene Affinitätsstärke zweier Metalle recht deutlich, sondern er ist auch ein sehr schönes Beispiel von der stöchiometrischen Gesetzmäßigkeit der chemischen Verbindungen und Zersetzungen; denn man hat nur nötig, das gebildete Blei und die Zinkstange vor und nach dem Versuche zu wägen, um zu finden, daß das Gewicht des ausgeschiedenen Bleies sich zu dem Zinkverluste wie 206 zu 65 verhält. 1 Atom Blei ist durch 1 Atom Zink ersetzt worden.

Ergebnis: *Blei(II)-ionen werden durch Zink zum Metall reduziert. Es entsteht ein Bleibaum.*

Diese Kristallisationsversuche machten aber letztlich doch einen recht leblosen Eindruck, selbst bei raffiniertester Ausgestaltung. Nun gelang es zu Ende des 18. Jahrhunderts einen Versuch zu finden, der tatsächlich geeignet ist, wirkliches Leben vorzutäuschen. Bemerkenswerterweise diente zu diesem Versuch die von *Goethe* so sehr geschätzte Kieselflüssigkeit oder Kieselsaft:

„Der Marsbaum *(Wiegleb)*

Neue Erfindung den Marsbaum Schuß für Schuß aufwachsen zu sehen.

Es ist dieses das schönste Phänomen in der chymischen Vegetation, so ich bisher mit Augen gesehen; oder wenn ich mich besser erklären soll, so ist dieses eine wirkliche Schöpfung, in welcher man das Eisen zu hohlen cylindrischen Röhren und Stängeln von unten in die Höhe herauf wachsen sieht, und jeden Schuß mit den Augen verfolgen kann. Es laufen sogar seitwärts horizontale Äste und Wurzeln heraus; kurz, man sieht die Ruthenspitze heraufsteigen, oder Blühten treiben, und das Triebwerk dauert einige Tage fort, sonderlich, wenn man in dem darüberstehenden Wasser mit einem Hölzchen Bewegung macht.

Es gehört dazu das Wasser aus dem Glase gemacht. Man mischt nämlich 1 Unze zerstoßenens Glas unter 4 Unzen reine Pottasche oder kaustisches Alkali. Damit fülle man einen Schmelztiegel halb an, um denselben in einem gutziehenden Windofen zum Schmelzen zu bringen. Die Materie blähet sich solange auf, bis das Alkali die Erde auflöst, und zu einem mit Alkali übersetzten Glase gemacht hat. Nachdem das Aufblähen vergangen, und alles wie Wasser geflossen, so schütte man die Glasmaterie auf eine eiserne oder kupferne Platte aus, da sie sich denn in destillirtem oder jedem kalten Wasser auflöset.

Von diesem Glaswasser gieße man, so viel man will, in ein helles Apothekerglas, oder in ein solches, welches einen flachen Boden hat; verdünne es mit 1 oder 2 Theilen destillirtem Wasser, und nun werfe man ein kleinen Stückchen in Salzsäure, das ist, in Spiritu Salis aufgelöstes und abgerauchtes fast trockenes Eisen, oder den Rückstand von der Sublimation der Salmiaksblumen in das Glaswasser, so wird man die Korallgewächse schußweise wachsen sehen. Die physische Ursache davon ist die Effervescenz des Alkali und Eisens; die sich davon entwickelnden Luftblasen drängen sich, wie Racketen, durch die eiserne Röhre hinauf, ohne sich von den Stängeln loszureissen, so lange wächst die chymische Eisenstaude merklich fort.

Das Eisen wird in Spiritu Salis aufgelöst, dann läßt man den Spiritus bis auf die Trockne wieder davon abrauchen, so bleibt eine rothe feurige Masse zurück, welche man in Stückchen zerbricht, und Bohnen- oder Erbsengroß in obiges Glaswasser legt, so wächst in wenigen Stunden ein dunkelbrauner Baum daraus. So gibt ein jegliches Metall ein Gewächs nach seiner Art; als Gold lichtgelb, Silber blau, Kupfer grün, Zinn und Bley weiß. Das Gold dazu wird in Königswasser aufgelöst, und, wie beym Eisen gesagt, damit verfahren; die andern Metalle aber in Scheidewasser besagter Massen verkalkt, und stückchenweis in beschriebenen Liquor eingelegt. Dieses Geheimniß ist nach den Wirkungen, die es hervorbringt, wichtiger, als man glaubt, und ein Naturforscher wird daraus sowohl den Stoff und das Wachsthum der Metalle ersehen, als auch manchen besondern und erheblichen Nutzen ziehen können. Man thut gut, wenn man das Glaswasser, worin das Metall liegt, unbedeckt an die Luft setzt. Es ist eine schöne Speculation, und sie ist des Nachdenkens werth.“

Eine moderne Vorschrift zum „neuen Marsbaum“ nach *Wieglebs* Magie findet sich in: *Bukatsch/Glöckner*, Experimentelle Schulchemie, Anorganische Chemie. Nichtmetalle II (Bd. 2), Seite 208 und 209, Versuch 52 (Natriumsilicat und Kieselsäure) und Versuch 53 (Schwermetallsilicate, „Silicatvegetationen“).

Mit dem „neuen Marsbaum“ war ein Versuch gefunden worden, der die Phantasie noch lange beschäftigen sollte. Ein hübsches Beispiel ist dafür die Schilderung, die *Thomas Mann* über 170 Jahre später von dem gleichen Experiment in dem Roman: „Doktor Faustus. Das Leben des Deutschen Tonsetzers *Adrian Leverkühn*, erzählt von einem Freunde“, gab.

Thomas Mann besaß durchaus einige Kenntnis der Chemie. Bedeutende Naturwissenschaftler gehörten zu seinem Freundeskreis.

Charlotte Haber, die Frau des berühmten Chemikers *Fritz Haber* (1868 bis 1934), dem Miterfinder der *Haber-Bosch*-Synthese, hat die Beziehungen von *Thomas Mann* zu zweien der berühmtesten Chemiker seiner Epoche liebevoll beschrieben in ihrem Buch: „Mein Leben mit *Fritz Haber*, Spiegelungen der Vergangenheit“ (Econ Verlag, Düsseldorf, Wien 1970, S. 110):

„... Sauerbruch und Willstätter waren gute Freunde. Thomas Mann war der Dritte im Bund, und wenn Fritz Haber nach München kam, fanden sich die vier Größen bei vorzüglichen Mahlzeiten und erlesenen Weinen zusammen. Bis in die tiefe Nacht, ja bis zum Morgengrauen zogen sich diese Symposien hin, und wenn sich am Ende der Hunger regte, hatte Willstätters Köchin noch rasch einen Imbiß zuzubereiten. Einmal wurde ihr das zu dumm. Sie reagierte mit einer bayerischen saftigen Grobheit, und da die Herren selber empfanden, man dürfe von einer Hausangestellten nicht zu viel verlangen und müsse sie wieder versöhnen, beschlossen Willstätter, Haber und Sauerbruch am folgenden Vormittag — Thomas Mann war verhindert —, für das echt Münchener Kocherl einen neumodischen Hut zu kaufen. Warum gerade einen Hut, wußten sie selber nicht. Jedenfalls kauften die drei Koryphäen einen extravaganten Damenhut und überreichten anschließend ihr mit Blumen und Schleife garniertes Sühneopfer feierlich und mit entsprechender Ansprache.
Thomas Mann hatte übrigens die Gewohnheit, jenen Dauerdiskussionen mehr als Zuhörer denn als Debatter beizuwohnen, wobei er mitunter seine gestärkten Manschetten als Notizblock benutzte, auf dem er sich aus den Gesprächen die neuesten Errungenschaften der Medizin, Chemie und Physik notierte.“

Den chemischen Garten beschreibt *Thomas Mann* nun so:

„Allenfalls konnte man den fressenden Tropfen komisch finden; aber keineswegs war dies für mein Empfinden der Fall bei gewissen unglaublichen und geisterhaften Naturerzeugnissen, die dem Vater in sonderbarster Kultur zu züchten gelungen war, und die er uns ebenfalls zu betrachten gestattete. Ich werde den Anblick niemals vergessen. Das Kristallisationsgefäß, in dem er sich darbot, war zu drei Vierteln mit leicht schleimigem Wasser, nämlich verdünntem Wasserglas gefüllt, und aus sandigem Grunde strebte darin eine groteske kleine Landschaft verschieden gefärbter Gewächse empor, eine konfuse Vegetation blauer, grüner und brauner Sprießereien, die an Algen, Pilze, festsitzende Polypen, auch an Moose, dann an Muscheln, Fruchtkolben, Bäumchen oder Äste von Bäumchen, da und dort geradezu an Gliedmaßen erinnerten — das Merkwürdigste, was mir je vor Augen gekommen:

merkwürdig nicht so sehr um seines allerdings sehr wunderlichen und verwirrenden Ansehens willen, als wegen seiner tief melancholischen Natur. Denn wenn Vater Leverkühn uns fragte, was wir davon hielten, und wir ihm zaghaft antworteten, es möchten Pflanzen sein, — ,nein', erwiderte er, ,es sind keine, sie tun nur so. Aber achtet sie darum nicht geringer! Eben, daß sie so tun und sich aufs beste darum bemühen, ist jeglicher Achtung würdig.' Es stellte sich heraus, daß diese Gewächse durchaus unorganischen Ursprungs waren, mit Hilfe von Stoffen zustande gekommen, die aus der Apotheke ,Zu den Seligen Boten' stammten. Den Sand am Boden des Gefäßes hatte Jonathan, bevor er die Wasserglaslösung nachgoß, mit verschiedenen Kristallen, es waren, wenn ich nicht irre, solche von chromsaurem Kali und Kupfersulfat, bestreut, und aus dieser Saat hatte sich als Werk eines physikalischen Vorgangs, den man als osmotischen Druck bezeichnet, die bemitleidenswerte Zucht entwickelt, für die ihr Betreuer unsere Sympathie sogleich noch dringlicher in Anspruch nahm. Er zeigte uns nämlich, daß diese kummervollen Imitatoren des Lebens lichtbegierig, ,heliotropisch' waren, wie die Wissenschaft vom Leben es nennt. Er setzte für uns das Aquarium dem Sonnenlicht aus, indem er drei seiner Seiten gegen dasselbe zu verschatten wußte, und siehe, nach derjenigen Scheibe des Glasgefäßes, durch die das Licht fiel, neigte sich binnen kurzem die ganze fragwürdige Sippschaft, Pilze, phallische Polypenstengel, Bäumchen und Algengräser nebst halbgeformten Gliedmaßen, und zwar mit so sehnsüchtigem Drängen nach Wärme und Freude, daß sie sich förmlich an die Scheibe klammerten und daran festklebten.

,Und dabei sind sie tot', sagte Jonathan und bekam Tränen in die Augen, während Adrian, wie ich wohl sah, von unterdrücktem Lachen geschüttelt wurde.

Für mein Teil muß ich anheimstellen, ob dergleichen zum Lachen oder zum Weinen ist. Das eine nur sage ich: Gespenstereien wie diese sind ausschließlich Sache der Natur, und zwar besonders der vom Menschen mutwillig versuchten Natur. Im würdigen Reiche der Humanoria ist man sicher vor solchem Spuk. ..."

Der Marsbaum ließ die Phantasie der Chemiker nicht ruhen. Es folgten noch eine Reihe weiterer geheimnisvoller Gebilde:

*Traube*sche Zellen.

Der berühmte Farbenchemiker *Otto Nikolaus Witt* (1853 bis 1915) schilderte 1908 in dem dritten Bande seines Büchleins „Narthekion. Nachdenkliche Betrachtungen eines Naturforschers." die weitere Entwicklung dieser Experimente, die durch die Entdeckung der Kolloide durch *Thomas Graham* (1805 bis 1869) eine neue Aktualität erlangt hatten. Schon *Graham* hatte den von ihm geschaffenen Begriff Osmose benutzt, um auf die Bedeutung dieser Entdeckung im Bereich der Pflanzenphysiologie hinzuweisen:

„... Ferrocyankupfer, jenes tiefblutrote Salz ..., kann man sich mit Leichtigkeit herstellen, wenn man die Lösung eines Kupfersalzes zu einer Lösung von gelbem Blutlaugensalz, Ferrocyankalium, hinzugiesst oder umgekehrt die letztere Lösung zur ersteren träufelt. Immer entsteht sofort als überraschendes Resultat des Versuches aus der hellgelben und der blassblauen Lösung der Ingredienzien das tiefrote schleimige Umsetzungsprodukt beider Salze. Dasselbe scheidet sich so plötzlich ab, dass es beim langsamen Eingiessen der einen Lösung in die andere als zähe Haut den Strahl der einfliessenden Flüssigkeit umhüllt und sie zunächst daran hindert, sich mit der anderen zu vermischen, sodass man das Gefäß kräftig schütteln oder einen Rührstab zu hilfe nehmen muss, wenn man wirklich vollständige Durchmischung und Umsetzung beider Salze erzielen will.

Es war der geistvolle Pflanzenphysiologe Traube in Breslau, der zuerst darauf hinwies, daß die sackartigen Häute, welche bei einem solchen Versuche entstehen, in gewisser Hinsicht einer Pflanzenzelle gleichen ... Reisst die Haut einmal irgendwo, so wird bei der dann erfolgenden direkten Begegnung der beiden gelösten Salze wieder eine neue Haut gebildet, die künstliche Zelle besitzt also die Fähigkeit, empfangene Wunden auszuheilen. Schliesslich wird die Zelle durch fortwährende ... Verdickung ihrer Membran, träge und unwirksam, geradeso wie eine Pflanzenzelle, welche durch Inkrustierung altersschwach wird ...“

Versuch 3: *Traubesche Zellen*

Geräte: 500-ml-Becherglas, einige kleine Erlenmeyerkolben (ca. 100 ml)

Chemikalien: Gelbes Blutlaugensalz, Kupferchlorid

Zeit: 5 Min.

Man stelle sich mäßig konzentrierte Lösungen von gelbem Blutlaugensalz und Kupferchlorid her, die man wechselweise langsam ineinander gießt.

Die weitere Entwicklung schilderte *O. N. Witt* so:

„... In sehr zierlicher Weise hat neuerdings der in Nantes tätige französische Forscher Stéphane Leduc das Experiment zum Vorlesungsversuch umgestaltet, den man noch dazu im Fokus eines Projektionsapparates vornehmen und so einem grossen Auditorium vorführen kann...“

Versuch 4: *Leducsche Zellen*

Geräte: Kleines hohes Becherglas oder Reagenzgläser, Projektionsapparatur, starke Lichtquelle

Chemikalien: 2- bis 4%ige Lösung von gelbem Blutlaugensalz, Kochsalz, Gelatine, Kupfersulfat, Zucker

Zeit: 5 bis 10 Min.

„Anstatt mit zwei Lösungen zu operieren, benutzt Leduc nur eine, nämlich diejenige des Ferrocyankaliums, welches er zwei- bis vierprozentig anwendet und noch mit ein bis zwei Prozent Kochsalz und ein bis vier Prozent Gelatine versetzt. Diese Zusätze verlangsamen die Diffusion und beeinflussen damit die vorzuführende Erscheinung. In eine solche Lösung wirft nun der Experimentator ein kleines Körnchen einer Masse, welche durch Zusammenreiben von zwei Teilen Kupfersulfat und einem Teil Zucker, gelindes Anfeuchten, Granulieren und Trocknen hergestellt ist. Was nun geschieht ist namentlich für den, welcher nur sehen und nicht auch verstehen will, sehr wunderbar. Aus dem eingestreuten Körnchen, dem ‚Samen‘, wächst ein pflanzenartiges Gebilde, ein groteskes Gewirr von Stengeln, Blättern und Dornen empor. Es ist von roter Farbe, sieht aber in der Form einer Meeresalge oder einem Schimmelgebilde sehr ähnlich und kann mehrere Zentimeter hoch werden. Sein Wachstum dauert einige Minuten, und wenn man dabei nicht das Gläschen selbst, in welchem der Vorgang sich abspielt, sondern das vielfach vergrösserte Abbild auf dem Projektionsschirm beobachtet, so möchte man sagen, daß man vor sich eine Pflanze hat aus einem Samen emporkeimen, wachsen, Blätter und Blüten treiben sehen ...

... Sehr merkwürdig, aber auch schon seit langer Zeit bekannt ist es, daß diese osmotischen Zellen oder Pflanzen vom Lichte beeinflußt werden und demselben zustreben, geradeso, wie wirkliche Pflanzen es tun. Es beruht dies auf den durch das Licht bewirkten Dichtigkeitsänderungen in Lösungen, also auch auf einem ganz anderen Grunde, als der Lichthunger der Pflanzen.

Stéphane Leduc hat ... auch ausdrücklich hervorgehoben, daß bei aller Ähnlichkeit der gezeigten Erscheinungen mit gewissen Formen des Lebens doch von einer künstlichen Erzeugung wirklichen Lebens nicht die Rede sein könne. Aber er hatte nicht mit dem Sensationsbedürfnis der Presse gerechnet, die sich eine solche Gelegenheit zu einigen Fanfarenstössen nicht entgehen lassen konnte. Was schadete es, wenn man die harmlosen Ferrocyankupferpflänzchen Leducs dazu benutzte, die Frage aufzuwerfen, wie lange es wohl noch dauern würde, bis man von diesen ersten Nachahmungen der Formen belebter Wesen bis zu den wirklichen, auf synthetischem Wege erzeugten Zwiebeln und Karotten käme? Von diesen bis zu den künstlichen Affenpintschern und Kanarienvögeln und endlich zum Homunculus würde natürlich nur ein Schritt sein ...“

Zu *Goethes* Zeiten war man vor solchem Spuk noch keineswegs sicher. So bewahrt man im Deutschen Museum in München ein kleines Büchlein auf, dessen handschriftliche Anmerkungen von einer unbekannten Hand sehr wohl zeigen, daß damals noch viele die Alchemie durchaus ernst nahmen. Auch das Werk selbst ist alchemistischen Inhalts:

Handschriftliche Notizen in dem Buch

„*Abhandlungen vom Goldenen Vließ*
oder
Möglichkeit der Verwandlung
der Metalle
Aus dem Lateinischen
des Herrn Joh. C. Creilling
ordentlichen Lehrers der Mathemathik
und Physik
Tübingen
bei Jacob Friedrich Heerbrandt 1787

Regula Alchemistorum

Daß die Metallen nicht geändert oder transmutirt werden, man reducire sie dann zuvor in ihre erste Materie, weil sie nichts sind als argentum vivum gradatim & successive coagulatum per 🜍 decoctione naturali; u. ist der so hoch gepriesene Stein der philosophen eine Mittelform zwischen den Metallen selbst & ihrem ☿ und participiret also von beiden. Diese erste Materie, als worin die Erkenntniß des verborgenen Lichts enthalten, ist in dem ☿ & 🜍 begriffen, man versteht darunter nur den Semimetallor. wordurch der philosoph bedeut. wird, welcher durch das philosoph △ bereitet, durchdringend u:o ☉ leichwesicht gemacht wird, daß er der E ... noch ☉ ist, aber zur Substanz nur die coction opus habet ...“

Auch war es durchaus üblich alchemistische Anschauungen in Gedichten oder Hymnen auszudrücken:

„Ein Stein wird funden, ist nicht theuer,
aus dem zeucht man sein flüchtig △,
wovon der Stein selbst ist gemacht,

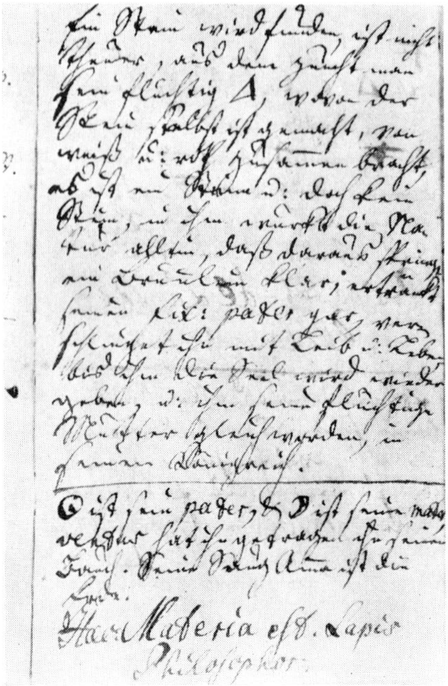
Haec Materia est Lapis Philosophor.

Abb. 5. Anonymes alchemistisches Gedicht des 18. Jahrhunderts

von weiß u. roth zusammenbracht,
es ist ein Stein u. doch kein Stein,
in ihm würkte die Natur allein,
daß daraus springt ein Brünnlein klar,
ertränkt seinen fix:pater gar,
verschlinget ihn mit Leib u. Leben,
bis ihm die Seel wird wieder geben,
u. ihm seine flüchtige Mutter gleich
worden, in seinem Königreich.
☉ (Gold) ist sein pater, ☾ (Silber) seine mater, ventus hat ihn getragen in seinem Bauch. Seine Saugamme ist die Erde.
Haec materia est Lapis Philosophor."

Doch war die Alchemie schon recht früh in Betrug abgeglitten, wobei die Grenze zwischen ernsthafter Alchemie, so wie sie oben im Kreise der Familie *Goethe* geschildert wurde, und dem nackten Betrug durchaus fließend sein konnte. Das Wiederaufblühen der Alchemie gegen Ende des 18. Jahrhunderts brachte jedenfalls die Aufklärer zu geharnischten Erklärungen. Zu ihnen gehörte der Professor *Wiegleb*, der auf Anregung seines Verlegers *Nicolai* — beiden werden wir in einem späteren Kapitel noch einmal begegnen — folgende Betrachtung veröffentlichte:

„Das eröffnete Heiligthum der Alchemisten.
Das immer im Dunkeln, wie die Pest, schleichende Völkgen, welches den Nahmen Alchemist an der Stirne trägt, rühmt sich einer Kunst, die unedlen Metalle in

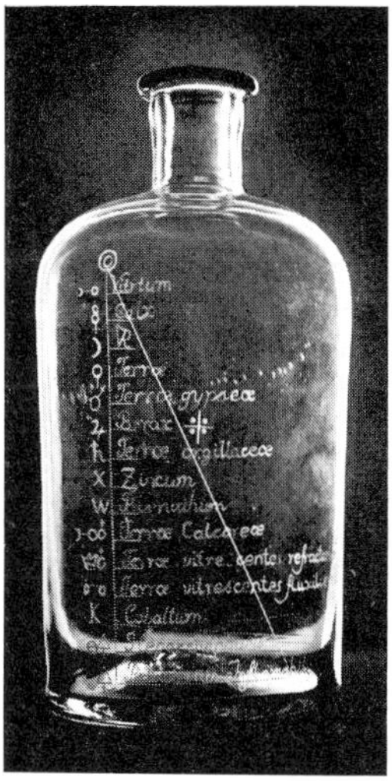

Abb. 6. Eine aus England stammende Flasche mit einer geheimnisvollen alchemistischen Inschrift. Vermutlich handelt es sich um eine Flasche die gefüllt mit bunten Flüssigkeiten in dem Schaufester einer englischen Apotheke des 18. Jahrhunderts stand

edle — z.B. Bley, Zinn, Kupfer und Eisen in Gold und Silber zu verwandeln. Aber fast seit 2000 Jahren, so lange dieser schwärmerische Gedanke entstanden und Wurzeln geschlagen hat, hat noch niehmals auch nur ein einziger sicherer Beweiß von dieser Chimäre vorgebracht werden können. Ich sehe hier schon im Geiste, wie mancher von diesen, theils vom Bücherstaube der vielen Tausend alchemistischen Scribenten erdfarbig aussehender, theils vom Rauch des philosophischen Feuers berußter, sein Haupt zwischen den Schultern emporheben und ausruffen wird: Was! keine Beweise, keine Geschichten wären vorhanden? wer diese nicht kennt, muß ein Ignorant seyn! ... Ich habe alle diese Geschichtgen schon lange gekannt und durchstudirt, aber nicht die geringste Beweiskraft darinn gefunden. Es wird auch niemand, der nicht eine solche unverschämte Stirne, nach Alchemistenart besitzet, fähig seyn, eine solche Sammlung alchemistischer Legenden für Wahrheit auszugeben ..."

Doch diese unverschämte Stirn hatten nicht wenige. Ein besonders geschickter alchemistischer Betrüger sei in dem folgenden Abschnitt vorgestellt. Hier handelt es sich um einen rein literarischen Betrug. Der aufmerksame Leser wird erkennen, daß das vorgestellte Rezept in sich völlig sinnlos ist.

Darstellung von Gold nach *Giacomo Girolamo Casanova* (1725 bis 1798)

Der berühmte Abenteurer *Casanova* bediente sich der Chemie vielfach bei seinen recht zahlreichen Betrügereien. So fehlte ihm eines Tages das Geld zu einer Reise von Augsburg nach Spa, wo sich damals im Sommer die ungeschicktesten Glücksspieler zu versammeln pflegten, die er rupfen wollte. Nun brauchte er einen Dummen, der ihm die Reisekasse vorstreckte. Da kam ihm die Idee, seine chemischen Kenntnisse zu einem „unfehlbaren Verfahren der Goldherstellung" auszubauen, das er an den Prinzen *Karl von Kurland* nach Venedig schickte, den er als verschwenderisch und nicht sehr schlau kannte und den er veranlassen wollte, ihm hundert Dukaten zu senden. *Casanova* hatte den Prinzen glauben gemacht, er könne je nach Bedarf Metalle beliebig verwandeln, z.B. Eisen in Kupfer. Zu allem Überfluß gab er auch noch eine Referenz an:

> „... Ich möchte Ihnen sagen, daß ich aus den gleichen Substanzen unter Beifügung von Quecksilber und Salpeter bei der Marquise von Pontcarré d'Urfé den metallischen Baum herstellte, dessen Wachstum die Prinzessin von Anhalt-Zerbst berechnete und dabei eine Vermehrung von fünfzig Prozent fand ..."

Diese Briefstelle war der reine Zynismus. Bei der *Marquise d'Urfé* handelte es sich ebenfalls um ein alchemistisches Opfer *Casanovas*, das er ganz besonders schlimm übers Ohr gehauen hatte. Man sieht aber auch an diesem Zitat, welche Rolle die Metallbäume bei alchemistischen Betrügereien spielten.

Leider hat der Prinz den Brief nicht verbrannt, wie es *Casanova* von ihm gefordert hatte, und da dieser in seinem verschwenderischen Leben fortfuhr, ohne daß es ihm gelang, Gold herzustellen, so fand sich der *Prinz von Kurland* eines traurigen Tages in Paris als Gefangener der Bastille wieder, die als eine Art Nobelgefängnis für heruntergekommene Aristokraten diente. Seltsamerweise sah das revolutionäre Volk in diesem Bauwerk ein Symbol königlicher Willkür und befreite an einem geschichtsträchtigen Tag eine Schar aristokratischer Lebemänner, die sich darob sehr wunderten. So kam auch der *Prinz von Kurland* wieder frei. Allerdings: die Briefschaften, die man den Gefangenen abgenommen hatte, die behielt man, um dann später indiskreterweise besonders schöne Briefe zu publizieren. So gelangte auch *Casanovas* Goldrezept zur allgemeinen Kenntnis.

> „Man muß vier Unzen guten Silbers nehmen und es in Scheidewasser auflösen, es dann kunstgerecht mit einer Silberplatte ausfällen und mit lauwarmen Wasser auswaschen, um jeden Säurerest zu entfernen; schließlich muß man es gut trocknen, es mit einer halben Unze Salmiak mischen und es so in einen Tiegel geben, der sich verschließen läßt. Nach diesen Vorbereitungen muß man ein Pfund Federweiß, ein Pfund ungarischen Spießglanz, vier Unzen Grünspan, vier Unzen natürlichen Zinnober und zwei Unzen Schwefelblüte nehmen. Alle diese Ingredenzien muß man pulverisieren, gut vermischen, und in einen so großen Destillierkolben tun, daß sie ihn nur bis zur Hälfte füllen. Dieser Destillierkolben muß auf einen Ofen mit vier Blasebälgen gesetzt werden, dann muß man die Glut bis zum vierten Grad steigern ..., wenn die Dämpfe zu erscheinen beginnen, muß man sie in den Tiegel leiten, in dem sich das Silber mit dem Salmiak befindet ... Dann muß man alles erkalten lassen ... Sobald das geschehen ist, muß man den Tiegel mit dem Silber nehmen, seine Öffnung mit einer dreifach gefalteten Blase verschließen und ihn mit der Öffnung nach oben in den verschlossenen Ofen geben; für einen Zeitraum von 24 Stunden muß man ein mäßiges Feuer einwirken lassen, dann die Blase entfernen, damit das Gefäß ausdampfen kann ... Wenn man das dreimal getan hat, so wird man in dem Gefäß Gold finden. Dieses muß man nun herausnehmen und unter Beimengung von reinem Metall schmelzen. Wenn man es mit zwei Unzen Gold schmilzt, und es dann in destilliertes Wasser gießt, wird man vier Unzen Gold erhalten, das jede Probe besteht, im Gewicht einwandfrei und prägbar, jedoch fahlgelb ist."

Doch auch Betrugsalchemisten mußten ihr Handwerk verstehen. *Wiegleb* hat uns in seinem berühmten Werk: „Die natürliche Magie" einige recht trickreiche Rezepte hinterlassen, mit deren Hilfe man zwar kein Gold machen kann, aber sehr wohl in der Lage ist, die Darstellung künstlichen Goldes vorzutäuschen. Unter diesen Betrugsrezepten gibt es einfachere und plumpe, aber auch recht raffinierte. Das folgende Rezept, das in sich durchaus funktioniert, nützt die Spannungsreihe der Metalle aus, wobei geschmolzenes Glaubersalz als Lösungsmittel für Gold und Silber dient.

„Des Barons von Schroeders Schelmentinktur.

Man läßet eine Portion Glaubersalz in starkem Feuer fließen, und trägt so viel Kohlenstaub hinein, als davon aufgelöset werden kan. Derjenige Schelm, welcher verspricht, aus Silber durch diese schmelzende Masse Gold zu machen, wirft mit taschenspielerischer Geschwindigkeit, oder auf eine sonstige unbemerkte Weise, etwas Gold in den Tiegel, das ohne Schwierigkeit aufgelöset werden wird. Glaubt er dann, daß dies vollbracht ist, so läßt er, zur Benehmung alles Verdachts, selbst von derjenigen Person, der die alchemistische Nase aufgesetzt werden soll, ein Stück Silber in den Tiegel werfen. Das Silber wird von dem schmelzenden Salze angegriffen und aufgelöset, dagegen aber das Gold wieder rein metallisch am Boden abgesetzt werden. Gießt man es dann aus, so findet man im Tiegel kein Silber mehr, aber dafür Gold. Und welcher Unwissende sollte nicht durch diesen Schelmengriff betrogen werden können?

Oder

man gieße das goldische geschmolzene Glaubersalz aus, und verwahre es fest in verschlossenen Flaschen vor Luft und Feuchtigkeit, unter dem Namen eines geheimen tingirenden Flußpulvers. Läßt man dann von einer leichtgläubigen Seele etwas reines Silber im Tiegel schmelzen, und trägt alsdann doppelt so viel von diesem Pulver darzu, so wird das im Pulver befindliche Salz so viel Silber angreiffen, als es seiner Natur nach vermögend ist, und solches in eine Schlacke verwandeln. Dagegen wird das Gold vom Salz abgeschieden werden, und sich mit der unangegriffenen Portion Silber vereinigen, woraus hernach durch Auflösung in Scheidewasser die große Menge Gold zum Vorschein gebracht wird.

Der natürliche Grund dieses Erfolgs, den sich die Schelmen zu Nutz machen, ist nach der schon gegebenen Erläuterung, daß unter angeführten Umständen Gold von schmelzenden Glaubersalz aufgelöset und durch Silber niedergeschlagen werden kann, nachdem letzteres an die Stelle des ersten aufgenommen wird..."

Dieses Experiment ist zwar praktikabel, aber für die Vorführung doch etwas aufwendig. Wegen der Giftigkeit des Quecksilbers ist die Nacharbeitung des folgenden Versuches nicht zu empfehlen, obwohl er recht gut funktioniert. Interessant ist bei all diesen Versuchen die psychologische Seite:

„Die Narrentinktur

Die Narrentinktur, wodurch sich schon manche betrügen lassen, wird auf folgende Art bereitet. Man löset fein Silber in Scheidewasser auf, ziehet letzteres bis zur Trockne davon, und wiederholt dies dreymahl hintereinader. Dann gießt man destillirten Eßig darauf, wodurch alles wieder aufgelöset werden wird, und ziehet auch den Eßig dreymahl wieder davon ab. Endlich wird das rückständige Silbersalz in Regenwaßer aufgelößt, filtrirt und zu einer stark gesättigten Flüssigkeit abgedunstet. Dergleichen Wasser führen die auf Parthey ausgehenden Alchemisten bey sich, um damit in der Geschwindigkeit nur eine kleine Probe abzulegen. Sie gießen nemlich etwas von diesem Wasser in eine Porcellaintasse, lassen sich dann etwas Quecksilber geben und schütten solches in die Tasse. Nach einigen Stunden findet man das Quecksilber verhärtet, und wenn man es im Feuer schmelzet, bleibt davon eine Portion Silber zurück. Sonderbar genug für einen Unwissenden! Aber so pflegen diese Leute von der Unwissenheit anderer bösen Gebrauch zu machen. In dem

Wasser steckt Silber aufgelößt. Kennt nun der Betrüger sein Wasser, wie viel in einem gewissen Maas desselben an Silber befindlich ist, so weiß er schon vorher die Menge des Silbers zu bestimmen, die durch Quecksilber hervor kommen soll. Von dem Quecksilber wird ein Theil in der Flüssigkeit aufgelößt, und dadurch das verborgene Silber ausgeschieden, welches sich mit dem übrigen Quecksilber verbindet. Wird dieß nun im Feuer abgeraucht, so muß freylich so viel Silber im Gefäß zurück bleiben, als beym Quecksilber gewesen ist.
Andere verheimlichen die Bereitung ihres Wassers nicht, und geben vor, daß durch die Vorbereitung das Silber dergestalt in Wirksamkeit gesetzet werde, und daß dadurch mehr Silber zum Vorschein komme, als zuvor aufgelöset worden. Diese Schelmerey beruht darauf, daß nicht alles Quecksilber durchs Feuer abgetrieben wird."

Ganz primitiv sind die beiden folgenden Rezepte, obwohl die zweite Vorschrift psychologisch recht trickreich ist:

„Eben so machte es unter etwas veränderten Umständen Georg Honauer, schelmischen Andenkens, welcher für seine Kunst zu Stutgard den Galgen zieren müssen. Er setzte Quecksilber in einem Tiegel auf Kohlen, warf auch Kohlen in den Tiegel, und brachte am Ende Gold daraus zum Vorschein, aber das Gold war in den Kohlen verborgen gewesen. Ein andermahl verbarg er einen Jungen in einer im Laboratorium stehenden Kiste, welcher, nachdem der Fürst das Laboratorium verschlossen hatte, heraus stieg, Gold in den Tiegel warf, und sich wieder verbarg.
Ein anderer Goldkäfer, der dem Markgraf von Baden Ernst, Gold zu machen lehren wollte.
Seine Kunst bestand darinn, daß er einen Kameraden hatte, welcher sich in derselben Gegend als ein Quacksalber oder Wurzelmann aufführen mußte. Dann fieng der erste seinen vorgegebenen Proceß auf Unkosten des Marggrafen an auszuarbeiten, und erklärte endlich demselben, daß ihm noch zum glücklichen Ausgang die Wurzel Resch fehlte, die vornehmlich bey dem in der Gegend sich aufhaltenden Wurzelmanne zu haben wäre. Der Fürst schickte also zu solchen hin, und ließ nach der Wurzel Resch fragen, worauf der Schelm abgeredtermaßen ihm ein schwarzes Pulver schickte, das seiner Natur nach nichts anders als ein verlarvtes Goldpulver war. Der betrügerische Laborant warf das Pulver auf Quecksilber, brachte dadurch Gold zum Vorschein, zog dann seinen bedungenen Lohn, führte also den Fürsten hinter das Licht, und gieng mit seinem Kameraden fort. Als hernach der Fürst weiter nach der Wurzel Resch fragen ließ, wollte sie niemand kennen, und mußte nur zu spät erfahren, daß er betrogen worden war..."

Will man einen einfachen alchemistischen Betrugstrick vorführen, so bediene man sich folgender, alter, aber jederzeit sicher nachvollziehbarer Vorschrift:

Versuch 5: *„Darstellung von Gold"*

Geräte: eine flache Porzellanschale oder flache Tonschale mit hinreichend gewölbten Deckeln. Einfacher ist es, zwei größere Schalen zu verwenden

Chemikalien: Kochsalz, ein Goldstückchen (oder vergoldeter Bleiklumpen), Wachs, eventuell eine raucherzeugende Substanz

Zeit: 5 Min.

Man nehme einen — nach Möglichkeit nicht allzu tiefen altertümlich aussehenden Tontiegel. Man zeigt dem Publikum, daß zu Beginn des Experimentes der Tiegel absolut leer ist. Dann fülle man harmlose Substanzen ein, bei denen sich die Zuhörer durch die Geschmacksprobe überzeugen dürfen, daß es sich nicht um Goldverbindungen handelt, zum Beispiel Kochsalz und ähnliches. Man besorgt sich einige kleine, möglichst flache Goldklümpchen (oder auch Zinn, Blei oder dergleichen vergoldet) und klebt sie mit leichtschmelzbarem Wachs an die Innenseite des Deckels. Die Klümpchen sollten nicht zu leicht sein und die Wachsschicht nicht zu dick, damit sich das Gold beim Erhitzen dann leicht löst. Die Innenseite des Deckels wird dem Publikum nicht vorgewiesen. Durch geschickte Manipulation läßt man den Wunsch auch gar nicht erst aufkommen. Nun wird der Deckel auf den Tiegel gelegt und mit scharfer Flamme erhitzt. Das Wachs schmilzt nach einiger Zeit und das Gold fällt in den Tiegel. Hat man ein etwas größeres Goldstück gewählt, so hört man als Vortragender das Aufschlagen der Klumpen, was die Sicherheit etwas erhöht. So primitiv dieser Versuch auch ist, so verblüffend ist seine Wirkung.

III. Versuche mit Kältemischungen

(Ende 18. Jahrhundert)

Die Verwendung natürlichen Wassereises zur Kühlung von Getränken scheint schon sehr alt zu sein. Schon *Galen* (129 bis 199 n. Chr.), Leibarzt des Kaisers *Mark Aurel*, schrieb, daß es ungesund sei im erhitzten Zustand im Sommer eisgekühlte Getränke zu sich zu nehmen. Dabei wurde allerdings nur natürliches Eis oder Schnee verwendet. Zum Lagern bediente man sich tiefer Gruben oder Eiskeller, in denen man das im Winter gesammelte Eis bis zum Gebrauch im Sommer aufhob. Allerdings konnte man auf diese Weise zunächst alkoholische Getränke nur kühlen, indem man sie gleichzeitig durch das Einwerfen von Eis oder Schnee verdünnte. Im Übrigen hielt sich der Gebrauch von Eiskellern bis in unsere Tage, wobei man auf sogenannten hölzernen „Eisgalgen" durch Aufgießen von Wasser in der Kälte Eiszapfen wachsen ließ, die man dann abbrach und in die Keller brachte. Ebenso war es schon in der Antike üblich, das an den Tafeln der Herrscher angebotene Obst zu kühlen, indem man es auf Eis legte. Von Kaiser *Nero* wird berichtet, er habe aus den Regionen des ewigen Eises das Gletschereis durch Sklaven-Staffettenläufer herbeischaffen lassen, um dieses mit Früchten und Honig vermischt, seinen Gästen als besonders attraktive Leckerei vorzusetzen. In heißen Gegenden war auch in späteren Zeiten natürliches Eis außerordentlich kostbar. So hatten z.B. im 18. und 19. Jahrhundert die wohlhabenden Pflanzer auf den westindischen Inseln begreiflicherweise ein besonderes Bedürfnis ihre meist alkoholischen Getränke zu kühlen. Dieses Bedürfnis wurde von nordamerikanischen schnellen Schiffen befriedigt, die das Eis herbeiführten. Das Verfahren war einfach. In den Neuenglandstaaten erzeugte man im Winter auf den Eisgalgen natürliches Eis, lagerte es in tiefen Kellern ein und brachte es im Sommer mit Schnellseglern zu den westindischen Inseln in der Karibischen See. Man lernte dabei gut isolierte Laderäume für Eis bauen, was bald darauf den amerikanischen Hochseefischern bei der Lagerung frisch gefangener Fische zugute kommen sollte. Trotzdem war es schwierig und risikoreich mit dem im Laderaum langsam aber sicher dahinschmelzenden Eis um die Wette zu segeln, und gar nicht selten hatte sich die Ladung bis zum Zielhafen verflüssigt. Dementsprechend war Wassereis auf den Westindischen Inseln außerordentlich teuer.

Da Eis im Sommer als unwahrscheinlicher Luxus galt, muß für die Menschen früherer Zeiten die Entdeckung der künstlichen Kälte ebenso wunderbar gewesen sein, wie für uns heute beispielsweise der Flug zum Mond. So erregte es einiges Aufsehen, als 1550 der in Rom wirkende spanische Arzt *Blasius Villafranca* die Beobachtung veröffentlichte, daß sich Wasser abkühlt, wenn man Salpeter darin löst und daß man mit Hilfe dieser kühlen Lösung Getränke kühlen kann, die man in speziellen Gefäßen in die Kühl-

Abb. 7. Modell zur Natureisbereitung: Ausschneiden des Eises aus der Oberfläche eines stehenden Gewässers und Verbringen in eine isolierte Aubewahrungshütte (Modell Deutsches Museum). — Rekonstruktion einer Anlage am Nymphenburger Kanal in München

lösung eintaucht. Salpeter ist nun keineswegs das einzige Salz, an dem sich diese Erscheinung beobachten läßt. Deshalb nimmt man heute an, daß diese Beobachtung zuerst von Indianern in Südamerika gemacht wurde, da es in Chile große natürliche Salpeterlagerstätten gibt. Wahrscheinlich, so glaubt man, haben dann die spanischen Eroberer diese Beobachtung mit nach Europa gebracht. Ein anderer spanischer Arzt schrieb 1578 diese Entdeckung allerdings einigen Galeerensklaven zu, die beim Pulvermischen von Durst geplagt herum experimentiert hätten, und auf diese Weise zu gekühltem Wasser kamen. 1607 veröffentlichte dann ein neapolitanischer Arzt und Professor *Latinus Tancredus* ein Experiment, bei dem er nun nicht Salpeter mit Wasser mischte, sondern Salpeter mit Wassereis. Das Gefäß mit diesem Gemisch setzte er nun in ein weiteres, nur mit Wasser gefülltes Gefäß, worauf dieses Wasser innerhalb kurzer Zeit gefror. Doch immer noch gewann man nur reines Eis. Zur Erfindung des Speiseeises fehlte noch ein kleiner Schritt, nämlich der Gedanke, statt Wasser ein wohlschmeckendes Gemisch einzufrieren. Doch diese Entwicklung ließ nicht lange auf sich warten und schon 1626 gab *Sanctorius* in Venedig einen Kommentar zu den Werken des *Avicenna* heraus, in der das Einfrieren von Wein beschrieben wurde. Auch erkannte er, daß man statt des Salpeters auch gewöhnliches Salz verwenden könne.

Daneben gab es auch so etwas wie die wissenschaftliche Seite der Bereitung künstlicher Kälte. Wir wollen sie in einem Bericht verfolgen, der sich in der Magie von „*Halle*“ (1789) findet:

> „Der Engländer Bacon und der Jesuit Kircher waren die ersten Naturforscher, welchen diesen indianischen Versuch nachmachten, und diese wußten sogar schon, daß Meersalz mit zerflossenem Eise eben diese Eigenschaft hat, so, daß ein in das Mengsel gestelltes Wasserglas davon gefriert.
>
> Robert Boyle fand, daß diese ‚Erkältung‘ auch dem Vitriol, Alaun, Salmiak und sogar dem Zucker eigen sey. Er machte mit Salmiak allein Eis, und er merkte an, daß diese Salze nicht eher zu wirken anfingen, als wenn sie zerflossen. Er zog endlich

Abb. 8. Modell eines Eisspeichers mit Kühlhausanlage für Fleisch (Deutsches Museum)

aus diesen Mittelsalzen durch „das Destilliren die Säuren heraus, und auf diesen Wege fand er, daß die Salpetersäure die größte Kälte hervorbrachte.
Durch die Versuche der florentinischen Akademie zeigte sich die erkältende Kraft des Salmiaks noch größer, als die des Salpeters..."

Das „synthetische" Eis war zunächst ein besonderer Luxus der Fürstenhöfe. So kam die seltsame und extravagante Mode auf, Getränke in aus klarem Eis geformten Gefäßen zu reichen, d.h. man verwendete Becher oder Pokale aus reinem Wassereis. Selbstverständlich mußte man diese Getränke austrinken, bevor der Becher schmolz. Ebenso gab es große Weinbassins aus durchsichtigem Eis.

Wo zuerst wirklich richtiges Speiseeis in unserem Sinne aufkam, wissen wir nicht ganz genau. Möglicherweise war es in Neapel, wo schon früh Eis in Waffeltüten auf Bällen und in Theatern verkauft wurde. Bald war es so allgemein üblich, daß man es durchaus als „Volksnahrung" in Süditalien ansehen kann. Die italienischen medizinischen Schriftsteller des 17. Jahrhunderts waren der Ansicht, daß dies ausgesprochen gut sei, da Speiseeis auch als Medizin wirke. So glaubte man, daß die jährlichen Fieberepidemien in Sizilien vor der Einführung des Speiseeises einige tausend Menschen mehr im Jahr hinweg gerafft hätten, wie später, als jeder im Sommer Speiseeis in Mengen aß. Nach einigen Quellen soll aber das eigentliche Speiseeis auf den in Paris lebenden Zuckerbäcker *Procope Conteaux* zurückgehen, der um das Jahr 1660 auf die Idee gekommen sein soll, die kurz zuvor erfundene Limonade — übrigens wie der Name schon sagt, zunächst unter Verwendung von Limonen bereitet —, zu gefrieren. Etwa seit 1676 gab es dann in Frankreich den Berufsstand der „Limonadiers", die außer Limonaden — worunter man schon bald alle alkoholfreien kalten Getränke verstand — auch Speiseeis herstellten. So heißt es in ihren alten Satzungen: „... eaux de gelée et glaces de fruits et de fleurs, d'anis et de canelle ...".

Dann spielte das Speiseeis an der Tafel der französischen Könige eine große Rolle. Allerdings sagt man, daß die Anzahl der Speiseeisrezepte in den deutschen Kochbüchern des 17. Jahrhunderts besonders groß gewesen sein soll. Mit der Zeit wurden die Rezepte mehr und mehr verfeinert. Neben dem Wassereis kamen die Eiskrems auf.

Ein bedeutender Verfasser von Eisrezepten war *Hermann Fürst von Pückler-Muskau* (1785 bis 1871), der der Welt das sogenannte „Halbgefrorene“ oder das „*Fürst-Pückler-Eis*“ schenkte. Trotz der Erfindung der Lindeschen Eismaschine blieb das Prinzip der Kältemischungen bis in unsere Tage vorherrschend. Die älteren unter uns werden sich noch an die Gestalt des Eismannes erinnern, der eine große Kiste mit gewaltigem Rad daran, auf vier großen Kinderwagenrädern und darüber einen bunten Baldachin auf den Straßen, in Bädern und in Anlagen spazieren schob. Das große Drehrad dient dabei zum Drehen des Eisbereitungskessels in der Kühlmischung, sowie zum Bewegen eines Rührwerkes das von Zeit zu Zeit die Kältemischung umrührte. Ein solcher Apparat wurde um 1900 wie folgt beschrieben:

„Das Gemisch der Ausgangsmaterialien wird in der Eismaschine zum Erstarren gebracht. Letztere besteht aus einem rotierenden, verzinnten Kessel, der in einem Holzbottich mit Kältemischung eingesenkt ist. Durch Hineinhalten eines Hartholzspatels wird dafür gesorgt, daß das Ganze nicht in Klumpen, sondern zur homogenen, breiigen Masse erstarrt. Aus der Eismaschine kommt das Speiseeis, um es bis zur Abgabe in gefrorenen Zustand zu erhalten in bedeckte Steinkruken, die ebenfalls in Kältemischungen untergebracht sind.“

Zunächst einmal wollen wir einige einfache Eisversuche aus dem 18. Jahrhundert betrachten, die *Halle*s Magie entnommen sind:

Versuch 6: „*Eis in einer warmen Stube zu machen*“

Geräte: Ein größerer und ein kleinerer tiefer Teller, Bunsenbrenner oder große Kerze

Chemikalien: Schnee oder gestoßenes Eis, Kochsalz

Zeit: 10 Min.

„Man nimmt eine Quantität Schnee, oder klein gestoßenes Eis, und vermischt solches auf einem porcellainenen, töpfernen, oder zinnernen Teller, mit einer Handvoll gemeinen Küchensalzes. Auf diese Vermischung setzt man einen anderen Teller mit kaltem Wasser, und setzt beyde zusammen auf ein lebhaft glühendes Kohlenfeuer. Wie nun der mit Salz vermischte Schnee auf dem untern Teller zu schmelzen anfängt, so wird das auf dem obern Teller befindliche Wasser von unten zu frieren anfangen, und endlich ganz in Eis verwandelt werden.“

Anmerkung: Anstelle des Kohlenfeuers läßt sich auch eine Kerze oder ein nicht zu starker Bunsenbrenner verwenden.

Ergebnis: *Ein erwärmtes Eis-Kochsalzgemisch vermag Wasser zum Gefrieren zu bringen.*

Versuch 7: „*Daß eine zinnerne Schüssel oder Teller in einer Warmen Stube auf dem Tisch anfriere*“ *(nach Wiegleb)*

Geräte: Blechschüssel oder Topf

Chemikalien: Schnee und Kochsalz

„Man nehme eine zinnerne Schüssel voll Schnee, gieße auf den Tisch, wo die Schüssel anfrieren soll, etwas Wasser, thut etwas Schnee darauf, und drückt sodann die Schüssel mit dem Boden auf den Schnee, daß sie fest darauf stehe. Inwendig streut man Salz auf den Boden der Schüssel, und thut den Schnee darüber her. Hat dies eine kleine Weile so gestanden, so friert die Schüssel sammt dem Schnee, der unter ihr ist, fest auf den Tisch auf.“

Anmerkung: Der Versuch geht mit jedem Gefäß, das einen flachen Boden hat.

Ergebnis: *Ein erwärmtes Eis-Kochsalzgemisch vermag Wasser zum Gefrieren zu bringen.*

Versuch 8: *„Einen Eiszapfen oder Eisschollen auf einem Tische in der Stube fest anfrieren zu lassen“* (nach *Halle*)

Geräte: Hölzernes Brett

Chemikalien: Eiszapfen oder Eiswürfel, Kochsalz

Zeit: 15 Min.

„Der Eiszapfen wird unten oder oben, oder auf der Seite, auf welcher er anfrieren soll, glatt und eben abgerieben, damit er fest stehen kann. Auf die abgeriebene Seite, und auch nebenhin streuet man Salz, und läßt ihn so eine Weile liegen, so friert er in kurzer Zeit dergestalt an, daß man ihn nicht eher wieder abbringen kann, bis er von selbst wegschmilzt.“

Ergebnis: *Ein Eis-Kochsalzgemisch vermag Wasser zum Gefrieren zu bringen. In diesem Versuch wird das Schmelzwasser des Eiszapfens fest.*

Versuch 9: *„Mitten im Sommer aus Eis einen Becher zu machen“ (Wiegleb)*

Geräte: Größeres oder kleineres Blechgefäß oder Töpfe

Chemikalien: Schnee, Hagelkörner oder gestoßenes Eis; Kochsalz, Wasser

Zeit: 15 Min.

„Dieß Kunststück kann nur gemacht werden, wenn es hagelt. Man nimmt einen platten zinnernen oder silbernen Becher, füllet ihn mit aufgefangenem Hagel und Salz, setzt ihn in ein Gefäß voll Wasser, und rührt den Hagel und das Salz fleißig untereinander, indem dieß geschiehet, fängt rund herum außer dem Becher Eis an sich anzusetzen, und zwar so dick, daß man, wie aus einem andern ordentlichen Becher, bequem daraus trinken kann, wenn man es von dem silbernen oder zinnernen Becher absondert.“

Ergebnis: *Wie oben.*

So in etwa kann man sich die Anfertigung von Eis-Trinkgefäßen für fürstliche Tafeln vorstellen.

Versuch 10: *„Eis im Winter in einer warmen Stube aus dem Wasser zu machen“ (nach Halle)*

Geräte: Hyacynthen-Glas, größere Schüssel

Chemikalien: Schnee oder gestoßenes Eis, Kaliumnitrat, Kochsalz, Wasser

Zeit: 20 Min.

„Man nimmt ein Glas, das oben enge und unten sehr bauchicht ist, wie etwa diejenigen Gläser sind, welche man zu Verfertigung der Sanduhren, oder im Winter Hyacynthen in der Stube zu ziehen, zu gebrauchen pflegt, füllet es mit laulichem Wasser an, und stopft es zu. Sodann thut man Schnee in ein ziemlich großes Gefäß, mischt darunter etwas Salpeter, auch einen Theil gemeinen Salz, so wird der Schnee dermaßen erkältet, daß die Hände davon ganz starr werden. Mitten in dießen Schnee setzt man nun das Glas dergestalt, daß es ganz davon bedeckt ist, und läßt es darin etwa eine Viertelstunde in einer warmen Stube stehen, so wird das Wasser im Glase in Eis verwandelt, und zwar fängt das Eis unten an, wenn der obere Theil nicht im Schnee steht.“

Unfallgefahren: Je nach Wandstärke springt das Glas.

Ergebnis: *Wie vorstehend.*

Versuch 11: *„Ein Brennspiegel von Eis“ (Wiegleb)*

Geräte: Je nachdem man eine Linse oder einen Hohlspiegel herstellen will, formt man entsprechend aus Siliconkautschuk ein Gefäß, das man mit Wasser gefüllt in den Eisschrank stellt. So erhält man Eis-Linsen oder Spiegel

Chemikalien: Wasser, Schwarzpulver oder eine sonstige, leicht entzündliche Substanz

„Man läßt Wasser über dem Feuer ungefähr eine Stunde lang sieden, wodurch das Eis nachher desto durchsichtiger wird. Dies Wasser setzt man an die Kälte, und läßt es gefrieren, welches geschiehet, ohne daß es Blasen ansetzt. Dies Eis thut man in ein rund ausgehöhltes Gefäß, bringt es zum Feuer, und läßt es nach und nach schmelzen, bis es eine runde Gestalt bekommt. Ebenso macht man es auch auf der andern Seite, daß es also eine gleichförmig runde Gestalt gewinnt, und als ein Brennspiegel von Eis daraus wird. Diesen kleinen Spiegel nun, faßt man mit einem Handschuh an, damit die Warme Hand das Eis nicht so bald schmelzend mache. Hält man nun diesen Brennspiegel gegen die Sonne, und bringt etwas Schießpulver in den Brennpunkt, so wird solches entzündet werden.“

Ergebnis: *Kalte, schmelzende Eis-Linsen oder Spiegel vermögen im Sonnenlicht leicht brennbare Substanzen zu entzünden.*

Versuch 12: *Kältemischungen mit Schnee oder Eis (nach Masters)*

Geräte: Gut isoliertes Becherglas, am einfachsten mit Asbestschnur umwickelt; Thermometer mit weit unter den Nullpunkt reichender Skala, Waage

Chemikalien: Zerstoßenes Eis oder Schnee, Kochsalz, Natriumcarbonat, verdünnte Schwefelsäure, verdünnte Salzsäure, verdünnte Salpetersäure

Zeit: Jeweils 10 Min.

Zur Bereitung von Speiseeis wurden früher, vor der Erfindung der rein physikalisch funktionierenden Eismaschine folgende Kühlgemische benutzt:

3 Teile zerstoßenes Eis oder Schnee und 1 Teil Kochsalz
3 Teile Schnee und 1 Teil Soda
3 Teile Schnee und 2 Teile verdünnte Schwefelsäure
8 Teile Schnee und 3 Teile verdünnte Salzsäure
7 Teile Schnee und 4 Teile verdünnte Salpetersäure

Man rühre gut durch und messe nach etwa 10 Min. die eingetretene Temperatur der Mischung.

Unfallgefahren: Man vermeide es, nicht isolierte Bechergläser mit den Kältemischungen längere Zeit in der Hand zu halten.

Ergebnis: *Wie oben.*

Versuch 13: *Kälte-Mischungen ohne Eis (nach Masters)*

Geräte: Gut isoliertes Becherglas, mit Asbestschnur umwickelt; Thermometer mit weit unter den Nullpunkt reichender Skala

Chemikalien: Ammoniumchlorid, Kaliumnitrat, Natriumsulfat Ammoniumnitrat, Natriumcarbonat, Natriumphosphat, verdünnte Salpetersäure, konzentrierte Salzsäure, verdünnte Schwefelsäure

Abb. 9. Maschine zur Bereitung von Speiseeis im Haushalt, etwa 1920. Apparate wie dieser waren seit etwa den vierziger Jahren des vorigen Jahrhunderts im Gebrauch. Professionelle Eisbereiter benutzen wesentlich größere Geräte, aber gleicher Konstruktion

Abb. 10. Die gleiche Eismaschine von oben und zerlegt. Die Kurbel ist abgenommen. Die Mischung aus der das Speiseeis bereitet werden sollte, wurde in das innere Gefäß eingebracht und dann der Deckel aufgesetzt. Die von Hand zu drehende Kurbel griff mit einem Zahnrad in den am Deckel angebrachten Zahnkranz ein, dadurch wurde das Eisgefäß in Drehung versetzt, während der Rührmechanismus im Innern stehen blieb. So wurde die Speiseeismasse permanent umgerührt, sobald man die Kurbel betätigte. Die Kühlmischung brachte man in den Raum zwischen dem äußeren Holzgefäß und dem metallenen Innengefäß ein. Da sich letzteres drehte, brauchte man für die Kühlmischung kein eigenes Rührwerk

Zeit: Jeweils 10 Min.

Kühlmischungen unter Verwendung von Schnee oder Eis sind relativ wohlfeil, da der Kostenanteil für die Chemikalien geringer ist, als bei den Verfahren ohne Eis. Deshalb wurden früher eishaltige Kältemischungen von den Eishändlern und Limonadiers bevorzugt. Allerdings war man von einem genügenden Eisvorrat in den Eiskellern abhängig. Für Weltgegenden ohne Eis und Schnee, beziehungsweise für heiße Sommer, in denen der Eisvorrat schon vor der Zeit zur Neige gegangen war, wurden folgende Kältemischungen ohne Eis empfohlen, deren Wirksamkeit wiederum mit einem Thermometer und einem isolierten Becherglas zu prüfen ist:

5 Teile Ammoniumchlorid, 5 Teile Kaliumnitrat (Salpeter), 16 Teile Wasser.
5 Teile Ammoniumchlorid, 5 Teile Kaliumnitrat, 8 Teile Natriumsulfat, 16 Teile Wasser.
1 Teil Ammoniumnitrat, 1 Teil Natriumcarbonat, 1 Teil Wasser.
1 Teil Wasser, 1 Teil Ammoniumnitrat, 3 Teile Natriumsulfat

Abb. 11. Dieselbe Eismaschine in ihre Einzelteile zerlegt

1 Teil Wasser, 1 Teil Ammoniumnitrat.
3 Teile Natriumsulfat, 2 Teile verdünnte Salpetersäure.
6 Teile Natriumsulfat, 4 Teile Ammoniumchlorid, 2 Teile Kaliumnitrat, 4 Teile verdünnte Salpetersäure.
9 Teile Natriumphosphat, 4 Teile verdünnte Salpetersäure.
9 Teile Natriumphosphat, 6 Teile Ammoniumnitrat, 4 Teile verdünnte Salpetersäure.
18 Teile Natriumsulfat, 5 Teile konzentrierte Salzsäure.
5 Teile Natriumsulfat, 4 Teile verdünnte Schwefelsäure.

Unfallgefahren: Man vermeide es, unisolierte Becher mit Kältemischungen in der ungeschützten Hand zu halten.

Moderne Literatur: *Bukatsch/Glöckner*, Experimentelle Schulchemie. Bd. 4/I: Physikalische Chemie I, Kapitel Thermochemie, S. 211ff.

Ergebnis: *Die Lösungskälte verschiedener Gemische kann zur Erzeugung von Wassereis genutzt werden.*

Spaßeshalber seien zwei Eisrezepte angeführt. Beide aus einem berühmten Buch über Speiseeis aus dem vorigen Jahrhundert:

> „The Ice Book: Being a Compendious & Concise History of Everything Connected with Ice from its first Introduction into Europe as an Article of Luxury to the Present Time. With an Account of the Artifical Manner of Producing Pure & Solid Ice and a Valuable Collection of the Most Approved Recipes for Making Superior Water Ices and Ice Creams at a Few Minutes Notice! By Thomas Masters, London: Simpkin, Marshall & Co. 1844."

Zunächst ein veredeltes Rezept für Limoneneis. Limoneneis war, wie wir oben gesehen haben, die erste Art von Speiseeis.

„Lemon Water Ice.

Take three lemons and rasp them on sugar, the juice of six, the juice of one orange, one pint of clarified sugar, half a pint of water. Mix, strain through a fine hair or lawn sieve, freeze."

Als Beispiel für die komplizierteren Eiscreamrezepte wollen wir jenes anführen, das Mister *Master*, der Klassiker der Speiseeisrezeptverfasser und Erfinder der Masterschen Eismaschine seiner jungen Königin, der Queen *Victoria*, gewidmet hatte:

„Punch a la Victoria

Rasp two lemons, take the juice of six, the juice of two oranges, half a pint of water, one pint of clarified sugar. Mix, strain, freeze hard. Add one glass of rum, one of brandy, one of nectar, charge the ice again, as the spirit will bring it down. Beat up the whites of three eggs quite firm, put one quarter of a pound of sugar with the whites, stir it gently in, put it to the ice, and mix slowly."

Dank des erfreulich hohen Gehalts an Alkohol erfordert dieses Rezept eine besonders stark kühlende Kältemischung.

IV. Versuche zur Jahrmarktschemie

(Ende 18. Jahrhundert)

Zu den auffälligsten Institutionen früherer Jahrhunderte gehörte der Jahrmarkt. Die heutigen Jahrmärkte sind leider nur mehr ein schwacher Abglanz der einstigen Herrlichkeit. Eine hochorganisierte medizinische Versorgung der gesamten Bevölkerung, die Zeitungen und das Fernsehen haben ihn seiner einstigen Aufgaben beraubt. Einstens hatte der Jahrmarkt — auch in ländlichen abgelegenen Gebieten — die Bevölkerung mit Waren, mit ärztlicher Hilfe, Medikamenten und mit Unterhaltung versorgt. Diese Aufgabenstellung führte über lange Zeiten hinweg bis in das vorige Jahrhundert hinein zu einem bestimmten Typ des Jahrmarktsunternehmers, dem Quacksalber. Bedeutende Quacksalber unterhielten ganze Kompagnien mit eigenen Hilfsärzten, Händlern, Zauberern, Seiltänzern, Feuerspeiern, Tiermenagerien, Musikkapellen, Theatertruppen, ja sogar mit Dichtern, die diese Theatergesellschaften mit eigens dafür verfaßten Stücken versorgten. So ist zum Beispiel *Carlo Goldoni* (1701 bis 1793) lange Zeit in seinen jungen Jahren mit einer Quacksalbertruppe herumgezogen. Vor dem Jahrmarktszelt wurde theatergespielt, gezaubert, musiziert, aber auch die Patienten behandelt. Vor den Augen des schadenfrohen Publikums zog man Zähne und führte auch sonstige kleinere Eingriffe aus. Da die Quacksalber und ihre Gehilfen auch Medizinen herstellten und verkauften, mußten sie über recht bedeutende chemische Kenntnisse verfügen, was dazu führte, daß in ihr Repertoire auch eine ganze Reihe chemischer Zaubertricks und Schauexperimente gehörte, die sie ihrem Publikum neben den altüberlieferten Zaubereien aus der Gaukeltasche vorführten. Einen solchen Jahrmarktsunternehmer, einen quacksalbernden „Entrepreneur und Marktschreier" hat *Goethe* in seinem Schönbartspiel „Das Jahrmarktsfest zu Plundersweilern" gezeichnet. Stil, Reklame und Art des Auftretens sind trefflich geschildert. Zur Erklärung der letzten Zeile muß man wissen, daß die Patienten das für die Arznei zu bezahlende Geld in ihre Taschentücher einwickelten und auf das Podest warfen. Die Gehilfen des Quacksalbers nahmen das Geld heraus und wickelten die Medizin in das Schnupftuch um es dem Käufer wieder zuzuwerfen.

„Anpreisungen des quacksalbernden Entrepreneurs und Marktschreiers:
Liebe Freunde, gute Leute,
Daß Menschenlieb' und Freundlichkeit,
Sorge für eure Gesundheit
und Leibeswohl zu dieser Zeit
Mich diesen weiten Weg geführt,
das seid ihr alle perschwadirt,
Und von meiner Wissenschaft und Kunst

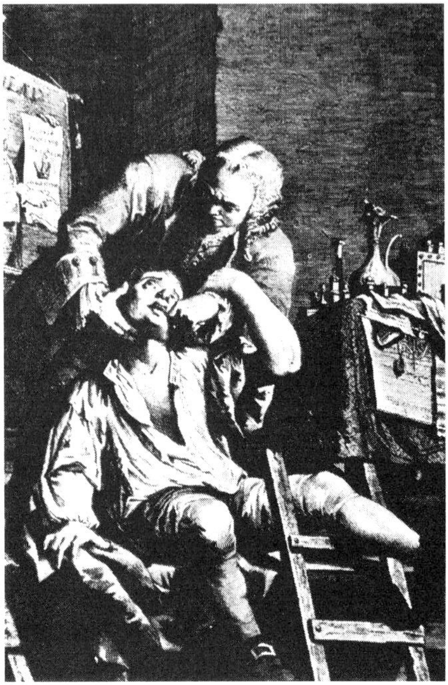

Abb. 12. Ein Jahrmarktsquacksalber in einer Darstellung des 18. Jahrhunderts

Werdet ihr, liebe Freunde mit Gunst
Euch selbst am besten überführen,
und ist so wenig zu verlieren.
Zwar könnt ich euch Brief und Siegel weisen
Von der Kaiserin aller Reußen
Auch von Friedrich, dem König der Preußen,
und allen Europens Potentaten —
Doch wer spricht gern von seinen Thaten?
Sind auch viele meiner Vorfahren,
die leider! nichts als Prahler waren.
Ihr könntet's denken auch von mir,
Drum rühm' ich nichts und zeig' euch hier
Ein Päckel Arzenei, köstlich und gut,
Die Waare sich selber loben thut.
Wozu es allen schon gut gewesen,
Ist auf'm gedruckten Zettel zu lesen,
Und enthält das Päckel ganz
Ein Magenpulver und Purganz,
Ein Zahnpülverlein, honigsüße,
Und einen Ring gegen alle Flüsse.
Wird nur dafür ein Batzen begehrt,

Ist in der Noth wohl hundert werth
Hanswurst: Schnupftuch rauf!"

Die Darbietungen der Quacksalber gingen quer durcheinander. Nur sonntags ließ man vielfach den Verkauf von Waren und Medizinen sein und spielte nur Theater, wobei man die Tricks, die die Truppe beherrschte, in die Handlung der Stücke einbaute. Das Zusammenwirken von Zauberei und Chemie gaben den Stücken der fahrenden Schauspieler einen eigenartigen Reiz. In dem Roman: „What will he do with it" schilderte der englische Politiker und Schriftsteller *Edward George Bulwer*, der spätere *Lord Lytton* (1803 bis 1873) ein Jahrmarktsschauspiel seiner Zeit, mit dem zu Herzen gehenden Titel: „Der hartherzige Baron und das Kind des Räubers" dessen unvergleichlich kitschige Handlung unaufhaltsam einem äußerst dick aufgetragenen Happy-End entgegenstrebt. Die große dramatische Wende dieses Stückes wurde mit Hilfe von „chemischen Blendwerk" erreicht. Zum Verständnis der Szene sei verraten, daß hier ein ebenso liebliches wie unschuldiges Mädchen die geschändete Ehre ihres Vaters, eines äußerst moralischen Räubers, rächt, indem sie seinem schlimmsten Widersacher geheime Dokumente entwendet:

„. . . Und oh wie lustig, und mit welch possenhafter Kunst sie sich, als Hexe verkleidet, in des Barons Schloß einschlich, sein Gewissen durch Enthüllungen und Weissagungen aufrüttelte, sämtliche Vasallen mit blauen Flämmchen und sonstigen chemischen Blendwerk erschreckte, ja, sich sogar in das eigne Privatgemach des Usurpators hineinwagte, indes jener Tyrann sich schlaflos auf dem Lager wälzte, über welchem sein furchtbares Schwert hing, und dort aus seiner Truhe heimlich die Dokumente entwendete, die das begründete Anrecht des verfolgten Räubers bewiesen. Als er dann doch noch erwachte, bevor sie mit ihrem Schatz zu entkommen vermochte, und sie mit seinem Schwerte verfolgte: mit welcher Munterkeit sie sich scheinbar in Brand steckte, und inmitten von Explosionen und Funkenregen aus dem Flügelfenster hüpfte . . ."

(Zitiert nach der Übersetzung ins Deutsche: *Edward Bulwer-Litton*, Was wird er damit machen? Nachrichten aus dem Leben eines Lords. Deutsch von *Arno Schmidt*. Goverts Krüger Stahlberg Verlag, Stuttgart 1971.)

Solche, wie in diesem Theaterstück verwendeten Lichteffekte, waren außerordentlich beliebt, wie folgendes Rezept aus dem 18. Jahrhundert zeigen soll:

Versuch 14: *„Eine Lampe, bey welcher alle Anwesenden mit einer Todtenfarbe erscheinen" (nach Wiegleb)*

Geräte: Tiefer Teller, Spatel, Docht
Chemikalien: Kochsalz, Schwefel, Weingeist
Zeit: 3 Min.

„Man gießt etwas starken Weingeist in eine porcellanene Untertasse. Thut etwas Küchensalz, mit ein wenig Schwefel vermischt, darunter, und rührt alles wohl durcheinander. Nun legt man einen baumwollenen Docht darein, und zündet diesen an. Geschieht dies des Abends wenn alle übrigen Lichter ausgelöscht sind, so werden alle Umstehenden eine Todtenfarbe haben. Man kann auch bloß Branntwein mit Salz vermischt, in einer Untertasse anzünden, so wird dasselbe entstehen."

Literatur: *Bukatsch/Glöckner*, Experimentelle Schulchemie. Bd. 3/II: Anorganische Chemie — Analytische Chemie. Versuche Flammenfärbungen im Kapitel Alkali- und Erdalkalimetalle.

Ergebnis: *Natriumsalze färben die Flamme gelb.*

Uns Nachgeborenen wird dieses Experiment sehr schlicht vorkommen. Doch zu seiner Zeit brachte es eine ganz erstaunliche Wirkung hervor, wie folgende kleine Anekdote aus dem Leben des romantischen Dichters *E. T. A. Hoffmann* (1776 bis 1822) schildert. *Hoffmann* zeigte den obigen Versuch im privaten Kreise einer Gesellschaft, die die Dichterin *Helmina von Chezy* (1783 bis 1856) gab. Diese Geschichte wurde von dem Sohn der *Chezy* überliefert:

„... Er liebte es, allerlei Possen zur Erheiterung der Gesellschaft zu treiben und sie zuweilen auch in eine schauerliche Stimmung zu versetzen. So ließ er eines Abends nach einem kleinen Schmause die Tafelrunde ihre Servietten wie Leichentücher über Kopf und Schultern hängen, zündete auf einem Suppenteller gesalzenen Weingeist an und löschte die Kerzen aus. Die Anwesenden sahen wie Leichen aus, was den kleinen Kobolt ungemein zu ergötzen schien. Die Kinder im Nebenzimmer merkten, daß in der Gesellschaft etwas Besonderes vorgehe, und eilten neugierig hinzu. Helmina schnellte von ihrem Sitz auf und scheuchte zeternd die Kleinen hinaus. Sie konnte sich den ganzen Abend nicht mehr von dem Entsetzen erholen, das ihr der Anblick der fünf Kinder mit leichenhaften Gesichtern eingeflößt, und sprach die Besorgniß aus, daß der schauerliche Spaß ein unschuldiges Opfer finden werde. Als sie ein paar Jahre später vernahm, daß Hitzigs kleine Maria gestorben, war ihr erstes Wort eine Mahnung an das, was sie Hoffmanns Frevel nannte ..."

(Zitiert nach *Wilhelm Chezy*: „Erinnerungen aus meinem Leben". Wien 1863.)

Nach den Elemententdeckungen des vorigen Jahrhunderts ließ sich dieser Trick farblich noch weiter ausbauen. In den Chemielexika der letzten Jahrhundertwende kann man folgende recht ausgefeilte Vorschrift finden:

Versuch 15: „*Farbige Alkoholflammen für Theatereffekte, Begräbnisse etc.*"

Geräte: Teller, Wergballen

Chemikalien: 90%iges Ethanol, Petroleum, Zinkchlorid, Magnesiumchlorid, Ammoniumnitrat, Kaliumnitrat, Natriumchlorid, Calciumchlorid, Lithiumchlorid, Strontiumchlorid Borsäure, Kupferchlorid, konz. Ammoniaklösung, Kupferlasur (bzw. Kupferchlorid)

Zeit: Jeweils 3 Min.

„Man löst je nach der Intensität der Farbe, welche die Flamme zeigen soll, in einem Gemische aus 90%igem Spiritus und Petroleum:
Für Weiß: Chlorzink oder Chlormagnesium
Gelb: salpetersaures Ammoniak, Chilisalpeter oder Kochsalz
Rosa und Orange: Chlorkalzium, Chlorlithium, jedes für sich oder gemischt, eventuell mit Zutat von Chlorstrontium, und gelöst in stärksten Alkohol
Rot: Chlorstrontium
Hellgrün: Borsäure
Dunkelgrün: Kupferchlorid
Violett: Kupferchlorid auf mit Ammoniak durchtränkte Watte gegossen. Zusatz von Chlorstrontium, Chlorkalzium oder Chlorlithium ermöglicht die Nuancierung der violetten Flamme
Dunkelblau: Bergblau oder Kupferlasur mit alkoholdurchnäßten Werg durchknetet und dieses mit etwas Ammoniak übergossen
Fahles Blaßblau: 90%iger Spiritus ohne jede Zutat. Man läßt die Lösungen entweder für sich allein in Tonschalen abbrennen oder legt in letztere trockene Wergballen, die als Docht wirken."

Unfallgefahren: Feuergefahr!

Literatur: *Bukatsch/Glöckner,* Experimentelle Schulchemie. Bd. 3/II: Anorganische Chemie — Analytische Chemie. Versuche: Flammenfärbungen im Kapitel Alkali- und Erdalkalimetalle.

Ergebnis: *Alkali- und Erdalkalisalze, sowie Borsäure und Kupfersalze färben die Flamme.*

Theaterbauten und Jahrmarktsbuden brannten in früheren Jahrhunderten recht häufig ab, was bei der Fülle von flammenspeienden Theatereffekten nicht weiter wunder nimmt. Besonders beliebt war das sogenannte Hexenmehl oder Theaterfeuer, bei dem es sich um Bärlappsporen handelte. Bärlappsporen kann man sich leicht in Drogerien oder bei Kräuterhändlern besorgen:

Versuch 16: *„Fliegendes Feuer" (nach Wiegleb)*
Geräte: Papiertüte, brennende Kerze
Chemikalien: Bärlappsporen
Zeit: 3 Min.

„Man macht eine, etwa 6 Zoll lange, schmale, spitzige Deute von Papier. Die Oeffnung kann 1 bis 2 Zoll weit seyn. Das untere spitzige Ende schneidet man mit einer Schere ab, so daß daselbst eine Oeffnung von der Größe eines großen Nadelkopfes, entsteht. In diese Deute schüttet man ganz locker eine Quantität Hexenmehl (Semen Lycopodii), hält die Spitze der Deute horizontal nahe an die Flamme eines Lichtes, und bläst durch die weite Öffnung das Semen Lycopodii in die Flamme, so wird dies entzündet, und es entsteht ein fliegendes Feuer, das manchmal 3 bis 4 Ellen lang ist, aber bald wieder verschwindet."

Anmerkung: Der Versuch gelingt leicht. Bärlappsporen können in Drogerien und Apotheken leicht erworben werden. Man achte darauf, daß sie auch hinreichend trocken sind. Eventuell im Exsiccator trocknen. Die günstigste Form des Blasrohres hängt ganz wesentlich von der Lungenkraft des Experimentators ab und sollte ausprobiert werden. Die Erscheinung beruht auf den etherischen, gut brennbaren Ölen, die die Bärlappsporen enthält. Der Versuch eignet sich gut zur Demonstration der Gefährlichkeit von Staubexplosionen in Betrieben, in denen Stäube aus brennbarem Material entstehen, z.B. Mehlstaub in Mühlen, Bäckereien und Ähnlichem. Dieser Versuch war als Theaterfeuer jahrhundertelang auf der Bühne im Gebrauch. Dicht gepackte Bärlappsporen brennen verhältnismäßig schlecht. Er ist nur im Gemisch mit Luftsauerstoff gefährlich.
Unfallgefahren: In der Nähe des Versuches dürfen sich keine leichtentzündbaren Substanzen befinden. Auch sollte die Verbrennung nicht zu nahe am Gesicht des Experimentators vor sich gehen, da sonst Haare und Bärte Feuer fangen.

Ergebnis: *Bärlappsporen brennen im Gemisch mit Luft mit lebhafter Flammenerscheinung.*

Ursprünglich standen die auf den Jahrmärkten vorgeführten Schauexperimente mit den von den Quacksalbern angepriesenen Medizinen in einem direkten Zusammenhang, wenn auch dieser Zusammenhang meist mehr von vorgetäuschter Art war. Das Speien oder Schlucken von Feuer wurde ursprünglich zum Anpreisen von Brandsalben vorgeführt. Der Bedarf an Brandsalben war in früheren Zeiten wesentlich größer als heute, da sich viele Leute beim Kochen auf den offenen Herden Brandverletzungen holten:

„Blendwerck, die Hände in Feuer zu waschen, ohne dieselben zu verbrennen.
(Zauberbuch 1753)
Die Marckt-Schreyer, Quacksalber und Bruchschneider, waschen öfters auf öffentlicher Gasse ihre Hände in Pech und Schwefel, und wollen dadurch den unwissenden

Pöbel bethören, und glauben machen, es seye lediglich die Kraft ihres Brandbalsames, oder ihrer Kühl-Salbe beyzumessen, wann sie ihre verletzte Hände innerhalb zwey bis drey Stunden wiederum geheilet aufweisen können.
Solchen Betrug einmal zu entdecken, so ist zu wissen, daß dergleichen Leut-Betrüger vorhero ihre Hände mit einigen Dingen schmieren, oder waschen, daß das Feuer ihnen keinen Schaden thun kann.
Dergleichen Mittel nun ist Fisch-Leimen, Alaun und Brandwein, womit man die Hände schmieret, können sie nicht brennen.
Andere nehmen Weiß vom Ey mit Schleim von Hems-Wurtzeln, und Flöhe-Samen, mit Kalch und Rettig-Safft vermischt, womit sie ihre Hände bestreichen und vom Brand versichern.

Kunst, Feuer zu fressen.
Dieses ist eine rare Kunst, und noch wenigen bekannt. Solche aber zu bewerckstelligen, nimm ein Stuck Arabischen Gummi, beschmiere damit deine Zähne, Leffzen, Gaumen, Zunge, ja deinen gantzen Mund, thue alsdann ein Licht oder Kohlen in den Mund, so wird es dir keinen Schaden thun, und das Feuer also verschlucken können."

Von der Nachvollziehung solcher Versuche ist indessen dringend abzuraten. Allzuleicht kann der Experimentator bei diesen Experimenten Schaden nehmen. Das gleiche gilt natürlich auch von den folgenden Tricks, die seinerzeit auf der Bühne der Jahrmarktsbuden ungeheuer erfolgreich waren:

„Ob ein Mensch die Wirkung des Feuergewehrs auf seinen Leib kraftlos machen könne *(Wiegleb)*.
In den ehemaligen abergläubischen Zeiten wurden viele fabelhafte Erzählungen ausgebreitet, daß dieser und jener sich feste, oder die durch Feuergewehr auf ihn abgeschossene Kugeln wirkungslos machen könnte. Diese Geschicklichkeit wurde auch die Passauer Kunst genannt. Kein Vernünftiger wird heut zu Tage einer solchen Erzählung beypflichten. Inzwischen geschieht es nicht selten, daß Leute als Betrüger in der Welt herumziehen, und für Geld die Probe an sich machen lassen, als ob sie einer solchen Kugel ihre Kraft benehmen könnten. Sie lassen ein Gewehr auf sich abschießen, ohne daß die Kugel eindringt. Vielmehr geben sie vor, daß sie die Kugel durch Schwadroniren mit dem Degen ausparirt und zerhauen hätten. Es ist leicht einzusehen, daß dieses eine Betrügerey sey. Man macht eine künstliche Kugel, die bey dem Schusse zerstäubt. Der Betrüger hält aber eine andere ächte Kugel in der Hand, die in zwey Theile zerlegt ist, und läßt solche, sobald der Schuß geschieht, auf die Erde fallen. Solche künstliche Kugeln werden auf folgende Art verfertigt: Es wird eine Masse aus geschmolzenem Zinn oder Bley und Quecksilber gemacht. Diese läßt sich in Kugeln formen, nur darf man eine solche Kugel nicht drücken, sondern muß sie, wenn man sie den Zuschauern zeigt, blos in der hohlen Hand halten, und alsdann in eine Flinte oder Pistole laden. Wird nun diese Kugel abgeschossen, so zertheilt sie sich fast in Staub. Sie macht nicht einmal ein Loch in das Papier, das man einige Schritte vor dem Gewehr aufstellet. Inzwischen ist doch dabey Behutsamkeit nöthig. Denn nimmt man zuviel Bley, oder Zinn, oder Pulver, so könnte doch großer Schaden entstehen. Es ist auch nicht rathsam, die Kugel von einem andern in das Gewehr laden zu lassen, damit es nicht eben den Erfolg habe, wie vor einigen Jahren geschahe, als ein solcher Kerl seine Kunst vor einem Fürsten zeigen wollte, und vorgab, er habe eine wahre Bleykugel. Der Kerl

gab daher dem Fürsten die Pistole sammt der künstlichen Kugel um sie zu laden. Da aber der Fürst eine andere ächte Kugel nahm, und damit schoß, so bewies sie ihre Kraft wie gewöhnlich, und nahm die Sache ein trauriges Ende."

„Man hat noch eine andere und bessere Art, das Experiment zu machen, indem man auf eine gewöhnliche Pulverladung eine hohl geblasene Glaskugel thut, die mit einem Amalgama von Quecksilber und Bley dünne ausgegossen worden, und die man den Zuschauern zeigen kann, weil sie einer ordentlichen Bleykugel völlig ähnlich siehet. Mit dem Ladestocke wird diese Kugel ganz klein zerstoßen, alsdann kann man ohne Gefahr schießen.

Auf alle Fälle empfiehlt es sich sehr vorsichtig zu sein, „ehe man sich im Ernst vor den Schuß hinstellet, ob es ihm gleich freystehet, den Degen zu ziehen, und die ausgeschossene Kugel zum Schein abzupariren, damit es ihm nicht wie jenem Ausländer ergehe, der sich in Gegenwart des Großherzogs von Florenz dieser Kunst rühmte, und dem man mit dem durchschossenen Hintertheile und einem billigen Gelächter den Abschied gab."

Es gab auch den entsprechenden Gegentrick: die Kugel die nicht fehlt. Die Gewehre früherer Zeiten schossen außerordentlich schlecht. Man erinnere sich daran, daß die Gewehre der gemeinen Infantrie im 18. Jahrhundert nicht einmal Kimme und Korn hatten und man üblicherweise auch nicht zielte. Man hielt die Waffe waagrecht vor dem Körper und drückte ab, zielen wäre bei den ungenauen Gewehrläufen nur Zeitverschwendung gewesen. Berühmte Büchsenmacher garantierten bei Duellpistolen meist nur für die Treffsicherheit der ersten zwanzig Schuß der Waffen. Bei späterem Abfeuern waren die Läufe schon zu sehr ausgeschlagen. Daher war ein Gewehr, das nie fehlte, etwas Wunderbares. Man erinnere sich in diesem Zusammenhang an die mit Hilfe des Satans gegossenen Freikugeln in der Oper „Der Freischütz". Es gab zahlreiche Möglichkeiten diesen Effekt zu erzielen, da sie aber fast ausschließlich auf physikalischer Basis funktionieren, seien sie hier nur kurz angedeutet. Am einfachsten war es, das Gewehr überhaupt nicht mit einer Kugel und nur mit Pulver zu laden und damit auf eine brennende Kerze zu zielen, deren Docht von einem Gehilfen sobald der Schuß fiel nach unten herausgezogen wurde. Wiederholt wurde behauptet, daß mehrfach durchbohrte Kugeln beim Flug durch die Luft einen solchen Luftzug erzeugen, daß die brennende Kerze auch dann erlöscht, wenn sie nicht getroffen wird. Ähnlich war ein anderes Verfahren, bei dem man eine zu kleine Kugel mit dünnem Draht umwickelte und mit sehr leicht schmelzbarem Wachs umgoß, so daß das Ganze eben in den Lauf des Gewehres paßte. Das Wachs schmolz durch die Wärme des verbrannten Pulvers, während des Fluges wickelte sich der Draht ab und nun verursachte die Kugel wiederum einen verstärkten Luftzug, der die brennende Kerze zum Erlöschen brachte.

Ein einfacher, auch in früheren Jahrhunderten geübter Versuch zur Kugel die nicht fehlt, ist der folgende:

Versuch 17: *Ausschießen einer Kerze (Wiegleb, wie auch die folgenden Versuche)*

Geräte: Größere Gaspistole, 8 Haushaltskerzen, Nagelbrett

Chemikalien: Platzpatronen

Zeit: 2 Min.

Man fertigt sich ein langes Brett (ca. 1,20 Meter), durchnagelt es der Länge nach mit 8 Nägeln, so daß diese auf der Rückseite heraussehen. Sodann schießt man mit einer Platzpatrone längs der 8 brennenden Kerzen, die man auf die Nägel aufgesteckt hat.

Unfallgefahren: Auch das Schießen mit Platzpatronen ist sehr gefährlich. Nie auf Personen zielen und auf leicht entflammbare Substanzen.

Ergebnis: *Der Gasdruck und die stickende Wirkung der Flammengase der Patronenexplosion löschen die Kerzen aus. (Die letzte bleibt meist brennen.)*

Schon eingangs haben wir erwähnt, daß das Publikum den Quacksalbern und ihren Gehilfen Geld für die zu erwerbenden Medizinen zuwarf, das in Schnupftüchern eingewickelt wurde. Die Quacksalber holten das Geld heraus, wickelten ihrerseits die gewünschte Medizin in das Schnupftuch und warfen es dem Besitzer wieder zu. Dieser merkwürdige Brauch scheint mit der Tatsache im Zusammenhang zu stehen, daß offensichtlich die Bühnen der Jahrmarktsbuden häufig recht hoch waren und damit ein einfaches Zureichen der Waren schwierig wurde. Es lag daher nahe, diese Schnupftücher in Zaubertricks einzubauen um deren Besitzer zusätzlich zu beeindrucken. Schnupftücher galten früher als Luxus. Nicht jeder hatte eines und so dürften die Schnupftuchbesitzer ganz entsetzt gewesen sein, wenn es vor ihren Augen vom Quacksalber angezündet würde:

Versuch 18: „*Daß ein Schnupftuch, oder jedes andere Tuch, brenne, und doch nicht verbrenne*“

Geräte: Taschentuch, Gabel oder Stativ

Chemikalien: 60%iges Ethanol

Zeit: 5 Min.

„Man läßt das Tuch zuerst im Wasser recht naß werden, taucht es alsdann in starken Branntwein, hält es mit einer Gabel oder Zange in die Höhe, und entzündet es an dem einen Ende beym Lichte an, so wird es über und über brennen, und doch nicht verbrennen.“

Unfallgefahren: Man mache den Versuch nicht zu großformatig und nehme nie reinen Alkohol. Versuch gelingt nur mit Leinen!

Ergebnis: *Ist Ethanol nicht zu konzentriert, aber auch nicht zu verdünnt, so verbrennt nur der Alkohol und das Tuch bleibt unversehrt zurück.*

Auch wußte jeder, daß ein Taschentuch nicht wasserundurchlässig ist. Schließlich ist ja gerade die Wasseraufnahmefähigkeit des Schnupftuches eng mit seiner Aufgabenstellung verbunden. So mußte es die Zuschauer sehr erstaunen, wenn man nach schlichtem Aufstreuen eines geheimnisvollen Pulvers Wasser im Schnupftuch spazierentragen konnte. Es handelt sich dabei um einen hübschen Trick zur Oberflächenspannung, dessen Publikumswirksamkeit man noch dadurch steigern kann, indem man durch ein Vergleichstaschentuch Wasser laufen läßt:

Versuch 19: „*Wasser in einem Tuch fortzutragen*“

Geräte: Taschentuch

Chemikalien: Bärlappsporen, Wasser

Zeit: 3 Min.

„Das Tuch wird mit Semen Lycopodii bestreuet, dann Wasser hineingeschüttet, welches man, ohne daß es herausläuft, im Tuche umhertragen kann.“

Ergebnis: *Durch ihre hydrophobe Wirkung dichten Bärlappsporen Tuch gegen Wasser.*

Ähnlich funktioniert auch der folgende Trick:

„Eine Münze aus dem Wasser nehmen, ohne sich die Finger naß zu machen.

Man legt eine Münze in einen gläsernen Becher, und füllt denselben, so weit man will, mit Wasser an. Über die Oberfläche des Wassers streuet man Hexenmehl (Semen Lycopodii) so, daß es ganz damit bedeckt ist. Wenn man nun mit den Fingern durch das Wasser hinabfährt, und die Münze heraufholt, so wird zwar das Semen Lycopodii sich an denselben befinden, aber kein Wasser wird sich daran hängen.

Auch mußte es die Zuschauer ganz furchtbar in Erstaunen versetzen, wenn der Quacksalber die ihm übergebenen Münzen vor den Augen der Zuschauer zerstörte:

Versuch 20: „*Eine Münze in einer Nußschale zu schmelzen*"
Geräte: Nußschale
Chemikalien: 1 Stück Silberblech oder Silbermünze, Salpeter, Schwefel, Sägespäne (gut gemahlen und gemischt)
Zeit: 10 Min.

„Man nimmt 3 Drachmen reinen Salpeter, 1 Drachme Schwefel und eine Drachme zarte Sägespäne, zu einem Pulver untereinander. Von diesem Pulver schüttet man etwas in eine Schale von einer welschen Nuß, und legt eine kleine Silbermünze, die man vorher dergestalt umgebogen hat, daß sie die Wände der Nußschale nicht berühre, darauf. Ueber diese Münze schüttet man wieder solches Pulver und zündet es dann mit einer glühenden Kohle an. Das Pulver entzündet sich sehr geschwind, und verpufft mit einer großen Heftigkeit, es entsteht hiedurch eine so starke Hitze, daß das Stückchen Metall, wirklich im Fluß kömmt, welches man auf dem Boden der Nußschale in einem kleinen Klümpchen zusammengeschmolzen finden wird."

Anmerkung: Es handelt sich dabei um eine Variante des Schießpulverrezeptes, in dem die Holzkohle durch Sägespäne ersetzt ist, um eine langsamere Reaktion zu bewirken.
Unfallgefahren: Kein Pulver verwenden! Der Versuch wird dadurch gefährlicher. Wenn der Versuch zu schnell wird, kann es sein, daß das Silberblech nicht schmilzt.

Wer kennt nicht die Entfesselungskünstler auf den Jahrmärkten. Jeder noch so dicke Eisenstab bricht unter den gewaltigen Fäusten der Schausteller. Ketten werden gesprengt und anderes mehr.

Versuch 21: „*Einen zinnernen Teller zu zerreißen*"
Geräte: Zinnteller oder Zinnblech
Chemikalien: Konzentrierte Salpetersäure
Zeit: 20 Min.

„Man tunkt einen Schwamm oder Pinsel in recht gutes Scheidewasser, und macht damit einen geraden Strich über den Teller, den man alsdann eine Zeitlang stehen läßt, und nachher leicht in Stücke zerreißen kann, wenn das Scheidewasser gut ist. Auf eben diese Art kann man auch einen eisernen Stab zerbrechen, wenn man ihn an einem Orte, wo er brechen soll, mit Scheidewasser bestrichen hat."

Anmerkung: Dieser Versuch bedarf einiger Übung, da es sonst leicht sein kann, daß man sich zum Gaudium des Publikums zuviel plagen muß. Es empfiehlt sich daher, beispielsweise den Stab recht stark zu ätzen. Die Ätzstelle ist nun natürlich sichtbar. Man kann sie aber kaschieren indem man den ganzen Stab mit einer möglichst glänzenden Schmiere einreibt. Aufmerksamen Beobachtern wird in der Erinnerung auffallen, daß Jahrmarktsentfesselungskünstler immer glänzende blanke, nie etwa rostige Ketten zerreissen oder Stäbe brechen.
Unfallgefahren: Salpetersäurebehälter dürfen nicht mit Korkstopfen verschlossen und in Holzwolle verpackt werden. Beim Zerspringen des Glases kann Selbstentzündung

erfolgen, die dabei auftretenden Stickoxide können schwere Lungenschädigungen verursachen. Auf Kleidern erzeugt Salpetersäure meist dunkelgelbe Flecke, die sich nicht entfernen lassen und später als Löcher herausfallen.

Literatur: *Bukatsch/Glöckner*, Experimentelle Schulchemie. Bd. 2: Anorganische Chemie — Nichtmetalle II, S. 144, Versuch 43; S. 145, Versuch 44.

Ergebnis: *Zinn und andere Metalle (einschließlich Silber, daher der Name Scheidewasser, da Gold nicht angegriffen wird), werden von Salpetersäure angegriffen.*

Die Jahrmarktsbuden hatten auch in der Dämmerung und in der Nacht noch offen. Für manche Jahrmarktsberufe, z. B. die Silhouettenschneider war die Dunkelheit sogar die Voraussetzung für ihre Tätigkeit. So spielte vielfach die Dunkelheit bei den Darbietungen gewissermaßen mit und so erklärt sich die Vielzahl von Flammenversuchen:

Versuch 22: „*Ein Stück Talglicht zu verzehren*"

Geräte: Korkbohrer (runde Form)

Materialien: Apfel, weiße Rübe oder Marzipan; Mandelkern

Zeit: 3 Min.

„Man schneidet aus einem Apfel, oder aus einer Rübe, ein Stück, das in der Rundung und Länge einem Stumpfen Talglicht ähnelt. Aus einer welschen Nuß, oder aus einem Mandelkern schneidet man ein Stück, das zum Dochte dienen soll. Dies steckt man oben auf den Stumpf, zündet es an, schiebt es brennend in den Mund, und verzehrt es. Am täuschendsten wird die Sache, wenn der Versuch des Abends gemacht wird, und ein Dritter darum weiß, von dem man sich eine mit brennenden Licht versehene Laterne ausbittet. Wird diese gebracht, so nimmt man das Licht brenned heraus und verzehrt es."

Anmerkung: Der Trick geht gut. Ungeübte verbrennen sich dabei den Mund. Am besten ist es, man läßt sich die brennende „Kerze" aus der Hand in den hochgehaltenen Mund fallen und bläst sie dabei aus. Langsam verzehren und den Mandelkern möglichst mit feuchter Apfelmasse umgeben schlucken.

Unfallgefahren: Man verbrennt sich leicht die Zunge und den Mund.

Ergebnis: *Die einfachsten Tricks sind die besten.*

Der folgende Trick ist vermutlich sehr alt und dürfte ursprünglich aus dem arabischen Kulturkreis stammen. In der Alchemie der Araber spielte Kampfer eine große Rolle. Die Vorschrift liest sich sehr schlicht und ist auch sehr leicht auszuführen, aber bei einiger theatralischer Begabung des Vorführenden ist dieser Versuch oder besser Zaubertrick unwahrscheinlich schön und verblüffend.

Versuch 23: „*Einen Schneeball brennend zu machen*"

Chemikalien: Schnee oder fein gestoßenes Eis, Kampfer in Stücken

Zeit: 3 Min.

„Einen Schneeball brennen zu machen.
Man schneidet aus Kampfer ein längliches Stück, steckt es in einen Schneeball, und zündet es an."

Anmerkung: Natürlicher Schnee und Kampfer sehen fast gleich aus. Das Publikum ist mit vorbereiteten Schneebällen leicht zu täuschen. Hat man nur künstliches Eis zur Verfügung, so muß es möglichst fein zerstoßen oder gemahlen sein, damit es so weiß wie möglich wirkt. Die Wirkung steigt, wenn man gleichzeitig reine Schneebälle ins

Publikum wirft. Besonders Geschickte können mit den brennenden Schneebällen jonglieren, was aber nicht ganz ungefährlich ist.

Unfallgefahren: Feuergefahr! Beim Jonglieren besteht die Gefahr von Brandwunden!

Ergebnis: *Kampfer verbrennt an der Luft mit leuchtender, leicht rußender Flamme.*

Ein ähnlicher harmloser Scherz mit Kampfer ist auch der folgende:

„Feurige Schlänglein zu machen.

Man löset Kampfer in Brandwein auf, und bestreichet damit lange Pergament-Striemlein, läßt sie trucken werden, und zündets an, wenn man sie von oben herunter fallen läßt, brennen sie und fliegen hin und wieder Schlangen weise durch die Luft mit grosser Ergötzlichkeit der Zuschauenden."

Besser mit dem Schraubstock als mit dem Munde mache man folgenden Versuch:

Versuch 24: *„Feurige Funken aus dem Munde zu speyen"*

„Man muß im Finstern Zuckercand essen und mit den Zähnen zerknirschen, so scheint es als ob Funken aus dem Munde springen oder man einen Feuerbrand abkratze."

Weniger empfehlenswert ist folgender Versuch, den wir aber hier vorstellen wollen, da er ungeachtet seiner beträchtlichen Gefährlichkeit sehr oft vorgeführt wurde:

„Ein ganzes Gemach ohne Nachtheil zu entflammen

Man löse kleine Stücke Kampfer kalt in einer hinlänglichen Menge des besten Branntweines auf. Diesen läßt man bei verschlossenen Thüren und Fenstern in einem Gefäß auf Kohlen, die nicht flammen, abrauchen, und das Gemach mit einem unsichtbaren Nebel erfüllen. Tritt nun jemand mit einem brennenden Lichte in der Hand in das Zimmer ein, so geräth die ganze Luft desselben auf einen Augenblick in Flammen. Wenn man aber im obigen Branntwein zuvor etwas Bisam, oder gar ein wenig von Ambra aufgelöst hat, so wird auf die Flamme ein vortrefflicher Geruch erfolgen.

Lichtfangende brennbare Materien, als z.B. Flachs Etc. oder sonst geistige Spiritus müssen bey Seite geschaft werden, weil leicht andere Schaden daraus erfolgen könnte."

Besonders zahlungskräftige Kunden pflegte man in das Innere der Jahrmarktsbuden zu bitten und ihnen dort besondere Dinge vorzuführen. Dazu gehörte beispielsweise der Stein der Weisen. Unter dieser Bezeichnung wies man dem Betrachter ein im Dunkeln leuchtendes Stück weißen Phosphor vor. Oder man zeigte künstliches Leben, wundersame scheinbare Vegetationen, bei denen es sich vielfach um Kristallisationsversuche handelte. Oft wurden auch die vier Elemente vereint in einem Glase vorgeführt:

Versuch 25: *„Die vier Elemente"*

Geräte: Ein längeres, nicht zu kleines Reagenzglas

Chemikalien: Eisenfeilspäne oder Quecksilber, Kaliumtartrat, Ethanol, Petroleum oder Terpentinöl

Zeit: 10 Min.

„Man nimmt ein langes Gläschen, das etwa ein halbes Loth, oder auch etwas mehr, von den verschiedenen Flüssigkeiten, die dazu angewandt werden sollen, enthalten kann, und füllet den vierten Theil mit reinen Eisenfeilspänen, oder mit Quecksilber an. Auf diese gießt man ebenso viel von einer vollkommen gesättigten Weinsteinsalzauflösung, auf diese eine gleiche Portion Alkohol und den Ueberrest füllet man mit Steinöl, oder mit Terpenthinöl an. Diese Flüssigkeiten bleiben, da sie von verschiedener Schwere sind, in der genannten Ordnung über einander stehen. Wenn man sie aber auch unter einander schüttelt, so stellen sie sich doch, so bald das Gefäß in Ruhe kommt, wieder in ihre vorige Ordnung."

Dieser Versuch wurde auch oft von Apothekern verwendet um besonders geheimnisvolle Füllungen von Schaugläsern zustande zu bringen. Grundprinzip ist einfach das Übereinanderschichten von Flüssigkeiten mit verschiedenen Dichten, dergestalt, daß von unten nach oben die Dichten abnehmen. Das gleiche läßt sich auch mit alkoholischen Getränken machen, die möglichst verschieden gefärbt sein sollen. So erhält man die aus dem Ende des 18. Jahrhunderts stammende Urform des Cocktail, so benannt nach der hahnenschwanzähnlichen Farbenpracht der aufeinander geschichteten Getränke. Im übrigen braucht der Experimentator eine ruhige Hand.

Versuch 26: *„Schaugläser für Apothekenauslagenfenster"*

Geräte: Ein schlanke, mittelgroße Flasche

Chemikalien: Chloroform, Glycerin, Rizinusöl, Ethanol, Lebertran

1. Die unterste Schichte: ein durch Mazeration von Gras grün gefärbtes Chloroform,
2. Schichte: weißes Glyzerin,
3. darauf mit Alkanna rot gefärbtes Rizinusöl,
4. darüber Weingeist von 0,935 spez. Gew., farblos
5. hierauf gelber Lebertran
6. Weingeist mit Anilinblau gefärbt. „Je lichter die Farben, desto effektvoller das Ganze."

Ergebnis: *Flüssigkeiten mit verschiedener Dichte und nicht zu großer chemischer Ähnlichkeit untereinander lassen sich entsprechend der Folge ihrer Dichte übereinander schichten.*

Der König der Jahrmärkte war das Element Phosphor[1]. Sein geheimnisvolles Leuchten, seine wunderbaren und gefährlichen Eigenschaften führten zu einer ganzen Reihe von Schauversuchen. Allerdings sind die Mehrzahl der hier vorgestellten Versuche in den Händen nicht Geübter oder nicht sehr vorsichtig Arbeitender ganz außerordentlich gefährlich. Im Gegensatz zu den zahlreichen Rezepten zum Herstellen von Knallerbsen, die natürlich auf keinem Jahrmarkt fehlen durften, die wir aber in Anbetracht der außerordentlichen Explosivität knallsaurer Verbindungen hier nur erwähnen wollen, sollen wenigstens ein Teil der Phosphorrezepte aus kulturhistorischen Gründen erläutert werden. Auf alle Fälle richte man sich zum Löschen brennenden weißen Phosphors eine konzentrierte Kupfersulfatlösung her. Sollte einen Leser das Bedürfnis ankommen z.B. die Phosphorpomade, die einstens den Schauspielern nächtlicher Jahrmarktspossen ein geheimnisvolles Aussehen gaben, tatsächlich auszuprobieren, so soll er tunlichst nicht sich selbst, Schüler oder Familienangehörige, sondern alte Gipsfiguren verwenden.

Phosphor, in Gestalt des weißen Phosphors, wurde oft als Stein der Weisen vorgeführt. Man konnte aber auch einen uralten, schon in der Antike bekannten Trick damit verfeinern. Bereits antike Gaukler pflegten ihr Publikum mit düsteren Wahrsagungen zu

---

[1] *Unfallgefahren:* **Alle Versuche mit weißem Phosphor sind wegen Giftigkeit und leichter Selbstentzündung gefährlich. Unverbrannte Reste sorgfältigst entfernen (abbrennen)!**

erschrecken. Dabei wurde eine Gottheit oder ein sonstiges Wesen aus dem Jenseits angerufen und befragt. Die Antwort erschien dann als Flammenschrift an der Wand. Aus antiken Quellen weiß man, daß man die Wand vorher mit Pechgemischen beschrieben hatte. Die Schrift zündete man einfach an.

„Leuchtende Worte zu schreiben
Man schreibt mit einem Stück Phosphorus auf ein Brett, am besten auf schwarzes Papier, und trägt solches an einen finsteren Ort. Hier erscheint das Geschriebene sehr hell leuchtend. Bläst man aber darauf, so verschwindet es schnell, kommt jedoch gar bald darauf wieder zum Vorschein."

Die folgende Vorschrift ist aufwendiger, dafür funktioniert sie etwas besser:

„Leuchtende Nahmen und andere Figuren im Dunkeln vorzustellen.
Man zeichne mit Phosphor Nahmen oder andere Figuren auf Papier, und lege dieses zwischen Platten von dünnem weißen Glase.
Hier ist die Deutlichkeit der phosphorischen Züge bis auf den Deut vollkommen und beständig. Keine Veränderung in denselben; keine Verdünstung, Auseinandertreibung oder Zerstreuung. Sie sind zum Entzücken schön, und man hat hier zugleich den Vortheil, die phosphorische Zeichnung aller Orten hintragen zu können. Will sie verlöschen, — welches oft nach einer halben Stunde erst geschieht — ja, scheint sie schon ganz verloschen zu seyn, so stelle man die Tafeln gegen einen warmen Ofen, und man wird mit Vergnügen die Buchstaben von neuem entstehen sehen.
Jedes Stäubchen Phosphor wird zum funkelnden Sternchen, und die ganze Zeichnung scheint gleichsam zu leben. Die Glastafeln, zwischen welchen die phosphorische Zeichnung gelegt wird, trocknet man zuvor ab, auch kann man sie etwas erwärmen."

Recht gefährlich ist auch folgender Versuch:

„Ein kleines phosphorisches Feuerwerk.
Man läßt ohngefehr 10 bis 20 Gran Phosphor unter I Drachma Wasser in einem kleinen Gläschen über dem Lichte schmelzen. Sobald dies geschehen ist, gießt man beydes in eine Unze Vitrioloel, das sich in einem Glase befindet, welches ein halbes Nößel Raum fasset, und schüttelt beydes zusammen um. Anfänglich erhitzt sich das Mengsel, bald darauf aber fängt der Phosphor zu brennen an, und wirft feurige Kugeln und Sterne an die Seiten des Glases in die Höhe, die auch noch eine lange Zeit ihren feurigen Schein erhalten. Hat diese Erscheinung nach und nach aufgehöret, so kann sie bei neuen Umschütteln wieder hervorgebracht werden. Man kann sie auch mit demselben Vitrioloel nur mit frischem Phosphor noch etlichemal wiederholen. Im Dunkeln ist diese Erscheinung sehr belustigend.
Schüttet man ein wenig Terpentinoel in die vorige Mischung, so entzündet sich im Augenblick alles zusammen, wobey man aber etwas vorsichtig seyn muß."

Extrem gefährlich und gesundheitsschädlich ist folgendes Beispiel, in dem eine Phosphorpomade für Schauspieler vorgeführt wird. Zum kulturhistorischen Verständnis ist es nötig sich vor Augen zu halten, daß es früher natürlich keine Scheinwerfer gab. Die Bühnen waren für unsere heutigen Verhältnisse erstaunlich dunkel und meist durch eine Reihe von Öllampen, später Petroleumlampen entlang der Rampe gleichmäßig, aber spärlich beleuchtet. So konnte eine Phosphorpomade durchaus theatralische Wirkungen erzielen. Keinesfalls sollte man diese Pomade an lebenden Menschen erproben:

„Leuchtende Pomade
Wenn man 10 Gran Phosphorus mit einer Unze Pomade nach und nach wohl vermischt, so bekommt man eine leuchtende Pomade. Reibt man mit dieser das Gesicht oder die Haare, so werden diese Orte im Dunkeln leuchten, und den Unwissenden in Verwunderung setzen."

Auch andere Versuche ließen sich mit Phosphor ausführen, so z.B. das geheimnisvolle Wiederangehen eines eben gelöschten Lichtes:

„Ein ausgelöschtes Licht mit einer Messerspitze wieder anzuzünden.
Man steckt auf eine Messerspitze, ohne daß es Jemand weis, ein kleines Stückchen Phosphorus, etwa von der Größe einer halben Linse. Wenn man nun das Licht putzet, so muß man es mit Vorsatz auslöschen, alsdann das Messer ergreifen, und die Spitze an den Docht halten, während derselbe noch erhitzt ist, wobey man ihn ein wenig auseinander breiten muß, so wird sich das Licht augenblicklich wieder anzünden. Das Licht darf aber nicht zu tief abgeputzt werden, damit der Docht noch Hitze genug habe, den Phosphor zu entzünden."

Besonders theatralisch war folgender, oft gezeigter Phosphorversuch:

„Daß 3 Lichter mittels eines Schusses verlöschen, und drey andere sich dagegen anzünden.
Diese Kunst muß natürlicher Weise im Freyen gemacht werden. Man stellt 6 Lichter auf den Tisch, 3 angezündet an das eine, und 3 verlöscht an das andere Ende desselben. In einer Entfernung von 5 bis 6 Schritten schießt man hierauf eine Pistole auf die 3 angezündeten Lichter los, so werden diese dadurch verlöschen, die 3 andern aber dagegen sich entzünden. Dies zu bewerkstelligen nimmt man ganze und frisch gegossene Lichter, zertheile man den Docht derer, die sich anzünden sollen, und bringe, vermittels eines Messers etwa ein Hirsekorn groß Phosphorus in die Mitte desselben.Die Pistole wird auf die gewöhnliche Art geladen. Das entzündete Pulver verlöscht die Flamme der angezündeten Lichter, und entzündet den Phosphorus in den verlöschten, der ihnen alsdann seine Flamme mittheilt."

In dieser Form gelingt der Versuch nur mit einer schwarzpulvergeladenen alten Pistole und ist für Innenräume ungeeignet. Deshalb bediene man sich folgender Vorschrift:

Versuch 27: *Das Weiterschießen der Flamme*
Geräte: Zwei Kerzen in festen Kerzenhaltern, Schreckschußpistole mit Platzpatronen
Chemikalien: Weißer Phosphor
Zeit: 5 Min.

Man zünde eine Kerze an und stelle daneben eine zweite Kerze, deren Docht man mit ein wenig weißem Phosphor präpariert hat. Abstand etwa 30 bis 50 cm. Dann ziele man etwa aus einem Abstand von $^1/_2$ bis 1 m durch die Flamme der ersten Kerze hindurch auf den Docht der zweiten und drücke ab. Die erste Kerze verlischt und die zweite entzündet sich. Es empfiehlt sich den Docht der zweiten Kerze fest mit weißen Phosphor zu kneten, weil sonst die Gewalt des Mündungsfeuers den Phosphor vom Docht reißt und auf den Boden schleudert. Der Versuch muß während des Vortrages angesetzt werden und man darf nicht zu lange damit warten, sonst entzündet sich der Docht von alleine. Tatsächlich handelte es sich dabei um einen eigenen Trick, bei dem sich auf der Bühne Kerzen von selbst entzündeten.

Unfallgefahren: Größte Vorsicht beim Umgang mit weißem Phosphor! Mit der Schreckschußpistole nie auf Nahesitzende zielen! Immer vom Publikum weg schießen!

Ergebnis: *Die heißen Verbrennungsgase einer Schreckschußpistole löschen eine brennende Kerze und entzünden gleichzeitig weißen Phosphor.*

Zu den typischen Verkaufsprodukten der Jahrmärkte im ausgehenden 18. und beginnenden 19. Jahrhundert gehörte das Chemische Wetterglas. Ursprünglich aus akademischen Forschungen hervorgegangen, fand es schon in den 80er Jahren des 18. Jahrhunderts eine ungeheure Verbreitung. Die geschilderten Erscheinungen lassen sich tatsächlich beobachten. Das Wetter läßt sich mit seiner Hilfe allerdings nicht voraussagen.

„Chemisches Wetterglas

Man vermischet drey Drachmen Kampfer, Salpeter und Salmiak von jedem eine halbe Drachme wohl zerrieben mit einander, schüttet das Pulver in ein langes cylindrisches Riechfläschgen von weißem Glase, das ohngefehr 1 bis $1^1/_2$ Unzen an Maaße enthält, und füllet solches bis ganz an den Hals mit gemeinen Fruchtbranntwein an. Die Oeffnung wird am besten mit einer Blase verschlossen, worein man auch erforderlichen Falls eine Nadel stecken kan. So bald man dieses Glas an einen ruhigen Ort der freyen Luft aussetzt, so wird die darin enthaltene Flüssigkeit, bald durch die Entstehung und Emporsteigung verschiedener Kristallisationen, von unten ganz wolkigt und undurchsichtig, bald fallen alle diese Salzfiguren wieder in einen weißen Klumpen zusammen, und das Glas wird alsdann wieder hell. Auch die Bildung dieser Kristallisationen ist ebenso verschieden, als jene, die man bei gefrohrenen Fensterscheiben findet. Manchmal thürmen sich lauter Sterngen, manchmal lauter kleine Bäumgen in die Höhe. Manchmal aber sind es blos unregelmäßige wolligte Flocken, den Schneeflocken ähnlich. Bisweilen reißt sich ein großer Theil solcher Flocken los, und schwimmt oben auf. So bald es schönes, trocknes und beständiges Wetter wird, fällt alles wieder zu Boden. Windstürme haben den meisten Einfluß darauf.

Beobachtungen über das chemische Wetterglas.

Ueberhaupt.

1. Je heller die Flüssigkeit in dem Glase, desto heiterer ist auch der Tag.
2. Je mehr „Eis" sich auf dem Boden zeigt, und je höher es steigt, desto dichter ist die Luft, folglich desto größer ist auch die Kälte.

Es kann also das Glas statt eines förmlichen Kältemessers dienen.

Insbesondere.

Aufsteigende und oben hängende Federn zeigen gemeiniglich Winde in der obern Athmosphäre an.

2. Kleine oft kaum sichtbare Tüpfchen kündigen Regen, Nebel, oder auch Schneeflocken an, je nachdem die Jahreszeit ist.
3. Ist die Flüssigkeit trüb und sind Sterne in demselben zu sehen, so darf man an diesem Tage sicher auf ein Donnerwetter schließen, und sollte es auch von uns einige Stunden entfernt seyn . . ."

In diesem Stil gehen die Nutzanwendungen weiter.

Die folgende, recht unschuldige Jahrmarktszauberei gelingt ganz ausgezeichnet. Die psychologischen Möglichkeiten dieses Tricks seien zunächst an einer alten Vorschrift aufgezeigt:

„Eine rothe Rose in eine weiße, und umgekehrt, zu verwandeln.

Man nehme eine rothe Rose, so schön als man sie finden kann, die schon völlig ausgebrochen ist, zündet in einer Kohlenpfanne ein kleines sehr gelindes Feuer an, und

Abb. 13. Bleichen einer Rose (nach *Heumann*)

streue Schwefel darauf. Dann halte man in gehöriger Entfernung die Rose über den Dampf, so wird sie ganz weiß werden. Wird sie hernach eine Zeitlang in Wasser gethan und im Zimmer verschlossen, so bekommt sie wieder ihre vormalige Farbe; ohne dieß wird sie weiß bleiben.

Will man jemanden, um sich ein unschuldiges Vergnügen zu machen, täuschen, so thue man diese weiß gewordene Rose in ein Glas mit Brunnen oder Regenwasser, überreiche sie dann als Präsent einer Person, unter der Bedingung, dieselbe in einen Ort zu verschließen . . . daß sie innerhalb von sechs Stunden von niemanden berührt werden dürfe . . . Wenn nun diese Person das Zimmer öffnet, so wird es sie überraschen, statt einer weißen Rose, die sie dahin gebracht hatte, ein rothe zu finden."

In der Vorschrift nach *Karl Heumann* ist dieser Versuch wesentlich sicherer:

Versuch 28: *Bleichende Wirkung der schwefligen Säure*

Geräte: Größerer Porzellanteller und darauf passende Glasglocke (Käseglocke), kleines Porzellanschälchen; oder Dreifuß mit Drahtnetz

Chemikalien: Schwefel, rote Rosen, rauchende Salpetersäure, Chlorkalk, konz. Salzsäure

Zeit: 5 Min.

„Unter eine grosse, auf einem Teller stehende Glocke bringt man einige rothe Rosen und stellt ein Schälchen mit brennendem Schwefel daneben, Oder man legt die Rosen auf ein grobes Drahtnetz, welches von einem hohen Dreifuss getragen wird, stellt das Schälchen mit brennenden Schwefel unter denselben und stülpt eine Glasglocke über das Ganze. Nach einiger Zeit werden die Rosen gebleicht erscheinen. Durch momentanes Einhängen in Chlorgas oder den Dampf von rother, rauchender Salpetersäure kann das ursprüngliche Roth der Rosenblätter wieder hervorgerufen werden . . . da die aufgenommene schweflige Säure hierbei zu Schwefelsäure oxydirt wird.

Zur Darstellung von Chlor genügt es etwas Chlorkalk in einem Becherglase mit concentrirter Salzsäure zu übergiessen und die gebleichte Rose einige Augenblicke in das entwickelte Gas zu halten ..."

Auf die Antike geht folgender Trick zurück, der vor allem von Wahrsagern viel verwendet wurde. Mit seiner Hilfe läßt sich sehr eindrucksvoll die Klebrigkeit konzentrierter Zuckerlösungen oder langsam trocknender Lacke zeigen.

Versuch 29: „*Papier, worauf etwas geschrieben worden, zu verbrennen, hernach das Geschriebene auf der bloßen Hand zu zeigen*“

Geräte: Papier, Pinselchen zum Schreiben oder Feder

Chemikalien: Konzentrierte Zuckerlösung, langsam trocknender Lack

Zeit: 3 Min.

„Man schreibt einen Namen, oder was man sonst will, auf ein Papier. Dasselbe Wort aber schreibt man, ohne daß Andere es wissen, vorher mit in Wasser gelöstem Zucker, oder mit weichem Lackfirniß vermittelst einer neuen Feder, auf eine bloße Hand, und läßt es trocken werden. Man verbrennt hierauf das Papier, und reibt mit der Asche den Ort, wo die Hand beschrieben ist, so wird es sehr deutlich zu lesen sein.“

Anmerkung: Der Versuch gelingt besser, wenn man die möglichst hochkonzentrierte Zuckerlösung, die man auch mit einem Pinsel auftragen kann, nicht ganz trocknen läßt. Mit diesem Versuch kann man recht gut das Phänomen der Klebrigkeit demonstrieren. Gelingt bei einiger dramatischer Begabung des Vortragenden recht gut.

Der Leser, der die Geduld aufbrachte, der Beschreibung der Chemie auf den Jahrmärkten bis hierher zu folgen, wird sich die naheliegende Frage stellen, woher weiß man dies alles. Naturgemäß gehörten die Gaukler und Quacksalber der Jahrmärkte, bedingt durch ihr unruhiges Leben, zu einem historisch nur schwer faßbaren Personenkreis. Doch im Zuge der geistigen Bewegung der Aufklärung fanden sich im Laufe des 18. Jahrhunderts Männer, die versuchten die faulen Tricks der Quacksalber zu entlarven und entsprechende Literatur unter das Volk brachten. Zuweilen wagten sie sich auch an die Enthüllung althergebrachter Zaubereien.

Es gab zahlreiche Rezepte zum Blute des *Hl. Januar*. Bei einigen davon handelte es sich schlicht um Mischungen, die bei Temperaturen, die etwas über Raumtemperatur lagen, flüssig wurden. Beziehungsweise um Gele, die sich durch Schütteln verflüssigten. Das Blut des *Hl. Januar* wurde zu einem vielgekauften Handelsartikel. Das Deutsche Museum bewahrt einen Brief des jungen *Liebig* an seine Eltern, in dem er seinen Vater dazu gratuliert, daß ihm ein offensichtlich größerer Posten von Phiolen mit diesem Versuch wohl gelungen sei. Ganz offensichtlich war diese Produktion des älteren *Liebig* für den Handel, zumindest in seinem eigenen kleinen Geschäft in Darmstadt bestimmt.

Einer der großen Männer der Aufklärung war der Berliner Schriftsteller und Verlagsbuchhändler *Friedrich Nicolai* (1733 bis 1811), ein Freund des Philosophen *Moses Mendelsohn* und des Dichters *G. E. Lessing*. Seine ganze literarische und verlegerische Produktion stand im Zeichen der Aufklärung, die er kämpferisch verteidigte. So gab er auch die „Natürliche Magie“ von *Wiegleb* heraus, eine Buchfolge, die nach Möglichkeit jedwede rätselhafte Erscheinung auf dieser Welt auf ihre naturwissenschaftlichen Ursachen zurückführen sollte. Im Deutschen Museum in München wird ein Brief *Wieglebs* an *Nicolai* aufbewahrt, aus dem hervorgeht, daß *Nicolai* offensichtlich *Wiegleb* beauftragt hatte zum Erscheinen des nächsten Bandes der Magie ein Vorwort zu schreiben, in dem er die „modernen Schwärmereien“, d.h. die gerade damals noch einmal aufblühende Alchemie bekämpfen sollte. Im übrigen zeigt dieses Schreiben eine starke Beschäftigung *Wieglebs* mit dem Problem der sympathetischen Tinten.

Zur Person des *Johann Christian Wiegleb* (1732 bis 1800) ist noch zu berichten, daß er als Apotheker in Langensalza lebte und als typischer Gelehrter der Aufklärung eine Vielzahl von Werken verfaßte, unter denen seine „Magie“ und die „Historisch-kritische

Untersuchung der Alchemie oder der eingebildeten Goldmacherkunst" sich besonderer Beliebtheit erfreuten.

Wiegleb an *Nicolai*

„Langensalza den 30. November 1785

Euer Hochwohlgebohren habe ich vor wenigen Tagen die Zeichnungen zu den neuen Kupferstichen übersendet. Was ich vom 2ten Theil ... brauchen kann, werde ich benutzen. Dero Vorschlag — einige Blätter mit sympathetischen Dinten beyzulegen, ist sehr gut, wenn nur der dazu nöthige Farbenkobold zu bekommen ist. Ich habe dazu schlechterdings keine Zeit, schlage Ihnen aber zur Bereitung der Dinten Herrn Hermbstaedt vor, der sich jetzt bey Herrn Wegelin auf der Insel aufhält. Außerdem würde auch H. Klaproth dazu behülflich seyn können. Die grüne sympath. Dinte steht beschrieben im 1. B. der natürlichen Magie, die rothe und blaue ist in Chem. Annal. auf 1785 et. 7 u. et 8 S. 130 beschrieben. Es könnte zwar mit jeder nur etwas auf Papier geschrieben werden, es würde aber noch artiger seyn, wenn z.B. auf einem Blatt ein dürrer Baum gemahlt als Kupfer sich befindlich wäre, um dessen dürre Zweige mit der grünen Dinte Laubwerk gezeichnet würde, deßen grüne Farbe durch Wärme sichtbar wird. Die blaue Dinte ließ sich bey einer männl. Figur, deßen Kleid durch einen bloßen schwarzen Umriß bezeichnet wäre, auf den farbenlosen eingefaßten Raum appliciren — davon sich in der Wärme ein blaues Kleid präsentiren würde.

Auf die gleiche Art könnte auch die rothe angebracht werden; wiewohl die letztere nicht immer von der erwünschten Güte ausfällt.

Die Erinnerung, in der Vorrede etwas über die jetzige sehr gangbare Schwärmerey zu sagen, ist sehr wesentlich; ich werde auch gewiß die jetzige bequeme Gelegenheit nicht unbenutzt verstreichen laßen. Ich habe auch schon in der Schrift selbst, wenigstens in Rücksicht der Alchimisterey, dieser Art von Schwärmern meine Geißel zu empfinden gegeben.

...

So bald Sie wegen der erwünschten Blätter Gewißheit erhalten, daß sie gemacht werden können, so erbitte ich davon eine Nachricht, damit ich solches an einem schicklichen Ort erwähnen und den Gebrauch beschreiben kann.

Ich verharre mit vieler Hochachtung
Euer Hochwohlgebohren
ergebenster Diener
Wiegleb"

Offensichtlich war es doch zu schwierig, *Wiegleb*s Buch fertige mit sympathetischen Tinten kolorierte Kupfer beizulegen. Betrachten wir zunächst eine damalige Zusammenfassung:

„Die simpathetische Tinte (nach Halle)

So nennt man Flüßigkeiten, mit denen man Schriften, oder Zeichnungen macht, als bis man ihnen durch farbenlose Dinge die Farbe giebt, die sie zur Tinte macht. Man hat deren sechserley Arten.

Die erste Art kommt zum Vorschein, wenn man über eine unsichtbare Schrift ein anderes Wasser streicht; oder wenn man sie den Dünsten desselben aussetzt.

Die zweyte Art bleibet eingeschlossen, unsichtbar, und wird dagegen an der freyen Luft kennbar.

Die dritte bekömmt die Farbe, wenn man sie mit gewissem zarten Pulver pudert.
Die vierte macht man leserlich am Feuer.
Die fünfte entdeckt sich erst im Wasser.
Die sechste erscheint am Feuer und verschwindet, sobald das Papier wieder kalt wird.

A. Die erste Art der simpathetischen Tinte entstehet, wenn man 2 Loth destillirtem Weineßig, bey gelinder Wärme ausziehen läßt, und den nun süßgewordenen Eßig durchseiht. Mit diesem Eßige schreibe man auf Papier, vermittelst einer neuen Feder, und lasse die Züge von selbst trocknen.

Zu dieser Tinte gehöret folgende erweckende Flüßigkeit, die aus einem Lothe zerstoßenem Auripigmente und 2 Loth ungelöschtem Kalk in einem Nößel Wasser und Kochtopfe, bey gelindem Feuer, bis auf die Hälfte eingekocht, durchgeseiht, und in einem wohlverstopften Glase aufbewahret worden.

Um nun unsichtbare vorige Schrift erscheinen zu lassen, so gieße man etwas von dem beschriebenen Kalkwasser in eine Untertasse, halte die Schrift darüber, oder bestreiche ihre linke und unbeschriebene Seite damit, so werden die Buchstaben der Schrift durch den Dunst des Auripigmentes, und sogar alsdenn belebt, wenn man darinnen ein Löschpapier netzet, es in ein dickes Buch legt, und die unsichtbare Schrift auf den Buchdeckel ausbreitet. Zugleich hat man an diesem Kalkwasser eine Weinprobe, die den mit Glätte versüßten sauren Wein der Weinhändler schwarz färbt und dessen Gift anmeldet.

Eine andere Formel zu dieser Tinte giebt eine Auflösung von Galläpfeln in Wasser, womit man ein Papier beschreibt. Diese unsichtbaren Buchstaben erscheinen, nach der völligen Eintrocknung, wenn man eine Auflösung von Vitriol in Wasser, mit einer Federfahne darüber streicht, weil dieses zusammengenommen das gemeine Tintenrecept ist.

B. Die zweyte Art der simpathetischen Tinte.

Sie entsteht von einer Goldauflösung in Königswasser, oder aus Bley und Weineßig, oder aus Merkursublimate und Wasser, oder aus Kupfer in Scheidewasser, oder aus Zinn in Königswasser. Jede dieser Solutionen geben in der freyen Luft eine Schrift von besonderer Farbe, sie zernagen und beflecken das Papier, ob sie gleich in einem Buche verwahrt, einige Monate lang unsichtbar bleiben, und an der Sonne nach einer Stunde, violett, grau u.s.w. werden. Ich übergehen also alle, da sie theuer und nagend sind.

C. Die dritte Art ist ohne Farbe, aber nach der Trocknung etwas klebrig, und man macht sie dadurch scheinbar, daß man ein zartes Farbenpulver über sie ausstreut. Man bedient sich dazu der Säfte von Aepfeln, Birnen, Citronen, Quitten, Kernschleim, des Zwiebelsaftes, der Milch. Die damit geschriebene Schrift kann durch dunkelblaue Smalte, Florentinerlack, oder Kohlenstaub bepudert werden.

D. Die vierte Art entdeckt sich durch das Feuer, oder die Wärme. Man bedient sich dazu des Eßigs, des Zitronen oder Zwiebelsaftes, und des mit Wasser verdünnten Eiweißes. Diese verbrennen bey einer mäßigen Wärme zu einer Art von Kohlen, und machen sich dadurch leserlich. Die Auflösung von Gold, Silber, von Vitriol, von Salmiak, Kochsalz, Alaun, verdünntes Scheidewasser, verdünnter Vitriolgeist tragen ebenfalls zu einer schnellen Verkohlung des Papieres bey.

E. Fünfte Art der simpathetischen Tinte.

Man löse so viel gepulverten Alaun, oder gereinigten Salmiak in Wasser auf, als dasselbe fassen kann. Mit diesem Wasser und einer neuen Feder zeichne oder schreibe man das beliebige auf Papier, und lasse die Züge trocknen, die nicht eher sichtbar werden, als bis man das Blatt in ein Gefäß mit Wasser legt, und das durchgezogene Papier gegen das Licht hält.

F. Simpathetische Tinte, von der sechsten Art entsteht, wenn man unter 4 Loth reinen Salpetergeist, in einem kleinen Kolben, nach und nach so viel zerstoßnen Farbenkobalt schüttet, als sich darinnen auflösen kann. Man bemerke dabey das Gewicht des eingetragenen Kobaltes; seihe die gemachte Auflösung durch, man wasche den Bodensatz, der unauflösbar geblieben, in Wasser, trockne und wäge ihn ebenfalls, um ihn von dem aufgelösten abzuziehen. Soviel, als der Salpetergeist in sich aufgenommen, ebensoviel Kochsalz wird in eine proportionirliche Retorte von Glas geworfen, man übergieße dieses mit der durchgeseihten Kobaltsolution, und treibe es, mit gehörigem Feuer, aus einer Sandkapelle, fast bis zur Trockne herüber. Das herübergegangene trägt zu unseren Versuchen nichts, wohl aber der Retortensatz bey, wenn man ihn mit 3 oder 4 Loth Wasser übergießt, und so viel als möglich darinnen auflöset und filtrirt. Die mit dieser Tinte verfertigte Zeichnung kommt nur dann zum Vorschein, wenn man das Papier gelinde erwärmet, oder in die heiße Sonne trägt, und die Figuren erscheinen alsdenn in einer meergrünen Farbe. Das Sonderbare dabey ist, daß die meergrünen Züge wieder verschwinden, so bald das Papier kalt wird, und allezeit da sind, wenn das Blatt erwärmt wird, wofern man nur diese Hitze nicht zu übertreiben die Vorsicht hat.

Wünscht man daraus eine rosenfarbige Tinte zu machen, so gebraucht man zu der ersten Auflösung des Kobalts, anstatt des Küchensalzes, gereinigten Salpeter; indessen das übrige Verfahren eben dasselbe bleibt. Diese Rosenzüge kommen und verschwinden so oft, als die vorhergehenden grünen, oder so oft als man will. Eine Belustigung damit ist das folgende

Magische Wintergemählde,

so aus einer winterlichen Landschaft, ohne Zeitverlust eine Zeichnung hervorbringet, die den grünen Frühling mit seinem angenehmen Laube vorstellet. Man mahle an einem Kupferstiche, oder einer tuschirten Landschaft, vermittelst der beschriebenen grünen simpathetischen Tinte, an den gehörigen Stellen der Zweige und der Erde, Laub, Blätter, Gras; welches alles in dem Hintergrunde in einer bleichern Tinte ausgeführt werden muß. Nach der Trocknung des Kupferstiches werden die übrigen Gegenstände nach ihrer natürlichen Farbe, an ihre gehörige Stelle hingemahlt. Endlich fasset den Kupferstich hinter Glase in einem Rahmen ein, und beklebe den Rahmen von hinten mit Papier. Zu dem Gebrauche lege man dieses schauernde Wintergemählde an einen warmen Ofen, oder zum Vegetiren an die Sonne, so keimen und wachsen die verborgenen Blätter, Kraft der Tinte, mit ihrer grünen Farbe, zusehens, aus den Zweigen hervor; und um desto natürlicher, wenn man die Lichterklumpen der Blätter nach der Kunst, mit einem blassen Gelbgrün angelegt, und gehörig schattirt hat. Kurz:

Die Winterlandschaft, die Simpathie gebiert,
Wird zum belaubten Lenz, indem es mich noch friert.

Wenn das Gemählde kalt geworden, so kehret es in seine erste dürre Gestalt zurücke."

Solche sympathetische Tinten waren aber zu ihrer Zeit nicht nur Scherzartikel, sondern sie wurden ernst genommen. *Ludwig Hüttl* hat in seinem Buche: *Max Emanuel*, Der blaue Kurfürst, die Anwendung von Geheimtinten in der bayerischen Politik von 1703 so beschrieben:

„... Um einen einzigen Kurier halbwegs sicher an die Schweizer Grenze zu geleiten, war eine Eskorte von 300 Hartschieren und 500 Reitern notwendig. Als diese nicht genügten, wurden 1000 Mann abkommandiert, um ein Schriftstück über die Grenze zu befördern. Auch wurden fingierte Briefe an französische Äbte, Adelige und Kaufleute gesandt. Sie waren entsprechend informiert und hatten die Weiterleitung dieser Korrespondenzen zu besorgen. Auf diese Weise konnte das Eintreffen der bayerischen Briefe in Versailles halbwegs gewährleistet werden. Das Schreibpapier war 24 Stunden lang mit Vitriol durchtränkt worden. Die ursprüngliche Schrift war dadurch ausgelöscht, und man schrieb irgendwelche Neuigkeiten über das bayerische Theaterleben und über andere unverdächtige Dinge darüber. Durch ein neues 24stündiges Bad im Saft des Gallapfels, der den Zusatz eines bestimmten Pulvers enthielt, wurde die erste Schrift wieder sichtbar."

Anmerkung: In dieser Vorschrift ist ein kleiner Fehler. Das Papier wurde nicht in Vitriol getränkt, sondern mit Vitriollösung beschrieben. Unter Vitriol ist hier Eisensulfat zu verstehen.

Die erste der oben angeführten Vorschriften läßt sich mit den heutigen Mitteln sehr vereinfachen:

Versuch 30: *Sympathetische Tinte*
Geräte: Ein Blatt Papier, Entwicklungsapparatur für Schwefelwasserstoff
Chemikalien: Bleiacetat, Silberchlorid oder -nitrat
Zeit: 5 Min.
Man stelle sich eine konzentrierte Bleiacetatlösung her oder die Lösung eines farblosen Silbersalzes. Diese Lösung verwende man als Tinte zum Schreiben. Das Geschriebene ist unsichtbar. Zum Entwickeln der Schriftzüge bringe man das Blatt Papier in eine Schwefelwasserstoffatmosphäre. Durch die Bildung von Sulfiden wird die Schrift nun sichtbar.

Ergebnis: *Farblose Blei- und Silbersalze werden in Schwefelwasserstoffatmosphäre durch Sulfidbildung dunkel gefärbt.* — **Vorsicht beim Arbeiten mit Schwefelwasserstoff!**

Versuch 31: *Sympathetische Tinte*
Geräte: Ein Blatt Papier
Chemikalien: Galläpfelabsud oder Gallussäure, Eisen(II)-sulfat
Zeit: 5 Min.
Man beschreibe ein Blatt Papier mit konzentrierter Gallussäurelösung. Dann lasse man das Papier trocknen. Zur Entwicklung wird das Papier mit Eisensulfatlösung bestrichen.
Ergebnis: *„Eisengallus" zeigt tiefblaue Farbe. Es handelt sich dabei um ein altes Tintenrezept.*
Zum Problem der sympathetischen Tinte mit Kobaltchlorid und deren Anwendung zur „Barometerblume" sei auf folgende Vorschrift von *Heumann* verwiesen: Zum Verständnis sei vorausgeschickt, daß mit Kobaltchlorür Cobaltchlorid, $CoCl_2$, gemeint ist:

Versuch 32: *Farbänderungen des „Kobaltchlorürs" (nach Heumann)*
Geräte: Reagenzgläser oder Porzellanschälchen, Baumwollstreifen, Filterpapier, weißes und rosa Schreibpapier, Exsiccator mit Trockenfüllung, Bunsenbrenner
Chemikalien: Wasserhaltiges Cobaltchlorid, Ethanol, Wasser, konzentrierte Salzsäure
Zeit: 15 Min.

„... Das wasserfreie Salz wird aus dem wasserhaltigen rothen Chlorür durch schwaches Erhitzen im abwärtsgeneigten Reagenzrohr oder in einer Porcellanschale (bis über 140°) als blaue Masse erhalten, welche nach dem Erkalten an feuchter Luft allmälig unter Wasseraufnahme roth wird; beim Befeuchten mit Wasser tritt die Farbänderung sofort ein.

Das durch Erhitzen dargestellte wasserfreie Chlorür löst sich leicht mit tiefblauer Farbe in Alkohol. Die gesättigte blaue Lösung wird bei vorsichtigem Wasserzusatz (aus der Spritzflasche zu spritzen) zuerst violett und bei mehr Wasser roth. (Nach A. Winkler kann die alkoholische Kobaltchlorürlösung colorimetrisch zur annähernden Wasserbestimmung verwendet werden.)

Eine ganz concentrirte, rothe Chlorürlösung wird beim Erhitzen blauviolett.

Rothe Kobaltchlorürlösung wird tiefblau, wenn man eine genügende Menge concentrirter Salzsäure zufügt; ...

Mit mässig verdünnter Chlorürlösung auf Papier mittelst Gänsekielfedern hergestellte Schriftzüge erscheinen nach dem Trocknen schwach röthlich oder unsichtbar, im Falle rosenrothes Papier benutzt wurde, treten aber bei schwachem Erwärmen (über dem Bunsenbrenner z.B.) mit blauer Farbe deutlich hervor.

Filtrierpapierstreifen oder Stücke weissen Baumwollstoffs, welche in mässig concentrirte, wässerige rothe Kobaltchlorürlösung getaucht und an der Luft getrocknet werden, zeigen eine rosenrothe Farbe, wenn die Luft feucht ist, werden aber beim Verweilen in trockener Luft blau; bei mässigem Feuchtigkeitsgehalt der Luft erscheinen die Streifen violett und können also als annähernde Hygrometer dienen. Durch Erwärmen (z.B. hoch über der Gasflamme) geht die rothe Farbe des Streifens sofort in Blau über.

Die Farbenwandlung zeigt man am besten so, dass man die rothen Papier oder Zeugstreifen oder sogenannte Barometerblumen in einen Exsiccator legt, worin sie sehr bald blau werden. Betupft man einen blau gewordenen Streifen mit feuchtem Fliesspapier, so wird er sofort roth; durch Behauchen geht die blaue Farbe in Violett über. Lässt man Wasserdampf aus einem (wenig) kochendes Wasser enthaltenden Reagenzröhrchen gegen eine präparirten Streifen strömen, so wird die dem Dampf zugewandte Seite des Streifens wegen der Feuchtigkeit roth, die äussere Seite aber in Folge der Erwärmung tiefblau ...“

Zwar hatten die sympathetischen Tinten ihre Hochblüte im 18. Jahrhundert, doch wurden auch später noch sympathetische Tinten entwickelt. Ein besonders hübsches Beispiel ist folgendes Rezept, das einige Jahre nach der Entdeckung des Elementes Jod aufkam. Diese mysteriöse Damentinte sollte zum Abfassen von Liebesbriefen dienen. Damit sie aber nicht in unrechte Hände fallen konnten und so den Schreiber oder die Schreiberin hätte kompromittieren können, sollte die Tinte nach einiger Zeit völlig verbleichen. Der Liebesbrief vernichtete sich gewissermaßen selbst:

Versuch 33: „*Damentinte (mysteriöse Tinte)*“
Geräte: Porzellanschale, Waage, Meßzylinder
Chemikalien: Dextrin, Iod, Ether, Spiritus, Wasser
Zeit: 1 bis 3 Std.

„95 Teile Dextrin, 5 Teile Jod, 10 Teile Äther, 5 Teile Spiritus, 10 Teile Wasser. Der Äther wird mit Spiritus vermischt, darein Jod gelöst und allmählich Dextrin eingetragen. Das Gemisch läßt man an einem luftigen, nicht zu warmen Orte trocknen und löst es dann in soviel Wasser als man braucht, um gerade eben eine gesättigte Lösung zu erhalten.“

Unfallgefahren: Vorsicht beim Arbeiten mit Iod.

Ergebnis: *Die Schrift verblaßt allmählich und verschwindet ganz.*

Sympathetische Tinten spielten oft die entscheidende Rolle in spannenden, geheimnisvollen Geschichten.

Ein hübsches Beispiel dafür ist eine Short-story von *Edgar Allan Poe* (1809 bis 1849): „The Gold Bug (Der Gold Käfer)“ (zitiert nach dtv-zweisprachig 580, übersetzt von *Hans Wollschläger*).

Kidd, der berühmte Pirat mußte irgendwo seine sagenhaften Schätze vergraben haben:

> „... Nun, Sie haben natürlich schon von den vielen Geschichten vernommen — den tausend vagen Gerüchten, die im Schwange sind, von dem Gelde, das Kidd und seine Genossen irgendwo an der atlantischen Küste vergraben haben sollen. Diesen Gerüchten mußte irgend ein Faktum zugrunde liegen ...“

Der Held von Poes Geschichte findet nun durch einen Zufall, der durch einen Käfer herbeigeführt wurde, ein altes Stück Pergament am Ufer:

> „... Es lag, eine Ecke aufgeknickt, halb im Sande vergraben. Nahe der Stelle wo wir es fanden, bemerkte ich die Überreste eines alten Bootsrumpfes, der früher offenbar eine Pinasse dargestellt hatte ...“

Zufällig kam dieses Pergamentstück zu nahe an ein Feuer und so trat eine rätselhafte Zeichnung zutage, ein Totenkopf:

> „... Erwog ich nun all diese Einzelheiten, so konnte ich keinen Augenblick zweifeln, daß die Hitze das Agens gewesen sei, welches auf dem Pergament den Schädel, den ich darauf gezeichnet sah, ans Licht gebracht hatte ... Ich hielt abermals das Pergament ans Feuer, nachdem ich die Hitze stärker angefacht hatte; doch nichts wollte sich darauf zeigen. Nun kam mir der Gedanke, der Schmutzüberzug könnte mit dem Fehlschlag zu tun haben; ich spülte also das Pergament sauber, indem ich warmes Wasser darüber goss, und als dies geschehen war, legte ich es in eine Zinnpfanne, den Schädel nach unten, und setze diese Pfanne auf ein Holzkohlenfeuer. Als nach wenigen Minuten die Pfanne auf volle Hitze gekommen war, zog ich den Streifen heraus und fand ihn zu meiner unaussprechlichen Freude an verschiedenen Stellen mit etwas gesprenkelt, was mir als in Reihen angeordnetes Figurenwerk erschien. Ich legte ihn nun nochmals in die Pfanne und ließ ihn eine weitere Minute darin ...“

Auf diese Weise kam eine chiffrierte Mitteilung zum Vorschein, die prompt zum Auffinden von *Kidd*s berühmten Schatz führte:

> „... Ich grub mit Eifer ... da unterbrach uns abermals das heftige Geheul des Hundes ... Während dieser Zeit hatten wir eine längliche Kiste aus Holz zur Gänze freigelegt ... Glücklicherweise bestand der Verschluß des Deckels einzig aus zwei Bolzen. Diese schoben wir zurück — zitternd und keuchend vor Verlangen. Im nächsten Augenblick lag ein Schatz von schier unschätzbarem Wert vor uns. Als die Strahlen der Laterne in das Loch fielen, blitzte von einem wirren Gehäuf aus Gold und Juwelen ein Glühen und Glitzern zu uns herauf, das unsere Augen förmlich blendete ...“

Gelegentlich, wenn auch selten, sind Experimentierbücher fahrender Chemiker auf uns gekommen, die sozusagen von Schurken für Schurken geschrieben wurden. Die folgende ausführlich beschriebene „Künstliche Geistererscheinung“ ist dafür ein besonders hübsches Beispiel. Allerdings gehören zum vollen Erfolg einer solchen Beschwörung auch die Befolgung einiger psychologischer Tricks.

Abb. 14. Weibliche Verwandte zum Engel verklärt. Laterna-Magica-Bild aus dem 18. Jahrhundert für Geistererscheinungen. Man beachte die völlig schwarze Umrahmung der Figur, die für die „Echtheit" der Erscheinung optisch wichtig war

Wir wollen vorausschicken, daß bei dieser Geisterbeschwörung die Laterna Magica eine Hauptrolle spielt. Der erwünschte Geist wurde auf eine Glasplatte gemalt, und diese in der Laterna magica — wie wir heute sagen würden — als Diapositiv verwendet. Den damaligen Zauberern standen natürlich noch nicht die schauerlichen Möglichkeiten unseres Horrorkinos zur Verfügung. Projiziert man ein solches Bild auf eine Leinwand, so ist es natürlich in sich selbst völlig unbeweglich. Nach dem ersten Erschrecken könnte sich somit der Betrachter an den Anblick gewöhnen. Um nun eine gewisse Bewegung des Bildes vorzutäuschen projizierte man nicht auf eine stehende, sondern auf eine bewegte Fläche, die in sich auch recht diffus war, und so den optischen Eindruck des Geisterhaften verstärkte. Als solche Flächen dienten, neben durch Luftströmung bewegten Gazevorhängen, meist Altäre, denen Rauchsäulen entströmten. In der Regel war die Laterna Magica in dem Altar versteckt und das Bild wurde schräg von unten in die aufsteigende Rauchsäule geworfen. Dieser Rauch bestand entweder aus speziell für diesen Zweck zusammengestelltem Räucherwerk, zu dessen Erhitzung man die Abwärme der Laterna Magica bzw. ihrer Lampe ausnutzte, oder man blies über konzentrierte Ammoniaklösung und konzentrierte Salzsäure, die in vollen offenen Gefäßen, ebenfalls durch die Abwärme der Laterne erwärmt, einen Luftstrom und hatte so eine schöne weiße Nebelsäule aus Ammonchloridrauch. Solche Geisterbeschwörungen müssen eine Zeitlang, vor allem zu Ende des 18. und Beginn des 19. Jahrhunderts recht häufig gewesen sein, denn es haben sich in den Museen ganze Heerscharen von Gespenstern, Teufeln und ähnlichem Gelichter in Form der Laterna-Magica-Bilder erhalten. Im übrigen wird man beim Studium der Versandkataloge großer Versandhäuser in Nürnberg aus dem vorigen Jahrhundert feststellen, daß es diese Zauberaltäre auch im Handel zu kaufen gab:

„Künstliche Geistererscheinung (nach Egg)

Die Geistererscheinung ist eines der schönsten physikalischen Experimente. Wenn man einen Geist oder die Seele eines Abgestorbenen erscheinen lassen will, so muß

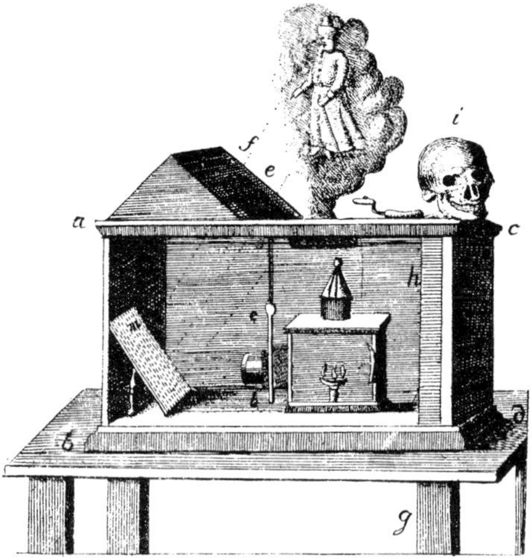

Abb. 15. Schnitt durch einen Altar für Geistererscheinungen

Abb. 16. Teufel. Laterna-Magica-Bild

man diejenigen, die diese Erscheinung sehen wollen, acht Tage vor dem Versuche bitten, diejenigen Personen zu benennen, die ihnen erscheinen sollen. Über 4 bis 5 Personen dürfen nie bey der Erscheinung gegenwärtig seyn, und über 3 der Verstorbenen nicht zum Erscheinen benannt werden. Das beste ist, wenn man von erst kurz Abgeschiedenen die Versuche macht.

Weiß man nun die Person deren Geist erscheinen soll, so trägt man denjenigen, die diese Erscheinung sehen wollen, auf, sich diese 8 Tage durch vom Umgange dieser Welt und vielen Gesellschaften zu enthalten; über sich selbst, über die Kürze des menschlichen Lebens und die Fortdauer der Ewigkeit täglich nachzudenken, und sich während dieser Vorbereitungstage vom Fleischessen zu enthalten. Man schreibt ihnen Speisen vor, die in leichtem Gemüse, Brot und Backwerk bestehen, und verbiethet ihnen des Abends allen Genuß von Speisen. Sind diese 8 Tage vorüber so geht die Erscheinung vor sich. Sie geschieht zur Nachtzeit, und die Personen werden auf die folgende Art hierzu vorbereitet.

Der Zauberer begibt sich selbigen Tag zu denjenigen, die dieses Experiment sehen wollen, und fragt sie, ob sie bereit sind, diesem feyerlichen Auftritte beyzuwohnen. Sind sie es, so ersucht er einen nach dem andern, ihm die Lebensgeschichte des Verstorbenen zu erzählen, und gibt auf diejenigen Lebensauftritte wohl Acht, die dem Erzählenden am meisten ans Herz gehen. Diese wiederholt er, und sucht die bereits gereitzte Imagination in größere Bewegung zu setzen. Diesen Tag darf nur ein frugales Mittagsmahl, am Abende aber, wie schon gemeldet, gar nichts genossen werden.

Es kömmt die Stunde der Erscheinung, welche Nachts um 11 oder 12 Uhr gewählt wird. Es muß eine düstere Nacht seyn, kein Mond am Himmel, und wenn der Sturm an hohen Türmen heult, so ist die Zeit zur Geistererscheinung die beste.

Man führt die Zuseher in das erste Zimmer. Dies muß schwarz bedeckt und mit einer Todtenlampe düster beleuchtet seyn. Wirklich Todtenschedel und Knochen sind in dem Zimmer zerstreut, und hier hält der Zauberer eine Anrede. In dieser Rede bedient man sich all jener rührenden Griffe der Rhetorik, wodurch die Seelen der Zuhörer erschüttert werden, und die so viel Macht über den menschlichen Geist haben. Ist dieß geschehen, so gibt man jeder Person ein Glas voll von jenem Englischen Getränke, das mit Limonensaft, starkem Thee und Rack versetzt ist, und sonst Punsch genannt wird, wonach man in dem ersten Zimmer jedem seinen Platz anweiset. An jedem Platze ist ein Tisch mit einem Todtenschedel, und der Zauberer begibt sich in das Nebenzimmer: kehrt aber nach einer kurzen Weile wieder zurück, und räuchert das Zimmer mit einem gewissen Rauche durch, den ich an seiner Stelle beschreiben will. Einige Minuten nach dieser Räucherung eröffnet er das zweyte Zimmer, und führt die Zuseher hinein. Gleich beym Eintritte durchglüht es ein feuriger Blitz; Dämpfe steigen darin auf und bilden eine Art von Nebel. In der Mitte des Zimmers ist ein Kreis, in welchem die Zuseher stehen. Zwey Wachslichter brennen auf dem Tische; diese verlöschen von sich selbst, und verkünden die Ankunft des Geistes. Eine dunkelblaue und lichtgrüne Flamme lodert auf dem Tische auf, und in der Mitte des Zimmers erscheint der Schatten. Er nähert sich bis zum Kreise; dann spricht er langsam und traurig, und antwortet auf jede Frage. Sein Athem ist warm, und seine Augen glänzen zuweilen wie Feuer. Seine Bildung ist die Person, die man begehrte. Ist jemand in der Gesellschaft, der es wagen will mit einem Degen auf ihn zu hauen, der kann es thun; aber in dem Augenblicke wird eine unsichtbare Gewalt ihn wie ein Donnerschlag zu Boden stürzen, und der Geist verschwindet unter einem schrecklichen Getümmel. Um dieses Experiment schön und auffallend zu machen, ist es vor allem nothwendig, daß man sich um drey Zimmer umsehe, in welchem die Erscheinung vorgehen muß. Eines von diesen dreyen Zimmern wird zur Vorbereitung, das andere zur wirklichen Erscheinung, und das dritte zu den nöthigen Geräthschaften bestimmt. In dem ersten werden die Wände mit schwarzem Tuche überdeckt, schwarz überzogene Sessel und Tische in dasselbe gestellt, und Todtenknochen und Todtenschedel auf der Erde zerstreut. Auch wird dieses Zimmer nur von zwey Lampen beleuchtet. Das zweyte Zimmer, das nur zur Erscheinung selbst bestimmt ist, wird ebenfalls mit schwarzen Tapeten behangen. Nach der Länge des Saals werden zwey Hohlspiegel aufgehangen und mit schwarzem Papier über deckt. Man entfernt sich zehn Schritte in gerader Linie von den Hohlspiegeln, und zeichnet auf dem Boden des Zimmers einen Kreis, in welchem die Zuhörer stehen müssen. In diesem Kreise wird ebenfalls ein schwarzer in die Rundung geschnittener Teppich ausgebreitet, welcher auf der Bodenseite mit kleinen eisernen Kettchen über die Quere und nach der Länge übernäht werden muß. Zur rechten Hand steht ein schwarzbedeckter Tisch mit den Lichtern, und rückwärts gegen den Hohlspiegel wird an der Wand eine Laterna magica (Zauberlaterne) befestigt, über deren Glas eine kleine Fallthüre gerichtet werden muß, welche man unvermerkt aufziehen und wieder zufallen lassen kann. Zum Gebrauche dieser Laterna magica läßt man binnen acht Tagen der Zubereitung eine Copie von dem Portrait des Verstorbenen auf Glas mit Terpentinfarben mahlen, doch daß dieses Bild verkürzt gemahlt werde, weil die Gestalt auf dem Rauche viel länger erscheint, und also die rechte Proportion erhalten wird, und überzieht (welches die Hauptsache ist) den ganzen Umkreis der gezeichneten Figur mit dicker schwarzer Öhlfarbe. In das dritte Zimmer wird eine Elektrisiermaschine gestellt, und eine kleine Kette durch die Thür gezogen, welche zehn Schritte in der Entfernung von dem Hohlspiegel in die Mitte des Zimmers herab hangen muß. Die Negativkette der Elektrizität wird mit dem Teppiche verbunden. Vor der Erscheinung werden zwey Lichter auf den Tisch gestellt; das ganze Zimmer stark durchräuchert und die Erscheinung folgt.

Wirkung.

Es ist aus der Physik bekannt, daß die Hohlspiegel die Eigenschaft haben, wenn sie in gerader Linie gegen einander aufgestellt sind, die menschliche Stimme so zurück zu prellen, daß eine Person am Ende des Saales diejenige Worte deutlich höhren kann, die eine andere in den ersten Hohlspiegel ganz stille hinein spricht. Auch ist nicht minder bekannt, daß, wenn man eine Gluth in den Mittelpunct des ersten Hohlspiegels legt, dieselbe das Pulver anzündet, welches in einer Zimmerlänge des anderen Hohlspiegels ist.

Man weiß auch, daß auf Glas gemahlte Figuren der Laterna magica sich im Rauche reflectieren, wenn nur der Rauch in etwa fixiert ist. Die Wirkungen der Electricität sind ohnehin den meisten schon bekannt, und man weiß, daß man durch den heftigen Stoß im Stande ist, den größten Mann hinzuwerfen. Dieses alles vorausgesetzt, läßt sich die Erscheinung deutlich erklären. Es wird das ganze Zimmer mit Weihrauch, worunter ein wenig Aloeholz gemischt ist, stark durchräuchert, so, daß der Rauch, wenn er sich gesetzt hat, wie ein Nebel das Zimmer bedeckt. Hat sich der Rauch gesetzt, so werden die Zuseher in den Zirkel gestellt, und die Erscheinung fängt an. Man zieht heimlich die kleine Fallthür von der an der Wand versteckten Laterna magica auf. Die Strahlen des Bildes können sich an der Wand, und hauptsächlich wegen der Dicke des Rauches nicht reflectiren: das Gemälde zeigt sich daher im Rauche selbst, und zwar in einer Entfernung. Es schwebt das Bild des Geistes in freyer Luft.

Der optische Betrug kann nicht entdeckt werden; denn da der ganze Umriß der Figur mit dicker Öhlfarbe überstrichen ist, so zeigt sich kein anderes Licht im Rauche, als nur dasjenige, daß das erscheinende Bild darstellt. Schwebt das Bild ein Mahl drey Schritte weit von dem Zirkel in freyer Luft, so entfernt man sich ganz sachte, und sagt dem Zuseher, daß er nun ganz stille mit dem Geist von seinen Angelegenheiten sprechen könne, und man geht bis zu dem anderen Hohlspiegel, der am Ende des Zimmers ist, zurück. Bey diesem Hohlspiegel hört man nun alles, was die Person mit dem Geiste spricht, und man antwortet ganz stille hierauf, und die Person glaubt den Geist antworten zu höhren, da sich doch nur die Stimme in den Hohlspiegeln bricht. Um die Sache auffallender zu machen, legt man in den ersten Hohlspiegel ein ziemliches Stück Gluth, welche die Wärme in den zweyten zurück wirft, und den Zuseher so täuscht, als wenn der Athem des Geistes ganz warm wäre. Um sich aber auf jeden Fall sicher zu stellen, damit der Betrug nicht so leicht entdeckt werde, so muß, wie ich bereits gesagt habe, in dem dritten Nebenzimmer eine Electrisirmaschine seyn, wovon eine Kette in den Saal hängt. Diese Kette wird so gerichtet, daß sie durch die Mitte des Schattens hängt; auch werden rings umher mehrere Drähte, die mit der positiven Electrizität verbunden sind, versteckt. Will nun der Zuseher aus Vorwitz aus dem Kreise treten, oder aus Kühnheit nach dem Geiste hauen, so wirft ihn die Electrizität sogleich zu Boden, weil er auf dem Teppiche steht, der mit der negativen Flasche verbunden ist, folglich, wenn er mit der Hand den positiv electrischen Draht berührt, den ganzen Stoß durch den Körper empfinden muß. In solchen Fällen läßt man auch die Fallthür schnell zu und der Geist ist verschwunden.

Die ganze Erscheinung ist nicht hart ins Werk zu bringen; nur wird Behutsamkeit und Genauigkeit hierzu erfordert.

Die Ketten der Maschine, die von dem dritten Zimmer heimlich in den Erscheinungssaal gehen, müssen durch die Öffnungen, wodurch sie geführt werden, fleißig durch Glasröhrchen geleitet werden, damit die electrische Kraft sich nicht zerstreut; auch ist in Rücksicht der Laterna magica der Focus wohl zu beobachten, ohne den die erscheinende Figur weder die natürliche Größe nach Farbe haben wird.

Beym Rauche ist nichts zu merken, als daß die Thüren und Fenster gut mit den schwarzen Tüchern vermacht werden, und daß keine Zugluft im Saale ist.

Die Kerzen verlöschen von selbst, weil man den Docht aus denselben reißt, und nur ein Bißchen nach beliebiger Länge in dieselben steckt.

Die grüne und blaue Flamme wird durch eine Wachskerze hervorgebracht, die mit dreyfachen Dochte versehen ist, und in der Mitte ausgehöhlt wird. Man füllt diese Öffnung mit Salmiak und altem zerschnittenen Kupfer, und die Wirkung ist zuverlässig.

Der Blitz, der sich von selbst entzündet, wird durch Kampfer gemacht, den man in starkem Weingeist auflöset, und über einer Kohlenflamme ausdünsten läßt. Die Wirkung ist diese, daß sich die feinsten Dünste des mit Kampfer geschwängerten Weingeistes sogleich entzünden, als man ein Licht in das Zimmer bringt; und diese Entzündung ist einem Blitze ganz ähnlich.

Das Gepolter kann in einem Nebenzimmer durch eine große viereckige Rahme, die mit Papier überzogen ist, und an der eine Walze herabrollt, verursacht werden.

Noch schöner ist das Experiment, wenn man mehrere Lichter mit Knallkügelchen erlöschen läßt, und mit Phosphor leuchtende Buchstaben an die Wände schreibt. Bey der Geistererscheinung lassen sich verschiedene Versuche mit dem Phosphor zu deren Verschönerung anbringen ...

Auch soll man in dem Vorzimmer unter die Todtenschedel einige von Pappe gemachte legen, in welche man eine Krähe, oder einen andern starken Vogel einsperrt, der, wenn er sich bewegt, die Todtenschedel herumlaufen macht.

Ganz artig ist es auch, wenn man in einen solchen Todtenschedel einen Laubfrosch steckt, und alsdann den Kopf nahe an eine Lampe stellt, in welchem der Frosch, so bald er die Wärme des Lichtes empfindet, zu quaken anfängt, und seine Stimme in dem hohlen Kopfe ist ganz fürchterlich.

Donner und Blitze hervorzubringen ... gebrauche ich ... den Semen Lycopodii, der in einer Entfernung in kleinen Röhrchen durch ein verborgenes Licht geblasen wird; so, daß blos der Gegenschein mag gesehen werden ...

Die übrigen Vorbereitungen, die ich anführte, sind unmittelbar nöthig, um die Sache auffallender zu machen. Die Einbildung der Zuseher muß erhitzt, und auf diejenige Höhe gestimmt werden, von der sie die Unvollkommenheit der Sache ausbessert."

Uns Nachgeborenen mag solcher Spuk ein wenig lächerlich vorkommen. Aber selbst kritische Wissenschaftler des 18. Jahrhunderts mußten in der damaligen Aufklärungsliteratur sich und anderen eingestehen, daß einen selbst die Kenntnis der Physik nicht vor der Wirkung eines solchen Experimentes schützt. *Johann Samuel Halle* beschrieb 1783 ein ähnliches Experiment unter der schönen Bezeichnung: „Die magische Geistervorladung oder die Hexe von Endor und der abgeschiedene Geist", wobei er noch Ratschläge zur Parfümierung des Ammonchloridrauches gab. Über die Wirkung dieses Versuches auf die Zuschauer schrieb er resignierend:

> „Und auf diesem Grunde beruhet nun die Geistervorladung, oder die Illusion des Gespenstes, welches von dem Anblicke des schwarzen Leichentuches, von dem Knalle und von den übrigen erschreckenden Nebenumständen, die völlige Aenlichkeit mit dem bekannten Verstorbenen, in der verwirrenden Phantasie der Gesellschaft hervorbringet. So stark sind die Vorurtheile der Kindheit, es hilft nichts, daß man weiß, daß sich unsere Sinnen, und sonderlich das Gesicht, im Finstern, wo unser Augenstern groß und sehr geöffnet ist, und also Riesenbilder sieht, weil Licht und Schatten in solchen Bildern unausgesetzt ineinander fliessen, und folglich auch unsere Urtheile davon betrügen. Man sehe den in der Wolke herauf wirbelnden Geist beweglich vor sich, man höre seine heisere unnatürliche Stimme: sogleich verschwindet unsere Philosophie, und wir zittern im Kreise, anstatt daß wir über die gerunzelte Stirn des Magus lachen sollten."

Das Treiben der Quacksalber hatte für die Chemie mancherlei Folgen. Da war einmal die Frage nach dem Stil experimenteller Darbietungen. Es ist recht bezeichnend, daß das ausgehende 18. Jahrhundert die pompöse, theatralische Experimentalvorlesung schätzte. Man durfte einen wissenschaftlichen Experimentalvortrag eben nicht langweiliger gestalten als vergleichbare Darbietungen auf den Jahrmärkten.
In einigen Fällen kann man direkte Auswirkungen der Jahrmarktschemie aufzeigen. So heißt es in *Liebig*s Erinnerungen:

> „... auf dem Markte in Darmstadt sah ich einem herumziehenden Händler allerlei ab, wie er Knallsilber zu seinen Knallerbsen machte. An den rothen Dämpfen, die sich bildeten, als er sein Silber auflöste, sah ich, daß er Salpetersäure dazu nahm und dann eine Flüssigkeit, mit der er den Leuten schmutzige Rockkragen reinigte und die nach Branntwein roch ..."

Liebig machte den gesehenen Versuch zu Hause nach und noch als junger Wissenschaftler beschäftigte er sich mit der Chemie der knallsauren Verbindungen. *Wöhler* fand dann für das Silbercyanat die gleiche quantitative Zusammensetzung, die *Liebig* und *Gay-Lussac* für das Knallsilber ermittelt hatten. Jeder der beiden jungen Forscher hielt die analytischen Ergebnisse des jeweils anderen für falsch. Jeder der beiden hatte aber recht gehabt. 1830 verallgemeinerte *Berzelius* diese Beobachtung und schuf den neuen Begriff: „Isomerie".

Doch auch im vorigen Jahrhundert kam es noch vor, daß ein in einem wissenschaftlichen Laboratorium aufgefundenes Experiment die Jahrmärkte eroberte. Das eindrucksvollste Beispiel war die Pharaoschlange — ein Zersetzungsexperiment, das der junge *Friedrich Wöhler* gefunden hatte. Der berühmte Farbenchemiker *Otto Nikolaus Witt* schrieb darüber:

> „... Es giebt ein altes Spielzeug, welches früher auf keinem Jahrmarkt zu fehlen pflegte, während es heute dank der Agitation, die gegen dasselbe in Scene gesetzt worden ist, so ziemlich verschwunden ist. Es ist dies die sogenannte Pharaoschlange, bestehend aus einem kleinen Kegel oder Stift eines zusammengepressten gräulichweissen Pulvers, welcher auf einen Teller gesetzt und dann angezündet wurde. Er fieng dann an, mit kleiner bläulicher Flamme zu brennen, und aus der Flamme heraus stieg ein phantastisch geformtes Ungethüm von braungelber Farbe, welches wohl geeignet war, die Erinnerung an die Erzählung in der Bibel wachzurufen, der

zufolge Moses seinen und seiner Begleiter vor dem Pharao niedergeworfene Stäbe in Schlangen verwandelte.
Der chemische Vorgang der dieser Spielerei zu Grunde liegt, ist nicht uninteressant, und aus dieser Ursache fristet die ... Pharaoschlange heute noch ein Dasein auf dem Experimentirtisch der chemischen Auditorien. Der Inhalt der Patronen, aus denen die Pharaoschlange hervorgeht, ist ein völlig unlösliches pulverförmiges Salz; er besteht aus Rhodanquecksilber, welches man mit Leichtigkeit erhalten kann, wenn man eine Auflösung von Quecksilbernitrat durch Rhodanammonium fällt. Wie alle Rhodansalze, so wird auch dieses schon durch blosses Erhitzen zersetzt, und zwar sind die Producte der Zersetzung eines solchen Salzes stets das entsprechende Schwefelmetall, Stickstoff, Cyan und Schwefelkohlenstoff. Die drei letztgenannten Substanzen werden im gasförmigen Zustande entbunden und sind brennbar. Wenn also die Zersetzung eines Rhodansalzes einmal durch Anzünden eingeleitet ist, so genügt die Hitze der brennenden Zersetzungsproducte, um sie immer weiter zu führen und schliesslich die ganze Masse des Salzes der Zersetzung preiszugeben. Nun aber ist das Rhodanquecksilber im Gegensatz zu vielen anderen Rhodansalzen schon bei niedriger Temperatur schmelzbar; ehe es sich also zersetzt, wird es verflüssigt, und wenn nun in dem geschmolzenen Salze die Zersetzung beginnt, so wird es von den gasförmig hervorbrechenden Zersetzungsproducten schaumig aufgetrieben. Erst in dem entstandenen Schaume geht die Zersetzung zu Ende, die zurückbleibende feste Asche behält daher die Gestalt des entstandenen Schaumes und nimmt als solcher ein Volumen ein, welches das Vielfache des ursprünglich für das Experiment benutzten Salzes ist. Das, was schließlich als schaumige Asche zurückbleibt, ist im wesentlichen nichts Anderes als Schwefelquecksilber.
Das ist der Chemismus der Bildung der Pharaoschlange; die Agitation, welche gegen ihre Verwendung als Spielzeug in Scene gesetzt worden ist, gründet sich hauptsächlich darauf, dass sowohl Quecksilber- wie Rhodanverbindungen heftige Gifte sind. Durch die Feilbietung der zur Erzeugung der Schlangen dienenden Patronen wird also dem Publicum ein sehr giftiges Material in die Hand gegeben, welches viel giftiger ist, als viele andere Substanzen, deren Verkauf untersagt ist..."

Witt gelang es, das Experiment der Pharaoschlange in eine harmlosere Form zu bringen:

Versuch 34: *Pharaoschlange nach Witt*

Geräte: Porzellanschale

Chemikalien: Emser Pastillen, Zigarrenasche, Spiritus

Zeit: 10 Min.

„Man nimmt eine ganz gewöhnliche Untertasse und bringt in dieselbe eine reichliche Menge Zigarrenasche, aus der man einen kleinen Hügel herstellt. Auf die Spitze dieses Hügels setzt man drei aneinander gelehnte, auf die Kante gestellte Emser Pastillen. Dann gießt man mit Hilfe eines Löffels vorsichtig so viel Spiritus in die Tasse, dass der Aschenhügel gänzlich davon durchtränkt wird, und nun zündet man an. Es sei gleich hier bemerkt, dass, falls der aufgegossene Spiritus nicht ausreichen sollte, um die Flamme bis zur Beendigung des Experimentes zu speisen, es vollständig zulässig ist, von Zeit zu Zeit, löffelweise etwas Spiritus nachzugiessen. Natürlich wird man niemals versuchen dürfen, Spiritus aus der Flasche zuzugiessen, weil sonst diese unfehlbar explodiren würde.

Der Verlauf des Experimentes ist folgender: Nachdem der Spiritus eine Zeit lang ohne irgendwelche auffallende Nebenerscheinungen gebrannt hat, beginnen die Emser Pastillen sich zu schwärzen, und nach kurzer Zeit hebt sich aus der Flamme eine schwarze Schlange empor, welche sich unaufhörlich immer länger und länger aus derselben herauswindet und sich auf dem Tisch, auf welchem der Versuch vorgenommen wird, ablagert. Wenn Alles programmmässig verläuft, so kann man aus drei Emser Pastillen eine Schlange erhalten, welche anderthalb bis zwei Meter lang ist und die Dicke eines Daumens hat.

... Die mit Spiritus getränkte Cigarrenasche ist nichts anderes als ein improvisirte und für den beabsichtigten Zweck besonders geeignete Lampe, deren Docht durch die Asche gebildet wird. Das Wirksame für das Zustandekommen der Schlange sind die Emser Pastillen; diese bestehen aus einem Gemisch von Zucker und den Salzen der Emser Quellen. Der Hauptbestandtheil dieser letzteren ist Natriumbicarbonat, ein Salz, welches schon bei sehr gelinder Erhitzung grosse Mengen von Kohlensäure und Wasserdampf abspaltet. Da nun aber gleichzeitig mit der Zersetzung dieses Salzes ein Schmelzen des Zuckers stattfindet, welcher in den Pastillen mit ihm gemischt ist, und da schmelzender Zucker eine äusserst zähe, zur Schaumbildung sehr geeignete Flüssigkeit darstellt, so bleiben die aus dem Salz hervorbrechenden Gase bläschenförmig in dem geschmolzenen Zucker drin und erzeugen aus diesem einen äusserst voluminösen Schaum. Schliesslich verbrennt ein Theil des Zuckers unter Hinterlassung von Kohle, welche mit dem zersetzten Salze gemischt den schaumartig zur Schlange aufgetriebenen Rückstand der zersetzten Emser Pastillen darstellt ..."

Witt zeigte nun, daß es auch schon zu seiner Zeit technische Anwendungen für Schäume gab. Er nannte zwei Beispiele, einmal den Koks:

„... dass die Steinkohle eben keine Kohle ist, und daß die Substanzen, aus welchen die Steinkohlen bestehen, in einzelnen Fällen so gemischt sind, daß sie vor der endgültigen Zersetzung in einen breiartigen Zustand übergehen. In diesem Brei treiben die bei der Zersetzung entstehenden Gase Bläschen, und so kommt der schaumige Charakter des Koks zu Stande ..."

Das zweite, damals sehr wichtige, für uns aber heute recht unbedeutend gewordene Beispiel war die Herstellung von Thoriumglühstrümpfen für das Gaslicht, der sogenannte Auer-Glühstrumpf[1]. *Witt* schloß seine kleine Abhandlung mit einer bemerkenswerten Feststellung:

„... So sind wir von der Pharaoschlange, einem nutzlosen und sogar gefährlichen Spielzeug, zu der Bildung des Koks und der Glühlichtkörper gelangt, zweier Producte unserer Technik, deren Bedeutung in der Technik gar nicht hoch genug veranschlagt werden kann. Das Sprichwort sagt: „Träume sind Schäume", wir glauben heute gezeigt zu haben, dass das Umgekehrte nicht gilt, sondern dass es Schäume giebt, welche, weit davon entfernt, blosse Traumgebilde zu sein, ganz reale und hochbedeutende Wirklichkeiten darstellen ..."

[1] Solche Glühstrümpfe werden noch heute beim Camping benützt.

V. Versuche mit Schwarzpulver

(Feuerwerksbüchlein, Ende 18. Jahrhundert)

Mit der Erfindung der Feuerwaffen kam auch das Feuerwerk auf. Die Herstellung von Schießpulvern verschiedener Qualitäten und Brandsätzen für Feuerwerkskörper gehörten schon im ausgehenden Mittelalter zu dem festen Bestand chemischer Kenntnisse in Europa (bzw. in China, das als Mutterland der Schießpulver und Raketentechnik gilt). Zu allen Zeiten gab es bei den großen Armeen chemische Laboratorien, die zur Überwachung der hergestellten Pulver und Brandsätze dienten. Trotzdem waren die eigentlichen Feuerwerker meist Handwerker, wenn sie auch dank ihrer technischen Wichtigkeit innerhalb der Heere ein hohes Ansehen genossen. Bei Freudenfesten mußten die Feuerwerker auch das Zubehör zu den Feuerwerken herrichten. Selbst in unserer Zeit haben Feuerwerke nichts von ihrer alten Herrlichkeit verloren. Jeder kennt die Erregung, die vom Zischen und Heulen der Raketen, vom Prasseln der Schwärmer und vom dumpfen Donnern der Kanonenschläge ausgeht. In der Zeit des Barock war man auf die Idee gekommen, Feuerwerke in die Handlung von Theaterstücken — gewissermaßen als die letzte, nicht mehr zu überbietende Möglichkeit der Apotheose — einzubauen. *Ludwig Hüttl* hat in seinem Buch: „*Max Emanuel*, der blaue Kurfürst“ die Bedeutung der Feuerwerke am Bayerischen Hofe im 17. Jahrhundert so beschrieben:

> „Das ‚Churfürstlich Bayrische Frewden-Fest‘ dauerte drei Tage. Es wurde mit einer Oper, einem Turnierdrama und einem Feuerwerk begangen. Es gilt allgemein noch vor dem berühmten Fest Ludwigs XIV. in Versailles im Jahr 1664 als die erste große Veranstaltung des Barock in Deutschland durch die Vereinigung sämtlicher theatralischer Künste der Zeit. Am 24. Sept. 1662 wurde die Oper ‚Fedra incoronata‘ von Pietro Paolo Bissari und Johann Kaspar Kerll aufgeführt im Münchener Opernhaus am Salvatorplatz, am 26. September folgte das Turnierdrama ‚Antiopa giustificata‘ von Pietro Paolo Bissari mit Musik von Johann Kaspar Kerll im Turnierhaus im Hofgarten, wo zwei einander gegenüberliegende Bühnen errichtet wurden. Von dort aus zogen die Turnierteilnehmer in die Kampfbahn. Am 1. Oktober kam das Feuerwerksdrama ‚Medea vendicativa‘ auf einer schwimmenden Bühne auf der Isar ‚unterhalb der Stadtmühl‘ zur Aufführung, von den gleichen Autoren in Szene gesetzt.“

In etwas schlichterer Form konnten sich solche Feuerwerksstücke auf den Jahrmärkten noch sehr lange, bis in das vorige Jahrhundert halten. Meistens waren es alte Feuerwerker, denen man den Abschied gegeben hatte, die nun auf den Jahrmärkten ihren

Lebensunterhalt suchen mußten. Ein solches Jahrmarktsfeuerwerksstück wurde auf dem nun folgenden, aus Augsburg um 1821 stammenden Zettel angekündigt:

„Ritter Hugo und die flammenden Furien
Mit hoher Bewilligung wird heute Samstag den 29. September 1821 die Gesellschaft des Herrn Tourniaire, Tänze auf dem Seile, wie auch große Kunstreiterei, und zum Beschluß das Erstemal: Hugos Triumpf in den Feuerschranken, gegen die flammenden Furien, die Ehre haben zu geben. Große außerordentliche Vorstellung. Wenn der Werth der Neuheit Beweggrund gibt, einen zahlreichen Zuspruch entgegen zu sehen, so schmeichelt sich heute der Direktor und seine Gesellschaft, das höchst verehrliche Publikum mit einer großen, hier noch nie gesehenen Vorstellung zu überraschen. Nämlich: Es wird zum Beschluß das Erstemal: Hugo mit dem Flammenschwerdt, oder der Triumpf in den höllischen Feuerschranken dargestellt werden.

Gerüstet mit dem Flammenschwerdt,
Fest sitzend auf dem edlen Pferd,
Mit Muth und Tapferkeit heran,
Sprengt Ritter Hugo in die Bahn.
Zwar find't man ihm entgegen gehn
Das tobend Paar der Furien,
Doch trotzend ihrer Furchtbarkeit
bekämpfet er sie furchtlos heut;
Mit ihm kämpft auch sein Roß den Kampf,
Scheut weder Knall noch Flammendampf,
Und schwingt sich muthig um und um
Nach einem Siege Ehr' und Ruhm.

Ueberhaupt wird sich die ganze Gesellschaft bey der heutigen Vorstellung sowohl im Seiltanzen, Springen, Reiten und komischen Scenen besonders auszeichnen.
Der Schauplatz ist in der K. Reitschule der ehmaligen Jesuitenkirche gegenüber."

Aus einem anderen Ankündigungszettel des gleichen Unternehmers:

„Mit hoher Bewilligung wird Heute Sonntag den 14ten Oktober 1821, Herr Tourniaire, Tänze auf dem Seile, Große Kunstreiterei, wie auch zum Erstenmale: Die Befreyung Alcesten aus der Macht des Plutos, durch Herkules dem Kühnen in brillantem Feuerwerk mit großer Beleuchtung die Ehre haben, zu geben ..."

Zuweilen verknüpfte man die Feuerwerkerei auch mit anderen circensischen Darbietungen, wie aus dem folgenden Ausschnitt eines Jahrmarkts-Ankündigungszettel hervorgeht:

„Macht den Beschluß ein großes Feuerwerk. Mademoiselle Mariani wird auf dem schlappen Drahte einen mit Feuerwerk besetzten chinesischen Hut auf dem Kopfe haben, und in einer jeden Hand eine Sonne halten, mit diesen Equilibern sich so lange auf dem Dradt zwischen dem Feuer aufhalten, bis alles gänzlich abgebrannt seyn wird. Wir hoffen damit Ehre einzulegen."

Auch gab es Gestelle, an denen entlang Raketen an Schienen oder Seilen gleiten konnten, damit eine Rakete mit Nutzlast nicht so einfach wegfliegen konnte. Auch war man mit diesem Gestell in der Lage für eine sanfte Landung zu sorgen:

„... Der englische Bulldogg oder der unverbrennbare Feuerhund. Dieser verbeißt sich in eine Rakete und wird 10 bis 15 Fuß in die Höhe gezogen und bleibt solange in dieser Situation hängen, bis das größte Geprassel des Feuers aufhört ..."

Ein anderer Unternehmer kündigte die gleiche Schaustellung wie folgt an:

„Den gänzliche Beschluß macht die Wegführung eines Bullenbeissers in einem feurigen Parasol; man wird ihn dreißig Fuß hoch erheben, wo er sich stets mit seinen Zähnen festhalten und nach dem Takt der Musik seine Wendungen machen wird. Liebhaber des Thiergefechtes können große und starke Hunde, mit Kette und Halsband versehen mitbringen ...“

Meistens werden in Feuerwerksbüchern gleichzeitig der Umgang mit Feuerwaffen und Feuerwerk abgehandelt. So ist es auch bei den Ausschnitten aus dem folgenden handgeschriebenen Feuerwerksbüchlein, das im Deutschen Museum in München aufbewahrt wird. Um uns besser in die Zeitstimmung jener Epoche versetzen zu können, wollen wir zunächst die Einleitung des anonymen Verfassers betrachten, um zu erfahren welche Tugenden ein richtiger Feuerwerker haben muß:

„Wer die Artillerie lernen, und zwar vors erste einen guten Büchsen-Meister abgeben will, muß vor allen Dingen 1^{stens} Gott fürchten, und sich jederzeit mit einen Christlichen Wandel und andächtigem Gebet Gott befehlen, 2^{tens} der Nichternkeit, Bescheidenheit und Höflichkeit gegen jedermann sich befleißigen, 3^{tens} der Redlichkeit und Treue in seines Herrn Diensten mit allem Ernst nachstreben, 4^{tens} in seinen Geschäften absonderlich bey Ladung, Richt- und Abfeuerung, deren Gestücke sich behutsam aufführen, weilen er an dem Pulver jederzeit seinen ärgsten Feind um sich hat; dahero er seyn Stück erst wohl visitiren muß, um zu erfahren, was es an Güte habe, und wieviel es vertragen können, damit es nicht überladen noch gesprengte werde. Ferner muß er auch erstl. das Pulver probiren = und solches wohl zu unterscheiden wißen, weilen es an Güte und Stärke und also an seiner Kraft gar sehr differenciret. Kurz, er heißet derowegen ein Büchsen-Meister, weil er des Geschüzes und der Büchsen ihr vollkommener Meister und Kenner seyn und dahin sehen solle, daß die Büchse nicht wegen seiner Unerfahrenheit und Nachläßigkeit zu seinem eigenen Schaden und Unglück über ihm Meister werde: Es muß dannenhero ein Büchsen-Meister nothwendig folgende zu seiner Kunst gehörigen Sachen wissen und verstehen als:

1. Muß er einen accuraten Maas-Stab aufzutragen, und denselben nach Stein, Eisen und Bley zu unterscheiden wißen.[1]
2. Eine wohl proportionirte Canon oder Stück aufzutragen = demselben sein gehöriges Guth oder Metall zugeben = und dessen Zierath recht einzutheilen wißen.[2]
3. Nach Proportion eines jeden Stückes die l'affuitten, Achsen und Räder aufzureißen = u. anzuordnen verstehen.[3]
4. Muß er die Kugelspielung oder den Wind von der Kugel wißen zu geben, damit er gehörige Kugel zu seinem Stück bekomme, und durch ungerechte Kugel dasselbe nicht verderbe noch versprenge.[4]
5. Soll er verstehen das Lade-Zeug, als Wischer, Lade-Schaufel und Sezer ordentlich aufzureißen und machen zu laßen.
6. Muß er wissen ein Stück zu visitiren, welches er vorhero nicht gebrauchet hat, solches hinten und vornen zu vergleichen, und nach den Graden des Aufsazes zu richten.

[1] Damals wurden die Kaliber der Kanonenkugeln in Pfund angegeben.
[2] Ein Büchsenmeister mußte auch den Guß einer Kanone aus Bronze oder Eisen leiten können.
[3] Ein Büchsenmeister sollte also vorher einen Plan des Geschützes zeichnen können.
[4] Das heißt, er muß aufpassen, ob die gewählten Kugeln wirklich in das Rohr passen.

7. Einen Aufsaz aufzeichnen und wie solchen zu gebrauchen verstehen.[1]
8. Ist einen Büchsen-Meister nöthig zu wissen, eine Distanz, wo nicht allzu accurat abzumessen, doch wenigstens durch einige mathematische Vortheile zu judiciren, damit er sein Gestück desto besser darnach richten = und das bestimte Ziel desto glücklicher treffen könne.
9. Muß er wissen seine Schüße zu verbessern, zur Linken oder zur Rechten abzubrechen oder zuzugeben, ingleichen das Wetter, Klar- oder dicke Luft zu unterscheiden.
10. Muß er können mit glühenden Kugeln umgehen, wenn solche sollen geschossen werden.
11. Muß ein Büchsen-Meister das Pulver hauptsächlich wohl zu erkennen = und nach dessen Schwäche oder Stärke zu laden wissen.

Von allen jezt beschriebenen Requisitis eines Büchsen-Meisters, soll nun in nachfolgenden Capituln umständliche Nachricht und Anleitung gegeben werden. Wenn aber beliebet sich noch weiter in dieser Kunst zu perfectioniren, so von der Artillerie geschrieben, als: Siminowiz, Buchnern, Miethen, Graun, Schreibern und andern lesen, Theils aber auch die Erfahrung als die beste Lehrmeisterin mit zu Hülfe nehmen.“

Doch wollen wir uns nun Ausschnitte aus den Abschnitten dieses Werkes betrachten, die sich mit der Feuerwerkerei beschäftigen:

„§ 1. Die Luft *Feuer-Werckerey* ist eine Wissenschaft so da lehret, wie man alle Arten von Kunst- und Luft-Feuern, auf dem Lande und auf dem Wasser angeben verfertigen und präsentiren könne.

§ 2. Da nun die *Raggeten die vornehmsten Stücke bey einem Feuerwerk sind,* so wird also auch mit deren Verferttigung und dazu gehörigen Bereitschaft der Anfang gemacht.

§ 3. Es sind deren Größe und dem Effect nach gar verschiedene Sorten, davon die kleinen bis auf *4 Loth Schwärmer*, die übrigen aber bis auf 100 ℔ Raggeten genannt werden. Sie bekommen ihren *Caliber von dem Bley* und werden nach der Größe ihres Diametri 6. 8. 12. und also weiter löthige, ingleichen 1. 2. 3. 4. 5. 6. 7. 8. 9. 10. 11. 12. 15. 20. 30. und mehr ℔dige Raggeten genannt, und bestehen aus einer *pappierenen Hülse*, welche mit einer besonderen *Composition* von Mehl-Pulver, Salpeter, Schwefel und Kohlen ausgefüllet ist.

§ 4. *Die Maschinen darinen sowohl die Schwermer als Raggeten gemacht werden, nennt man Raggeten-Stöcke,* beyde Sorten werden aus allerley guten, als *Birn-Baum, Buchs-Holz, Weiß-Buchen, und dergleichen vestem Holz* gemacht, die besten und dauerhaftesten aber sind die von *Messing oder Bronze* gegossen werden.

§ 5. *Die Schwermer-Stöcklein* sowohl als die *Raggeten-Stöcke* werden ohne den *Fuß 7. Diameter oder Mund lang,* und der *Fuß ohne die Warze* $2\,^1/_2$ *Mund hochgemachet.* Die *Füße bekommet Stocks-Länge* und wird *5. Mund hochgeschlagen.* Das übrige ist aus nachstehender Figur zu ersehen, welches jedesmahl nach einem *16 theiligen Maas-Stab* aufgerissen wird.

[1] Dies bedeutet, den Winkelmesser konstruieren können, der beim Richten auf das Geschützrohr gesetzt wurde, um die richtige Erhöhung des Laufes zu finden.

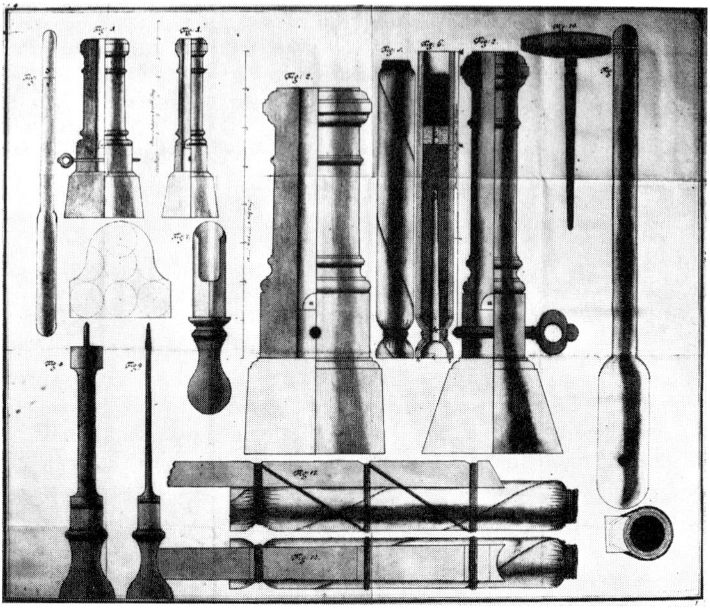

Abb. 17. Die im Text erwähnten Hilfsgeräte zur Herstellung von Raketen

§ 6. Die *Stücke wie auch Hülsen* zu deren *Raggeten* hingegen werden um *etwas länger gemachet*, weil man aus Erfahrung befunden, da eine *Raggete so* $8\,^1/_4$ *ihrer Diametro lang, viel besser gestiegen* als eine soch alter *7 Diam. lang war*, desgleichen machet mann die *Dicke* des aufgewundenen *Pappieres* $^1/_7$ *des Diametri*, was übrigens noch bey den Stock und Warze a zu observiren ist, kan aus Fig: 1 et 2 genug ersehen werden.

§ 7. Ferner ist dazu nöthig ein *Winder* und *Sezer*, Fig: 3 et 4, jener bekömmt zu seiner *Dicke* $^4/_6$ auch wohl $^5/_7$ *Mund* oder wie auf dem Riß stehet, $^{10}/_{16}$, welches einerley ist, und wird *2—*$2^1/_2$ *Mund länger gemacht*, als der Stock und am Ende noch einen *halben Circul abgerundet*, der *Sezer* wird *um 2 gute Pappier Dicke dünner* gemacht, als der Winder *bekömmt Stocks-Länge* und ist am Ende *gerad abgeschnitten.* Insgleichen brauchet man ein *Wind-Brett* mit seinem Sattel und einen *Abschneider*, nebst einer fest gemachten *Schnur* mit einem *Knebel* und ein *scharfes Schnüz-Messer.*

§ 8. *Eine Hülse zu verferttigen.*

Erwählet euch ein gutes festes Pappier dazu, so von gleicher Dicke ist, und keine Grumpen hat; zu denen Schwermern kan es von ordinairer Dicke, zu denen Raggeten hingegen ziemlich starck seyn. Das geleimte Maculatur Regal ist hierzu das beste. Leget das ganze Buch aus einander, und schneidet wenigstens 2 Fingerbreit herunter (doch kan man, wenn das Pappier groß ist, nach Vortheil schneiden, damit man die abgeschnittenen Streifen zu Schwermern oder Schlägen gebrauchen kann.

Wollet ihr eine Schwermer-Hülße machen, so leget das Pappier an einem Ent des Tisches gerade vor euch, nehmet den Winder in die rechte Hand, und ziehet ihm durchs Maul, und benezet ihme ein wenig mit der Zunge, darauf leget demselben etwa eine quere Hand breit vom End auf das Pappier, windet recht, und schlaget dieses Theil vor euch vorwärts über den Winder um, und wickelt in der Hand soviel Papier auf bis es gerade in den Stock gehet. Soll es aber eine Raggeten-Hülße werden, so nehmet ihr das Wind-Brett mit dem Sattel und Windhacken, wenn ihr den ersten Bogen aufgewickelt habt, so legt den Winder damit in eine Hohl-Kehle des Windbretts, welche sich am besten dazu schicket, leget dem Sattel oben darauf und drucket mit der linken Hand oder Arm fest darauf, nehmet den Windhacken mit der rechten Hand, und stecket ihn durch das Loch so durch die Handhaben des Winders gehet und drehet damit so oft um bis ihr findet, daß sich das Pappier recht fest auf dem Winder angezogen hat. Nehmet hierauf den andern Bogen, schiebet ihn fein Winkelrecht zwischen das abstehende Ende des ersten, rollet ihme in der Hand allmählig auch darauf und leget es abermahls unter das Windbrett und Sattel, und drehet wie vorhin um, und dieses so oft wiederholt, bis das aufgewundene Pappier etwas gerade in den Stock gehet, drehet es mit dem Winder hinein, daß das fordere Ende des Stockes herausschaue, hierauf drehet den Winder links um, ein paar Zoll aus der Hülße, und stecket den Abschneider hinein, und beschneidet sie hart am Ende des Stockes fein gleich, als dann drehet den Winder wiederun rechts um, und schiebet die Hülße zum Stock hinaus, so weit als zum Gewölbe oder Capelle nöthig ist, hierauf schlinget die Zuziehschnur einmahl um die Hülße, behaltet den Stock in der linken Hand, und drucket mit der Rechten Hand die Warzen a in die Hülße, ziehet den Knebel an der Schnur mit denen Beinen an, und drehet den Stock mit der Hülße so lang um, bis der Hals tief genug eingewürget ist, darauf thut die Schnur wiederum davon, und schlinget starken Bindfaden etlichemahl um den Halß, ziehet ihm feste zu, drehet die Hülße wiederum ganz in den Stock hinein, sezet die Warzel darunter, drehet den Winder wiederum ganz hinunter bis aufs Gewölbe schlaget etliche mahl darauf, daß das Gewölblein innen und außen fein rund wird, und drehet auf jeden Schlag den Winder etwas um, darauf thut die Warzel heraus, drehet die Hülse soweit in Stock hinunter, biß sie unten den Boden gleich ist; drehet den Winder links heraus, stecket den Abschneider davor hinein und beschneidet die Hülse auch an diesem Ende, daß sie accurat Stock-Länge bekomme, alsdann sezet den Winder in das Gewölbl ein, stellet die Hand neben auf die Erden und drucket die Hülse zum Stock heraus, alsdann leimet dieselbe außen ein wenig am Halse und innwendig an Umschlag, woselbst ihr mit einem etwas breit geschnittenen Hölzlein den Leim zwischen etliche Blätter Pappier hineindrücket, so tief ihr könnet, auch den Rand überleimet. Wenn es geschehen, so drucket den Abschneider wiederum ein wenig hinein, und drehet ihn einmahl um, daß die Öffnung der Hülse wiederum fein rund wird, laßt sie einen Tag liegen, daß sie recht abtrocknen und räumet mit einem runden Holz das Loch in gehörige Weite wiederum auf, so ist sie zu fernern Gebrauch fertig. Sehet Fig: 5 et 6, welcher in der Proportion zu einer $1/4$ ℔ Raggette in würcklicher Größe aufgerißen und was sonsten nöthig verzeichnet ist.

§ 9. Wenn man nun dieselbe füllen und schlagen will, so muß man nach Proportion der Größe auch einen guten und proportionirten Satz erwählen, wozu die in nachfolgenden § 10 in der Praxis am besten befunden worden.

§ 10. *Einige bewährte Säze.*

Land-Schwermer-Säz. Diese werden mit lauter Mehl-Pulver in gehöriger Höhe vollgeschlagen und innwendig angebohret,

Saz zu $^1/_4$ und $^1/_2$ ℔digen Raggeten

Saz zu $^1/_4$ und $^1/_2$ ℔digen Raggeten	Saz zu $^1/_2$, $^3/_4$, 1, $1^1/_2$ bis 2℔igen Raggeten
18 Loth Salpeter	45 Loth Salpeter
1 { 6 " Mehlpulver	$7^1/_2$ " Mehl-Pulver } 2
6 " Kohlen	10 " Schwefel und
4 " Schwefel	15 " Kohlen
3 " gestoßen Glas	

Anmerkung.

Die Raggeten-Sätze muß man ehe man solche einschlägt, mit gutem Brandwein anfeichten, so, daß sie gleichsam wie Fett werden, doch aber auch nicht zu viel, wenn solche eingetragen werden, daß der Zeug noch von selbsten aus der Füllschaufel rollet. Ist der Zeug allzu trocken so gehet er gerne an und zersprenget die Raggete ohne zu steigen, und ist er zu naß, so bleibt die Raggete sitzend und steigt gar nicht. Welches wohl zu merken ist.

§ 11. Wäget darauf die Species zu dem erwählten Saz mit allem Fleiß auf einer accuraten Waage ab, und schüttet dieselbe auf die Reib-Tafel, mischet sie eine halbe Stunde lang mit dem Reib-Holze wohl durch einander, und faßet sodann diese Composition, so man einen Saz nemet in eine Molden, welche ihr nahe zu dem Stock, wo ihr schlagen wollet, hinstellen müßet, damit derselbe fein nahe bey der Hand seyn.

§ 12. *Eine Raggete zu schlagen.*

Bringt vermittelst des Winders die Hülse in den Stock, nachdem ihr vorher dieselbe mit einem Circul, der Länge nach vom Mittel des Halses an gerechnet in 3 gleiche Theile abgetheilet habt, und bemerket das letzte 3te Theil außen darauf mit einem Bleystift durch ein Strichlein, haltet den Setzer sodann außen daran, stellet das Ende desselben auf das jetzt gemachte Strichlein und bemerket an demselben mit einem oder zwey Pfriemen-Stichen die Höhe des lezten 3ten Theils der Hülse, so könnet ihr sehen, wenn die Hülse hoch genug geschlagen ist. Nehmet darauf etwas Hanf, Werst oder auch ein klein Stücklein Pappier, und schiebet es in das Gewölb vor das Loch, damit die Warzen während den Schlagen nicht schwarz noch schmuzig werden. Stellet den Rost mit der Hülse auf die Warze und stecket den Dorn durchs Loch, Stoßet sodann das Füll-Schäufelein so Fig. 4 aufgezeichnet ist, in den nebenstehenden Saz, und treifel mit dem Sezer das aufgeschaufle herunter, fahret damit in die Hülse und schüttet den Satz hinein, sezet den Sezer darauf und schlaget mit einen dazu proportionierten Hölzernen Schlägel, so viel mahl fein gerade und egal darauf, als die Raggete Loth hat, hebet nach jeden Schlag den Sezer ein wenig auf, drehet ihn auch dabey etwas um, und solches continuiret so lange bis die Hülse $^2/_3$ hoch geschlagen ist, welches ihr am Sezer sogleich wahrnehmen könnt, sobald die eingestochenen Löchlein über die Hülse beginnen herauszuschauen. Darauf nehmet schlechtes Pappier, soviel ihr nöthig zu seyn erachtet, drücket es in der Hand zusammen, schiebet es in die Hülse, thut den Sezer darauf, und gebt ihm einige Schläge, bis er sich $^{1}/_{4}$ Mündung zusammengesezet, stellet den Durchschlag so Fig: 8 zu sehen, darauf und schlaget den Propf durch, hier müßet ihr wohl zusehen, daß ihr nicht zu tief kommt, doch aber auch acht geben, daß der Propf ganz durchgeschlagen werde, welches ihr mit einer Raum-Nadel Fig: 9 daran die Spitze wie eine Schraube gefeilet ist erfahren könnet, indem ihr mit derselben in das eingeschlagene Loch ein wenig hinein bohret, die Nadel bald wieder herausziehet und auf die Hand streichet, bringet sie nun etwas von der schwarzen Soz mit, so ist das Loch tief genug und offen, sehet ihr aber nichts schwarzes an der Spitze, so müßt ihr den Durchschlag noch einmahl einsezen, und darauf schlagen, bis ihr merket, daß der Propf völlig durch ist, denn sonsten würde es wenn hier gefehlet, die Raggete keinen Schlag geben, wäre aber der Durchschlag zu tief hineingeschlagen, so kömmt diese Raggete nicht hoch genug, sondern schläget vor der Zeit; Schüttet dann ein wenig Mehl-Pulver oder Salz auf dieses Löchlein, und klopfet dieses mit dem Sezer etliche mahl mit dem Stock darauf, thut das Pulver zum Schlag etwa $1^{1}/_{4}$ auch wohl 1 Caliber hoch hinein, und sezet ein doppeltes Pappier mit dem Sezer darauf, daß das Pulver bey dem Umkehren nicht herausfallen kann, thut die Warze wiederum vom Stock hingegen den Winder ins Gewölb: Stellet ihm umgekehrt auf die Erden und trucket die Hülsen zum Stock heraus, sollte dieselbe etwa zu fest, und von freier Hand nicht herauszubringen seyn, so mußt ihr ein Druckwerk bey der Hand haben, darein stellet den Stock mit dem Winder, und drucket die Raggete heraus, schneidet sie mit einem scharfen Messer übern Schlag in der Rundung etliche mahle ein, und ziehet sie mit der Schnur indeme ihr den Sezer anhaltet, zusammen. Schlinget Bindfaden herum, schneidet das übrige Pappier ab, nezt sie ein wenig in Mund und klopfet sie mit dem Sezer oben fein gleich rund, leimet den Bund ein wenig, so ist sie bis zum Anbohren fertig.

Nachsatz: NB Die Löcher dürfen nicht weiter als hier oben angegeben gemacht werden, denn sonst entzündet sich die Raggete oft ganz und steigt gar nicht, es ist besser etwas enger, damit sich das Feuer zwängen muß.

---

§ 13. *Eine Raggete zu bohren.*

Nehmet sodann die Raggete und faßet mit einem Circul $1\,{}^{1}/_{3}\,{}^{3}/_{16}$ Caliber oder 1 Mund und eine Pappier Dickung, stellet denselben in das vorgedachte 3te Drittel, so ihr mit einem Strichlein bemerket habt und traget diese Weite unterwärts auf die Raggete und machet abermahls daselbst ein Strichlein; Haltet die Raggete an den Bohrer welcher in seiner proportionirten Länge oben an der Spize $^{2}/_{16}$ und unten am Gewölb $^{5}/_{16}$ dick seyn muß und bemerket an demselben mit einem Kreiden-Strich, die Länge von dem lezt gemachten Bleystrichlein, bis zu Ende des Gewölbes; Bohret so noch mit einem Löffelbohrer so ein Loch $^{3}/_{16}$ weit machet, in eben solcher Länge vor, ziehet aber die Raggete zum öffteren zurücke, damit der aufgebohrte Saz in dem Löffel des Bohrers nicht allzusehr erhärte, oder gar entzünde, nehmet darauf den nach obiger Proportion gemachten Viereckigten Bohrer, und bohrte mit denselben die Raggete noch einmahl, so bekommt dieselbe die innere Höhlung, so wie sie oben in Fig. 6 verzeichnet ist.

Randbemerkung an dieser Stelle:
Not: Ich bohrte die Raggeten gar nicht, sondern machte einen Stift, so lange das Loch der Raggeten werden solte, in die in die Warze des Raggete Stocks, und zwar etwas dünner als das Loch ordin: seyn soll, und schlug dieselbe mit einem Sezer, welcher die Länge hinauf ein Loch hatte, so war ich jeder Zeit versichert, daß das Loch recht in die Mitte der Raggete kam und solche daher auch gerade steigen mußte, auch machte ich statt des Pappier unter dem Schlag hölzerne
wo ich außer Sorge, daß der Schlag nicht blind geht.

Nehmet alsdann den Glätter Fig: 10 welcher ebenfalls die obige Proportion hat, aber rund ist und drücket ihme mit Gewalt in das Loch hinein, drehet ihn etliche mahle um, so ist die Raggete auch geklättet und bis zum Anbinden ferttig, bis dahin ihr sie mit einem von Pappier zusammengedrehten Trichterlein verstopfen müßet, damit nichts hinein kriegen und fallen kann.

§ 14. *Eine Raggete an den Stab zu binden.*

Nachdem ihr euch von Schreiner einen etwas länglicht 4-eckigten Stab von weichen und leichten, als Dännen, Fichten und Fohrlen Holz, 7 mahl so lang als die Raggete ist, oben so dicke als die innere Höhlung der Raggete, auch wohl um etwas wenigers dicker, unten aber etwa $^1/_4$ Zoll nach der Rundung der Raggete ein wenig ausgekehlet hat machen laßen und in der Weite von Hals der Raggete bis zum Schlag 3 Kerben in denselben von unten aufwärts

---

Bemerkung an dieser Stelle:
Nb. Die Stäbe dürfen auch nicht schwerer als die Raggete werden, sondern um etwas leichter, denn sonst führet sie solche nicht mit in die Höhe, und bleibt wohl gar sitzend.

---

eingeschnitten, so bindet sie mit gewichsten Bindfaden feste daran, daß sie nicht schlottert; legt sie auf den Zeigfinger eine Hand breit unterhalb des Gewölbes mit dem Stabe auf, und nehmet den Stab soviel an der Länge ab, bis sie das Aequilibrum hält, so ist sie bis zum anzünden ferttig, besehet Fig: 11 et 1e.

§ 15. *Eine Raggete aufzuhängen und anzuzünden.*

Stößet eine gerade Stange, so etwa 10 bis 12 Schuh hoch in die Erde, darinnen vorhero oben ein Häcklein unten aber ein Klämmerlein geschlagen ist, doch so, daß die Raggete wenn ihr sie auf das Häcklein gehänget und das untere End des Staabs in das Klämmerlein gethan habt, dieselbe fein perpendicular hängen möge. Ziehet vorher das pappierene Trichterlein heraus, und gebt ihr ein Zünd-Feuer.

§ 16. Habt ihr aber viele Raggeten an zu zünden, so laßet euch eine *besondere Stallage von Latten verfertigen* darein ihr dieselbe einzeln oder auch mit einem

Lauf-Feuer etliche mit einander zugleich in die Luft schicken könnet, in welch lezten Fall ihr dieselben nicht auf die Nägel, sondern auf die Latten selbst, worein vorher eine Hohlkehle gemacht und mit Mehl-Pulver bestreuet ist, aufhangen müßet, doch ebenfals so, daß die Stäbe in denen untern Clämmerlein perpendicular zu treffen, und gebt so dann auf das Mehl-Pulver Feuer, so werden sie in einen Augenblick alle miteinander aufsteigen."

Auch wie die Ingredienzien zubereitet werden müssen, wird ausführlich mitgeteilt:

§ 11. *Den Salpeter in Mehl zubrechen.*

§ 10. Weilen nun aber, ehe man zu Mischung eines Sazes schreiten kan, vorher zu wissen nöthig hat, wie die Ingretientien dazu, als Salpeter, Mehl-Pulver, Schwefel und Kohlen praepariret seyn müssen, so ist damit folgendermaßen zu procediren.

§ 11. Schüttet in einen kupfernen Kessel so viel geläuterten Salpeter, als ihr wolt, zum Exempl. 25 ℔, gieset sauberes Brunnen-Wasser darauf, daß sich derselbe darinnen völlig auflösen kan, so ohngefehr $^1/_4$ Maaß auf 1 ℔ betragen wird, sezet den Kessel damit über ein mittelmäßiges Feuer, und lasset es eine gute Weile fort sieden, bis das Wasser meistens abgerauchet und dick wie ein Brey zu werden beginnet. Rühret es alsdann mit einer großen hölzernen Spatel beständig um, damit sich der Salpeter nicht ansezet; so wird nachdem alle Feuchtigkeit heraus, derselbe sich in ein weises Mehl verwandeln, welches ihr bey ganz gelinden Kohlen-Feuer noch eine Weile fest umrühren müßet, bis es ganz trocken ist, hebet den Kessel sodann vom Feuer, schüttet den Salpeter heraus auf eine saubere hölzerne Tafel und laßet ihn kalt werden, so ist er zum Feuer-Werck gerecht, und hebt ihn in einen Fäßlein oder Muldern an einem trockenen Ort verdeckt zum Gebrauch auf.

§ 12. Wenn ihr meinet, daß der Salpeter nicht genug möchte geläutert oder unrein seyn, so werfet etwas klein gestoßenen Allaun ohngefehr 3 Loth auf 35 ℔ Salpeter gerechnet, darein; oder gieset ein wenig Essig oder Brandewein dazu, und laßet es for sieden, so wird alle Unreinigkeit mit dem Schaum in die Höhe gehen. welchen ihr sodann mit einen breiten durchlöcherten Löffel abnehmen könnt, und continuiret dieses so lange, bis kein Schaum mehr in die Höhe kommt.

Das Pulver zum Feuerwerck zu praepariren.

§ 13. Mit diesem wird weiter nichts vorgenommen als daß ihr es auf der Reib-Tafel mit dem Reib-Holz zerdrucket und zerreibet, siebet es hernach durch ein klares Haar-Sieb, so habt ihr das Mehl-Pulver, so ihr ebenfalls in einem verdeckten Gefäß von Staub und Feuchtigkeit aufbehalten müßet.

Den Schwefel zu praepariren.

§ 14. Zerstoßet denselben in einen Mörser und schlaget ihn ebenfalls durch ein zartes Haarsieb, so bekommt ihr ein subtiles Mehl, welches zum Feuer gerecht ist.

Die Kohlen zu praepariren.

§ 15. Diese, nachdem sie von Linden- oder Weiden-Holz, so vorher von aller Rinde gesäubert seyn soll, auf die ordinaire Weise, wie die Schmiede-Kohlen, jedoch fein sauber ausgebrannt werden, zerstoßet in einem Mörser, schlaget sie gleichfalls durch ein feines Haarsieb so sind sie zum Feuer-Werck gerecht,

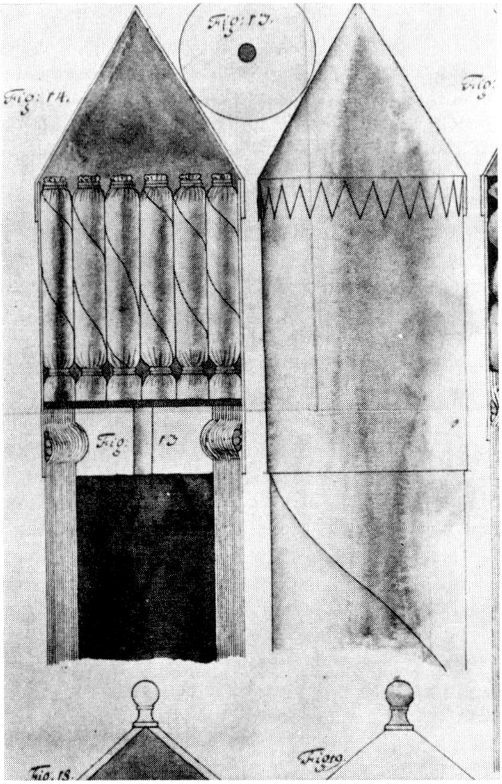

Abb. 18. Konstruktion einer Mehrfachrakete. (Handzeichnung aus der hier vorgestellten Handschrift)

und hebt den daraus erlangten Kohl-Staub vorbeschriebener Maßen zum Gebrauch auf.“

Damals standen Feuerwerker oft vor der Aufgabe Triumphpforten für den nächtlichen Einzug siegreicher Herrscher aufzubauen. Dabei sollte der Name der betreffenden Fürstlichkeit in brennender Schrift erscheinen. Da die Geschichte vom „Menetekel“ in der Bibel damals jeder kannte, hatte die Darstellung von Namen oder sonstige Mitteilungen in Flammenschrift bei Festen des Hofes und bei Jahrmarktszaubereien einen besonderen leicht morbiden Reiz:

„*Brennende Nahmen zu machen.*

§ 43. Laßet euch von Schreiner in der Größe und Breite von Brettern machen, wie ihr sie verlanget, zum Exempel 4 Schuh hoch, 5 Zoll breit und etwa $^5/_4$ Zoll dick, überlegt sie hernach mit der § 44 gesezten Lunten, der Breite nach, so viel mahl es darauf gehet, oder legt sie nur einfach oder doppelt an Rande der Buchstaben herum, heftet sie zu beyden Seiten mit Zwecklein an, oder wenn die Buchstaben ganz damit beleget, so schlaget auf beyden Seiten Zwecklein ein, und überschlinget sie kreuzweise hinüber und herüber mit

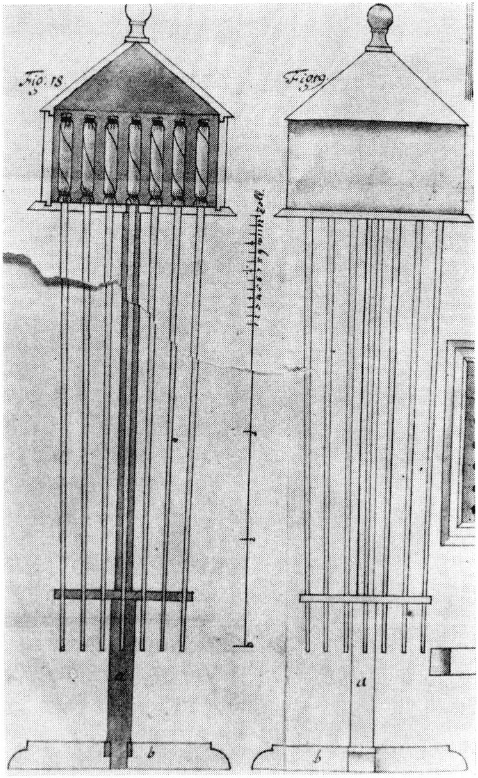

Abb. 19. Kleine Feuerwerksraketen in einem Schutzhäuschen in durchbohrten Brettern hängend. Zum Feuerwerk mußte natürlich der Deckel abgenommen werden. Es handelt sich somit um eine Art Startbase. (Handzeichnung aus der hier vorgestellten Handschrift)

dünnen ausgegluheten Drath von Eisen, machet einen dünnen Brey von Mehl-Pulver und Brandewein und überstreichet sie mit einem Pinsel und bestreuet sie sogleich mit Mehl-Pulver, soviel als darauf haften will (wenn ihr wolt, so könnet ihr die Buchstaben zweymal damit bestreichen, und jedesmal wieder mit Mehl-Pulver bestreuen) nehmet sodann in acht, daß sie nicht umfallen oder hart gestoßen werden, sonsten fallet die Anfeuerung wieder herunter und stellet sie an gehörigen Ort, da ihr sie so dann mittelst der oben § 42 beschriebenen Stoppinen anzünden könnt.

§ 44. *Die Lunden zum brennenden Nahmen zu machen.*

Nehmet saubere und gelinde Lunten, ziehet solche durch zerlassenen Schwefel ganz langsam laßet sie kalt werden, gebrauchet sie wie oben § 43 gewiesen ist, so wird sich der Nahme in blauen Feuer praesentiren.

Notab: Auf 1 Loth Lunde kann man 3 Loth Schwefel rechnen, Oder: Auf einen Schuh in der Länge 2 Loth Schwefel. Zu 3 Buchstaben E V S wog der Lunden 18 Loth und war ca. 4 Schuh lang und wog mit dem Schwefel

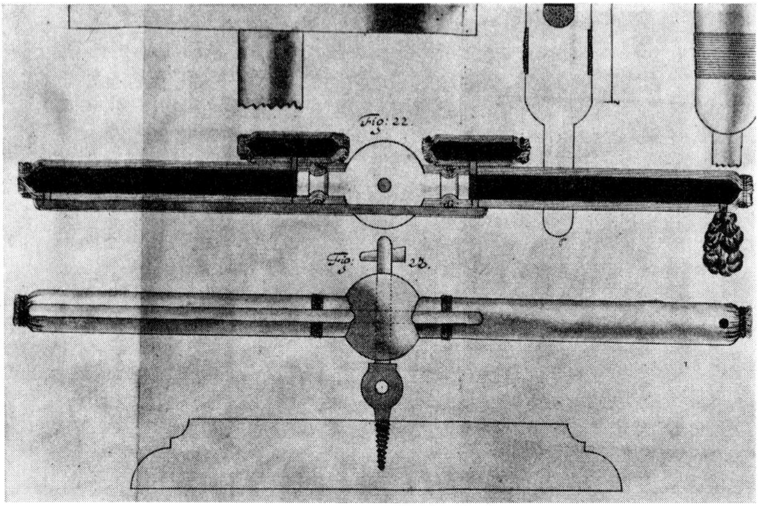

Abb. 20. Seitliche Ansicht und Querschnitt eines kreisenden Schwärmers. (Handzeichnung aus der hier vorgestellten Handschrift)

überzogen 2 ℔ 4 Loth. Die Buchstaben waren 3 Schuh hoch, wurden doppelt überleget und zum Aufnageln 250 Nägel gebraucht.

---

§ 45. Wollet ihr aber den Namen weiß brennend haben, so laßet 6℔ Salpeter schmelzen, thut etwas Korn-Pulver darein, leget den Lunten hinein, rühret es fleißig um, daß sich die Materie wohl einziehe und brauchet es sodann wie oben gelehret.

Saz zu den Nahmen — Brändgen.

Rp. 32 Loth Salpeter
12 " Mehl-Pulver
8 " Schwefel mit Petroleum angefeuchtet,

wohl durcheinander gemischet und gerieben, und die Hülse damit angefüllet.

Item.
14 Loth Salpeter
10 " Mehl-Pulver
6 " Schwefel
1 " Eisen-Feil-Spähne
mit Lein-Öhl angefeuchtet.

Item.
Nahmen — Säze
18 Loth Salpeter
2 " Mehl-Pulver
6 " Schwefel
wird nur trocken gemischt.

Noch auf andere Art brennende Buchstaben zu machen.

Laßet euch von $^1/_4$ Zoll Eisern Drath die verlangten Buchstaben und verferttigen, nehmet starke ordinaire Lunten, oder laßet euch von Werck expresse derer dazu machen, so etwas dicker als die andern, und ganz gelinde gedreht sind. nehmet sodann auf eine Clafter Lunte 1 ℔ Schwefel 13 Loth Salpeter und 4 Loth Antimonium, zerlaßet sodann den Schwefel zuerst in einem Geschirr, darauf thut den Salpeter, und nach diesen das Antimonium klein zerstoßen hinein, rühret es wohl um und unter einander, leget die Lunten fein ordentlich dazu hinein, rühret sie in der Materie oft um, daß sich selbige wohl hineinziehe, nehmet sie wiederum heraus und bestreuet sie überall mit Mehl-Pulver, darauf nun windet obenbeschriebene Buchstaben ganz dicke mit dieser Lunten, überschlinget sie hernach kreuzweiß mit geglühten eisernen Drath, damit in Brennen keine Stücken davon abfallen können, überstreichet sie mit einen dünnen Teig so von Mehl-Pulver und Brandewein gemacht und bestreuet sie abermahl mit Mehl-Pulver, so sind sie ferttig.

§ 49. Man kan nicht allein Buchstaben, sondern auch allerley Arten von Figuren, als Pyramiden, Portamente, Portale, Adler und dergleichen auf obbenbeschriebene Weise zu richten, und solche brennend, wie auch mit unter gemischten Specibus wie verschiedener Couleur vom Feuer praesentiren, als: Galbanum giebel rothe Farbe und Flammen gestoßen Bein, himmelblau, Grünspan, grüne, und Campher und Spießglaß weiße, wie auch das Antimoniumweiß."

Wir leben heute in einer Zeit, wo wir von der Beleuchtungstechnik ganz außerordentlich verwöhnt werden. Frühere Zeiten kannten nur Tranfunzeln, Kerzen und Fackeln, die meist nur recht düster brannten. Wollte man nun nächtliche Festzüge, Theaterspiele, Prozessionen und dergleichen einmal wirklich hell erleuchten, dann mußte sich der Feuerwerker etwas einfallen lassen und die Gassen mit Feuerpfannen erleuchten, die zwar hell, gleichzeitig aber möglichst lange und ohne Funkenflug brennen sollten:

„*Von langwehrenden, zum Leichten dienenden Feuer*, die Gassen und Häuser damit zu erleichten.

Die erste Feuerpfannen.

Man laße 12 Loth Terpentin in einem Hafen oder Topf bey dem Feuer zergehen, darain thun man 24 Loth griechisch Pech oder Colophonium, 12 Loth Wachs, 6 Loth Schwarz- oder Schiff-Pech. Sämtlich wohl unter einander gesotten, vom Feuer gehoben, und darein soviel Flachs oder klaren Hanf gestreuet, soviel die Masse annimmt, alsdann den Flachs verzogen, in eine Feuerpfannen gelegt, mit einem Licht angezündet, so brennt es $1^{1}/_{2}$ Stunde lang, belichtet eine ganze Gaße, und kanns kein Wind auslöschen. Soll es länger brennen, so kann obiger Satz doppliret werden.

Die lang brennende Kugel.

16 Loth Terpentin
48 " Griechischpech oder Colophonium
24 " gelbes Wachs und
6 " schwarzes oder ordinaires Pech.

Alles wohl wie vorher gelehret mit einander schmelzen lassen, sodann von dem Feuer genommen und 12 Loth Hanf darein gethan, welcher vorher in 12 Theile getheilet, und auch 12 Kügelein davon gemacht und 6 Loth Terpentin und Sägmehl darein gesprenget und wohl untereinander gemenget, so werden die Kügelein gar hart, weil, solche noch weich, wird durch jede ein eiserner Nagel gestecket und mit einem brennenden Licht angezündet, so brennt jede $^{1}/_{4}$ Stunde, welche denn bei einem Fest zum Illuminiren, auch zu Freuden-Feuern auf Altanen, auch

Namen und Wappen damit zu formiren, gar wohl zu gebrauchen. Desgleichen kann man diese Masse, ohne Kugeln daraus zu machen, in die Feuer- oder Pech-Pfannen bebrauchen."

Unfallgefahren: **Vor dem Nacharbeiten der vorstehenden Rezepte sei gewarnt.** Sie sind hier aufgeführt, um Einblick in das Handwerk des Feuerwerkers während der Hochblüte der Feuerwerkskunst im 17. und 18. Jahrhundert zu geben. Will man seinen Schülern die Wirkungsweise von Raketen und sonstigen Feuerwerkskörpern zeigen, so greife man auf käufliche Zimmerfeuerwerke zurück. Die Chemie des Schießpulvers kann man bei sorgfältigen Arbeiten mit den folgenden Experimenten erläutern. Allerdings ist auch hier **größte Vorsicht** am Platze:

Versuch 35: *Bereitung von Schwarzpulver (nach Stöckhardt)*

Geräte: Porzellanmörser mit Pistill, Steinplatte, Holzspan, Blechstück

Chemikalien: Kalisalpeter, Holzkohle und Schwefel

Zeit: 30 Minuten

„Versuch a. 24 g gepulverter Salpeter, 4 g Kohlepulver (Anmerkung: fein verteilte Holzkohle) und 4 g Schwefel werden in einem Mörser gut gemischt; man nennt dieses Pulver Mehlpulver. Einige Messerspitzen von ihm werden auf einen Stein geschüttet und durch einen glimmenden Span entzündet: es entsteht eine lebhafte Verpuffung. Das übrige Pulver stoße man mit einigen Tropfen Wasser so lange zusammen, bis ein Teig entsteht, den man durch einen blechernen Durchschlag (Anmerkung: ein Blechtrichter mit nicht zu weiter Öffnung) drückt. Die erhaltene fadenförmige Masse wird, wenn sie halb trocken geworden, durch gelindes Reiben mit den Fingern zu kleinen Körnchen zertheilt; diese sind Schießpulver.
Verpuffung. Versuch b) Man lege auf ein Stückchen Eisenblech etwas Schießpulver und entzünde es: die Verpuffung erfolgt schneller, d.h. die Gasentwicklung noch plötzlicher, als beim Mehlpulver. Die Wirkung des Schießpulvers beruht auf der plötzlichen Entwickelung von Stickstoff und Kohlensäure, also zwei gasförmigen Körpern, die etwa den tausendfach größeren Raum einnehmen als das Pulver, aus dem sie entstehen. Geht die Verpuffung des Schießpulvers in einem abgesperrten Raume, z.B. in einem Gewehre vor sich, so wird sie zur Explosion. Die plötzlich aus dem Pulver entbundenen heißen Gase befinden sich hier in einem außerordentlich komprimierten Zustande und üben daher vermöge ihrer Expansionskraft einen so mächtigen Druck auf die Wände des Gewehres und die Kugel aus, daß sie imstande sind, entweder die letztere fortzuschleudern oder den Lauf des Gewehres zu zertrümmern. Der bei unserer Verbrennung auf dem Eisenblech bleibende Rückstand wird bald feucht an der Luft, denn Kohlensaures Kalium und Schwefelkalium (Anmerkung: Kaliumcarbonat und Kaliumsulfid) sind hygroskopische Körper; er entwickelt einen Geruch nach faulen Eiern, denn aus dem Schwefelkalium erzeugt sich Schwefelwasserstoff; zugleich schwärzt sich das Eisenblech, weil es auf der Oberfläche zu schwarzem Schwefeleisen wird. Gleiches geschieht mit den eisernen Läufen der Schießgewehre.
Das Schießpulver enthält also Salpeter und damit Kalium ... Es geht zumeist durch die Explosion in einem Gewehre in schwefelsaures Kalium (Kaliumsulfat) über und wird durch die Explosion mit aus dem Laufe geschleudert. Infolge seiner außerordentlich feinen Verteilung bleibt es lange in der Luft schweben und bildet hier in Form seines Salzes den weißen Pulverrauch."

Unfallgefahren: Äußerste Vorsicht. Schutzbrille tragen!!

Ergebnis: *Salpeter, Holzkohle und Schwefel ergeben zusammengemischt explosives Schwarzpulver.*

Versuch 36: *Umsetzung von Schwefel mit geschmolzenem Salpeter*
„Zur Theorie des Schießpulvers" (nach Heumann)

Geräte: Reagenzglas, Stativ, Klammer, Bunsenbrenner, Porzellanschale

Chemikalien: Wasserfreies Kaliumnitrat, Schwefel, Bariumchlorid

Zeit: 10 Min.

„In einem trocknen und durch eine Klammer gehaltenen Reagenzröhrchen erhitze man wasserfreien Salpeter zum Schmelzen, werfe auf die zwei Finger hohe Flüssigkeitsschicht ein erbsengroßes Schwefelstückchen und setze dann das Erhitzen über der Gaslampe fort.

Allmälig findet Reaction unter schwachem Aufschäumen statt, bis schließlich bei einer bestimmten Temperatur Entzündung eintritt und äusserst intensives, weisses Licht entwickelt wird, dessen Glanz sich bei fortgesetztem Erhitzen bis zur Unerträglichkeit steigert. Ist das erste Schwefelstückchen verbrannt, so kann man ein zweites folgen lassen und so fort, bis der Salpeter zum grossen Theil verbraucht ist.

In der Regel schmilzt hierbei das Reagenzröhrchen ab, weshalb es gerathen ist, eine leere Porcellanschale unterzustellen, um den Tisch vor Brandflecken zu schützen.

Löst man schließlich den Inhalt des Reagenzrohres in Wasser auf, so lässt sich mittelst Chlorbarium leicht die Anwesenheit von schwefelsaurem Kalium nachweisen."

Unfallgefahren: Man führe dieses Experiment tunlichst nicht mit zu großen Mengen durch! Schutzbrille tragen.

Ergebnis: *Schwefel reagiert lebhaft mit geschmolzenem Kaliumnitrat.*

Versuch 37: *Umsetzung von Holzkohle mit geschmolzenem Salpeter*
„Zur Theorie des Schießpulvers" (nach Heumann)

Geräte: Reagenzglas, Stativ, Klammer, Bunsenbrenner, Porzellanschale, kleine Retorte, Rohrverbindung, pneumatische Wanne mit Auffanggefäß und Quecksilberfüllung, Eisendraht, Hakenpipette, Holzspan

Chemikalien: Wasserfreies Kaliumnitrat, Holzkohle in Stiftform, konz. Kalilauge

Zeit: 20 Min.

„a. Der Versuch wird dem vorigen ganz analog ausgeführt, nur wirft man mehrere linsengrosse Holzkohlensplitter statt des Schwefels auf den geschmolzenen und stark erhitzten Salpeter. Die Kohlenstückchen hüpfen intensiv glühend umher in Folge des Rückstoßes, welchen das Gas ausübt, das bei der Berührung der Kohle mit der Salpeteroberfläche gebildet wird.

b. Um die Reaction zwischen Kohle und Salpeter genauer kennen zu lernen und speciell die Natur der entwickelten Gase festzustellen, kann folgendes, von Büchner angewandtes Verfahren empfohlen werden.

Der Tubulus eines kleinen Retörtchens, welches trocknen gepulverten Salpeter enthält, wird mit einem Stopfen geschlossen, durch dessen Mitte sich ein dicker,

mit etwas Fett bestrichener Draht luftdicht verschieben lässt. Am unteren Ende des Drahtes ist ein 3 bis 4 cm langes, bleistiftdickes Holzkohlestäbchen (durch Binddraht) befestigt, während das obere Ende des dicken Drahtes oben aus dem Stopfen genügend herausragt. Den Hals der Retorte versieht man mit einer Gasleitungsröhre und hält einen mit Quecksilber gefüllten, in der Quecksilberwanne umgestülpten Cylinder zum Auffangen des Gases bereit.
Der Draht wird zunächst in die Höhe gezogen, dass die Kohle den Salpeter nicht berührt, welchen man hierauf unter der directen Gaslampe unter vorsichtigem Erwärmen zum Schmelzen bringt und dann noch etwas stärker erhitzt. Ist die richtige Temperatur erreicht, so entzündet sich die Holzkohle, sobald ihr unteres Ende durch Herabschieben des Drahtes in den geschmolzenen Salpeter taucht, und es findet stürmische Gasentwicklung statt.
Sobald die Luft aus der Retorte ausgetrieben ist, führt man die Gasleitungsröhre in die Quecksilberwanne ein und fängt das Gas im Cylinder auf. Durch Auf- und Niederschieben des Drahtes ist man im Stande die heftige Gasentwicklung nach Wunsch zu dirigieren.
Um Kohlensäureanhydrid neben dem Stickstoff im Gasgemenge nachzuweisen, füllt man den Cylinder nicht ganz mit demselben an und lässt dann mit Hülfe einer Hakenpipette etwas Kalilauge zu dem Gas aufsteigen. Damit keine Luft mit eindringt, ist es rathsam, die Pipette ziemlich vollständig zu füllen und zur Ueberwindung des Quecksilberdrucks nur wenig von oben in dieselbe hineinzublasen.
In Folge der alsbald eintretenden Absorption der Kohlensäure durch die Kalilauge vermindert sich das Gasvolum erheblich. Durch Rütteln des Cylinders kann die Absorption noch beschleunigt werden. Das rückständige Gas ist mittelst eines brennenden Spahns als Stickstoff zu charakterisieren.
Auch in der Art lässt sich der Zweck erreichen, dass man den Cylinder nicht völlig mit dem Gasgemenge anfüllen lässt, ihn dann mit Hülfe eines untergehaltenen Porzellanschälchens aus dem Quecksilber der Wanne heraushebt und seine Oeffnung erst frei macht, nachdem sie unter Kali- oder Natronlauge abgesperrt ist, welche sich in einem hohen und oben genügend weiten Kropfcylinder befindet.
Nach mehrmaligem Auf- und Niederschütteln des Cylinders in der Lauge ist das Kohlensäure-anhydrid absorbirt und der Stickstoff bleibt allein zurück.
Selbstverständlich lässt sich die Anwesenheit von Kohlensäure in dem entwickelten Gase auch zunächst durch Kalk- oder Barytwasser erkennen, welches man in den über Quecksilber mit dem Gas gefüllten Cylinder aufsteigen lässt. Zur vollkommenen Entfernung der Kohlensäure würde indess noch nachträgliche Zufügung von Kalilauge nöthig sein.“

Unfallgefahren: Man hüte sich die Reaktion zu stürmisch werden zu lassen. Vorsicht beim Arbeiten mit Quecksilber. Unter gut ziehendem Abzug arbeiten. Schutzbrille aufsetzen!

Ergebnis: *Salpeter und Kohle reagieren lebhaft zu Stickstoff und Kohlendioxid.*

Versuch 38: *Auffangen der Pulvergase (nach Heumann)*

Geräte: 2 große Glasglocken mit Hähnen oder Stopfen die mit Hähnen versehen sind, eine passende pneumatische Wanne, Stative, Klammern, Schläuche, Quetschhähne, Zangen, Draht, Wachskerze

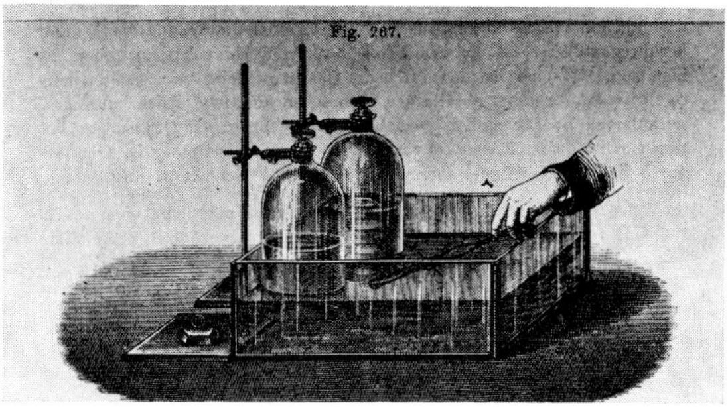

Abb. 21. Auffangen der Pulvergase (nach *Heumann*)

Chemikalien: Steifes Papier, Leim, Jagdpulver, Salpeter, Schwefel, Holzkohle, Ethanol, Zunder oder Lunte, Barytlauge

Zeit: Mit Vorbereitung 1 Std.

„Dieses sehr instructive Experiment über die Wirkung der Explosivstoffe wird in folgender Art ausgeführt:

Ein oder zwei Tage vor der betreffenden Vorlesung ist eine Hülse für die zu verwendende Patrone aus steifem Papier herzustellen, indem man dasselbe, nachdem seine Fläche mit Leim oder Gummi bestrichen ist, in einer Breite von etwa 20 cm fest um einen 1,5 bis 2 cm dicken runden Stab in vielen Lagen bis zu 5 mm Wandstärke aufwindet. Schliesslich faltet man das eine, etwas über den Stab hinausreichende Ende der Rolle ein wenig in sich selbst zusammen, schlägt es nach oben hin um und bindet es durch Umwickeln mit Draht oder Bindfaden fest. Die so erhaltene Hülse wird nun mit einem innigen, mit Alkohol etwas befeuchteten Gemisch aus 30 g feingeriebenem Jagdpulver, 22,5 g Salpeter, 3,7 g Schwefelblumen und 3,7 g Holzkohlenpulver gefüllt, indem man stets nach dem Eintragen eines Theiles des ganz dicken Teiges denselben mit Hülfe eines passenden Holzstabes in die Patrone feststampft. – Eine nur mit geriebenen Jagdpulver gefüllte Patrone würde zu rasch abbrennen; der Zusatz des weniger feinen Mehlpulvers hat den Zweck die Verbrennung zu verlangsamen. – Es ist für das Gelingen des Versuchs sehr wesentlich, dass die Patrone sehr fest gefüllt ist und nirgends lockere Stellen in der Pulvermasse bleiben, denn sonst explodirt die Patrone statt langsam anzubrennen. Ist die Füllung in der beschriebenen Weise vollendet, so legt man ein Streifchen Zunder oben auf und bedeckt es mit etwas gewöhnlichem gekörntem Schiesspulver. So vorgerichtet wird die Patrone an einen sichern Ort gelegt, um lufttrocken zu werden.

Es dürfte gerathen sein, noch eine zweite derartige Patrone herzustellen und als Reserve bereit zu halten.

Zum Auffangen der Pulvergase ist es empfehlenswerth, zwei recht grosse und durch eingefettete Glasstopfen oben verschlossene Glocken so neben einander in einer geräumigen, mit Glaswänden versehenen, pneumatischen Wanne zu befestigen, dass die Mündung der Patrone bequem unter die durch das Wasser abgesperrten Oeffnung der Glocken gebracht werden kann.

Ist die Wanne tief genug, so füllt man die Glocken in der Art mit Wasser, dass man sie bei offenem Tubus untertaucht, letzteren verschliesst und nun die Glocke soweit in die Höhe hebt, dass die untere Glockenöffnung sich einige Centimeter unter dem Wasserniveau der Wanne befindet. In dieser Stellung sind die Glocken gehörig durch Klemmschrauben zu befestigen, welche diese Hälse umfassen. Erlaubt die geringe Tiefe der Wanne eine derartige Füllung nicht, so gebe man den Glocken sogleich die beschriebene Stellung, führe einen Kautschukschlauch, eventuell durch eine Glasröhre verlängert von unten durch das Wasser in die verstopften Glocken und sauge die Luft heraus. Hat man die Tubulaturen durch einen mit Hahn (eventuell mit Glasröhre und Kautschukschlauch nebst Quetschhahn) versehenen Kautschukstopfen verschlossen, so kann das Aufsaugen des Wassers in die Glocken auch von oben her geschehen.

Im Falle die Glocken sich gegenseitig oder die Wände der Wanne berühren sollten, ist ein Stückchen Kautschukschlauch dazwischen zu klemmen, da sonst bei den durch die Gasentwicklung verursachten heftigen Erschütterungen die Glocken zerbrechen könnten. Auch kann man sie auf eine Brücke stellen, welche jedoch sehr große Oeffnungen besitzen muss, da sonst viel Gas verloren geht; die Befestigung der Glocken durch Klammerstative ist aber auch in diesem Fall nicht zu unterlassen.

Vor Ausführung des Versuchs öffnet man das nächstgelegene, nach einem Hof oder Garten führende Fenster, fasst die Patrone fest mit einer Zange und entzündet den Zunderfaden an einer Flamme. Wenn die Pulverfüllung mit Lebhaftigkeit brennt, warte man noch einen Augenblick, im Falle die Hülse bis nahe zur Mündung mit Pulver gefüllt war, damit der Satz etwas zurückbrennt und so eine vor seitlichem Wasserzutritt schützende Röhre entstanden ist, und führe dann die Patrone, ohne ihre Oeffnung den Zuhörern zuzuwenden, langsam in das Wasser unter die eine Glocke.

Durch die stürmische Gasentwicklung ist Letztere alsbald gefüllt, und die Patrone nun unter die zweite Glocke zu halten. Währenddessen kühlen sich die Gase in der ersten Glocke ab und ziehen sich so zusammen, dass nochmals die Patrone untergehalten werden muss, um bessere Gasfüllung zu erhalten; dasselbe ist alsdann bei der zweiten Glocke ebenfalls auszuführen. Nach vollendeter Füllung werfe man die noch fortbrennende Patrone zum Fenster hinaus, da sie nicht zu löschen ist und sehr starken Rauch verbreitet[1].

Die in der Glocke aufgesammelten Pulvergase sind in Folge der langsameren Verbrennung etwas anders zusammengesetzt, als die durch Pulverexplosion erzeugten, besonders fällt ein durch die gelbe Farbe erkennbarer Gehalt an salpetrigen Dämpfen auf.

Durch den Tubus der einen Glocke führt man eine an aufwärts gebogenem Drahte befestigte Wachskerze ein, welche sofort erlöscht. Die andere Glocke hebe man mit Hülfe ihre untere Oeffnung bedeckenden Glasplatte über die Wasserfläche empor, lasse das etwa in der Glocke enthaltene Wasser abfliessen und stelle sie dann nach Wegnahme der Glasplatte auf ein grosses, etwas Kalk oder Barytwasser enthaltendes Becherglas. Die Kohlensäure sinkt herab und bewirkt sofort oder nach dem Umschwenken starke Trübung der Flüssigkeit."

Unfallgefahren: Dieser Versuch ist recht gefährlich und verlangt starke Nerven. Man halte beträchtlichen Abstand zum Publikum, Schutzscheibe. Schutzbrille tragen.

Ergebnis: *In den Verbrennungsprodukten von Schwarzpulver lassen sich Stickstoff, nitrose Gase und Kohlendioxid erkennen.*

---

[1] Wegen Umweltbelästigung nicht zur Nachahmung zu empfehlen.

Nachwort zur Feuerwerkerei:

Seit Jahrhunderten hatten sich die Menschen an dem farbenprächtigen Spiel der Feuerwerke erfreut. Trotzdem kam es nie zu einer systematischen und wissenschaftlichen Betrachtung der dabei zu beobachtenden Farben. Erst *Bunsen* und *Kirchhoff* konnten mit der Entdeckung der Spektralanalyse in der Mitte des vorigen Jahrhunderts auch dieses Phänomen klären. Damit ist die Feuerwerkerei ein schönes — und fast könnte man sagen — tragisches Beispiel dafür, daß manchmal Entdeckungen tausenden von Menschen gewissermaßen vor der Nase liegen, ohne daß sie auch nur einer wirklich sieht.

VI. Gaschemie des Rokoko. Versuche mit Wasserstoff und Knallgas

(Ende 18. Jahrhundert)

1. Elektrische Pistolen

Die Gedankenwelt jeder Epoche wird auch durch den Stil und die Zielsetzungen ihrer wissenschaftlichen Instrumente charakterisiert. Für den Chemiker von heute wäre der Gebrauch einer „elektrischen Pistole", oder wie sie die Naturforscher des ausgehenden 18. Jahrhunderts noch nannten: Sclopetarium electricum, *Volta*s Pistole, bombarda electrica, zur Prüfung der Entzündbarkeit von Gasen und verdampfbaren chemischen Substanzen fraglos etwas ungewöhnlich. Das 18. Jahrhundert schätzte aber an einem wissenschaftlichen Instrument nicht nur den Nutzen, den es der Forschung an und für sich bringen konnte, sondern es mußte auch zur „philosophischen Erheiterung" dienen können.

Der damals in ganz Europa bekannte Arzt und Naturforscher *Jan Ingenhousz* (1730 bis 1799) schrieb über dieses Instrument:

> „... Die Pistolen mit entzündbarer Luft, welche man mittelst eines elektrischen Funkens anzündet, sind eine Erfindung des Herrn Volta, eines Edelmannes zu Como, der die Luftlehre schon durch eine Menge unterhaltender und nützlicher Entdeckungen bereichert hat. Ein solches Werkzeug konnte nicht anders, als allen Physikern gefallen ..."

Etwas nüchterner wurde es 1800 in *Fischer*s Physikalischem Wörterbuch beschrieben:

> „... Die elektrische Pistole ist eine eigene Einrichtung, wobey durch die Explosion der durch den elektrischen Funken entzündeten Knallluft ein Pfropf mit Gewalt aus einer Röhre getrieben wird. Der Versuch hiermit dienet zum Beweis der Entzündung brennbarer Stoffe durch den elektrischen Funken, und der explodirenden Kraft der Knallluft ..."

33 Jahre später hieß es allerdings in *Gehler*s Physikalischem Wörterbuch mit leicht tadelndem Unterton, daß sie:

> „... freilich mehr als Spielwerk als zu einem ernsthafteren Gebrauche Beifall gefunden ..."

Ingenhousz selbst ließ dergleichen Einwände aber nicht gelten:

> „... Wie oft haben wir es nicht gesehen, daß die einfältigsten Versuche, die in den Augen der Unwissenden für Kinderspiele gelten mußten, als könnten sie zu keinem Zwecke von Erheblichkeit führen, dennoch den Weg zu den nützlichsten und wichtigsten Entdeckungen öffneten?"

1779 formulierte *Ingenhousz* folgende Sätze zur Verteidigung der Bombarda electrica:

Abb. 22. Der holländische Arzt und Naturforscher Jan Ingenhousz (1730—1799)

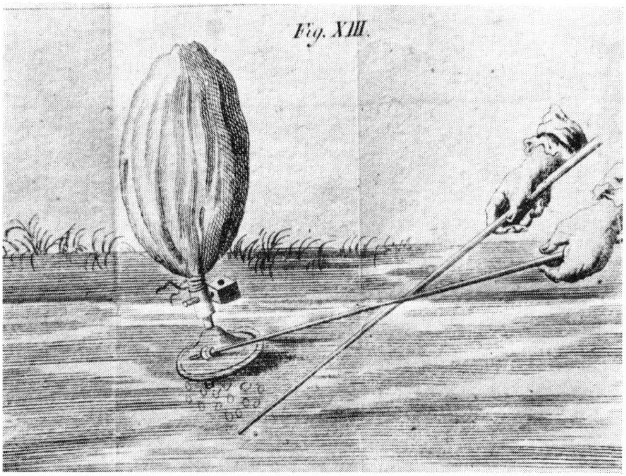

Abb. 23. „Eine leichte Art, der brennbaren Luft sumpfichter Wässer habhaft zu werden, ohne daß man einen kleinen Nachen nöthig hätte, oder sich zu beschmieren Gefahr liefe ...“ Die Blase kann dann an entsprechend konstruierte Knalluft-Pistolen direkt angeschlossen werden. Erfunden von Dr. Pickel, dem ersten Professor der Chemie an der Universität Würzburg, der „... mit Ingenhousz die Gefahren dieser electrischen Versuche theilte ...“ (Abbildung aus Ingenhousz: Vermischte Schriften. Wien 1784)

„... Wir haben noch andere Beispiele, daß die wichtigsten Folgerungen die Früchte von Beobachtungen solcher Erscheinungen gewesen sind, welche in den Augen jener unwissenden und müssigen Leute unbedeutend schienen, deren Daseyn zu nichts tauget, als unseren Erdball zu erschweren, und die Anzahl jener unnützen Individuen zu vermehren, die Horaz sagen lässet: Nos numerus sumus et fruges consumare nati. Leute die beym ersten Anblicke eines physischen Versuches, dessen Ziel zu erreichen sie zu kurzsichtig sind, sogleich zu fragen pflegen: Wozu soll's?

Abb. 24. Alessandro, Conte di Volta (1745—1827)

> Diese Geschöpfe, beynahe den Thieren ähnlich, von denen sie sich bloß durch die äußerliche Gestalt unterscheiden, keines höheren Vergnügens des Geistes bewußt, in die Befriedigung der Bedürfnisse der Natur, und in die Lüste, die sie mit dem Viehe gemein haben, ihre ganze einzige Glückseligkeit setzen. ..."

Anfänglich baute man die elektrischen Pistolen aus Glas, doch dies war nicht der rechte Werkstoff, denn gläserne Pistolen

> „... dienen gar nicht zu starken, sondern nur zu kleinen gemeinen Versuchen und gleichwohl hat man auch hierbey Vorsicht des Zerspringens wegen nöthig ..."

Durch die Wandung des Laufes wurden Drähte eingeführt, deren blanke zugespitzte Enden nahe beieinanderstanden. Legte man an diese Drähte die Spannung einer geladenen Leydener Flasche, so sprang im Innern der Pistole ein Funke über, der das Gemisch entzündete. Diese Versuchsanordnung war nicht besonders günstig. Bei der Explosion verbogen sich die Zünddrähte im Innern des Rohres, ihr Abstand voneinander vergrößerte sich dadurch und damit wurde ein abermaliges Abfeuern der Pistole erschwert. So kam *Alessandro Volta* (1745 bis 1827) nach kurzer Zeit zu jenem Instrument, das wir heute Zündkerze nennen und im Automotor noch immer verwenden. Die Handhabung einer solchen Pistole war schwierig und unangenehm, denn sie war ein Vorderlader und das Einbringen von Wasserstoff, den man durch Einwirken von Schwefelsäure auf Eisenspäne oder Zinkstaub gewann und in einfachen Glasflaschen auffing — natürlich ohne den praktischen Überdruck unserer Gasflaschen — oder das Einfüllen anderer entzündlicher Gase war keineswegs einfach.

Volta ersann einen nahezu genialen Trick. Er goß jenes Volumen seiner Pistole, das er mit brennbarer Luft zu füllen wünschte, mit Hirsekörnern aus, brachte dann dic Mün-

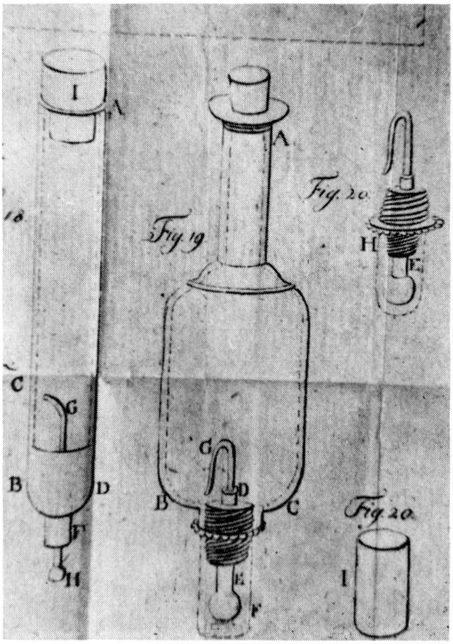

Abb. 25. Zwei elektrische Pistolen aus einer Abhandlung des Tiberius Cavallo (1783), die zweite („Fig. 19") besitzt eine voll ausgebildete Zündkerze mit dazugehöriger Schutzhülse („Fig. 20")

dung der Waffe möglichst dicht über die Öffnung der Flasche mit dem Gas und ließ die Körner in die Gasflasche herabrieseln und nahm nun an, daß diese Körner ein entsprechendes Volumen Wasserstoff in die Pistole drängen würden. Nachdem man die Mündung des Laufes möglichst schnell mit einem Korken verschlossen hatte, wurde die Pistole durch elektrische Zündung abgefeuert.

Ingenhousz hat uns auch eine Schilderung der Rolle hinterlassen, die die elektrische Pistole bei der Entdeckung jenes Gases spielte, das wir heute Ethylen (Ethen) nennen:

> „... Als ich mich im Dezember 1777 zu Amsterdam befand, waren die Herren Aennea und Cuthberthson so gütig, mir einige Versuche mit verschiedenen knallenden und brennbaren Lüften zu zeigen. Sie brachten eine brennbare Luft hervor, indem sie Vitrioloehl und Weingeist zu gleichen Theilen vermischten, und der Phiole, die die Mischung enthielt, Feuer unterlegten. Es wurde eine große Menge weißer Dünste entwickelt, welche in eine mit Wasser gefüllte und umgestürzte Vorlage übergiengen, sich oben auf sammelten, und, gleich anderen Lüften, das Wasser niederdrückten. Diese Luft wurde sogleich klar, indem das Wasser die weißen Dämpfe verschlang. Sie war in einem offenen, walzenförmigen Glase leicht zu entzünden, und brannte so hell als ein Licht, wobey die Flamme hinunter stieg, bis sie den Boden erreicht hatte ..."

Die beiden holländischen Chemiker führten nun als krönenden Höhepunkt ihrer Entdeckung des neuen Gases, dessen Abfeuern in einer elektrischen Pistole vor. Sie luden ihr Instrument mit einem Gemisch aus einem Teil Ethylen und 15 Teilen Luft und ver-

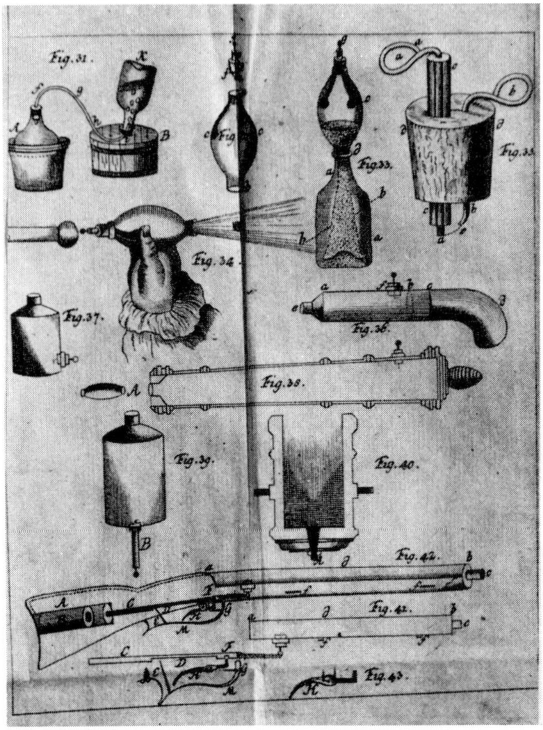

Abb. 26. Verschiedene Knallgaspistolen, Gewehre und Kanonen. Links oben wird das Auffangen von Wasserstoff gezeigt. „Fig. 33" stellt das Füllen einer Pistole mit Wasserstoff durch Ausgießen von Hirsekörnern in die gasgefüllte Flasche dar. Rechts oben eine besonders einfach zu bauende Zündkerze (Ingenhousz)

schlossen den Lauf mit einer Gewehrkugel. Den Experimentatoren gelang ein prächtiger Schuß. Die Kugel

„... traf ein Brett mit einer solchen Kraft, daß sie so gewaltig zurückprellte, daß sie die Wand hinter uns erreichte und uns einigermaßen in Gefahr setzte, durch ihre zurückprellende Kraft beschädigt zu werden ..."

Geräuschvolle Versuche mit knallenden Gasgemischen und Elektrisiermaschinen bildeten noch für eine geraume Weile einen wesentlichen Bestandteil öffentlicher Galavorlesungen. Als 1875 der alternde *Friedrich Wöhler* (1800 bis 1882) seine Erinnerungen an seine Laboratoriumszeit bei *J. J. Berzelius* (1779 bis 1848) in Stockholm niederschrieb, drängte sich ihm die Erinnerung an eine chemische, bis Mitternacht dauernde Abendunterhaltung auf, die *Berzelius* im Winter 1823/24 für die Königin *Desirée* von Schweden, den Kronprinzen und dem königlichen Hof gab:

„... Gegen acht Uhr fand sich die hohe Gesellschaft ein, der Kronprinz mit seiner schönen Gemahlin, die Königin Mutter und ein großes Gefolge von Hofdamen und Hofherren ... Drei grosse Elektrisiermaschinen mit den zugehörigen Apparaten und Spielereien, Apparate mit Wasserstoffgas und Sauerstoffgas gefüllt etc. waren aufgestellt. Berzelius in großer Uniform ... erklärte meist in französischer Sprache die Experimente ..."

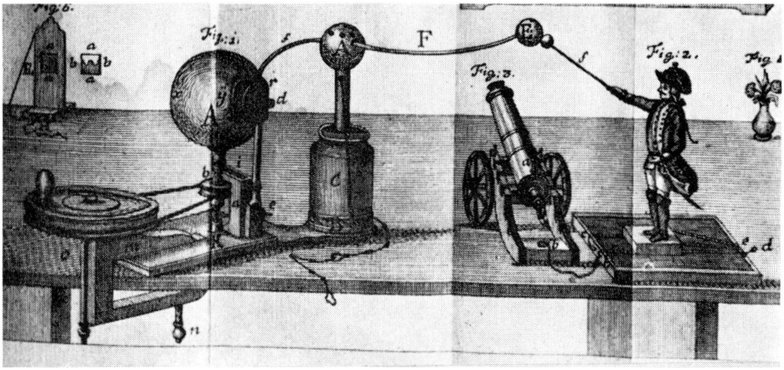

Abb. 27. Eine typische Versuchsordnung des Rokoko mit Elektrisiermaschine, Leydener Flasche und einem Spielzeugsoldaten, dessen Arm sich durch einen verborgenen Zugmechanismus wie bei einer Marionette bewegen läßt, wodurch der elektrische Kontakt zur Knallgaskanone hergestellt wird und diese feuert (aus Langenbucher, Beschreibung einer beträchtlichen verbesserten Elektrisiermaschine... Augsburg, 1780)

Abb. 28. Eine Knallgaskanone, die bei den öffentlichen Experimental-Vorlesungen der Bayerischen Akademie der Wissenschaften im 18. Jahrhundert benutzt wurde. Sie entspricht der Waffe in Abb. 27. Ein ursprünglich zu diesem Versuch gehörende Marionette wie in Abb. 27 ist im Laufe der Jahrhunderte verschwunden

Versuch 39: *Darstellung des Knallgases auf elektrolytischem Wege (nach Heumann)*

Geräte: Weithalsiges Pulverglas, kleine Platinbleche mit Platindrähten, Korkstopfen, Glasrohre

Chemikalien: Verd. Schwefelsäure

Zeit: 15 Min.

„Darstellung des Knallgases auf elektrolytischem Wege.

Ein weithalsiges sogenanntes Pulverglas wird durch einen Kork verschlossen, der eine gebogene, beiderseits offene Gasleitungsröhre trägt; ausserdem führen noch zwei Glasröhren durch den Kork, in welchen sich Platindrähte befinden, die ausserhalb des Gefässes hakenartig umgebogen sind, innerhalb aber in Platinbleche endi-

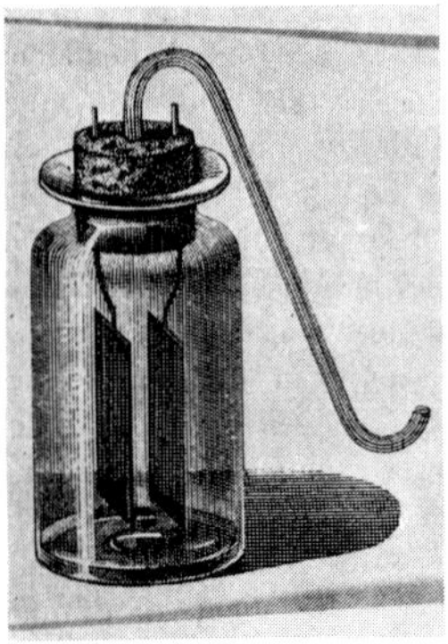

Abb. 29. Elektrolytische Darstellung von Knallgas (nach *Heumann*)

gen. Letztere befestigt man in der Weise an den Drähten, dass man in das Blech ein kleines Loch sticht, den Draht durchschiebt, umbiegt und mit einem kleinen Hammer auf harter Unterlage breitklopft. Etwas dicke Drähte lassen sich leicht biegen, wenn sie sich in glühendem Zustande befinden. Die vorher einerseits zur Spitze ausgezogenen Röhren schmilzt man an den in das Gefäss reichenden Enden luftdicht an die Platindrähte an, was in einer gewöhnlichen Kerzenflamme ausgeführt werden kann.
Das Gefäß wird fast vollständig mit Schwefelsäure gefüllt, welche mit dem zwölffachen Gewicht Wasser verdünnt ist, dann verbindet man die äusseren Enden der Platindrähte mit den Polen einer aus mehreren Elementen bestehenden galvanischen Batterie.
Das zuerst auftretende Gas enthält noch die im Apparat vorhandene Luft; wenn angenommen werden kann, dass das Knallgas rein austritt, so taucht man die Entwicklungsröhre in mit etwas Glycerin versetzte Seifenlösung, welche sich in einer Schale befindet, und entzündet die gebildeten Seifenblasen, nachdem der Entwicklungsapparat entfernt worden war. Derselbe ist mit Aengstlichkeit vor jeder zufälligen Annäherung einer Flamme (oder eines Platinschwamms) zu schützen, da sonst gefährliche Explosionen entstehen können. Da der elektrische Strom bei seinem Durchgang durch das angesäuerte Wasser sehr geschwächt wird, so biegt man die Platindrähte so, dass die Blechstreifen nicht unnöthig weit von einander ab stehen, hat aber dabei zu beachten, dass sich niemals durch Zufall während der Ausführung des Versuchs die Drähte oder Bleche innerhalb des Gefäßes berühren, weil diese sonst selbst bei mässig starken galvanischen Strömen stark erhitzt oder selbst glühend werden und alsdann die Explosion des im Apparat enthaltenen Knallgases verursachen können. Statt das Gas in Seifenwasser zu leiten, kann man es auch in Röhrchen auffangen und durch Platinschwamm entzünden."

Unfallgefahren: Man hüte sich vor einer Knallgasexplosion! Schutzbrille tragen.

Moderne Literatur: *Bukatsch/Glöckner*, Experimentelle Schulchemie. Anorganische Chemie — Nichtmetalle Bd. 1, S. 109. Versuch 43.

Ergebnis: *Knallgas läßt sich in einem einfachen Gerät und billig aus verdünnter Schwefelsäure herstellen.*

Versuch 40: *Elektrische Pistole (nach Heumann)*

Geräte: Elektrische Pistole, Funkeninduktor, Leidener Flasche, isolierte Drähte, pneumatische Wanne oder Tierblase, Glasrohre

Chemikalien: Knallgas

Zeit: 5 Min. für den Versuch, für den Bau der Pistole, je nach Geschicklichkeit ein bis zwei Stunden

„Die Entzündung des Knallgases durch den electrischen Funken ... kann auch auf einfache Weise mit Hülfe der electrischen Pistole bewirkt werden.

Die mannigfachsten Formen sind diesem Instrumente schon gegeben worden; leicht kann man es sich selbst aus einem starken Blechköcher, wie ihn die Schulkinder zum Aufbewahren der Federhalter zu benutzen pflegen, herstellen, wenn man Boden und Deckel desselben wegnimmt und die eine Oeffnung durch einen gut passenden und sehr fest sitzenden Kork verschliesst, durch welchen ein isolierter Metalldraht führt. Derselbe endigt einerseits in eine kleine Metallkugel oder in eine Holzkugel, die mit Stanniol überzogen ist, welches den Draht direct berühren muss. Letzterer wird mit Siegellack in eine Glasröhre eingekittet, diese in den Kork geschoben und nun das später in das Innere des Blechcylinders reichende Drahtende umgebogen und rundgefeilt. Mit dem so vorgerichteten Kork verschliesst man alsdann das eine Ende des Blechcylinders und kittet ihn mit Siegellack in demselben fest. Auch das Aeussere des Korks ist dick mit Siegellack zu überziehen. Die Biegung des nicht zu dünnen Metalldrahtes muß soviel betragen, dass dessen abgerundetes Ende etwa 1 cm von der Innenfläche des Blechzylinders entfernt ist.

Vor dem Gebrauch des Apparates überzeugt man sich durch Hineinsehen, ob die electrischen Funken, welche man vom Conductor einer Electrisirmaschine oder dem geladenen Deckel eines Electrophors nach der Messingkugel überspringen läßt, während die Pistole mit der Hand umfasst wird, auch wirklich zwischen dem Drahtende und der Wand des Blechcylinders im Innern desselben überschlagen.

Die Pistole hält man nun mit der Oeffnung nach unten über eine aufrechte Glasröhre, aus welcher Wasserstoffgas ausströmt, so daß die Röhre bis in den oberen Theil der Pistole reicht, und entfernt letztere rasch wieder ohne sie umzudrehen, wenn man annehmen kann, dass sie beinahe zur Hälfte mit Wasserstoff gefüllt ist. Dann verschliesst man das noch offene Ende mit einem nicht zu fest sitzenden Kork, bewirkt durch Umkehrung der Pistole die nöthige Mischung der in ihr enthaltenen Gase und lässt nun, während man die Pistole in der Hand hält, einen electrischen Funken auf den Knopf derselben überspringen. Sofort wird unter starkem Knall der aufgesetzte Pfropf weggeschleudert.

Der Vorsicht halber richte man das mit dem Metallknopf versehene Ende der Pistole nicht nach Personen oder Glasscheiben, damit im Falle auch der eingekittete Kork durch die Gewalt der Explosion fortgeschleudert wird, keine unangenehmen Folgen entstehen.

Auch mit Hülfe der Leydener Flaschen lässt sich die Pistole abschiessen, indem man erstere in der einen Hand hält und ihren Knopf rasch der Kugel der mit der anderen Hand gefassten Pistole nähert. Zur Entzündung des Knallgases genügt übrigens der schwächste electrische Funke, sofern er nur im Innern der Pistole überspringen kann. Versagt dieselbe einmal, so ist in der Regel viel zu viel, selten zu wenig Wasserstoff in dieselbe gefüllt worden.

Abb. 30. Der aerostatische Mann (1783). Satirische Darstellung. Der Mann wurde mit einer Klistierspritze mit brennbarer Luft (Wasserstoff) gefüllt, die sich an einer zufällig brennenden Kerze entzündete und der Mann gleich einer Rakete durch den Rückstoß aus dem Fenster flog

Soll die Pistole mit reinem Knallgas aus Wasserstoff und Sauerstoff geladen werden, was übrigens nur bei starkwandigen Apparaten zu empfehlen ist, so lässt man das richtig bereitete Gasgemenge aus einer Glocke oder Thierblase durch eine aufrechte Glasröhre bis in den oberen Theil der mit der Mündung nach unten gehaltenen Pistole treten. Das Knallgas verdrängt die athmosphärische Luft aus derselben, da es leichter als diese ist. Vor der Anstellung dieses Versuchs ist es rathsam, wenigstens einmal die Stärke der Pistole geprüft zu haben, indem man dieselbe, mit reinem Knallgas gefüllt, hinter einer Thür oder sonst aus sicherer Entfernung abschiesst, was leicht durch angehängte Drähte oder Ketten mit Hülfe einer geladenen Leydener Flasche auszuführen ist."

Unfallgefahren: Man richte die Pistole nicht auf die Zuschauer oder sich selbst.

Moderne Literatur: *Bukatsch/Glöckner*, Experimentelle Schulchemie. Bd. 1: Anorganische Chemie – Nichtmetalle, S. 111. Versuch 46.

Ergebnis: *Knallgas kann durch einen elektrischen Funken zur Explosion gebracht werden.*

2. Eudiometrie, die Kunst, die Güte der Luft zu messen

Naturwissenschaftliche Exkursionen waren vor 170 Jahren eine beschwerliche Sache. *Johann Bartholomä Trommsdorff* (1770 bis 1837), ein bedeutender Pharmazeut und

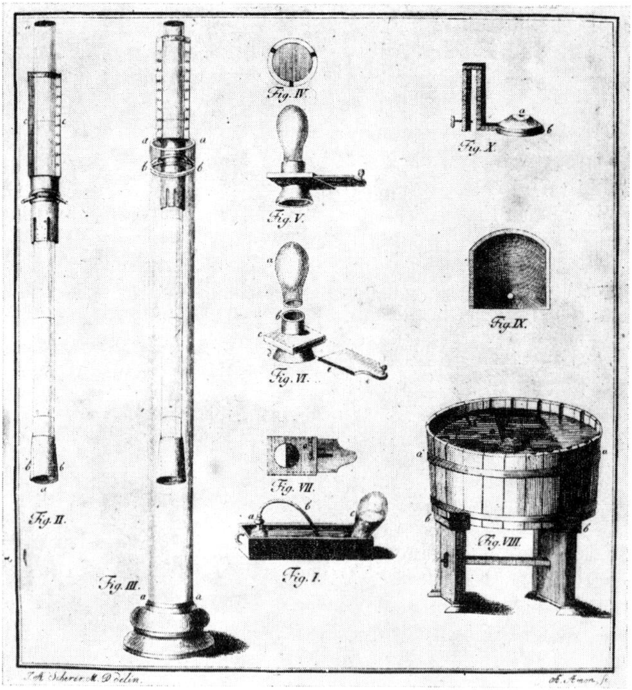

Abb. 31. Eudiometer nach Fontana. In ,,Fig I" wird das Stickstoffmonoxid aufgefangen, dazu dient eine Eudiometerfalle: ,,Fig. V und VI". In einer zweiten, kleineren solchen Falle wird die zu untersuchende Luft eingemessen und beide Gase unter Wasser im Bottich ,,Fig. VIII" mittels des Trichters ,,Fig. X" in das Eudiometerrohr ,,Fig. II", das zunächst mit Wasser gefüllt ist, gebracht, und dann in den Meßzylinder ,,Fig. III" übergeführt, indem das Eudiometerrohr dann am Rahmen der Mensur an einem eingepaßten Ring ,,Fig. IV" hängt

Chemiker, der besonders als Chemieschriftsteller Großes geleistet hat, wußte ein Lied davon zu singen. Zuweilen unternahm er mit seinen ,,Pensionärs", den Schülern seiner ,,Chemisch-Pharmazeutischen Pensionsanstalt" in Erfurt kleinere Reisen in den Harz, wo man Industriebetriebe, Bergwerke und Apotheken besichtigte und auch ein wenig Geologie trieb. Für uns Nachgeborene hat die Schilderung einer solchen Reise in der Postkutsche den Reiz des längst Vergangenen. *Trommsdorff* fühlte indessen Ende Juni 1798 wohl eher Zorn in sich als er schrieb:

> ,,... Vier Frauenzimmer, eben nicht zu unserer Unterhaltung geschaffen, waren unsere Begleiter. Nachdem wir uns 4 Stunden bis Allmenhausen hatten schleppen lassen, wurde daselbst halt gemacht. Elendes Bier, miserabler Schnaps und ein bisschen Schinken mußten wir sehr teuer bezahlen. Wir fuhren 4 Stunden weiter, durch eine ganz vortreffliche Waldgegend, und kamen um 9 Uhr in Sondershausen an. Diesen elenden Ort riecht man schon, ehe man ihn sieht — er ist die Residenz des regirenden Fürsten Günther Friedrich Carl von Schwarz. Sondershausen ... Bey dieser Gelegenheit berichtige ich einen chemischen Lehrsatz, daß nämlich die athmosphärische Luft immer aus 3 Theilen Stickgas und einem Theil Sauerstoffgas besteht, wenigstens vermuthe ich, daß sich in der Sondershäuser Luft noch zwey Theile gechlortes Wasserstoffgas befinden — in Ermangelung eines Eudiometers habe ich dies durch die Nase bestimmt ..."

Eudiometrie, so nannte man damals nach einem Vorschlag des *Marsilio Grafen Landriani*, Hofmarschall des Herzogs von Sachsen-Teschen, die Verfahren, die Güte der Luft durch chemische Messungen zu bestimmen. Offensichtlich waren sie anfänglich nicht sehr genau, denn *Trommsdorffs* Annahme hinsichtlich der Zusammensetzung der Luft war nicht ganz richtig und sein Sauerstoffwert um etwa 4% zu hoch. Es gab mehrere Eudiometrische Methoden, aber nur zwei kamen in allgemeinen Gebrauch. Betrachten wir als erstes das Eudiometer nach *Fontana*, benannt nach dem *Abate Felice Fontana* (1730 bis 1805), Physiker des Großherzogs von Toskana und Direktor des naturkundlichen Kabinetts zu Florenz. Dieses Instrument beruhte auf einer Entdeckung des *Joseph Priestley* (1733 bis 1804), der im Juni 1772 durch Übergießen von Kupferspänen mit Salpetersäure ein farbloses Gas erhalten hatte, das er „nitrous air" nannte, und das, wie wir heute wissen, vorwiegend aus Stickstoffmonoxid bestand. Vermischte er dieses Gas mit der Luft, so wurde diese teilweise verbraucht und das Gemisch färbte sich braun. Schüttelte er dieses Gemisch dann mit Wasser, so verschwand ein Teil des Gasvolumens und die braune Farbe. Das Wasser reagierte nun sauer. Das zurückbleibende Gas war nicht mehr zur Atmung tauglich. Offensichtlich hatte der atembare Teil der Luft mit der „Salpeterluft" reagiert. *Priestley* hatte damit noch vor der eigentlichen Entdeckung des Sauerstoffs (1774) eine Methode gefunden, den für die Atmung tauglichen Teil der Luft zu messen.

Er trat damit eine Lawine los, denn überall in Europa fing man fieberhaft an, die Güte der Luft zu bestimmen. Dabei ging man von der Annahme aus, daß die Luft keine konstante Zusammensetzung habe, sondern von Ort zu Ort sehr verschieden beschaffen sei. Man nahm an, daß die Gesundheit der Bevölkerung ganzer Landstriche davon abhängen würde. Die Wirkung des Sauerstoffs auf die menschliche Gesundheit sah der berühmte holländische Arzt *Ingenhousz*, der den Sauerstoff noch wie sein Entdecker *Priestley* „dephlogistirte Luft" nannte, so:

> „... er sei geeignet unseren Körper von jener Menge des Phlogiston, des brennbaren Grundstoffes zu befreien, welcher manchesmal in einem zu großen Übermaße in unserem Blute vorhanden ist, oder welcher zu überflüssig entwickelt, vielleicht Fieber und andere Sympthome hervorbringet ..."

Ein solches Eudiometer nach *Fontana* hat sich im Deutschen Museum erhalten. Auffallend ist schon die prächtige Verpackung in einem roten etwas verblichenen Lederetui mit Goldprägung, innen mit hellem Wildleder gefüttert und die Ränder mit Goldborte verziert. Ein solch handliches Behältnis war dringend erforderlich, da man ja mit diesem Instrument über Land zog um festzustellen, ob die Luft in verräucherten Städten etwa schlechter sei als an der See, oder in Gefängnissen, Grüften und Kloaken ungesünder als in der lieblichen Natur.

In dem Etui sehen wir zwei aus Glas und Messing gefertigte Gefäße, sogenannte „Eudiometermaße", in denen man ein bestimmtes Gasvolumen durch einen Messingschieber verhältnismäßig exakt einschließen konnte. In dem kleineren der beiden Gefäße maß man zwei Teile der zu untersuchenden Luft ein. Das größere wurde mit drei Teilen „Salpeterluft" gefüllt, die man kurz zuvor aus Salpetersäure und Kupferspänen gewonnen hatte. Hierbei diente das Eudiometermaß in einer pneumatischen Wanne als Gasauffanggefäß. Nun richtete man in einem Wasserbottich das mit Wasser gefüllte Eudiometerrohr auf, ließ die beiden „Lüfte" in das Rohr hineinblubbernd aufsteigen und schüttelte dann kräftig durch. Leider wird diese Methode von beträchtlichen Störungen

durch unkontrollierbare Nebenreaktionen geplagt und so mußte man auch um zu halbwegs vergleichbaren Werten zu kommen, in einem gewissen Rhythmus mit einer bestimmten Geschwindigkeit schütteln. Um nun die Verminderung des Gasvolumens messen zu können, führte man das Eudiometerrohr in einen Messingstandzylinder über. Dabei hing das Eudiometerrohr an der Unterkante der blechernen Mensur in einer Verengung des Standzylinders. Nun erst konnte man ablesen.
Da kein Ausgleichsgefäß vorgesehen war, hatte man natürlich stets einen Ablesefehler. Es handelte sich also um eine recht rohe Art der gasometrischen Messung. Dem Selbstbetrug des Messenden war Tür und Tor geöffnet.
So fanden die meisten damaligen Beobachter bei eigenem gehobenem Wohlbefinden auch einen stark erhöhten Gehalt der Luft an Sauerstoff. Im übrigen ermittelte man stets zu hohe Werte, was man aber zunächst noch nicht wußte. Erschwert wurden eudiometrische Messungen noch durch das Mitnehmen des Zubers, den man als pneumatische Wanne brauchte und in trockenen Gegenden mußte man auch das benötigte Wasser transportieren. Einfacher war es allerdings an dem gewünschten Ort vorher mit einer Luftpumpe leergepumpte Glasgefäße mit der zu untersuchenden Luft zu füllen und heim ins Laboratorium zu tragen. Solche Gefäße zeigten aber bei schwierigeren Reisen, z.B. Fahrten mit dem Luftballon eine bedauerliche Neigung zu Bruch zu gehen.
Zwar gelang es nie zu wirklich übereinstimmenden Werten zu kommen. Immerhin fiel es *Fontana* auf, daß so ziemlich überall die Luft in etwa die gleiche Zusammensetzung zeigte, trotz der Schwierigkeiten der genauen Messung, die *Ingenhousz* wiederholt über die „Bizarrerien der Salpeterluft“ klagen ließ.
Kehren wir noch einmal zur medizinischen Seite der Eudiometrie zurück. Im ausgehenden 18. Jahrhundert fand man Sümpfe und Moräste besonders unheimlich. Ihr sonderbarer Geruch, die Gasblasen, die im Wasser aufsteigen und die immer wiederkehrenden Fieberepedemien jener Tage erschreckten die Menschen. Hören wir den wohlgemeinten Ratschlag über das Bereisen sumpfiger Gegenden aus einer Abhandlung des *Jan Ingenhousz*:

> „... Ein Beweis hiervon ist das, was mir mein verehrungswürdiger Freund, der berühmte Benjamin Franklin, mitgetheilt hat. Als er noch mit fünf anderen von Seite der Regierung von Pensylvania abgeschickt wurde, um eine sumpfichte Insel im Delaware zu untersuchen, welche ein Unternehmer auszutrocknen und anzubauen vorgeschlagen hatte, brachten sie einen guten Theil des Tages bey einem stillen Wetter darauf zu; der Morastgeruch war höchst unangenehm, und den Morgen danach hatten alle das kalte Fieber. Ich sah fast eine ganze Gesellschaft mit einem Fieber dieser Art den nämlichen Tag zurückkommen, als sie in einem Nachen auf einem stehenden Wasser, welches einen üblen Geruch verbreitet, spazieren gefahren war. Man hatte bemerkt, daß beim Fortstoßen des Nachens mit Stöcken eine große Menge einer stinkenden Luft unter der Gestalt von Blasen aufstieg. Dies zeiget uns an, daß es vernünftig ist, sehr ungesunde Gegenden nicht beym stillen Wetter zu bereisen, sondern eine Zeit zu wählen, wo es Winde giebt ...“

Wir haben oben schon erwähnt, daß *Alessandro Volta* die Knallgaspistole erfand. Dieses Instrument entwickelte er zum Knallgaseudiometer weiter. Im einfachsten Falle besteht dieses Instrument aus einem mit einer Graduierung versehenen Rohr, das oben durch eine Zündkerze verschlossen ist. Läßt man nun bestimmte Volumina Wasserstoff und der zu untersuchenden Luft in das zunächst mit Wasser gefüllte Rohr aufsteigen, und löst dann durch einen elektrischen Funken eine Explosion aus, so kann man, nach-

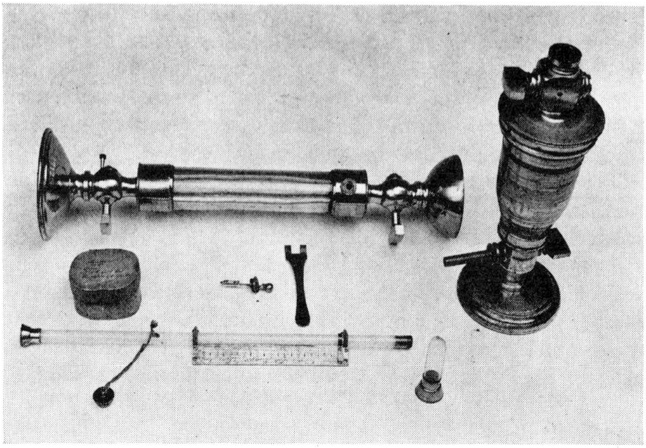

Abb. 32. Reiseknallgaseudiometer nach Volta aus dem Laboratorium von Johann Bartholomäus Trommsdorff (1770—1837) in Erfurt. Das urnenförmige Gefäß rechts diente zum Aufbewahren des Wasserstoffs. Die Luftprobe und das Wasserstoffvolumen wurden mit dem kleinen Glasröhrchen rechts vorne in das dicke Explosionsrohr hinten eingebracht. Dies geschah unter Wasser. Die Zündkerze, die hier in der Mitte liegt (leicht zerstört) mußte vorher mit dem danebenliegenden Schraubenschlüssel eingeschraubt werden. Nun erzeugte man mittels einer Elektrisiermaschine einen elektrischen Funken. Dazu rieb man die Lederbälge dieser Maschine mit Zinkamalgam ein, das sich in dem Spanschächtelchen links außen befand. Das nach der Explosion verbleibende Restvolumen wurde dann in dem Meßrohr — vorne liegend — aufgefangen, das zunächst ebenfalls nur mit Wasser gefüllt war. Das Explosionsrohr ist etwa 40 cm lang. Daher brauchte man zum Arbeiten eine pneumatische Wanne beträchtlicher Tiefe. Das hier gezeigte Instrument wurde von Oteny in Jena gefertigt, eine damals berühmte Werkstatt, die auch für Goethe gearbeitet hat

dem sich der Wasserdampf auf der Wasseroberfläche niedergeschlagen hat, den zurückgebliebenen Stickstoff der Luft bestimmen.

Etwas aufwendiger ist allerdings ein Instrument, das *Volta* als sogenanntes Reiseknallgaseudiometer konstruierte. Ein solches Instrument aus dem Nachlaß von *Trommsdorff* hat sich im Deutschen Museum erhalten. Eine dickwandige, gläserne Röhre wird oben und unten durch je eine starke Messingfassung mit Hahn verschlossen. Dünne Messingstäbe verbinden beide Fassungen. Die obere Fassung trägt zusätzlich eine Bohrung für eine elektrische Zündkerze. Beide Fassungen erweitern sich zu Trichtern. In die Öffnung der oberen Fassung wurde das eigentliche Meßrohr aufgesetzt. Der untere Trichter diente zur Erleichterung des Einfüllens der Gase unter Wasser in das Explosionsrohr. Die umzusetzenden Gase wurden mit einem kleinen Gasröhrchen eingemessen. Zum Transport des Wasserstoffes diente ein prächtiges, urnenförmiges Gefäß. Mit einem solchen Instrument bestimmten 1805 *Alexander von Humboldt* und *J. F. Gay-Lussac* den wahren Gehalt der Luft an Sauerstoff zu 21 Volumenprozent.

Die Handhabung eines solchen *Volta*schen Eudiometers scheint nicht immer ganz problemlos gewesen zu sein. Im Anhang zu seiner „Luftgüteprüfungslehre für Ärzte und Naturfreunde" schilderte der Arzt *Johann Andreas Scherer* 1785 einen Versuch, den *Volta* selbst am 7. August 1784 in Anwesenheit von *Ingenhousz* und *Scherer* ausführte, bei dem das Eudiometer dem Explosionsdruck nicht gewachsen war und zersprang. Ängstlich fragte sich *Scherer:*

Abb. 33. Alexander von Humboldt (1769—1859), dargestellt auf seiner Reise durch Südamerika, wo er seine eudiometrischen Messungen ausführte

„... Man muß also bei einer jeden Entladung der leidenschen Flasche mit Zittern vor einer bevorstehenden Gefahr das Werkzeug untersuchen, ob alles daran noch hatbar und gut verküttet ist ..."

Als Beispiel für eudiometrische Forschung diene das folgende Dokument.

Alexander von Humboldt schrieb diesen Brief an den Berliner Ordinarius für Chemie *Eilhard Mitscherlich*, mit dem *Humboldt* befreundet war, in der Zeit in der er den Kosmos verfaßte. (Ohne Datum.)

„Ich flehe, theurer liebenswürdiger Freund, daß Sie aus hilfreicher Güte für mich, mir einige Stunden Ihrer kostbaren Zeit aufopfern. Ich muß jetzt eben im Kosmos, angeregt durch neue Briefe von Abich, der die brennbaren Wasserstoff- und Naphtaquellen von Tamir am Schwarzen Meer (Krim) mit denen von Baku (am Caspischen Meere) verglichen hat, die von mir zuerst beschriebenen kleineren Kothvulkane von Turbaco nahe der Küste bei Cathagena (Südamerika) erwähnen. Nicht ganz ungeschickt nach der Lage des Wissens von 1799, aus Vauquelins Laboratorium kommend, sammelte ich das von den Kratern vor dem jedesmaligen Kothausbruch aufsteigende Gaz und fand es durch Salpetergaz geprüft (gleichzeitig mit atmosph. Luft) ohne allen Sauerstoff, kaum 0,008 (%) ox(igen), durch Kalkwasser ohne Kohlensäure, eine brennende Kerze erlöschte in dem frisch gesammelten. Ich schrieb damals 17—19 April 1801 von Turbaco in mein Journal und druckte später in Paris: „also wohl reiner Stickstoff, Rest von eingesogener atmosphärischer, im Innern der kleinen Vulkane zersetzter Luft ... Das Verlöschen der Kerze beweist nicht ganz die Abwesenheit des Hydrogens, denn bei der Arbeit über die Grubenwetter 1794 bis 1796 habe ich oft gefunden, daß Gasarten (wasserstoffhaltige) die ihrer Leichtigkeit wegen bloß an dem Firste des Stockes und Strecken stehen,

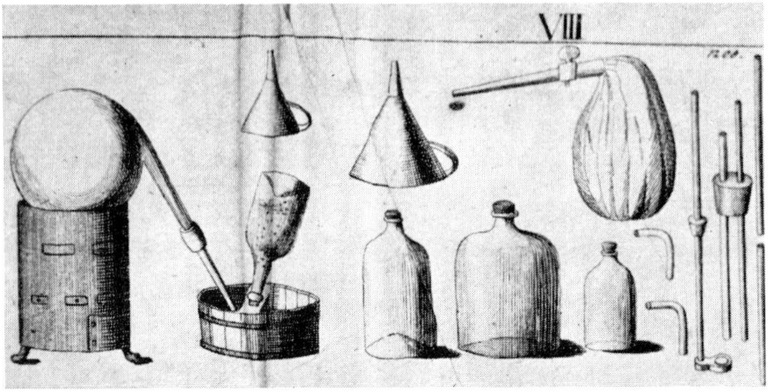

Abb. 34. Chemischer Versuchskasten des Nürnberger Versandhauses Bestelmeyer von 1805. Damit konnten interessierte Laien alle für eudiometrische Versuche wichtigen Gasarten selbst darstellen

Lichter verlöschen und sich nicht anzünden laßen, wegen der Menge Azote (oder Kohlensäure), die ihnen beigemengt ist.
Im Herbst 1850, also ein halbes Jahrhundert nach mir, hat einer meiner sehr genau arbeitenden Freunde — Colonel Acorta — ein Schüler von Boussingault an demselben Orte Gas gesammelt und dasselbe sowohl in Gläsern als ... an Ort und Stelle, mit Naphthageruch abbrennen können! Es fragt sich nun: habe ich mich geirrt, wenn ich eine brennende Kerze in das Cylinderglas tauchte und verlöschen sah oder geben die Kegel jetzt andere Gasarten? ..."

Versuch 41: *Eudiometer nach Abbé Fontana*

Geräte: Ein Tropftrichter mit Druckausgleich und Glasstopfen, ein 500-ml-Zweihalskolben, Verbindungsschlauch mit gläsernem Gaseinleitungsrohr, ein größeres Wasserbecken (bzw. weites Glasgefäß), ein einseitig verschlossenes kalibriertes Glasrohr, Spritze

Chemikalien: Konzentrierte Salpetersäure, Kupferspäne, Wasser

Zeit: 10 Min.

Auf die Kupferspäne im Kolben A läßt man aus dem Tropftrichter B vorsichtig konzentrierte Salpetersäure tropfen. Durch die zunächst noch vorhandene Luft entsteht ein braunes Gemisch von nitrosen Gasen. Man entwickelt nun so lange Stickstoffmonoxid, bis dieses farblos bleibt und fängt dann ein bestimmtes Volumen (z.B. 10 ml) in dem graduierten Rohr E der pneumatischen Wanne D über Wasser auf. Hierauf gibt man das doppelte Volumen (20 ml) Luft von unten in das Rohr ein (am besten mit einer kleinen Spritze).
Durch die Bildung von Stickstoffdioxid färbt sich das Gasgemisch intensiv rotbraun. Nach einiger Zeit verschwindet die braune Färbung während sich gleichzeitig das Gasvolumen vermindert (es empfiehlt sich, während dieser Zeit das Rohr leicht in der pneumatischen Wanne zu schütteln). Zurück bleibt der farblose Luftstickstoff. Mit Indikatorpapier kann die saure Reaktion des Sperrwassers nachgewiesen werden.
Aus der Volumenverminderung läßt sich die „Güte der Luft" — d.h. das Volumen ihrer die Atmung unterhaltenden Komponente — berechnen.
An dieser Reaktionsfolge sind die folgenden chemischen Gleichungen beteiligt:

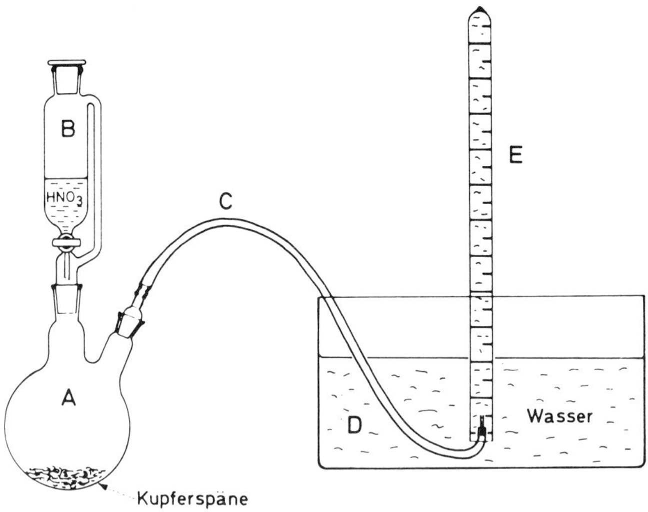

Abb. 35. „Modernes" Eudiometer (A 250-ml-Zweihalskolben, B Tropftrichter mit Druckausgleich, C Gasableitung zur pneumatischen Wanne D, E graduiertes, oben geschlossenes Rohr; die Spritze zum Eindosieren der Luft ist nicht eingezeichnet)

a) $3\,Cu + 2\,NO_3^- + 8\,H^+ \rightarrow 2\,NO + 3\,Cu^{2+} + 4\,H_2O$
b) $2\,NO + O_2 \rightarrow 2\,NO_2$
c) $2\,NO_2 + H_2O \rightarrow HNO_3 + HNO_2$

Die salpetrige Säure reagiert dabei weiter zu Salpetersäure, Stickstoffmonoxid und Wasser. Das Stickstoffmonoxid kehrt somit solange in die letzte Teilreaktion zurück, bis die Reaktion quantitativ bis zur Salpetersäure verlaufen ist.

Unfallgefahren: Man hüte sich vor etwa entweichenden nitrosen Gasen.

Moderne Literatur: *Bukatsch/Glöckner*, Experimentelle Schulchemie. Bd. 2: Anorganische Chemie — Nichtmetalle, S. 136. Versuche 31. S. 137, Versuch 34.

Ergebnis: *Mit Hilfe von Salpeterluft (Stickstoffmonoxid) läßt sich mit mäßiger Genauigkeit der atembare Bestandteil der Luft (Sauerstoff)* messen.

Versuch 42: *Analyse der atmosphärischen Luft (nach Heumann)*
Geräte: Eudiometer nach *Hofmann*, Funkeninduktor
Chemikalien: Wasserstoff, Sauerstoff
Zeit: 10 Min.

„Das von A. W. Hofmann angegebene Vorlesungseudiometer besteht aus einer etwa 60 cm langen und 1,5 cm weiten U-förmig gebogenen Röhre, welche nahe am Bug ein mit Hahn verschliessbares Ansatzröhrchen trägt. Der eine in $^1/_5$ cbcm eingetheilte Schenkel, in welchen zwei Platindräthe eingeschmolzen sind, ist gleichfalls mit Glashahn versehen, dessen Zapfen jedoch auch der Länge nach durchbohrt ist; der hierdurch gebildete Kanal tritt seitlich aus und erlaubt somit (je nach Hahnstellung) das durch denselben eintretende Gas in die U-Röhre oder nach oben in die Luft austreten zu lassen.

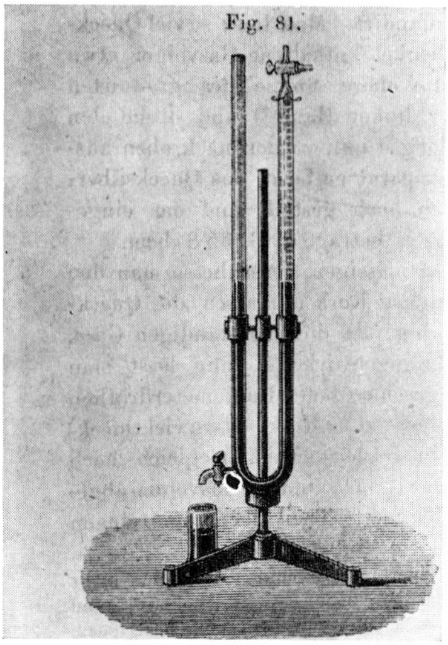

Abb. 36. Eudiometer nach Hofmann

Zunächst füllt man die U-Röhre mit Hülfe einer langen Trichterröhre so weit mit Quecksilber, dass die im graduirten Schenkel enthaltene Luft (bei gleichem Quecksilberniveau) 20 cbcm beträgt, wobei etwa zu viel eingegossenes Quecksilber durch die untere Ansatzröhre vorsichtig abgelassen wird. Dann ist der obere Glashahn so zu stellen, dass das abgemessene Luftvolum abgeschlossen ist und der Längskanal nach oben mündet.

Aus einem constanten Wasserstoffentwicklungsapparat austretendes Gas wird nun durch einen über den Zapfen des Glashahns geschobenen Kautschukschlauch in den Längskanal eingeführt. Man lässt das Wasserstoffgas so lange nach oben in die Luft austreten, bis man vollständig sicher sein kann, dass sämtliche Luft aus der Röhrenleitung ausgetrieben ist. Ergiebt später das Versuchsresultat zu wenig Sauerstoff, so ist die erwähnte Maassregel nicht genügend beachtet worden. Nun wird bei fortwährendem Ausströmen des Wasserstoffs der Glashahn so gedreht, dass der Längskanal nach unten mündet und daher mit dem Innern der U-Röhre communicirt. Sofort sinkt das Quecksilber im graduirten Schenkel um soviel als dem Druck im constanten Gasentwickelungsapparat entspricht. Doch tritt Wasserstoffgas erst dann in grösserer Menge ein, wenn man durch Oeffnen des unteren Ansatzrohres Quecksilber abfliessen lässt; dies hat bald zu geschehen, damit keine abgmessene Luft hinaus diffundirt. Man lasse so viel Quecksilber ab, dass das im graduirten Schenkel enthaltene Gasvolum etwa 40 cbcm beträgt, verschliesse dann die obere Spitze des graduirten Schenkels fest mit dem Zeigefinger der linken Hand und drehe den Glashahn so herum, dass das Wasserstoffgas wieder nach oben austritt. Dann wird der Gasentwicklungsapparat entfernt, das Quecksilberniveau in beiden Röhrenschenkeln gleich hoch gestellt und das eingeschlossene Gasvolum genau abgelesen; es betrage z.B. 35,8 cbcm.

Um den Stoss bei der Explosion zu mässigen, verschliesse man den offenen Röhrenschenkel durch einen weichen Kork (Ablassen des Quecksilbers ist bei diesem Versuch nicht nöthig, da die rückständigen Gase, Stickstoff und Wasserstoff, dem Stoss entgegen wirken); dann läßt man die Inductionsfunken zwischen den eingeschmolzenen Eudiometerdräthen überspringen. Nach Wegnahme des aufgesetzten Korks ist soviel Quecksilber einzugiessen, dass das Niveau in beiden Schenkeln gleich hoch steht, erst dann kann das wieder erkaltete, rückständige Gasvolum abgemessen werden; es betrage 23,6 cbcm. Der dritte Theil der eingetretenen Volumverminderung giebt die Menge des vorhanden gewesenen Sauerstoffs an, da 2 Vol. Wasserstoff und 1 Vol. Sauerstoff, also 3 Vol. Gas zu Wasser vereinigt und condensirt werden. In obigem Beispiel beträgt die Volumverminderung 35,8 – 23,6 = 12,2 cbcm; der dritte Theil hiervon, 4,06, ist der Sauerstoff, welcher in 20 cbcm Luft enthalten war. Aus der Proportion 20 : 4,06 = 100 : x berechnet sich x = 20,3 Proc. Sauerstoff in der atmosphärischen Luft ...

Die mittlere Zusammensetzung trockener, reiner Luft ist ausgedrückt in Volumen-Prozent nach neueren Analysen die folgende:

Stickstoff 78,09%, Sauerstoff 20,95. Der Rest sind Edelgase 0,93% und Kohlendioxid mit 0,05%."

Unfallgefahren: Es empfiehlt sich zwischen Eudiometer und Zuschauern ein Schutzglas oder ein Drahtgitter aufzubauen.

Ergebnis: *Durch Zumischen eines bestimmten Volumens Wasserstoff zu einer bestimmten Menge Luft kann durch Knallgasexplosion der Sauerstoffgehalt der Luft mit recht guter Genauigkeit gemessen werden.*

Versuch 43: *Phosphoreudiometer (nach Heumann)*

Geräte: Am einen Ende zugeschmolzenes Glasrohr, weite Glaswanne, Gummiringe, Eisendraht, Stativ

Chemikalien: Weißer Phosphor, Wasser, Luft

Zeit: mehrere Stunden

„Eine etwa 2 cm weite und 80 cm lange Glasröhre, welche einerseits zugeschmolzen und etwa 10 cm hoch mit Wasser gefüllt ist, wird in ihrem offenen Ende in einem mit gefärbtem Wasser gefüllten, weiten Kropfcylinder getaucht. Um das eingeschlossene Gasvolum zu markiren, schiebt man die Röhre so tief herab, dass das Wasser aussen und innen gleich hoch steht und bezeichnet dieses Volum durch einen über die Röhre gestreiften Kautschukring. Eine Phosphorstange, welche bequem in die Röhre geschoben werden kann, wird mit einem dünnen, sehr biegsamen Draht umwunden und unter Wasser bereit gehalten. So weit ist der Versuch vor der Vorlesung zu präpariren.

Zur Ausführung der Analyse wird die am langen Draht befestigte Phosphorstange in das Wasser des Kropfcylinders eingetaucht und nun in den obern Theil der Röhre eingeschoben, jedoch ohne deren Oeffnung über den Wasserspiegel zu erheben. Diese Manipulation ist mit Vorsicht auszuführen, damit die eingeschlossene Luftmenge nicht geändert wird.

So vorgerichtet bleibt der Apparat sich selbst überlassen, damit die Absorption des Sauerstoffs durch den Phosphor (um welchen sich sehr bald dichte Nebel bilden) vollständig geschehen kann.

In der folgenden Vorlesung zieht man vorsichtig den Phosphor mittelst des Drahtes wieder aus der Röhre, ohne deren Oeffnung über den Wasserspiegel zu bringen und senkt die Röhre so tief herab, dass das Niveau aussen und innen gleich hochsteht.

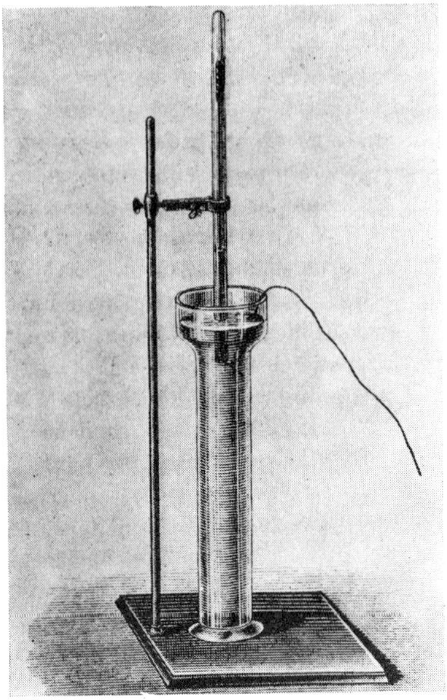

Abb. 37. Phosphoreudiometer (nach *Heumann*)

Das so abgeschlossene Luftvolum wird durch einen zweiten Kautschukring bezeichnet, worauf man mittelst des Maassstabs die Länge des ursprünglichen Luft- und des zuletzt beobachteten Stickstoffvolums ausmisst. Die Volumverminderung wird etwa $^1/_5$ betragen, die Versuche stimmen auf 0,5 bis 1 cm Länge. Wünscht man etwas genauere Resultate, so muss Temperatur und Barometerstand mit in Rechnung gezogen werden, mindestens für den Fall, dass sie an den beiden Beobachtungszeiten wesentlich differiren sollten."

Unfallgefahren: Vorsicht beim Arbeiten mit weißem Phosphor. Feuergefahr! Gift! Konzentrierte Kupfersulfatlösung vorbereiten!

Moderne Literatur: *Bukatsch/Glöckner*, Experimentelle Schulchemie. Bd. 1: Anorganische Chemie — Nichtmetalle. S. 120, Versuch 3; S. 121, Versuch 4.

Ergebnis: *Mit Phosphor läßt sich die „Güte der Luft" (Sauerstoffgehalt) messen.*

Versuch 44: *Synthese des Wassers (nach Heumann)*

Geräte: Wassersynthese-Apparatur nach *Hofmann*

Chemikalien: Sauerstoff und Wasserstoff

Zeit: 10 Min.

„Zur Ausführung des wichtigen Fundamentalversuches, dass 2 Vol. Wasserstoff und 1 Vol. Sauerstoff bei ihrer Vereinigung 2 Volumen Wasserdampf liefern, und also eine Condensation um $^1/_3$ eintritt, ist es nothwendig die betreffenden Volumina bei solchen Temperatur und Druckverhältnissen zu betrachten, die dem gebildeten Wasser gestatten in Dampfform zu existiren. Zu diesem Zwecke hat A.W. Hofmann einen trefflich ersonnenen Apparat seiner Einleitung in die moderne Chemie angegeben.

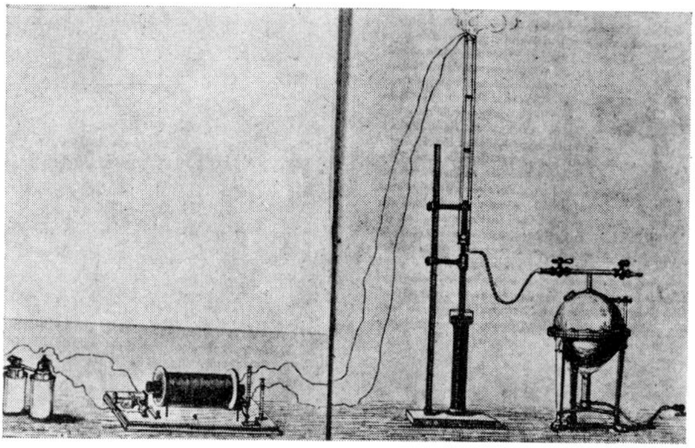

Abb. 38. Wassersyntheseapparatur nach Hofmann

An einer etwa 1 m langen und 10 bis 12 mm weiten Eudiometerröhre sind von ihrem geschlossenen Ende an drei gleich große Volumina (von etwa 15 cm Länge) abzutheilen. Die Markirung der Theile kann durch übergestreifte Kautschukringe (schmale Schlauchabschnitte) geschehen. Die Röhre wird völlig mit luftfreiem Quecksilber gefüllt und ihre Oeffnung in den Quecksilber enthaltenden Kropfcylinder eingetaucht, wobei das Quecksilber in der Röhre auf die Barometerhöhe herabfällt. Eine weitere Glasröhre wird nun mittelst eines durchbohrten Korks um den oberen Theil der Barometerröhre befestigt und der aus einem kleinen Dampfkesselchen entwickelte Wasserdampf in den gebildeten Zwischenraum zwischen dem Eudiometer und der Mantelröhre geleitet. Tritt der Dampf in starkem Strome oben aus, so lässt man elektrolytisch entwickeltes Knallgas durch das Quecksilber des Kropfcylinders langsam in die Eudiometerröhre eintreten, bis die drei Volume nahezu von dem Gemenge erfüllt sind. Dann warte man einige Augenblicke, bis sich das Gas nicht mehr ausdehnt und lasse dann vorsichtig noch soviel Knallgas zutreten, bis das Quecksilber in der Röhre auf den dritten Theilstrich herabgesunken ist. Der Stand des Quecksilbers ist nun durch einen die Mantelröhre federnd umspannenden Metallring zu bezeichnen, welcher am Stativ in verticaler Richtung bewegt werden kann.

Das Gasvolum ist jetzt bei 100° und unter einem Drucke gemessen, welcher um die in der Röhre schwebende Quecksilbersäule geringer ist als der Atmosphärendruck.

Nun verbindet man die Platindrähte des Eudiometers mit den Poldrähten eines Inductionsapparates, legt einen Baumwollenpfropf auf die Röhrenkuppe, um die Abkühlung durch die äussere Luft zu vermeiden. — (Diese könnte die Condensation von Wasser auf die Röhrenkappe veranlassen, wodurch der Inductionsstrom seinen Weg ausserhalb der Röhre nehmen würde) —, und lässt den Inductionsfunken überspringen. Nach der Explosion steht das Quecksilber im Eudiometer höher als vorher und das gebildete Wassergas befindet sich somit unter einem geringeren Druck als Vorher die Elementargase. Um den Druck gleich und die Volumina vergleichbar zu machen, senkt man das Eudiometer sammt der Mantelröhre soviel tiefer in das Quecksilber des Kropfcylinders ein, dass das Niveau im Eudiometer wiederum die Höhe des unverrückt gebliebenen Ringes erreicht hat. Dabei fliesst meist etwas Quecksilber über, weshalb es gut ist den Kropfcylinder in eine passende Porzellanwanne zu stellen. Das jetzt vorhandene Gasvolum nimmt zwei Raumtheile der Röhre ein und somit entstanden aus 3 Vol. Knallgas, 2 Vol. Wassergas; die bei der Vereinigung des Wasserstoffs und Sauerstoffs eintretende Condensation beträgt also ein Drittel des Volumens.“

Unfallgefahren: Die Apparatur muß hinreichend stabil sein. Schutzglas oder Gitter davorstellen.

Moderne Literatur: *Bukatsch/Glöckner*, Experimentelle Schulchemie. Bd. 1: Anorganische Chemie — Nichtmetalle (I). S. 79, Versuch 4; S. 80, Versuch 5.

Ergebnis: *Mischungen von Wasserstoff und Sauerstoff sind explosiv. Eine restlose Verbindung der beiden Gase erfolgt nur, wenn das Volumenverhältnis* $H_2 : O_2 = 2 : 1$ *ist.*

3. Die „elektrische“ Lampe

In früheren Zeiten war es schwierig und unangenehm, sich nachts eine Kerze anzünden zu müssen, da man bei der langwierigen Prozedur des Feuermachens ja gerade des Lichtes bedurft hätte, das man ja erst im Begriff stand zu entzünden. Das Schlagen des Feuers aus Stahl und Stein und das Auffangen der gebildeten Funken mit einem Feuerschwamm war schon des Tags schwer zu beherrschen. Deshalb ließen wohlhabendere Leute nachts auf ihrem Nachttischchen eine kleine Kerze brennen, ein sogenanntes Nachtlicht. Ganz abgesehen von der damit verbundenen Feuersgefahr riefen die Nachtlichter mancherlei Kritik hervor, denn das Lämpchen verbrauchte natürlich Sauerstoff, die „dephlogistirte“ Luft, wie man damals noch sagte. Schlechte Atemluft hielt man damals für besonders schädlich, da man über die bakteriellen Ursachen vieler Krankheiten noch nicht Bescheid wußte. Da nun die „Knalluftpistole“ *Volta*s gezeigt hatte, daß man Gase mit Hilfe des elektrischen Funkens entzünden kann, so war es recht naheliegend einen gleichmäßig aus einem kleinen Röhrchen ausströmenden Wasserstoffstrom durch den elektrischen Funken zu zünden.

Es ist nicht mehr ganz genau auszumachen, wer tatsächlich als erster diesen Gedanken hatte, *Volta* selbst oder eine Reihe anderer seiner Zeitgenossen. Offensichtlich wurde aber dieser Gedanke von dem Instrumentenbauer *Brander* in Augsburg als erstem aufgegriffen und verwirklicht. Schon ein Jahr nach *Volta*s Veröffentlichung (1778), brachte er eine Zündmaschine in den Handel.

Dieser Apparat war denkbar einfach. In dem Gefäß einer pneumatischen Wanne wurde über Wasser Wasserstoff aufgefangen. Das Gefäß wurde dann in die Wanne ein Stück abgesenkt. Öffnete man nun einen Hahn am oberen Ende des Gefäßes, so strömte Wasserstoff aus, den man durch einen elektrischen Funken entzündete. Zum Funkenschlagen diente eine Elektrisiermaschine bzw. eine Leydener Flasche, die man aber ihrerseits vorher hatte durch eine Elektrisiermaschine laden müssen. Offensichtlich herrschte ein großer Bedarf an Feuerzeugen, denn es fanden sich noch viele Erfinder, die diesen Apparat verbesserten.

Einer der Prominentesten unter ihnen war wiederum der holländische Arzt *Ingenhousz*. Schon am 9. Juli 1878 hatte er vor der Royal Society in London eine Abhandlung verlesen, die in einer damaligen deutschen Übersetzung den Titel trug: „Eine neue Art, ein Licht mit einem sehr kleinen geladenen Fläschchen anzuzünden“. Hier war indessen von einer Wasserstoff-Flamme noch nicht die Rede, sondern *Ingenhousz* ließ den Funken einer kleinen Leydener Flasche auf eine spezielle Lunte überschlagen, die er sich durch Wälzen von Baumwolle in Geigenharz-Pulver verschafft hatte. Dieses umständliche Verfahren scheint für minder Geübte doch nicht das Wahre gewesen zu sein, denn schon kurze Zeit später wandte er sich der Verbesserung der „elektrischen Lampe“ zu.

Zunächst versuchte er auch flüssige Substanzen zu entzünden, dies scheint ihm aber Schwierigkeiten bereitet zu haben. Am günstigsten war noch Ether, aber:

> „Es ist zwar wahr, daß der Äther viel leichter Feuer fängt wie Weingeist, allein, nebst dem, daß dieser Saft schwer zu haben ist, verdünstet er sich an der freyen Luft so geschwinde, daß das Vergnügen, sein Licht durch denselben anzuzünden, in Betracht der Unkosten zu hoch stünde ...“

Volta selbst hatte zur Zündung des Wasserstoffes den Gebrauch des von ihm entwickelten Elektrophors vorgeschlagen. Dieser Elektrophor bestand aus einem flachen Blechteller, in den man eine zunächst heiße und flüssige Harzmischung gebracht hatte. Nach dem Erstarren lud man diesen Harzkuchen durch etwa hundertmaliges Peitschen mit einem Katzenschwanz elektrostatisch auf. Durch Auflegen eines Blechdeckels konnte man nun in diesem eine Gegenladung induzieren. Entfernte man den Blechdeckel vom Elektrophor, so konnte man die induzierte Ladung über eine Funkenstrecke zur Erdung abfließen lassen.

Die Konstruktionsverbesserung von *Ingenhousz* bestand nun darin, daß die Bewegung des Hahnes um 90°, der den Wasserstoff-Strom freigab, auch den Blechdeckel vom Harzkuchen abhob und mit einer zur Zündstrecke führenden Leitung in Berührung brachte. (*Ingenhousz* selbst sagte, sein Freund *Pickel* habe ihn auf diese Idee gebracht.) Zwar wurde in damaligen Beschreibungen immer die leichte Bedienbarkeit hervorgehoben, aber ganz das Wahre scheint diese Konstruktion noch nicht gewesen zu sein. *Ingenhousz* selbst warnte eindringlich davor, diesen Apparat Kindern und Bediensteten in die Hand zu geben, kurz allen, die nicht: „in diesem schönen Zweige der Physik etwas bewandert wären, müssen auf ihrer Hut seyn ...“

Seine Angst, dieses Instrument würde in den Händen von Frauenzimmern zu Katastrophen führen, trieb ihn zu einer Verbesserung des Phosphor-Feuerzeuges. Er schmolz an den Docht kleiner Wachskerzen weißen Phosphor und etwas Schwefel. Eine Blechhülse — oder ein Glasgefäß, dessen längliche Deckelhülse man abziehen konnte (ähnlich unseren Füllerhülsen) — umschlossen die so präparierte Kerze. Zog man unter beträchtlichen Vorsichtsmaßregeln die Kerze aus ihrer schützenden Hülle, so fing der Docht von selbst Feuer.

Doch müssen 1784 schon zahlreiche Konstruktionen des elektrischen Feuerzeuges im Handel gewesen sein, denn *Ingenhousz* sah sich genötigt, seine Konstruktion zu verteidigen:

> „... Nebst dem sind sie eine wahre Zierde des Zimmers, und es findet sich nicht leicht ein physisches Instrument, welches eine so allgemeine Bewunderung auf sich zöge. Von diesem ihrem physisch schönen Ansehen verlieren sie gewiß vieles, wenn man ihnen, wie ich Versuche gesehen habe, die Gläser nimmt, und sie ganz in Metall herstellt. Die vielfältigen Künsteleyen, die zugleich dabey angebracht waren, machen sie um nichts bequemer, sondern nur verwickelter, und mehreren Zufällen ausgesetzt ...“

Jedoch ließ sich die Entwicklung der Maschine zum Möbelstück nicht mehr aufhalten. Der Augsburger Silberdrechsler *Langenbucher* verlegte den Elektrophor in einen Kasten unter den Apparat, wo er dann im Verlauf der folgenden Jahrzehnte meist blieb. Dieser Kasten wurde meist aus wertvollen Hölzern gebaut und oft mit Einlegearbeiten versehen. Die Bequemlichkeit der Handhabung ließ sich durch Verlegen der Wasserstoffgewinnung in das Innere der Apparatur, wobei man sich jenes Prinzips der Verdrängung der Säure vom Zinkstab durch den zuviel entwickelten Wasserstoff bediente — wir nennen heute so etwas einen Kippschen Apparat — noch etwas steigern. Nach damaligen Berichten war die Lampe in dieser Form „fast unfehlbar“ und für fast sieben Jahrzehnte im allgemeinen Gebrauch. Hören wir einen Lobgesang auf dieses Instrument aus *J. S. Gehlers* Physikalischem Wörterbuch von 1831:

„Die elektrische Lampe ist: ‚... nicht bloß ein sehr nützliches, sondern auch durch ihr Äußeres sehr gefälliges Hausgeräthe, vollends wenn man dazu schön geschliffene Glasgefäße nimmt oder die gewöhnlichen mit zierlichen Umhüllungen in Form von Vasen oder Säulen von schöner Lackierung umschließt. Der Vortheil bei Tag und bei Nacht augenblicklich eine Flamme zu haben, an der man ein Licht anstecken kann, ist so einleuchtend, daß in manchen Gegenden beinahe in den Häusern aller Wohlhabenden sich dieses Feuerzeug findet‘.“

Seit 1821 baute man anstelle des Elektrophors auch kleine Elektrisiermaschinen ein. Betrachten wir nun die genaue Konstruktion einer solchen Lampe in einer zeitgenössischen Beschreibung:

„Die *vorzügliche Brauchbarkeit* dieser Maschine vor den übrigen bisher bekannt gewordenen besteht

1.) In ihrer gutgearbeiteten Form, in welcher man sie als Putzmeuble überall aufstellen kann.
2.) In der Leichtigkeit, mit der man sie ohne Gefahr etwas zu zerbrechen, von einer Stelle zur anderen tragen kann.
3.) In der jedesmaligen sichern Zündung, da auf eine einzige Verreibung der beyden Schrauben C und F allemal augenblicklich die Wachskerze Q brennend dasteht.
4.) Verursacht sie nicht den mindesten übeln Geruch; und es ist lediglich keine Gefahr dabey.
5.) Kann man, ohne sie aufzufüllen, 14 bis 1500 mal anzünden, wenn man die brennbare Luft anders nicht unnütz verschwendet.
6.) Geschieht die Füllung mit geringer Mühe und mit dennoch weit geringern Kosten von 2 oder 3 Silbergroschen.
7.) Ist sie ungemein dauerhaft, und die möglichen geringen Gebrechen die ihr zufälliger Weise zugefügt werden könnten, sind alsogleich wieder ohne Schwürigkeit reparirt.

II. Ihr *Mechanismus* ist dieser: Das Gefäß A wird mit brennbarer Luft gefüllt. B läßt sich abschrauben, um das Gefäß A manchmal auswaschen zu können. In das Gefäß D wird reines Wasser gegossen, welches durch die Röhre ff, wenn der Hahn C geöffnet worden ist, in das Gefäß A herunterfließt und die darin befindliche Luft drückt; diese kann aber nirgends als durch den Seitenarm E und dann, wenn die Schraube F durch ihre wagerechte Stellung geöffnet ist, bey der ganz feinen Öffnung in K herausdringen.
In dem Fußgestelle aa ist ein kleines Elektrophor Z angebracht. Wenn man nun den Hahnen F öffnet, so hebt die Schnur M den Elektrophor, der Funke entladet sich und entzündet die herausdrückende Luft. Zugleich wird durch die Verdrehung von F die Schnur N gezogen, die in O angehäckelt ist, hierdurch neiget sich die Zwinge S in der das Wachslicht R feststeht, zu den Spitzen H I, wo es sich entzündet. Wird nun der Hahne wieder senkrecht

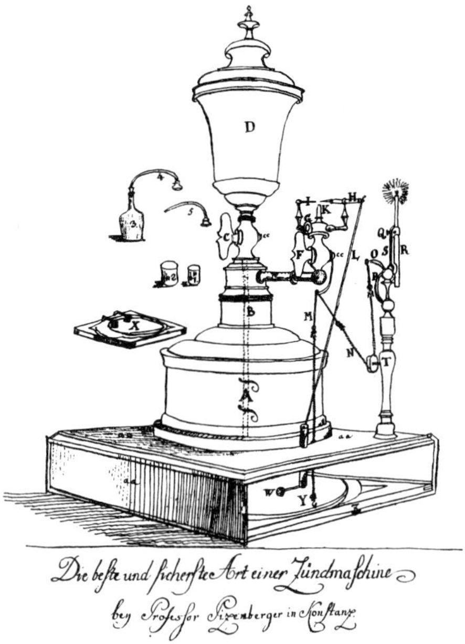

Abb. 39. Pizenbergersche Zündmaschine (Handzeichnung zu nebenstehenden Text)

gestellt, das ist: geschlossen, so wird das Wachslicht durch die Feder F an seine Stelle wieder zurückgedrückt. Das Licht läßt sich höher oder niedriger stellen durch Andrücken der Schräubchen Q, auch läßt sich der ganze Leuchter T links oder rechts verdrehen oder abnehmen. Das Röhrchen H sondert die elektrische Kraft vom Messing ab, die sich durch die Hebung des obern Theils Y des Elektrophors zuerst gegen die Kugel W und dann durch das Glasröhrchen V wie auch den darin befindlichen Messingdrath L gegen die Spitze I knasternd entladet und zündet, wie oben gemeldet worden.

III. Die *Füllung* geschieht wie folgt: Die Schnuren M N werden abgehäckelt und L herausgezogen, hernach der Spitzenaufsatz bey Nachlassung der Stellschraube G abgenommen, so auch das ganze Gefäß A aus dem am Kästchen aa befestigten Reifen herausgehoben, und das Gefäß D wie der Zapfe K abgeschraubt. Hernach wird die Röhre 4 auf den Arm über den Hahn F gut angeschraubt und die Röhre S über den Hahn C. Dann wird das kleine Maaß 1 voll reiner Eisenspähne in die Butellie 3 gegeben und das größere Maaß 2 gut gewärmtes Wasser daraufgegossen. Dazu gießt man nun 1 Loth frisches Vitriolöhl. Fängt dieses an, einen häufigen Rauch von sich zu geben, so wird die Butellie geschwind mit dem an der Röhre 4 befindlichen Pfropf wohl verstopft und der Hahne C & F geöffnet. Alsodann drückt die sich entwickelnde Luft durch die Röhre 4 in das Gefäß A und treibt das darin befindliche Wasser durch die Röhre ff den Hahn C und die Röhre 5 mit Gewalt heraus.

Abb. 40. Eine Pizenbergersche Zündmaschine aus dem Bestand der Bayerischen Akademie der Wissenschaften, mit der Handzeichnung Abb. 39 fast identisch

Ist nun alles Wasser heraus, so wird der Wasserhahn C und nach einer Weile erst der Lufthahn F geschlossen, die Butellie abgenommen, und die Maschine wieder ordentlich zusammengesetzt und rein abgewischt. Ist die Maschine solcher Gestalt gefüllt und die Luft durch Sperrung der Hahne gehörig zusammengedrückt worden, so kann man oft anzünden, ehe man nöthig hat, Wasser hineinzulassen.

IIII. Die *Preise* sind verschieden: Sind die Gefäße A und D von Glas, so ist der Preis 3 bis $3\,^1/_2$ louis d'or. wenn die ganze Maschine von Messing, mit Goldfirnis und lakirten Fußgestell verlangt wird, kostet sie 4 Louis d'or. Eine Maschine von ganz feiner Arbeit und mit Silber garnirt, kömmt auf 8 Louis d'or zu stehen.

Konstanz, im Julius 1789 — Professor Pizenberger"

Versuch 45: *Elektrisches Feuerzeug*

Geräte: Kleiner Kippscher Apparat zur Erzeugung von Wasserstoff, kleines Gaswaschgefäß, Glasrohre und Schläuche, eine Elektrisiermaschine

Chemikalien: Zinkspäne und Schwefelsäure

Zeit: 5 Min.

In einem Kippschen Apparat stellt man Wasserstoff her, den man durch ein kleines Waschgefäß leitet. An das Waschgefäß ist ein Glasrohr angebracht, das zu einer dünnen

Abb. 41. Solche Zündmaschinen gab es in der unterschiedlichsten Gestalt. Diese zeigt eine mehr zylindrische Form mit einem Ölgemälde auf dem Blechmantel. Der Voltasche Elektrophor ist etwas herausgezogen. Die Leitung vom Elektrophor zur Zündstrecke ist unterbrochen

Spitze ausgezogen ist. Die Spitze endet in einem kleinen Loch. Man lasse hinreichend lange, bis wirklich reiner Wasserstoff kommt, Gas ausströmen. Vor der Glasspitze hat man zwei dünne Drähte befestigt, die in dicht beieinanderstehenden Spitzen enden. Mit Hilfe einer Elektrisiermaschine erzeugt man zwischen diesen Spitzen einen elektrischen Funken, der die in Luft brennende Wasserstoff-Flamme entzündet.

Unfallgefahren: Man hüte sich vor Knallgasexplosionen!

Ergebnis: *Ausströmender reiner Wasserstoff läßt sich durch den elektrischen Funken gefahrlos entzünden.*

VII. Versuche mit dem Luftballon

Als Gegenstand von Schülerübungen ist der Luftballon ein besonders geeignetes Objekt. Einerseits war die Entstehungsgeschichte im 18. Jahrhundert besonders spannend, die Wirkung auf die damaligen Zeitgenossen ungeheuer. Zum anderen kann man aber selbst an kleinen Luftballonen viel herumbasteln und läßt sich sehr viel lernen.

Wirkung der ersten Luftballone auf die Zeitgenossen.

Der alternde *J. W. v. Goethe* hat der Frühzeit der Luftballone in seinen „Sprüchen in Prosa" ein begeistertes Denkmal gesetzt:

> „Wer die Entdeckung der Luftballone miterlebt hat, wird ein Zeugniß geben, welche Weltbewegung daraus erstand, welcher Antheil die Luftschiffer begleitete, welche Sehnsucht in so viel tausend Gemüthern hervordrang, an solchen längst vorausgesetzten, vorausgesagten, immer geglaubten und immer unglaublichen, gefahrvollen Wanderungen theil zu nehmen, wie frisch und umständlich jeder einzelne glückliche Versuch die Zeitungen füllte, zu Tagesheften und Kupfern Anlaß gab, welchen zarten Antheil man an den unglücklichen Opfern solcher Versuche genommen. Dieß ist unmöglich selbst in der Erinnerung wieder herzustellen ..."

Jede Entdeckung verändert diese Welt. Die Tatsache, daß der Mensch mit Hilfe der Luftballone auf einmal fliegen konnte, ließ diese Erde viel kleiner erscheinen, als sie es vorher gewesen war. Eine veränderte Betrachtungsweise führt aber nahezu automatisch auch zu Änderungen in der Beurteilung weiterer Fakten. Die scheinbare Verkleinerung der Welt durch das Fliegenkönnen des Menschen mußte so auch auf die politischen Anschauungen einwirken. Die Möglichkeit des Fliegens einerseits, und die deutsche Kleinstaaterei andererseits hat 1800 der romantische Dichter *Jean Paul* in seinem Roman: „Des Luftschiffers *Gianozzo* Seebuch" zu folgender ironischer Betrachtung einer Ballonfahrt inspiriert:

> „Gestern, am zweiten Pfingsttag, erwachte ich über dem Fürstenthümlein Vierreuter (Der wahre Name aber heißet, wenn anders die Zensur nicht Sternchen dafür setzt, ****) und wurde gerade auf dessen Haupt und Residenzstadt hergetrieben. Ich beschloß, in beiden meinen Kaffee zu trinken. Kurz vor dem Pariserthore drehte ich beide Hähne meiner Kugel auf... und fiel wie ein Stoßvogel innerhalb der Wache nieder. Aber das machte diese dumm und wild, sie rief den Thorkatecheten, und dieser wollte durchaus wissen wer ich wäre, ferner meine Geschäfte, mein Logement und die Zeit meines Bleibens. Ich entgegnete ihm ganz höflich, er würde recht haben, grob zu fragen, so wie die Schildwache, den schiefen Schlagbaum gerade zu ziehen und sich davor grimmig zu postiren, — da kleine Fürstenthümer und deren Residenzen wie kleine Juwelen leichter zu verlieren wären —, wenn ich draußen in einem Wagen vor dem Thor säße und es ansähe, allein jetzt

sei ich ja, wie er sehe, darüber weg und schon einpassirt. Er gab durchaus nicht nach, ich auch nicht. Der Wehrstand in den ich mich setzte, lockte den halben Wehrstand der Wachstube um mich, Haustruppen im eigentlichen Sinn, die nie außerordentlichen Lärm in der Welt gemacht außer vor ihren eigenen Ohren, wenn sie eben Gurken aßen. Du sagtest einmal Graul, du getrauest dich, wenn du am Gränzwappen ständest, über das ganze Fürstenthum leicht wegzupissen, so schmal lauf es fort. Ich gab der Landmacht um mich herum etwas ähnliches zu verstehen, indem ich sie fragte, ob man hier — so wie eine gewisse Stadt vor einem blinden Thore eine lebendige Wache hätte — nicht ebensogut vor wahre Thore blinde oder gemalte Wachen stellen könnte, die man gar nicht abzulösen brauchte ....“

1. Entdeckungsgeschichte des Luftballons

Eine Beschreibung der Frühzeit der Ballonfliegerei sei einer zeitgenössischen Quelle entnommen (*Wieglebs* Magie 1793).

„Die ärostatischen Maschinen.

Aerostat, Luftball ist eine Maschine, welche in der uns umgebenden Luft von selbst aufsteigt, auch wohl Menschen und beträchtliche Lasten mit sich erhebt. Die Erfindung dieser Maschinen ist unstreitig eine der größten Entdeckungen der neuern Zeit, da es mit den Naturgesetzen zu streiten scheint, daß eine Last in freyer Luft nicht allein schweben, sondern sogar emporsteigen sollte, so ist die Bewerkstelligung dieser für unmöglich gehaltenen Sache für den Unerfahrnen ebenso erstaunenswürdig, als sie für den Kenner wichtig ist.

Zur Geschichte des Luftballes.

Nachdem Cavendish um das Jahr 1766 die große Leichtigkeit der brennbaren Luft (Wasserstoff) entdeckt hatte, kam D. Black in Edinburgh ein oder zwey Jahre darauf zuerst auf den Gedanken, daß eine dünne Blase, mit solcher Luft gefüllt, in der Athmosphäre aufsteigen würde, ohne jedoch Versuche darüber anzustellen. Cavallo, der diesen Gedanken ebenfalls gehabt hatte, fing im Jahre 1782 eine Reihe von Versuchen hierüber an, fand aber das Papier, in welches er die brennbare Luft einschließen wollte, zu durchdringlich, die Schweinsblasen hingegen zu schwer. Das einzige, was ihm gelang, war, Seifenblasen mit brennbarer Luft gefüllt, hervorzubringen, welche aufstiegen und an der Decke des Zimmers zerplatzten. Eben dergleichen Seifenblasen sind auch im Jahr 1782 in Göttingen vom Hrn. Hofrath Lichtenberg gemacht worden, und wahrscheinlich die ersten gewesen, welche die menschliche Kunst hervorgebracht hat.

Das ‚Montgolfiersche Gas‘.

Die große Erfindung der ärostatischen Maschinen ward im August 1782 von zweyen Brüdern, Stephan und Joseph Montgolfier, Papiermanufakturisten zu Annonay in Vilvarais, Männern von Genie und eifrigen Liebhabern der Naturlehre, gemacht. Nach der Erzählung des jüngeren Bruders versuchten sie anfänglich ... Säcke von Papier mit brennbarer Luft zu füllen, kamen aber nachher durch das Beyspiel der in der Luft schwebenden Wolken auf die Idee, eine durch Kunst erzeugte Wolke in eine undurchsichtige Hülle einzuschließen, wobey sie auch den Gedanken mit einmischten, daß die Leichtigkeit dieser Wolken durch die Electricität werde befördert werden können. Es gelang dem älteren Montgolfier, im Nov. 1782 zu Avignon ein hohles Prallelepipedum von Taffet, von 40 Cubikfuß Inhalt, nachdem es innwendig durch brennendes Papier erhitzt worden war, an die Decke des Zimmers steigen zu sehen.“

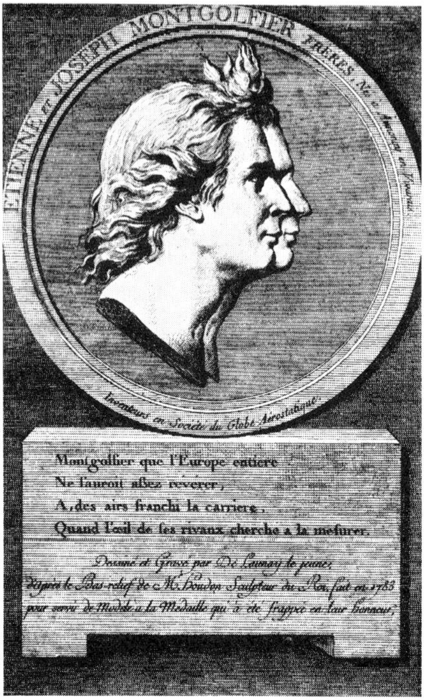

Abb. 42. Die beiden französischen Papierfabrikanten Joseph Michael Montgolfier (1740—1810) und sein Bruder Jaques Etienne (1745—1799)

Die Brüder *Montgolfier* gingen nun zu Kugeln immer größeren Inhaltes über.

„Diesen Nachrichten zufolge hat man die Erfindung der Aerostaten nicht dem Zufalle, sondern dem Nachdenken und wiederholten Bemühungen zu danken.

Das Mittel, dessen sie sich bedienten, war, daß sie unter die Öffnung des ganz zusammengefalteten leinernen Sacks ein Strohfeuer anzündeten, und von Zeit zu Zeit etwas angekrempelte Wolle in dieselbe warfen. Dadurch entfaltete sich der Sack, schwoll auf und stieg endlich in der Luft empor. Die Erfinder schrieben nicht das Aufsteigen der wahren Ursache zu, welche darinnen bestehet, daß der Sack mit erhitzter oder durch Feuer verdünnter Luft angefüllt wird, sie glaubten vielmehr, es werde durch die Verbrennung des Strohs ein eigenes Gas entbunden, welches leichter als die atmosphärische Luft sey, und dem schon in einigen Schriften der Name Montgolfierisches Gas beygelegt ward. Dieses, so wie die Idee einer künstlichen Wolke und der Vorschlag, die Elektricität dabey zu gebrauchen, zeigt, daß die Erfindung wenigstens auf einem sehr indirecten Wege gemacht worden sey.

Der Ruf von dieser erstaunenswürdigen Entdeckung verbreitete sich bald.; weil aber die Mittel, derer sich die Montgolfiers bedienten, nicht sogleich bekannt wurden, so fielen die Pariser Naturforscher auf die Vermuthung, der Versuch zu Annonay werde sich vermittelst der brennbaren Luft (Anm.: Wasserstoff) nachmachen lassen. Charles, Professor der Physik zu Paris, verfertigte mit Hülfe der Gebrüder Robert, zweener geschickter Mechaniker, eine Kugel von Taffet, mit

Abb. 43. Jaques Alexandre Charles (1746—1823)

Firniß von elastischem Harz überzogen, welche mit brennbarer Luft aus Eisen und Vitriolöl gefüllet und den 27. August 1783 im Camp de Mars in die Luft aufgelassen wurde ...“

Der erste Flugversuch:

„Montgolfier fand in Paris einen unermüdlichen Gehülfen an Herrn Pilatre de Rozier, Vorsteher des Museums, welcher es am 15. Oct. 1783 erstmals wagte, auf einer von Montgolfier verfertigten 74 Schuh hohen, 48 Schuh breiten, und mit einer Gallerie und Glutpfanne zu beständiger Unterhaltung des Feuers versehenen Maschine, 84 Schuh hoch vom Boden aufzusteigen, und $4^1/_2$ Minuten lang in der Höhe zu bleiben; wobey er jedoch die Maschine an Stricken halten ließ. Dieser Versuch wurde an den folgenden Tagen mit dem glücklichsten Erfolge wiederholt, und, durch diese Proben ermuntert, wagten Pilatre de Rozier und der Marquis d'Arlandes am 21. Nov. 1783 auf eben derselben Maschine die erste Luftreise ...“

Um uns die Schwierigkeiten einer damaligen Luftreise vor Augen zu führen, wollen wir folgenden Bericht betrachten, der den Absturz eines Luftballones schildert:

Das Scheitern eines Luftballons mit Wasserstoff-Füllung.

Auszug aus der

„Beschreibung der von Wilhelmine Reichard, geb. Schmidt unternommenen dritten Luftreise. Von G. Reichard. Dresden, 1811. Gedruckt bei Carl Gottlob Gärtner.

Abb. 44. Erste Füllung eines Ballons mit Wasserstoff durch Charles und die Brüder Robert (1783)

Der Luftballon von 10060 Pariser Kubikfuß Inhalt, dessen ich mich zu meinen Luftreisen bediente, und welcher auch meine Frau schon zweimal trug, war bestimmt, am 29. September zum sechsten male seine Dienste zu verrichten. Das zu späte Eintreffen der Schwefelsäure, welche in großer Quantität in Dresden nicht vorräthig war, verursachte aber eine so bedeutende Zögerung, daß erst nach eingetretener Dunkelheit die Füllung beendigt werden konnte, und daher die Auffahrt bis zum folgenden Tag verschoben werden mußte. ... Der heftige, in der Nacht einfallende Sturm war nicht im Stande, den starken, und für das Gas fast undurchdringlichen Ball zu beschädigen. Am Morgen des folgenden Tages (30. Sept.) hatte er noch nichts von seiner Kraft verloren, er trug, bei einem windstillen Augenblick, eine Last von 170 Pfunden.

Jetzt aber brach der Sturm mit erneuter Gewalt los, und drohte, alles zu zerstören. Die Windseile zerrissen einigemale, und auch das Netz begann, der großen Gewalt zu weichen. Es zerriß an vielen Stellen, besonders gefährlich, am oberen Theile des Balles, in der Gegend des Ventils ...“

Abb. 45. Erster Ballonflug mit menschlicher Besatzung

Reichard wollte nun die Vorbereitung der Ballonfahrt abbrechen, er stieß aber auf den Widerstand enttäuschter Zuschauer:

„... Viele, im Füllungsraume gegenwärtige Personen (Anm.: beim Füllen des Ballons ließ man wegen der Gefahr von Knallgasexplosionen nur ausgewähltes Publikum in die Nähe des Ballons, den man, auch um ihn vor plötzlichen Windstößen zu sichern, mit Bretterwänden umgab.), welche der Sache nicht kundig waren, fanden meine Besorgniß, daß das Netz zerreissen oder sonst ein Unglück geschehen möchte, höchst lächerlich. Ich erlaube mir daher, hier die Möglichkeit einer solchen Gefahr zu beweisen – Das Netz hatte an der oberen Halbkugel des Balles eine Oeffnung von ungefähr 9 Quadratschuhen, aus welcher sich der Taffent (Anm.: Taft, ein mattglänzender Seidenstoff, der durch einen Lacküberzug gasundurchlässig gemacht worden war.) stark hervor blähte. Niemand von jenen Herren schien zu berücksichtigen, daß das Gas gegen diese obere Halbkugel fast ganz allein drückt, und folglich auch hier die größeste Stärke vorhanden sein muß. Daß durch das heftige Hervordrängen des Taffents an einer solchen Stelle, das Netz wohl noch weiter zerreißen könne, ist augenscheinlich. Die größte Gefahr aber liegt in folgendem. Durch den verminderten Druck der Luft in höheren Schichten derselben, wird das in den Ball eingeschlossene Gas, seiner Elastizität wegen, zur Ausdehnung gezwungen, und folglich muß jeder Luftball solange steigen, bis so viel Gas sich aus ihm entfernt hat, als nothwendig war, um ihn leichter zu machen, als ein gleich großes Volumen athmosphärischer Luft. Diese Entleerung des Ballons von dem Gase, welches sein Aufsteigen bewirkt, (um ihn zum Sinken zu disponieren) geschieht gewöhnlich durch das Ventil, oder auf der größten Höhe, welche man zu erreichen vermag, durch den Schlauch. Sind diese beiden Auswege aber verschlossen, so muß der Ball zerplatzen. Daß dieses Zerplatzen allemal an der Stelle des Balles erfolgen muß, welche der Ausdehnung des Gases den geringsten Widerstand entgegen setzt, bedarf keiner Erörterung. Es erfolgt also in der Regel unten, wo das Netz den Taffent nicht verstärkt, und dann ist es dem Luftschiffer gewöhnlich unschädlich. Findet sich dagegen an der obern Halbkugel eine schwache Stelle, so ist es, wenn das Ventil seine Dienste versagt, fast unmöglich, das Zerspringen des Balles und einen jähen Sturz zur Erde zu vermeiden."

Die gelehrten Betrachtungen und Befürchtungen des Professor *Reichard* fruchteten aber ebenso wenig bei den Zuschauern als auch bei seiner Frau:

„... Meine Bitten, theils an meine Frau, um sie von ihrem Vorhaben abzubringen, theils an die Umstehenden, sie gewaltsam zurück zu halten, gerichtet, waren fruchtlos. Um halb 4 Uhr, als ich mich zu einem nochmaligen Versuche dieser Art entfernt hatte, bestieg meine Frau plötzlich die Gondel, und der Ball schwebte empor.
Der Wind trieb ihn gegen die im Garten befindliche Allee, und das Netz verwickelte sich in den Zweigen. Durch Zurückbiegen derselben, wie durch das Auswerfen der letzten drei Pfund Ballast, wurde der Ball frei, und stieg langsam auf eine Höhe von ungefähr 400 Fuß. Plötzlich aber senkte er sich, und kam auf einem freien Platze nahe vor dem Thore zur Erde herab. Noch ehe er diese erreichte, warf meine Frau ihr letztes Erleichterungsmittel, den Anker mit dem Tau, von sich, und nun erfolgte das Aufsteigen in mäßiger Geschwindigkeit, welche in einiger Höhe augenscheinlich zunahm. Dieses regelmäßige Steigen, wobei nur weniges Schwanken bemerkbar wurde, verbunden mit dem Umstande, daß der Wind in der untern Luftschicht sich sehr vermindert hatte, beruhigte mich fast gänzlich.
Nach 12 Minuten verschwand der Ball in den Wolken.
Am folgenden Morgen erhielt ich die Nachricht, daß meine Frau 6 Meilen von hier, an der böhmischen Grenze, auf dem Wacheberge bei Saupsdorf, glücklich gelandet sei. Ich verfügte mich sogleich dahin, und fand sie schwächer, als ich nach ihrem ziemlich munter geschriebenen Briefe erwarten konnte ..."

Frau *Reichard* hatte nämlich in ihrem Briefe geschwindelt. In Wirklichkeit war sie aus beträchtlicher Höhe abgestürzt und nur ein Zufall hatte sie vor dem sicheren Tode bewahrt. Frau *Reichard* schilderte den weiteren Verlauf der Luftreise so:

„Kaum befand ich mich über den Wolken, und empfand den mich erquickenden Einfluß der Sonnenstrahlen, als heftige Windstöße den Ball nach verschiedenen Richtungen schleuderten. Die Gondel befand sich nur noch selten senkrecht unter dem Ball, sie war bald vor, bald hinter demselben. Dieses Schwanken beunruhigte mich indessen nicht ... Ich stand in der Gondel, hielt mit der rechten Hand den Schlauch verschlossen, und in der linken das an einer Schnur befestigte Barometer. Da die Geschwindigkeit des Balles mit jedem Augenblicke zunahm, so öffnete ich von Zeit

Abb. 46. Portrait der Madame Reichard (1820)

zu Zeit das Ventil, doch ohne merklichen Erfolg. (Anm.: Sie wollte die Steiggeschwindigkeit durch ein Ablassen eines Teiles des Wasserstoffgases vermindern). Plötzlich verspürte ich eine unangenehme Störung der Respiration. Der Barometerstand war um diese Zeit 11'' 2''' (d.h. 11 Zoll 2 Linien) (Anm.: Frau Reichard war in zu große Höhen geraten und hatte nun Atembeschwerden; zur erreichten Höhe gab Reichard noch die folgenden Angaben, wobei er den Barometerstand etwas korrigiert: ‚... Der eigentliche Barometerstand ist also auf 10''10''' zu setzen, woraus eine ungefähre Höhe von 24.000 Par. Fuß erfolgt ...' Frau Reichard hatte also eine Höhe von etwa 8000 Meter erreicht).

... In meiner Stellung verbleibend, verlor ich bald darauf das Bewußtseyn. Wie lange dieser Zustand gedauert hat, vermag ich nicht zu beurtheilen, denn ich erwachte nur noch auf einem Augenblick, und dieser war der schrecklichste meines Lebens. Ich fand mich in dem Schiffchen liegend, und das Barometer war meinen Händen entsunken ... Mein Blick fiel sogleich auf den Ball. Man denke sich, welches Entsetzen mich ergriff, als ich ihn gänzlich zersprengt, alles Gases entledigt, und stückweise durch das zerrissene Netz flattern sah ..."

An dieser Stelle der Erzählung seiner Frau flocht *Reichard* eine gelehrte Betrachung ein:

„Die Ursache dieser so gewaltsamen Zerstückelung des Balles ist höchst wahrscheinlich in dem Umstande zu suchen, daß sie in ihrer krampfhaften Bewußtlosigkeit den Schlauch fest gehalten, und dadurch dem, sich heftig ausdehnenden Gase, seinen Ausweg verschlossen hat."

Doch verfolgen wir weiter Frau *Reichards* schaurige Erlebnisse:

„... Mit Blitzesschnelle die Wolken durchschneiden, mich der Erde sehr nahe erblicken, und abermals bewußtlos dahinsinken, war das Werk eines Augenblicks ... Als ich die Augen aufschlug, befand ich mich in einem ländlichen Zimmer, mit Menschen umgeben, deren theilnehmende Blicke mir deutlich zeigten, daß ich mich in guten Händen befand. Eine allgemeine, herzliche Freude erregte mein Erwachen bei den Umstehenden. Ich war indessen sehr schwach und fühlte besonders an der rechten Seite des Kopfs, den Rückenwirbeln und der rechten Hüfte, einen ziemlich starken Schmerz."

Was zwischen Ohnmacht und Aufwachen geschah, wollen wir dem Zeugnis des Erb- und Lehnrichters *Thiermann* entnehmen, der Augenzeuge des Absturzes geworden war:

„Endesunterzeichneter bezeugt, daß er am 30. Septbr. 1811, Nachmittags halb 5 Uhr, Madame Reichard mit einem Luft-Ballon, welcher in Stücke, und drei große lange Flügel getheilt war, über hiesiges Darf habe gehen sehen, und zwar mit einem so großen Geräusche und Schnelligkeit, als ob der größte Sturmwind sauste. Dieser Ballon zog sich über den sogenannten Wacheberg nach Böhmen, wo er dann mit den Flügeln und dem Netze auf der Höhe des Berges, am Gipfel einer großen Fichte, hängen blieb, und die Gondel mit der Madame an der Fichte und deren Aesten herunter stürzte. Die Madame Reichard war ohne Athem und ihrer Besinnung entsetzt. Da man durch schnelles Hinzueilen ihr zu Hilfe gekommen war: so suchte man alle möglichen Mittel anzuwenden, sie wiederum zu ihrer Besinnung zu bringen. Daß diese der Wahrheit gemäß, versichert mit Rechtschaffenheit und durch Namens-Unterschrift, am 1. October 1811

Johann Christlieb Thiermann
Erb und Lehnrichter,
in Saupsdorf, unter dem Amte Hohnstein."

Dergleichen Vorkommnisse waren damals bedeutende Ereignisse, an die sich die Menschen noch nach Jahren erinnerten. Die „Wiener allgemeine Theaterzeitung und Unterhaltungsblatt für Freunde der Kunst, Literatur und des geselligen Lebens" schrieb am Sonnabend, den 15. July 1820.

„... Diese Luftfahrt gehört zu den gefährlichsten, welche jemals unternommen worden sind. Ungefähr 50 Minuten nach der Abreise stürzte die Luftschifferin anscheinend todt, bey Saupsdorf in der sächsischen Schweiz in ein Gebüsch, wo noch jetzt ein einfaches Denkmahl, von den gutmüthigen Landleuten aufgestellt, die Stätte bezeichnet, wo ihre, an Wunder gränzende Lebensrettung erfolgte ... Fragmente des Balles sind in Neu Ehrenberg in Böhmen, 2 Meilen vom Landungsplatze, gefunden worden, woraus auf die Heftigkeit des Sturmes zu schließen ist. Der bey dieser Luftfahrt in pekuniärer Hinsicht erwachsene Schaden war sehr bedeutend. Wohlhabende Einwohner in Dresden versuchten ihn dadurch zu mildern, daß sie auf eine sehr zarte Weise der Luftschifferin ein Geschenk von 120 Dukaten überreichen ließen ...“

Im allgemeinen bediente sich das Ehepaar *Reichard* bei der Füllung ihrer Ballons Wasserstoff, den sie aus Metall und Schwefelsäure gewannen. Dieser Wasserstoff muß aber gewaschen werden um ihn von mitgerissenen Säurespritzern zu befreien. Wäscht man ihn nicht, so setzen sich während des Fluges die Säuretröpfchen auf der Innenwand des Ballones ab, und er wird dadurch löchrig, da der Taft oder die Seide der konzentrierten Schwefelsäure keinen Widerstand zu leisten vermögen. Der Bau solcher Waschapparaturen für Wasserstoff war aber bei dem damaligen Stand der Technik gar nicht so einfach. Man hatte es noch nicht gelernt wirklich dichte Rohrleitungen zu bauen. Auch stand nicht überall Schwefelsäure zur Verfügung, die bei dem damaligen Verkehrswesen ohnedies in Glasflaschen nur schwer transportiert werden konnte. Deshalb wandte man auch das von *Lavoisier* erfundene Verfahren der Wasserstoffherstellung an, bei dem Wasser mit glühendem Eisen zur Reaktion gebracht wurde. Der bei diesem Versuch entstehende Wasserstoff ist sauber, allerdings eignet sich dieses Verfahren nicht so recht für die Wasserstoffdarstellung im Großen. So heißt es über die erste Luftreise der Madame *Reichard*:

„... Wilhelmine Reichard durchschiffte den Aether zum ersten Mahl von Berlin aus am 16. April 1811 bey sehr nebligem Wetter. Ihr Gatte, der schon früher mehrere Luftreisen unternommen hatte, bewirkte die Füllung des Balles von 10700 Pariser Kubikfuß Inhalt, durch Zerlegung des Wassers mittelst glühendem Eisen, eine Operation, welche im Großen mit ungemeiner Schwierigkeit von Statten geht ...“

Auch bei einer späteren Luftfahrt kam es zu Schwierigkeiten. Professor *Reichard* ließ deshalb in die Lokalzeitung folgende Notiz einrücken:

„Anmerkung von G. Reichard:

Daß der Ofen, in welchem ich vermittelst glühenden Eisens die Zersetzung des Wassers bewirken und mit dem daraus erzeugten Wasserstoffgas meinen Ballon füllen wollte, Risse bekommen, und dadurch die fernere Füllung auf diesem Wege verhindert habe ... kann dem sachverständigen und vorsichtigen Erbauer des Ofens, durchaus nicht zur Last gelegt werden, sondern lediglich der Eile, mit welcher ich zu Werke ging. Der Bau des Ofens war nämlich im buchstäblichen Verstande noch nicht beendigt, als ich bereits mit der Feuerung anfangen ließ. Dieses Zeugniß bin ich der Wahrheit schuldig.“

In den „Berlinischen Nachrichten von Staats und Gelehrten Sachen“ vom Dienstag, den 16. Juli 1816 beschreibt *Reichard* genau die konstruktiven und stöchiometrischen Daten für seine fünfte Luftreise:

„Mit einem ganz neuen Luftball versehen, unternahm ich am 12. d. M. meine fünfte Luftreise. Mein Ballon war ganz neu, denn den schon seit 5 Jahren verpackt gelegenen, und dadurch unansehnlich gewordenen Ballon ... anzuwenden verbot mir die Achtung (vor dem Publikum). 512 Ellen des besten Taftes, gelb und roth von Farbe, sind — mit Anwendung möglichster Vorsicht, um nichts unnütz zu verschneiden — erforderlich gewesen, den Ball zu erbauen, und der vorzügliche Firniß des Herrn Lakirer Knecht gab ihm eine Undurchdringlichkeit, die nichts zu wünschen übrig ließ, wozu auch die Methode, den Ball erst nach dem Nähen zu firnissen, welche bis jetzt bei den hier erbauten Luftbällen nicht angewendet wurde, beigetragen hat. Die Breite des Taftes habe ich bei dem Zuschnitt möglichst benutzt, und daher den 18 gelben Streifen eine Breite von 22,2 den 18 rothen aber eine Breite von 22,6 Pariser Zoll gegeben, wodurch der Umfang des Balles auf 67,2 Pariser Fuß und der Durchmesser auf 21,401 Fuß bestimmt wurde. Das Netz, war nicht, wie gewöhnlich kugelförmig, sondern cylindrisch gestrickt, 162 Maschen weit, die einzelne Masche 5 Pariser Zoll groß. Die sonst gebräuchliche Gondel hatte ich mit einem runden, 2 Fuß breiten und 10 Zoll tiefen Korbe vertauscht, welcher durch 16 Stück 2 Fuß lange Schnüre mit einem Reifen verbunden, einen so sichern als einen auf der Reise bequemen Standort bildete, und zum Überfluß noch in seinem Innern mit einem, an den Reif mit zwei Schnüren befestigten Brettchen, als Sitzbank versehen war. Der Anker, $4^1/_2$ Pfd. schwer, ist an einem 140 Fuß langen Seile befestigt. So ausgerüstet, schritt ich, Nachmittags um 4 Uhr, zur Füllung des Balles, welche unter sehr thätiger Mitwirkung meiner verehrten wissenschaftlichen Freunde, gegen 6 Uhr glücklich beendet wurde. Die zur Entbindung des Wasserstoffgases bestimmte Batterie bestand aus 8 Fässern von 600 Quart Inhalt, davon indessen nur 7 in Thätigkeit gesetzt wurden ... 1400 Pfund Schwefelsäure von ganz vorzüglicher Güte ... wurden in 7 Fässer vertheilt, und waren zur Füllung des Ballons überflüßig hinreichend. (spec. Gewicht 1,655 bis 1,860). Die Füllung gieng daher schnell ... Die zur Abreise bestimmte Stunde, 8 Uhr, abwartend, ließ ich ein paar kleine Bälle aufsteigen, welche meinen Weg vorläufig bezeichneten ..."

Die Schilderung früher Ballonaufstiege wäre unvollständig, würde man das Zeremoniell nicht zeichnen, das damals zu diesen Darbietungen gehörte. So war es allgemein üblich aus der aufsteigenden Gondel mit den Landesflaggen zu winken, was als Huldigung für etwa anwesende Standespersonen gedacht war. Auch warf man Blumen auf die zusehende Menge herab, ließ Brieftauben steigen, jedoch der Höhepunkt war das Abwerfen von auf buntem, leichten Papier gedruckten Gedichten, die einmal die Schönheit des Fluges verherrlichten, zum anderen aber den Herrscher priesen, in dessen Land der Ballonaufstieg gerade stattfand. Als typisches Beispiel sei hier ein Sonett vorgestellt, das Frau Professor *Reichard* anläßlich eines Aufstieges in Österreich (1820) dichtete:

„Wohlan, aus deinem grünen Kranz von Bäumen
erhebe dich, mein leicht beschwingter Kahn
Hinauf ins Reich, das keine Gränzen säumen,
Die Erd' entflieht, durch Wolken geht die Bahn
Ein glänzend Meer in ungemess'nen Räumen
ist vor dem trunk'nen Auge aufgethan,
Sonst nur befahren von der Sehnsucht Träumen
Trägt es mich selbst, die Schwache, himmelan!! —
Doch wenn ich, nur ein Punkt noch, vor euch schwebe,
Dann glaubt, daß ich mein Herz zu Gott erhebe,
Ein dankbar Herz, von Andacht hoch entbrannt,
Für Euch will ich von des Allmächt'gen Höhen
Für Euren Kaiser Segen dann erflehen,
Heil Österreichs beglücktem Friedensland!!" — —

W. R.

Schon gegen Ende des 18. Jahrhunderts tauchten auf den Jahrmärkten die ersten kleinen Kinderluftballons auf. Allerdings waren sie anfänglich sehr teuer, was an der damaligen Schwierigkeit lag, eine dünne, gasundurchlässige Haut herzustellen. Betrachten wir diese Probleme in einer damaligen Vorschrift:

„Aerostatisches kleines Wunderwerk

Zuerst muß für diejenigen, denen es noch nicht bekannt ist, angeführet werden, daß sich am bequemsten aus der Haut, worinn Kälber, Ziegen und Lämmer im Mutterleibe eingeschlossen sind, die kleinen aerostatischen Maschinen von allerhand Bildung bereiten lassen. Das Verfahren bestehet kürzlich in folgendem: Man sucht von der ganzen Haut, worinn das Thier gelegen hat, gleich nach der Geburt, wenn noch alles frisch ist, die äußere Haut (Chorion) abzuziehen, welches sehr leicht und geschwind geschehen kan. Wobey die innere, das Schafhäutchen (Amnium) genannt, übrig bleibt, welches eigentlich hierbey gebraucht wird. Letzteres wird auf der Seite, wo es an dem Chorion angesessen, mit einem Falzbein von dem Schleim und allen gröbern Theilen, die noch daran hangen, gereinigt. Von diesem Amnium werden die großen Stücke, die sich ohne Zerreißung ungemein ausdehnen lassen, über einen halbkugelförmigen Klotz, der mit trockner Seife vorher bestrichen, angezogen. Beträgt die Kugel nicht viel über einen Fuß im Durchmesser, so kan jede Hemisphäre aus einem einzigen Stück ohne Falte gemacht werden."

Diese Schwierigkeiten bestehen heute nicht mehr. Man kann sich mühelos aus Gummibzw. Kunststoffmaterialien gefertigte Hüllen für Kinderluftballons im Handel kaufen und damit z.B. den folgenden Versuch ausführen, der leicht gelingt:

Versuch 46: *„Ein in der Luft frei schwebender Körper, der wieder steigt, wenn man ihn niederdrückt, und wieder sinkt, wenn man ihn hebt" (nach Wiegleb)*

Geräte: Ein nicht zu kleiner Gummiluftballon, ein im Durchmesser wesentlich weiteres Becherglas oder eine Wanne, kleine Gewichte zum Tarieren des Ballons

Chemikalien: Wasserstoff, Kohlendioxid

Zeit: 5 Min.

„Diese belustigende und sehr sonderbar anzusehende Erscheinung beruhet darauf, daß ein kleiner durch die Figur versteckter Luftball, welcher einem Apfel, oder Birne, oder Blume gleicht, mit entzündbarer Luft angefüllet wird. Hiernächst muß ein grosses Zuckerglas von etlichen Kannen, mit einer weiten Oeffnung, zur Hand seyn. Dieses Zuckerglas wird mit fixer Luft angefüllet. Sobald dies geschehen, wirft man die kleine aerostatische Maschiene, die in der gemeinen Luft zu Boden fallen wird, in das Zuckerglas, worinn sie, anstatt zu sinken, in der Mitte desselben schwebend sich erhalten wird.

Eben diese Erscheinung äusert sich, wenn man eine solche kleine angefüllte Figur in einem Keller zu der Zeit hineinwirft, wenn frisch eingefaßter junger Wein braußt, oder Bier in der Gährung steht. Giebt man im letztern Fall dem versteckten kleinen Luftballon die Figur eines Menschen, eines vierfüßigen Thiers oder eines Vogels, oder einer Blume, mit Stiel, Blättern und Farben ausgeziert, so wird diese in der Luft frey schwebende Figur von allen Unkundigen wundervoll angestaunt, aber auch gewiß von andern Personen, welchen die natürliche Ursache bekannt ist, nicht ohne Ergötzung angesehen werden."

Ergebnis: *Die Tragkraft eines Ballons steigt bei zunehmendem spezifischen Gewicht der umgebenden Atmosphäre. An der Grenzschicht zwischen Luft und in einem Gefäß liegenden Kohlendioxidatmosphäre kann ein Ballon in der Schwebe gehalten werden.*

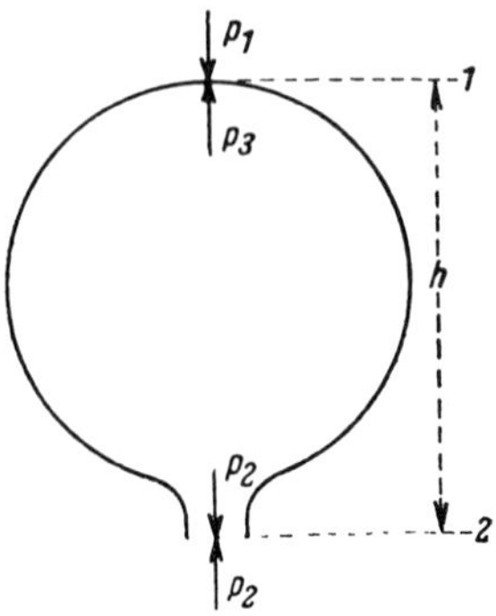

Abb. 47. Skizze zu den Druckkräften am Luftballon, nach Bergmann-Schäfer

Zur Erläuterung der Druckkräfte, die an einem am unteren Ende offenen Luftballon herrschen bringen wir die Ableitung aus dem Lehrbuch *Begmann-Schäfer:*

„Die Abbildung zeigt die am Ballon herrschenden Druckkräfte. Da im Gleichgewicht an der unten befindlichen Öffnung weder Gas aus dem Ballon heraus, noch Luft in denselben einströmt, ist dort der Außen- und Innendruck derselbe; wir nennen ihn p_2. Der von oben auf den Ballon wirkende Druck der atmospärischen Luft p_1 ist dann

$$p_1 = p_2 - h\,\lambda\,g,$$

wenn h die Höhe des Ballons und λ die Dichte der Luft bedeuten. Der im Balloninnern nach oben wirkende Druck p_3 ist anderseits

$$p_3 = p_2 - h\,\varrho\,g,$$

wenn ϱ die Dichte des Füllgases ist (dabei ist wegen der relativ geringen Größe von h von der Änderung von λ und ϱ mit der Höhe abgesehen). Da $\varrho > \lambda$ ist, ist $p_3 > p_2$, und der resultierende nach oben gerichtete Druck hat die Größe:

$$p_3 - p_1 = h\,g(\lambda - \varrho).$$

Die Steigfähigkeit eines Ballons ist um so größer, je größer sein Volumen und je kleiner sein Gewicht ist. Man füllt daher einen Ballon mit Wasserstoff oder Leuchtgas. Ein kugelförmiger Ballon von 15 m Durchmesser hat ein Volumen von rund 1700 m³. Sein Auftrieb bei Wasserstoffüllung beträgt dann (bei ϱ für Wasserstoff von 0,000089):

$$1760 \cdot 10^6\,(0{,}001293 - 0{,}000089) = 2122 \cdot 10^3\ \mathrm{p} = 2122\ \mathrm{kp}.$$

Ein Teil dieses Auftriebes dient dazu, die Hülle und das Netzwerk des Ballons zu tragen, während der Rest zum Tragen der Gondel und der Nutzlast Verwendung findet.“

Versuch 47: *„Bestimmung des specifischen Gewichtes von Wasserstoff“ (nach Heumann)*

Geräte: Glaskolben mit 1 *l* Inhalt, durchbohrter Gummistopfen, 2 Glasrohre, Schläuche, 2 Quetschhähne, Calciumchloridrohr, Waage

Chemikalien: Wasserstoff, Calciumchlorid

Zeit: 15 Min.

„Will man … auf ganz einfache, sehr rasch auszuführende Weise constatiren, dass Wasserstoffgas etwa vierzehn und ein halb mal leichter ist als ein gleiches Volumen

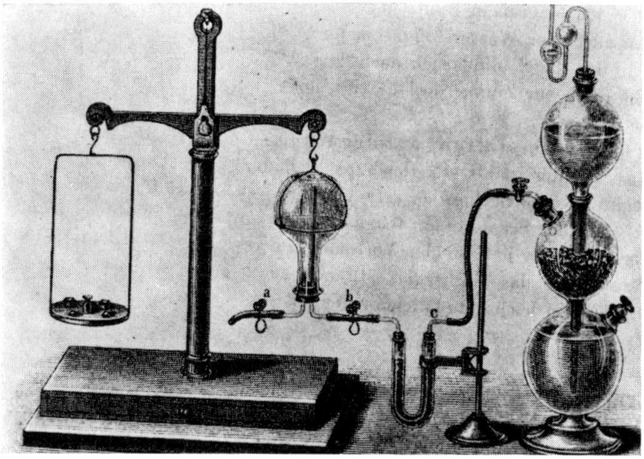

Abb. 48. Apparatur zur Wägung des Wasserstoffs (nach *Heumann*)

Luft, so empfehle ich auf folgende Art zu verfahren: Ein Literkolben, dessen Marke sich etwas hoch oben am Halse befindet, wird mit einem Kautschukstopfen versehen, welcher zwei Glasröhren trägt; von diesen reicht die eine bis auf den Boden des Kolbens, während die andere dicht am Stopfen endigt. Beide Röhren tragen an ihren äusseren Enden kurze Kautschukschläuche, über welche Quetschhähne geschoben sind.

Die ganze Vorrichtung wird in der Weise statt der einen Wagschale an eine noch Centigramme anzeigende Wage aufgehängt, wie die Figur dies verdeutlicht.

Man bringt die Waage ins Gleichgewicht (dies hat vor der Vorlesung zu geschehen) und schiebt hierauf in das Schlauchstück der längeren Röhre eine Glasröhre, durch welche ein getrockneter Wasserstoffstrom eintritt (eine Chlorcalciumröhre genügt). Derselbe wird am besten aus einem grossen constanten Entwicklungsapparat direct zugeführt und nicht aus einem Gasometer, weil dann das Gas stets etwas lufthaltig ist. Der Wasserstoffstrom sollte ziemlich kräftig sein, damit bald alle Luft ausgetrieben ist. Nach dreiviertel oder einer Minute ist dies bei starkem Strom vollständig geschehen, man schließt dann zuerst den Quetschhahn a, dann den Hahn b und entfernt hierauf die in den Schlauch bei b eingeschobene Glasröhre c. Sofort steigt der Wagebalken auf der Seite des Kolbens weit in die Höhe, kommt aber ins Gleichgewicht, wenn man 1,14 gr (bei 15° und 760 mm Barometerstand) Gewichte auf den Boden des Literkolbens legt. Somit wiegt 1 *l* Wasserstoff bei der betreffenden Temperatur und dem vorhandenen Luftdruck 1,14 gr weniger als 1 *l* Luft bei denselben Umständen.

Da nun 1 *l* Luft bei 15° und 760 mm Druck 1,225 gr wiegt, so muß $1{,}225 - x = 1{,}14$ sein, wenn mit x das Gewicht von 1 *l* Wasserstoff bei den gegebenen Temperatur und Druckverhältnissen bezeichnet wird. Dann ist

$$x = 1{,}225 - 1{,}14 = 0{,}085$$

$$\frac{1{,}225}{0{,}085} = 14{,}4$$

also ist Wasserstoffgas 14,4 mal leichter als ein gleich grosser Raum Luft.

Differiert der Barometerstand und die Temperatur sehr erheblich von 760 mm resp. 15°, so kann man sich leicht die geänderten Zahlen berechnen; bezüglich der Temperatur nach der Formel:

für Luft: $\frac{1,2932}{1 + 0,003665 \cdot t^\circ}$

und für Wasserstoff: $\frac{0,0895}{1 + 0,003665 \cdot t^\circ}$

wobei t° die betreffende Temperatur bezeichnet, 1,2932 das Gewicht von 1 *l* Luft bei 0° und 760 mm Druck, und 0,0895 das Gewicht von 1 *l* Wasserstoff bei diesen Verhältnissen ausdrückt.
Die Differenzen sind bei geringen Schwankungen nicht groß; so werden bei 12° und 760 mm die Zahlen 1,2387 für Luft und 0,0858 für Wasserstoff errechnet; Die Differenz beträgt 1,1525 gr, während der directe Versuch bei 12° und 751 mm die Zahl 1,150 ergab. Ist der herrschende Barometerstand von 760 wesentlich verschieden, so hat man die auf die Temperatur berechneten Zahlen noch mit dem Bruch $\frac{b}{760}$ zu multipliciren, wobei b die betreffende Barometerhöhe bezeichnet."

Moderne Variante dieses Versuches: *Bukatsch/Glöckner*, Experimentelle Schulchemie. Anorganische Chemie. Nichtmetalle I, Bd. 1, S. 101, Versuch 31.

Versuch 48: *Darstellung von Wasserstoff durch Überleiten von Wasserdampf über glühendes Eisen (nach Heumann)*

Geräte: Pyrexrohr ca. 40 cm lang, mehrere Bunsenbrenner oder elektrischer Röhrenofen bzw. alter Lampenofen, Erlenmeyerkolben mit durchbohrtem Stopfen, durchbohrte Korkstopfen und gebogene Glasrohre, pneumatische Wanne, Stativ

Chemikalien: Wasser (oder Wasserdampf), eiserne Nägel oder Drehspäne

Zeit: 25 Min.

„Da es bei diesem Versuche nur darauf ankommt, das Auftreten von freiem Wasserstoff nachzuweisen und nicht bedeutendere Mengen des Gases darzustellen, so kann man die lästige Anwendung des mit Kohle geheizten Windofens, in welchem ein mit Nägeln gefüllter Flintenlauf zum Glühen erhitzt wird, umgehen, denn man erhält schon eine vollständig ausreichende Menge des Gases, wenn man eine mit eisernen Nägeln oder Drehspänen gefüllte, etwa 40 cm lange, glasirte Porcellanröhre von der Dicke der Verbrennungsröhren im Lampenofen ohne Rinne zum Glühen erhitzt und die Dämpfe von siedendem Wasser, die sich aus einem Glaskölbchen entwickeln, darüber leitet. — Das Anheizen der Porcellanröhre kann einige Zeit vor der Anstellung des Versuchs begonnen werden; dünnwandige Röhren sind in 5 Minuten glühend. — Damit das überhitzte Porcellan nicht durch zuviel herabfließendes Wasser Risse erhält, ist der ganze Lampenofen sammt Röhre etwas schief aufzustellen, so dass das anfänglich in der Röhre condensirte Wasser stets wieder in den Kolben zurückfliesst.
Es ist absolut nöthig, dass der Kork des Wasserkolbens ausser der Dampfleitungsröhre noch ein Sicherheitsrohr trägt, welches die Gefahr des Zurücksteigens des Wassers der Wanne in die glühende Röhre vollkommen beseitigt. Ist das Sicherheitsrohr ein zweimal gebogenes, so darf die Biegung nur mit wenig Wasser, nicht mit Quecksilber, gefüllt sein, am besten dient aber ein gerades, langes Trichter-

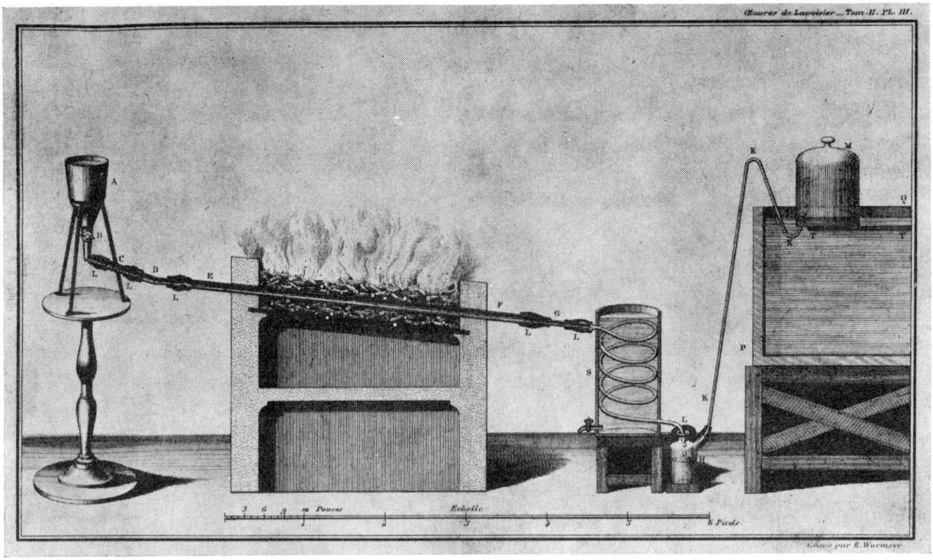

Abb. 49. Wasserzersetzung am glühenden Eisen nach Lavoisier

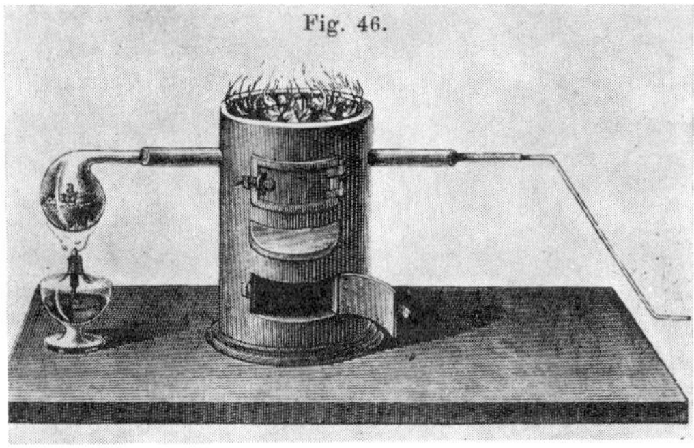

Abb. 50. Wasserzersetzung mit den Mitteln des vorigen Jahrhunderts (nach *Heumann*)

rohr, welches wenig in das Wasser des Kölbchens taucht. Sobald die Luft ausgetrieben ist, fängt man das Gas in der pneumatischen Wasserwanne in Cylinder auf."

Anmerkung: Die hier erwähnten Lampenöfen sind heutzutage meist nicht mehr erhältlich. Man kann sie aber leicht durch mehrere Bunsenbrenner ersetzen, wenn man es nicht vorzieht einen elektrischen Röhrenofen zu benutzen. In den Glaskolben zum kochenden Wasser unbedingt Siedesteinchen geben.

Moderne Variante des Versuches: *Bukatsch/Glöckner*, Experimentelle Schulchemie. Anorganische Chemie. Nichtmetalle, Bd. 1. S. 88, Versuch 16.

Versuch 49: *Entweichen des Wasserstoffs durch die Ballonhülle*

Geräte: Pneumatische Wanne, Glasglocke mit Auslaßhahn, Ballonhaut

Chemikalien: Wasserstoff

Zeit: Einige Stunden (Vorbereitung und Beobachtung jeweils nur Minuten)

Man gebe in eine Glasglocke über Wasser als Sperrflüssigkeit in einer pneumatischen Wanne Wasserstoff. Nach Möglichkeit sollte die Glasglocke graduiert sein. Über den Auslaßhahn, dessen Öffnungsfläche man vorher ausmißt, bindet man etwas von der zu prüfenden Ballonhaut. Sodann wird die Glocke in der Wanne abgesenkt, damit das Gas mit einem gewissen Druck gegen die Ballonwand drückt. Nachdem man die Entweichzeit mit einer Uhr gemessen hat, wiederhole man diesen Versuch mit anderen Gasen (z.B. Stickstoff).

Ergebnis: *Wasserstoff entweicht wesentlich schneller durch die Ballonwand als andere Gase, z.B. Stickstoff.*

VIII. Mathias Flurl (1797):

Von der Chemie überhaupt und ihren Mitteln zur Untersuchung der Körper

Den Text zu dieser Vorlesung schrieb einer der bedeutendsten Gelehrten und Bergwerksbeamten Bayerns — *Mathias Flurl* in den Jahren 1797 und 1798.

Flurl wurde 1756 in Straubing geboren und starb 1823 in Kissingen. Seine Eltern bestimmten ihn ursprünglich zu dem Beruf des Geistlichen, aber schon früh erwachte seine Liebe für naturwissenschaftliche Experimente. Sein Lehrer war der Domherr Danzler, dem er bei dessen Übersiedlung nach München nachfolgte. Dank seiner großen naturwissenschaftlichen Kenntnisse ernannte man ihn zum Repetitor der Physik am Lyceum und 1780 erhielt er eine Professur für Physik und Naturgeschichte an der sogenannten Landakademie, wo er bis 1790 unterrichtete. Sowohl bei dem Lyceum, als auch bei der Landakademie handelte es sich um höhere Schulen, deren Niveau in unserem heutigen Sprachgebrauch etwa zwischen dem jetzigen Gymnasium und der Universität lag.

Flurls erste schriftstellerische Tätigkeit bestand in der Herausgabe einer allgemein bildenden Monatsschrift für Kinder, der sogenannten „Kinderakademie" (1784 bis 1786), ganz im Sinne der Aufklärung. Gleichzeitig begann er mit seinen geologischen Forschungen, die ihn schließlich berühmt machen sollten. 1788 entdeckte er in Bayern ein Porzellanerdelager, nun ernannte man ihn zum Commissär an der Porzellanmanufaktur Nymphenburg. *Flurl* war über diese Entwicklung seiner Laufbahn zunächst gar nicht glücklich, denn bis dahin waren seine mineralogischen und geologischen Studien mehr ein Hobby gewesen, nun fühlte er sich den Anforderungen seiner neuen Laufbahn nicht recht gewachsen. Deshalb ging er — obwohl für einen Studenten schon recht alt, auf die Bergakademie Freiberg in Sachsen, wo er von dem berühmten Professor *Abraham Gottlob Werner* (1750 bis 1817) privat unterrichtet wurde. Gleich nach seiner Rückkehr von Freiberg ernannte ihn die bayerische Regierung zum Bergrat. 1792 verfaßte er seine bedeutendste wissenschaftliche Arbeit: „Beschreibung der Gebirge von Baiern und der oberen Pfalz", ein Werk, das wegen seines frischen Stiles — es ist in Briefform abgefaßt — und wegen seiner treuen Darstellung der damaligen Bergwerke und Mineralienfunde, verbunden mit einer guten geologischen Karte noch für Jahrzehnte sehr berühmt war. Dieses Buch brachte ihm noch im gleichen Jahr die Beförderung zum Hofkammer- und Salinenrat.

Er tat nun alles in seiner Macht Stehende um die Technik der bayerischen Bergwerke und Salinen zu heben. Dabei drang er auf die Verwendung der bis dahin kaum genutzten Torfvorkommen in den zahlreichen bayerischen Moosen und auf den Abbau der Pechkohlelager in Oberbayern. Auf seine Veranlassung wurden die ersten Schächte bei Hausham niedergebracht.

Abb. 51. Mathias Flurls berühmte geologische Karte von Bayern (1792)

Die Bayerische Akademie der Wissenschaften ernannte 1797 *Flurl* zum ordentlichen Mitglied und zum Professor für Naturgeschichte und Chemie.

Der Text seiner ersten chemischen Vorlesung hat sich erhalten und wird im Deutschen Museum in München aufbewahrt. Dabei handelt es sich um eine Chemievorlesung, die als Vorbereitung für geologische und mineralogische Studien gedacht war. Besonders bemerkenswert ist die Tatsache, daß offensichtlich die ganze Vorlesung durch Experimente erläutert wurde. *Flurl* war zum Teil noch in der alten Phlogiston-Lehre befangen, wenn auch er sich zwischen der Phlogiston- und der Sauerstoff-Theorie nicht recht entscheiden konnte.

Diese Vorlesung gibt einen ausgezeichneten Überblick über die Eigenart chemischen Hantierens gegen Ende des 18. Jahrhunderts. Jüngere Chemikergenerationen sind gewohnt fast alle chemischen Reaktionen in Lösungsmitteln auszuführen. Die alte Chemie leitete ihre Herkunft zum Teil von der Tradition der Schmelzhütten her. Daher war aus der Tradition der Metallurgie die Chemie „im Trockenen" lebendig geblieben, wobei viele Reaktionen in der Schmelze oder in der Glut beobachtet wurden.

1799 hielt *Flurl* in der Akademie eine berühmt gewordene Rede: „Über den Einfluß der Wissenschaft, besonders der Naturkunde auf die Cultur der Nation", die damals als ein Aufbruch in eine neue Epoche empfunden wurde. Die folgenden Jahre brachten ihm noch viele Ämter und Titel. So stieg er zum Direktor des bayerischen Berg-, Salinen-und Hüttenwesens auf, später zum Vorstand dieser Behörde, auch wurde er geadelt. In seiner Amtszeit wurde die von *Georg von Reichenbach* (1772 bis 1826) geplante Soleleitung von Reichenhall nach Rosenheim neu gebaut, die damals als eines der technischen Weltwunder galt.

Ein Biograph hat *Flurl* so beschrieben: „*Flurl* war langsam und derb im Reden und bedächtig im Thun, aber würdig, bescheiden und wohlwollend, in der Wissenschaft und in der Technik dem Fortschritt zugethan...“

„Chemische Vorlesungen, welche
Als Vorbereitung, und in der Verbindung mit der Oryktognosie[1] gegeben wurde
von
Churfürstl. Hofkammer- Salz- Berg- und Münzrath
dann Profeßor der Naturgeschichte bey der Churfürstl. Akademie der Wissenschaften
Mathias Flurl
Anno 1797 et 98

Vorbemerkung

Schon in der Vorbereitungslehre zur Oryktognosie ist angeführt worden, daß die chemischen Kennzeichen in den foßilen Lehren die allersichersten bestimmtesten sind, und selbst die foßilere Kenntnis würde uns keinen reellen Nutzen schaffen, wenn wir selbe nicht zu verschiedenen Gebrauche im gemeinen Leben zuzubereiten und zu nützen wüßten, diese Zubereitung lehrt uns also vorzüglich die Chemie, indem sie uns mit den Bestandtheilen der Foßilien am genauesten bekannt macht.

Dieß ist die Ursache, warum ich heuer auch noch umständigere Begriffe aus der Chemie der angewandten Oryktognosie vorausschicke, um die Lehre derselben mit paßenden Versuchen anschaulich zu machen. Doch erwarte man wegen der Eingeschrencktheit der Vorlesungsstunden keine vollständige Lehre aller chemischen Kenntniße, indem ich mich nur mit den Hauptbegriffen, um die angwandte Oryktognosie gründlich lehren zu können, beschäftigen kann, die meisten Versuche werden auch blos gelegentlich und zugleich zu einem anderen Zwecke gemacht, daher einige noch zu früh angeführt werden.

Von der Chemie überhaupt und ihrer Mittel zur Untersuchung der Körper.

Die Chemie ist die Wissenschaft und Kunst die Körper in ihre Bestandtheile zu zerlegen, und aus verschiedenen Bestandtheilen verschiedene Körper zusammen zu setzen.

Ihr Zweck ist also nicht nur die Bestandtheile der Körper kennen zu lernen, sondern auch solche Körper darzustellen, und gleichsam zu erzeigen, welche im gemeinen Leben zu verschiedenen Absichten brauchbar sind. Nimmt man auf den Gebrauch Rücksicht, welche sie anzeigt, so kann sie eingetheilt werden:

a) In die medizinische Chemie, welche sich mit der Bereitung der Arzneimittel beschäftigt.

b) In die ökonomische Chemie, die sich mit der Verwandlung und Verbesserung der in der Hauswirtschaft nothwendigen Dinge beschäftigt.

c) In die technische Chemie, welche ihre Kenntniß vorzüglich auf die Künste und Manufakturen anwendet.

Sie ist zwar noch verschiedener anderer Abtheilungen fähig, welche ich aber mit Stillschweigen übergehe, da sie alle gar füglich unter eine der vorigen gebracht wer-

[1] Oryktognosie = Mineralogie

den können. So ist z.B. die Probierkunst (Dokimastik), die Metallurgie (Metallurgia) ein Theil der technischen Chemie.

II.

Die Hilfsmittel, welche in der Chemie zur Untersuchung der Körper angewendet werden, sind entweder blos mechanisch oder im eigentlichen Verstande chemische. Unter die mechanischen Mittel gehört das Zerstoßen, das Mörsern, das Pulverisieren, Reibschalen oder Reibsteine, das Zerfeilen, und Raspeln, das Körnen, das Durchsieben und Schlemmen, selbst auch das Filtrieren, Ausfüßen und Preßen.

In den Pharmazien werden gar viele Medikamente blos auf eine mechanische Art bereitet, dahin gehören die meisten Pulver von Wurzeln und Kräutern, die ausgepreßten Säfte und Oehle, und selbst auch mehrere zusammengesetzte Pulver, Latwergen, Pillen, Zelteln und dergleichen.
Auch in der mineralischen, oder metallurgischen Chemie müssen gar viele Körper vor der eigenen chemischen Zubereitung eine mechanische erleiden; dahin gehört das Pochen der Erze, das Schlemmen derselben, das Siebsetzen und dergleichen.
Die eigentlichen chemischen Hilfsmittel, oder sogenannten chemischen Operationen (chemische Processe) wodurch die Körper nicht blos in gleichartige Theile getrennt, und zerlegt werden, sind:

a) die Auflösung (Solutio)

b) die Niederschlagung (Praecipitatio)

c) die Abtmöpflung (Defiltratio)

d) die Auftreibung (Sublimatio)

e) die Schmelzung (Fusio)

f) die Verkalkung (Calcinatio)

h) die Gasbereitung (Gassatio)“

Anmerkungen zum vorstehenden Text: Flurl befleißigte sich zuweilen einer recht eigenwilligen Ausdrucksweise. Einige seiner Begriffe kommen aus dem Bayerischen, andere sind recht altertümlich.

Mit ,,Ausfüßen“ ist vermutlich ein Auspressen mit den Füßen gemeint, so wie es ähnlich gelegentlich noch beim Keltern des Weines geübt wird.

,,Pharmazie“ ist ein altertümliches Wort für Apotheke.

,,Latwerge“ sind brei- oder teigförmig zubereitete Arzneimittel.

,,Zelteln“ stellt ein süddeutscher Ausdruck für bonbonähnliche, süßschmeckende Medikamente dar. Husten Zelteln sind z.B. Hustenbonbons.

,,Abtmöpflung“ ist ein süddeutscher Ausdruck für Filtrieren.

,,Von der Auflösung.

Wenn der Körper sich mit einem anderen und gleichartigen dergestalt vereint, daß sie zusammen einen vollkommenen genere massa ausmachen, so daß man die Theile des einen von den Theilen des andern nicht mehr unterscheiden kann, so sagt man der eine Körper habe den anderen aufgelöst. Derjenige welcher dies bewirkt, heißt das Auflösungsmittel (menstrum solandatur), den aufgelösten Körper (corpus solutum). Die Auflösung geschieht auf dem naßen Weg, wenn das Auflösungsmittel für sich schon flüßig ist, oder auf dem trockenen Weg, wenn selbes im Feuer flüßig gemacht werden muß.

Versuche.
A. auf dem naßen Weg.
1. Gemeiner Salpeter wird mit ebensoviel heißem Wasser zu dem Ende aufgelöst, um den selben durch die nachfolgende Krystallisation von dem ihm gemeiniglich beygemischten Kochsalze zu befreyen.
2. Um gemeine Pottasche (luftsaures Alcali zu reinigen) von dem ihm meistentheils beygemengten Gypse, und vitriolisirten Weinstein zu befreyen, wird selber in gleich vielem Wasser aufgelöst.
3. In gemeinem Scheidewasser löst man einige Loth sächsisch gerösteten Glanzkobold auf.
4. In einem gefällten, d.i. von aller Kochsalzsäure gereinigten Scheidewasser wird etwas Silber aufgelöst.
5. Eben so löst man im Königswasser einen zuvor dünngeschlagenen und hernach klein geschnittenen Dukaten auf.
6. Und in einem dergleichen nur etwas schwächeren Königswasser nach und nach englisches Zinn.
Schon aus diesen Versuchen sieht man, daß einige Körper sich schon in der *Kälte*, andere in der *Wärme* und selbst einige erst in der Siedehitze aufgelöst werden. Bey einigen wie beym Salpeter und der Pottasche geht die Auflösung ruhig d.i. ohne Aufbrausen oder Essen rescens, Gold löst sich auch ganz stille, nur in starker Erwärmung mit heftigem Aufwallen auf: gewaltig braust aber der Kobold, und nur beim Zinne das starke Aufbrausen, und die damit verbundene Verflüchtigung der phlogistischen Theile zu verhindern, muß das Königswasser wenigst mit 2 bis 3 Theilen destillirtem Wasser geschwächt werden."

Anmerkung: Unter gemeinem Salpeter ist natürlicher — meist aus der Salpeterplantage oder von Mauerwänden gekratzter Salpeter gemeint.
Bei dem Mineral Glanzcobalt handelt es sich um ein gemischtes Cobalt-arsenid-sulfid (Co(AsS)).
Englisches Zinn galt als besonders rein, das heißt frei von Blei.
Zu den geschilderten Versuchen:

Versuch 50: *Reinigung von Salpeter durch Umkristallisieren*

Geräte: Becherglas, Glasstab, Heizplatte

Chemikalien: Salpeter, Kochsalz, Wasser

Zeit: 15 Min., bei Wiederholung entsprechend länger

Da natürlicher, „gemeiner" Salpeter in der Regel nicht zur Verfügung steht, so bediene man sich reinen Kaliumnitrats und versetze es mit etwas Kochsalz. Dieses Gemisch wird in möglichst wenig heißem Wasser zur Lösung gebracht. Anschließend kühle man ab und filtriere den erhaltenen Niederschlag. Diese Operation wiederhole man so lange, bis entweder die Geschmacksprobe zeigt, daß der umkristallisierte Salpeter frei von Kochsalz ist, oder man beweise dies mit Hilfe des Chloridnachweises mit Silbernitrat.

Anmerkung: Diese Umkristallisation hatte früher, als noch natürlicher Salpeter für die Pulverbereitung verwendet wurde, eine gewisse Bedeutung.

Ergebnis: *Salpeter kann durch Umkristallisieren von dem anhaftenden Natriumchlorid befreit werden.*

Ein Versuch zur Reinigung von Pottasche ist in diesem Buch im Kapitel Pottasche beschrieben.
Der Versuch mit Glanzcobalt ist wegen des entstehenden Arsenwasserstoffs recht gefährlich.

Zum Verhalten von Silber und Gold in Salpetersäure bzw. Königswasser siehe *Bukatsch/Glöckner*, Experimentelle Schulchemie. Anorganische Chemie. Metalle, Bd. 3/I. S. 123 und 124, Versuche 206 und 207.
Über Lösungsversuche von Zinn mit Säuren siehe *Bukatsch/Glöckner*, Experimentelle Schulchemie. Bd. 3/I: Anorganische Chemie, Metalle. S. 30, Versuch 54.

„B. Auf trockenem Weg.

1. Zwölf Loth Menig werden mit 4 Loth zerstoßenem Quarz oder Kieselsand gemengt und in einem Windofen zu einem durchsichtigen Glas geschmolzen.

2. Sechs Loth weißen Email wird mit eben soviel calcinirten Porax vermengt, und liefert nach der Schmelzung ein durchscheinendes weißes Glas oder Halbemail.

3. Ein Theil Quarzsand wird mit 4 Theile gereinigte Bottasche vermengt, und geschmolzen, man erhält ein Glas, daß in der feuchten Luft zerfließet, oder im Wasser zur sogenannten Kieselfeuchtigkeit aufgelöst werden kann.
Menig, Porax und Bottasche sind an sich feste Körper welche aber im Feuer flüßig werden, und also die mit ihnen verbundenen anderen Körper auf dem trockenen Wege auflösen, alle derley Auflösungen sind zugleich wahre Schmelzungen.
Hier wird das Glasmachen, die Verfertigung verschiedener und ungefärbter Flüssen, den Glasuren, auf Porzelain, und Hafnergeschirren, die Schädlichkeit bloßer Bleiglasuren, und dergleichen gezeigt.
Jedem für sich oder im Feuer flüssiger Körper ist nur ein Aufklärungsmittel für einige, nicht aber für alle Körper.

a) Luft löst Wasser und alle wasserähnlichen Flüssigkeiten auf, d.i. alle Verdünstungen sind nur Auflösungen in der freyen Luft.

b) Wasser löst alle Salze auf, auch Gumy und Seife, gebrannte Kalcherde, die verschiedenen aetherischen Oehle; Weingeist (spiritus vini) löst alle Harze, z.B. Bernstein, Siegellack, einige Salze, als Zucker, Salmiak, Vitriol, Kochsalz und andere mehr, nicht.

c) Fette, Oehle lösen auf die Harze, Wachs, Kampfer und dergleichen.

d) Das Scheidewasser die meisten Metalle, außer Gold nicht.

e) Königswasser mehrere Metalle außer Silber nicht.

f) Die Laugen oder alcalischen Salze thierische Fette, Oehle, und andere thierische Bestandtheile.

g) Quecksilber löst Gold, Zinn, Bley und fast alle Metalle, nur Eisen nicht auf, und eine Auflösung in Quecksilber heißt |: Amalgama :| und das Auflösen |:Verquicken:|.

h) So lösen die trocknen Laugensalze, die Bleykalke im Feuer besonders die Kieselerde oder Kieselsteine auf.
Hier einige mündliche Bemerkungen über die Beförderung der Ausdünstung besonders bey Salzsollen in Gradirhäusern, über die Verfertigung der Lack, das Fleck-Ausbringen, die Schädlichkeit der Laugensalze, und dergleichen. Zur Auflösung gehöret auch das Ausziehen |:Extractio:| wenn sich nemlich in einem zusammengesetzten Körper nur einige Bestandtheile auflösen, die übrigen aber als unaufgelöst zurückbleiben."

Anmerkungen: Nach dem oben erwähnten Rezept dürfte auch *Goethe* seine Kieselfeuchtigkeit dargestellt haben, die in diesem Büchlein in dem Kapitel Alchemie erwähnt wurde (vgl. S. 8).

Menig, Borax und Bottasche bedeuten Mennige, Borax und Pottasche. Unter Gumy ist nicht unser aus Kautschuk gefertigter Gummi gemeint, sondern sogenannte Pflanzengummen, z.B. der dicke Saft des Löwenzahnes. Das möglichst schnelle Verdunstenlassen von Wasser aus der Salzsole der Salzbergwerke war ein Problem, dem *Flurl* beruflich eng verbunden war. Siehe *Flurl*s vorangestellter Lebenslauf.
Unter Fleckausbringen ist das Entfernen von Flecken aus Textilien gemeint.

Zu den Versuchen *Flurl*s

Ein modernes Rezept zur Herstellung von Blei und Kaliumblei-Glas findet sich in *Bukatsch/Glöckner*, Experimentelle Schulchemie. Anorganische Chemie. Nichtmetalle (II), Bd. 2. S. 212, Versuch 60. Versuche mit Email erhält man in jedem Bastelgeschäft.
Zur Bildung von Wasserglas: Siehe *Bukatsch/Glöckner*, Experimentelle Schulchemie. Nichtmetalle (II), Bd. 2. S. 208, Versuch 52.

„Versuch.

Der verwitterte Alaunschiefer von Obergrein bey Rotting in der Obernpfalz wird dadurch untersuchet, daß man den Alaun und allenfallsigen Vitriolgehalt durch Ausziehen und warmen Wasser untersucht. In der *Pharmacologia* werden verschiedene Arten des Ausziehens unterschieden:
1) *Maceriren* |:*einweichen*:| sagt man von einer Ausziehung, wenn der Körper in ein bloßes kaltes Auflösungsmittel gebracht wird, indem sich in der Wärme hiervon Theile verflüchtigen würden, auf diese Weise macht man den kalten Extract der China Rinde.
2) *Digeriren*, wenn hierbey eine mäßige Wärme angewendet wird.
3) *Infundiren*, wenn man einen auszuziehenden Körper bloß mit einer heißen Auflösung übergießt, eine solche erhaltene Auflösung heißt einen Aufguß |:infusum:| z.B. Auf 2 Unzen Rabarber, welche mit $61^1/_2$ Quintchen Weinsteinsalz gemengt, werden 18 Unzen heißes Wasser gegossen, das 12 Stunden darüber stehen bleibt, und dann durch ein Tuch gedrückt wird. Rabarbertinctur.“

Anmerkung: Unter Alaunschiefer verstand man einen bitumen- und schwefelkieshaltigen Tonschiefer, aus dem man Kaliumalaun $KAl(SO_4)_2 \cdot 12H_2O$ durch Ausziehen mit warmem Wasser und anschließendem Einengen der Lösung und Kristallisierenlassen gewann. Alaun war eine sehr wichtige Chemikalie für die Gerbung.
Es ist recht einfach aus Chinarinde einen chininhaltigen, bitter schmeckenden wäßrigen Extrakt herzustellen. Aus Rhabarber gewann man wirksame Abführmittel.

„*Von dem Niederschlage.*
Wenn der aufgelöste Körper von seinem Auflösungsmittel wieder getrennt wird, so heißt dies ein Niederschlag. Diese Trennung geschieht entweder freywillig oder erzwungen. Freywillig schlägt sich in der obigen Auflösung No. 1[1] der Salpeter nieder, sobald man die Auflösung erkalten läßt, oder schießt in Krystallen an. Die Niederschlagung kann in 4 Weisen geschehen:

1.) Wenn man das Auflösungsmittel mit Wasser verdünnt, so z.B. schlägt sich aus der obigen Koboldauflösung beym zugeschütteten Wasser der dem Kobold meistens beygemengte Wismuth von selbst nieder.

[1] Siehe S. 133 A.

2.) Wenn man das Auflösungsmittel verdunsten läßt, so wird die im kalten Wasser aufgelöste Bottasche nach der geschehenen Filtration dadurch rein erhalten, daß man in eine eiserne Pfanne das Wasser gänzlich abraucht.

3.) Wenn man der Auflösung einen Körper zusetzt, womit das Auflösungsmittel eine nähere Verwandschaft hat, als mit dem aufgelösten Körper, z.B.

a) Nach ausgeschiedenem Wismuth wird der im Scheidewasser aufgelöste Kobold durch den im Wasser aufgelösten Phlogiston niedergeschlagen.

b) Aus einem Theil der Goldauflösung erhält man das Gold als ein braunes Pulver, der sogenannte Kalk, dadurch, daß man eine Auflösung Eisenvitriol zuschüttet.

c) Im anderen Theil der Goldauflösung, welche mit destillirtem Wasser genugsam verdünnt ist, wird nach und nach die Zinnauflösung getröpfelt, und das Gold schlägt sich purpurn nieder.

1) Indem man einen Körper beysetzt, womit der aufgelöste eine nähere Verwandtschaft hat, z.B.

a) Es wird gemeines Kochsalz in Wasser aufgelöst und dann in die Silberauflösung getröpfelt, so schlägt das Silber zu Boden.

b) Schwerer mit Kalchspath verbundener Schwerspath wird in Scheidewasser aufgelöst, man tröpfelt in die Auflösung verdünnte Vitriolerde, so schlägt sich die Kalcherde als Gips nieder."

Anmerkung zu *Flurl*s Versuchen: Versetzt man eine Bismutsalzlösung mit Alkalihydroxidlösung, so fällt Bismuthydroxid als weißer, flockiger Niederschlag aus.

Siehe *Bukatsch/Glöckner*, Experimentelle Schulchemie. Anorganische Chemie. Metalle Bd. 3/I, S. 105, Versuch 179.

Hier liegt ein Fehler im Manuskript vor: Durch Reduktionsmittel wie Eisen(II)-salze wird aus Gold(III)-salzlösungen leicht elementares Gold als brauner bis schwarzer Niederschlag ausgefällt. Es handelt sich also nicht um einen „Goldkalk", sprich Goldoxid.

Zur Bildung des „purpurnen" Goldniederschlags siehe *Bukatsch/Glöckner*, Experimentelle Schulchemie. Anorganische Chemie, Metalle Bd. 3/I. S. 136, Versuch 233.

Zur Fällung von Silber siehe *Bukatsch/Glöckner*, Experimentelle Schulchemie. Anorganische Chemie, Analytische Chemie, Bd. 3/II. S. 104, Versuche 180, 181 und 182.

Kalkspat ist Kaliumcarbonat — ein farbloses meist durchsichtiges Mineral. Schwerspat (Baryt) ist das Hauptmineral des Bariums und besteht aus Bariumsulfat.

Zur Löslichkeit der Erdalkalisulfate siehe *Bukatsch/Glöckner*, Experimentelle Schulchemie. Anorganische Chemie, Metalle. Bd. 3/I, S. 13, Versuch 24

„*Von den Verwandschaften.*

Alle Auflösungen und Niederschläge werden durch die Verwandschaften der Körper verursachet. Man saget z.B. ein Körper löse den anderen auf, wenn er eine Verwandschaft dazu hat, oder er schlägt es nieder, wenn das Auflösungsmittel zu ihm eine nähere Verwandschaft hat. Auf was für phisischen Kräften die Verwandschaften eigentlich beruhen, ist uns zwar nicht ganz bekannt, doch können wir mit Grund schließen, daß selbe von den Anziehungskräften, die einige Körper gegeneinander haben müßen, herrühren, und es ist, wenn man sagt, 2 Körper haben eine nahe Verwandschaft, so heißts, diese 2 Theile ziehen sich gegeneinander an.

Die Verwandschaften werden eingetheilt:

a) in die vorbereitende Verwandschaften,
b) in die zusammenziehende,
c) in die zerlegende.

Eine vorbereitende Verwandschaft wird jene genannt, wo ein Körper erst eine Vorbereitung erfordert, ehe er sich mit einem anderen durch eine Auflösung, oder einen Niederschlag verbinden kann. z.B. die Vitriolsäure lößt das Bley für sich nicht auf, oder giebt ohne Vorbereitung mit dem Bley keinen Bleyvitriol, wird aber Bley zuvor in Salpetersäure aufgelöst, also vorbereitet, so schlägt zugetröpfelte Vitriolsäure das Bley aus demselben nieder, und wird damit zum Bleyvitriol. Die Salpetersäure ist das Vorbereitungsmittel.

2) Die zusammensetzenden Verwandschaften sind entweders einfach, oder anneigend oder doppelt, aber einfach sind die meisten Auflösungen, wo nur ein Körper mit dem andern in Verbindung liegt, z.B. unsere Salpeter und Bottaschen Auflösung geschah durch einfache Verwandschaft.

3) Anneigend oder doppelt ist die Verwandschaft, wenn ein Körper zu seiner Vermittlung |:intermedia:| bedarf, z.B. Wasser, und löset Oehl und Fett nicht auf, ist aber Wasser mit Laugensalz verbunden, z.B. mit der Bottasche, so löst es Fette, Oehl, und Schwefel auf, das Laugensalz ist also ein Anneigungsmittel der zerlegenden Verwandschaften, werden auch Wahlverwandschaften genannt, und sie heißen:

a) eine einfache Wahlverwandschaft ist, wenn nur eine einfache Zerlegung vor sich geht, z.B. aus unserer obigen erdigen Kobold-Auflösung wurde die aufgelöste Kalcherde durch Vitriolsäure als Gyps niedergeschlagen. Die Kalcherde wärmte nämlich die Vitriolsäure und verband sich damit; oder wenn Glaubersalz in Wasser aufgelöst ist und man setzt wasserfreyen Alcohol dazu, so schlägt sich das Glaubersalz zu Boden, d.i. das Wasser wählt den Weingeist, und fällt das Wasser davon, oder es ist eine doppelte Verwandschaft, wenn so zu sagen 2 Körper zerlegt, aber auch wieder 2 Körper gebildet werden.

Z.B. Aus unserer Silberauflösung schlug sich das Silber durch zugeschüttetes Kochsalz nieder, dies geschah aus doppelter Verwandschaft. Das Kochsalz nämlich, wie wir bey der Lehre der Salze umständlicher vernehmen werden, besteht aus einer eigenen Säure, die man Kochsalzsäure nennt, und aus einem mineralischen Laugensalz. Die Salpetersäure hat nun eine stärkere Verwandschaft zum mineralischen Laugensalz als die Kochsalzsäure bey dem Zuschütten des Kochsalzes, also wählt die Salpetersäure das mineralische Alcali des Kochsalzes, und die dadurch freygewordene Salzsäure verbindet sich mit dem Silber und geht damit als Hornsilber zu Boden; ebenso war es auch bey dem Kobold-Niederschlage durch gemeine Bottasche, diese besteht aus der Kohlen- oder Luftsäure, und dem vegetabilischen Laugensalz. Beym Zusatz wählte also die Salpetersäure wegen seiner Verwandschaft das Alcali und die Kohlen- oder Luftsäure verband sich mit dem Kobold und ging damit zu Boden. Hätte der Kobold keine Verwandschaft zur Kohlensäure gehabt, wie z.B. das mit Bottasche niedergeschlagene Gold, so wäre beym Niederschlage selbst ein heftiges Aufbrausen dadurch erfolgt, daß die Kohlensäure in Blasen ausgetrieben worden wäre.

Die Kenntniß der Verwandschaften ist also das wichtigste in der ganzen Chemie, um nicht nur alle Körper ihren Bestandtheilen nach untersuchen oder zusammensetzen, sondern auch um sich alles gehörig erklären zu können. Man kann die Verwandschaften auch noch in ruhende und wirkende unterscheiden, als ruhend wird sie betrachtet, so lange keine Zerlegung vor sich geht, sie wird aber wirkend, oder zerlegend, wenn ein Körper dazu kommt, wo die Summa der ruhenden Verwandschaft größer ist, z.B. 100 Gran Vitriolsäure lösen 110 Gran Kalkerde auf, oder werden damit so gesättigt, daß sie dadurch in den Ruhstand kommen. Nun aber lehrt die Erfahrung, daß 100 Gran Vitriolsäure 213 Gran vegetabilitisches Alcali aufzulösen im Stande sind, wird also dieses, dessen Verwandschaft gegen den Kalk um 105 Gran größer ist, der Vitriolsäure zugesetzt, so muß sie wegen ihren stärkeren Kräften wirkend werden, oder kürzer gesagt, ein Körper hat zu einem anderen eine desto größere Verwandschaft, je mehr er Theile von demselben zu binden, oder aufzulösen im Stande ist.

Anmerkung. Bey der Gelegenheit obiger Versuche werden die Eigenschaften der Goldauflösungen, das kalte und warme Vergolden erklärt, die grüne sympathetische Tinte gemacht, in der Folge auch die gelbe und blaue verfertiget, und vorgzeiget, auch die Ursachen ihrer Wirkungen erklärt."

Anmerkung: Flurls Kapitel „Von den Verwandschaften" zeigt anschaulich wie roh im ausgehenden 18. Jahrhundert die Theorie der Chemie noch war.

Zur „vorbereitenden Verwandschaft" — dem Verhalten von Blei zu Säuren siehe *Bukatsch/Glöckner*, Experimentelle Schulchemie. Anorganische Chemie, Metalle. Bd. 3/I, S. 54, Versuch 92.

Flurls Vorstellung von dem was man einige Jahrzehnte nach dem Entstehen dieses Textes Äquivalente nannte und deren Bedeutung ist natürlich falsch.

„*Von der Destilation.*

Destilieren heißt im Grunde nichts anderes, als einen Körper durch die Wärme in Dämpfe verwandeln |:abdämpfen:| und diese Dämpfe durch eine besondere Vorrichtung wieder abkühlen, und als einen gereinigten flüßigen Körper aufzufangen. Dämpfe unterscheiden sich von der Luft oder den Gasarten, daß jene mit der Wärme nur gleichsam mechanisch gemenget, und also durch die Kälte gleich wieder geschieden werden. Diese aber sind eine innige Auflösung, oder chemisches Verbindung mit dem Wärmestoff, von dem sie nicht anders als durch ein besonderes Reagenz getrennt werden können.

Die Destilation wird auch in die *naße* und *trockene* eingetheilt.

Weiteres theilt man sie in die aufwärts und abwärts steigende |:Destilatio per-ascensum et descensum:| ein und jene wieder in *gerade* und *schiefe*.

Die gerade Destillation geschieht in kupfernen Hafen oder in Kolben mit einem Helme, die Schiefe in Retorten mit einer Vorlage, bald in offnen Feuer, bald in Sand, höchst selten im Wasser-Marien- und Dampfbad.

Versuche

A. Auf dem naßen Weg:

1.) Aus einer kupfernen Blase mit einem Mohrenkopf wird gemeiner Brennbrandwein nochmal überzogen oder rectificirt.

2.) Gemeiner Weinessig wird in einem gläßernen Kolben mit dem Helme von seinen fremdartigen Theilen befreyet, zu |:destilirtem Essig:| gemacht.

3.) Ein Pfund weißer Arsenik wird mit 1 Pfund gereinigtem Salpeter in einer Reibschale genau gemengt und in eine gläserne Retorte im Sandbad gebracht, dann bis zum Glühen erhitzt, und so lange glühend erhalten, bis in dem vorgelegten mit Wasser versehenen Kolben keine Dämpfe mehr übergehen. Die in dem Kolben erhaltene mit Wasser gemengte Flüssigkeit ist von einer bläulichen Farbe und heißt das sogenannte *blaue Scheidewasser*.

Die Erzeugung geschah auf folgende Art:

Der hiezu gebrauchte Salpeter bestehet aus Salpetersäure, und vegetabilischen Laugensalz. Nun hat aber das vegetabilische Laugensa z eine größere Verwandschaft zum Arsenik, als zur Salpetersäure, mithin läßt sie die Salpetersäure fahren, die also in rothen Dämpfen übergeht und sich mit dem Wasser verbindet, also damit ein Scheidewasser bildet, welches nur von darinnen blau gefärbt ist, weil es das im Arsenik vorhandene Phlogiston mit sich herüber nimmt, also davon blaulicht gefärbt erscheint. In der Retorte verbleibt das vegetabilische Laugensalz mit der Arseniksäure verbunden, und macht also ein arsenikalisches Neutralsalz, welches zu dem Ende erzeigt wird, um aus unsern gemachten Kobold-Auflösungen das Eisen von dem Kobold zu scheiden, denn wenn man dieß von Wasser aufgelöste arsenikalische Mittelsalz in eine Koboldauflösung tröpfelt, so verläßt die Arseniksäure wegen seiner größeren Verwandschaft zum Eisen das vegetabilische Alkali, verbindet sich mit jenem, und schlägt sich also als arseniksaures Eisen nieder. Auf diese Art wird der Kobold vom Eisen gänzlich befreyet, und endlich dur durch ein zugetröpfeltes Laugensalz ganz rein niedergeschlagen."

Anmerkungen: Man legte in früheren Zeiten auf die Merkmale der Destillationsapparaturen größten Wert. Die heute übliche Form der Destillationapparatur wäre im damaligen Sprachgebrauch eine absteigende.
Mit Marienbad ist ein Wasserbad gemeint.
Die hier beschriebene Darstellung von Salpetersäure ist vom Standpunkt der Phlogistontheorie von großem Interesse, eignet sich aber weniger als Schulversuch.

Vorsicht vor Arsenik! Starkes Gift!

„*B. Trockne Destilation.*
1.) Einige Pfund Steinkohle werden in einer eisernen Retorte dem freyen Feuer ausgesetzt, und es geht anfangs eine wässrichte flüchtige alkalinische Feuchtigkeit, endlich aber eine stark riechendes auf dem Wasser schwimmendes Oehl über.
2.) Ebenso kann Torf, Holz und dergleichen einer trockenen Destilation unterworfen werden."

Eine moderne Vorschrift zur Destillation der Steinkohle siehe *Bukatsch/Glöckner*, Experimentelle Schulchemie. Bd. 5: Organische Chemie I, S. 4, Versuch 7.

„*Umwandlungen.*
Wird durch die Destilation ein blos wässerichter geschmackloser Körper erhalten, so heißt dies glattweck ein Wasser (oder Phlegma: z.B. Rosenwasser — phlegma vilecoli —; ist der erzeugte Körper von geistiger Natur, also stark riechend, flüchtig und scharf, so wird er spiritus genannt: z.B. Weingeist |:Spiritus vini:|; ist endlich der erhaltene Körper auf dem Wasser schwimmend, und brennt, so heißt er Oehl (Oleum), z.B. Terpentin, Nelkenoehl; ein solches Oehl heißt, wenn es dick ist Butter, z.B. Kakaobutter.
Die Destilation ist eine der wichtigsten chemischen Operationen; alle Arten Brandwein und Geister, alle riechenden Wasser, alle ätherischen oder wesentlichen Oehle werden dadurch aus den Körpern ausgetrieben und erzeugt. Bey Gelegenheit des zweyten Versuches auf dem naßen Weg wird von den vegetabilischen Säuren überhaupt Unterricht gegeben, besonders der Essig und Weinsteinsäuren. Man erklärt

und zeigt wie man die Essigsäure in concentrirten Zustand herstellt, dadurch daß man reines mineralisches Alcali mit Essigsäure sättigte, dieses Salz in eine Retorte bringt, und Vitriolsäure dazu gießt, welche die Essigsäure in Dämpfen in die Vorlage treibt |: Acitum vini concentratum Westendorfii:|. Eben so die Verfertigung der reinen Weinsteinsäure |:Sal essentiale tartari:|, die auf eine ähnliche Art oder dadurch erhalten wird, daß man den gewöhnlichen Weinstein |:cremor tartari:| mit siedendem Wasser auflöst und die damit befindliche freye Weinsteinsäure durch zugesetzte Kalkerde bindet, aus dem Weinsteinsaurem Kalk aber durch zugesetzte verdünnte Vitriolsäure Weinsteinsäure austreibt.
Bey dieser Gelegenheit werden auch die von diesen Säuren gebildet werdende Mittelsalze nach folgender Tabelle angegeben:

	Essigsäure	Weinsteinsäure
Vegetabilisches Laugensalz	Terra foliata Tartari Blättererde	Tartarus Tartarisatus
Mineralisches Laugensalz	Terra foliata mineralis seu christabilis	Sal polychreflum seu segnict
Flüchtiges Laugensalz	Spiritus Myndereri seu Alcali volatile acetatum	Tartarus solubilis Auflöslicher Weingeist

Bey Gelegenheit des 3ten Versuches auf dem naßen Weg, wird die Lehre der mineralischen Säuren, und den daraus entstehenden Neutral- und Mittelsalze nach den Scripten der angewandten Oryktognosie angefangen und gegeben. Es wird umständlich erklärt, wie sowohl im kleinen als großen, die Schwefel oder Vitriolsäure gemacht, der rauchende Salpetergeist und das Scheidewasser, der Salzgeist, der Salmiacgeist, und dergleichen verfertigt werden, die Herstellung des Quecksilbers aus dem Zinobererz — die Erhaltung deßen mit Destilation per descensum bene amalgamimen.

VII. *Von der Suplimation.*

Die Sublimation ist von der Destilation nur dadurch unterschieden, daß die erhaltenen Dämpfe bei der Suplimation in trockenem Zustande erscheinen; der dadurch erhaltene Körper heißt, wenn er in festen Zustande ist, Suplimat; wenn er blos in Flocken und locker erscheint, Blumen |:flores:|.

Versuche:

1) In einen gläsernen Kolben wird etwas Salmiac gebracht, derselbe im Sandbad eingesetzt, und erhitzt. Es erheben sich dann in dem nur mit einem Papierstopsel verschloßenem Halse die sogenannten Salmiac Blumen.

2) Ebenso werden in einem Kolben mit einem Helme aus gestoßenem Schwefel die Schwefelblumen erzeuget.
Die Suplimationen sind zwar weit seltener als die Destilation, indeß aber nicht weniger zur Scheidung und Vereinigung verschiedener Körper von großem Nutzen. Es wird hier die Erzeugung des Schwefels, Arsenicks, Zinobers, Zinkes und dergleichen im großen, und die Erzeugung z.B. des Quecksilbersuplimates im kleinen beschrieben.

VIII. *Von der Verkalkung.*

|:Calcinatio seu oxidatio:|, Verkalken sagt man vorzüglich von einem Metalle, daß wie immer in einen lockeren, leicht zerreiblichen Körper oder Pulver verwandelt wird, und hierbey nicht nur seinen metallischen Glanz verliert, sondern auch meistens ganz andere Eigenschaften erhält, als es im regulinischen Zustand hat. Die Verkalkung kann auf fünferley Art geschehen:

1.) Durch das Verglühen an der gemeinen Luft.
2.) Durch die Verpustung mit Salpeter.
3.) Durch die Verbrennung in reiner Luft.
4.) Durch die Auflösung in Säuren.
5.) Durch die Zerfreßung in Wasserdämpfen.

Alle Metalle — Gold, Silber und Platina ausgenommen, welche man deswegen edle Metalle nennt — werden, wenn man sie in einem länger anhaltenden Feuer unter dem Zutritt der gemeinen Luft, aussetzt verkalkt und ihre Kalke heißen dann, wenn sie gefärbt sind, Safrane, die weißen und grauen aber Asche, z.B. Eisensafran, Bley- und Zinkasche.

Versuche.

1) In einem glühenden Schmelztiegel wird Zink eingetragen, und derselbe nach und nach in weiße Zinkblumen, die sich oben am Schmelztiegel anhängen, verwandelt.
2) Auf geschmolzenes und bis zum Glühen gebrachtes Zinn wird nach und nach Pulver von getrocknetem Salpeter eingetragen, so lange bis keine Verpuffung mehr erfolget, so wird das Zinn in einen sehr weißen Kalk verwandelt.
3) Ebenso trägt man rohes, mit 3 Theil Salpeter gemengtes Spiesglas, nach und nach in einen glühenden Schmelztiegel ein, und verkalkt auf diese Art den Spiesglas.
4) In einer mit Lebensluft gefüllten Boudelle wird eine Stahlfeder verbrannt.
5) Durch Scheidewasser läßt man zerteiltes Zinn zerfressen, und in Kalk verwandeln.

Bemerkung: Das Verkalken der Metalle im Feuer ist nichts anderes wie Verbrennen des Metalls in der freyen Luft, Daher kann ohne Zutritt der Luft keine Verkalkung geschehen. Phosphor, Schwefel und Kohlen liefern die Phosphor-, Schwefel- und Kohlensäure, dadurch daß sie im Verbrennen aus der gemeinen Luft den sauer machenden Stoff |:Oxigen:| an sich ziehen. Auch einige Metalle, z.B. Arsenik, Molybden, Dungstein können durch eine vollkommene Verkalkung in wahre Säuren verwandelt werden. Daher kömmt die Arsenik-, Molybden- und Wolframsäure, wenn sie nemlich mit |:Oxigen:| hinreichend gesättigt werden. Auch die durch Verbrennen entstandenen Metallkalke ziehen dieses Oxigen an sich, werden dadurch schwerer und nach der neuen chemischen Theorie nennt man also die Metallkalke halbsauer, oder oxidirt, d.i. mit Oxigen nicht genugsam gesättiget; oder übersetzte Metalle, Körper nemlich, welche den Sauerstoff vermittelst ihrer großen Verwandschaft in einem gewißen Grade von Temperatur, Hitze oder Wärme in einer ansehnlichen Menge aufzunehmen und zu binden im Stande ist, werden in der Verbindung zu wirklichen Säuren. So z.B. nimmt ein Gran verbrannter Phosphor $1^1/_2$ Oxigen, also mehr an sich als sein eigentliches Gewicht beträgt. Phosphor auf diese Art mit Oxigen versetzt, wird also wahre Säure allein. Aus einem Centner Bley bekommt man höchstens nur 110 bis 112 Pfund Bleykalk, es nimmt also das Bley bey seiner Verkalkung nur $^1/_{10}$ pro^{ct} Oxigen an sich, und es kann also hierbey das Bley beyweiten vorschlägt, das aufgenommene Oxigen nicht als wirkliche Säure wirken.

Wäre man aber im Stande das Bley mit weit mehr Sauerstoff noch zu verbinden, so würde es ganz sicher auch zu einer wahren Säure. Welcher Fall beym Arsenik und einigen anderen Metallen wirklich eintritt.
Hat ein Metall einmal soviel Oxigen angenommen, als es für sich anzunehmen im Stande ist, so heißt dieß auch ein vollkommener Kalk; wenn aber einige Theile hievon nicht genugsam oxidiert sind, ein unvollkommener Kalk.
Es wird also hier die Theorie der Lavoisierschen- oder antiphlogistischen Chemie, soviel als möglich erklärt und zum Theil mit Versuchen beleuchtet. — Es werden auch die Ursachen des Verwitterns der Schwefelkiese und Erze, die Entstehung der Vitriolsäure oder des Vitriols und Alauns hiebey angegeben, das Rösten der Erze im großen erkläret; die Einrichtung beim Kalkbrennen und dergleichen beschrieben.“

Eine moderne Variante der Zinkoxidation findet sich in *Bukatsch/Glöckner*, Experimentelle Schulchemie. Bd. 3/I: Anorganische Chemie, Metalle, S. 140, Versuche 239 und 240.

Für das Problem Salpeter als Oxidationsmittel siehe das letzte Kapitel dieses Bandes. Der Versuch mit der Stahlfeder wird im ersten Kapitel dieses Bandes beschrieben.

Scheidewasser ist etwa 50%ige Salpetersäure. Zinn reagiert lebhaft mit konzentrierter Salpetersäure unter Bildung von β-Zinnsäure mit der allgemeinen Formel $SnO_2 \cdot nH_2O$. Dieses Kapitel zeigt recht anschaulich, wie der Sauerstoff zu seinem eigentlichen falschen Namen kam. Oxygen ist die auf *Lavoisier* zurückgehende Bezeichnung von Sauerstoff. *Flurl*s Prophezeihung hinsichtlich der Existenz einer Bleisäure hat sich immerhin soweit erfüllt, daß heute Salze dieser Säure bekannt sind (Plumbate).

„IX. *Von der Reduction.*

Wenn die metallischen Kalke wieder in ihren regulinischen Zustand versetzt werden, so heißt diese chemische Operation reduciren.

Versuche.

Man versetze 1 Loth Menig mit $1^1/_2$ Loth Kohlenstaub und dieses Gemenge bringe man in einen Windofen, so wird aus der Menig wieder Bley hergestellt. Um Metalle wieder herzustellen, muß also allemal ein Zusatz von einer brennbaren Materie z.B. Kohle, Fett, Torf und dergleichen beygegeben werden, und der Grund nach der alten Theorie liegt darin, durch das Verkalken werden die Metalle ihres Brennbaren beraubt, das ihnen bey der Reduction wieder zu gegeben wird. Nach dem neuen, antiphlogistischen System aber muß blos diesertwegen Kohlen zugesetzt werden, damit dieselbe wegen seiner größeren Verwandschaft dem verkalkten Metall sein Oxigen wieder entziehe. Es muß daher beym Reduciren der gemeinen Luft der Zutritt verschlossen seyn, und der bey der Reduction auftretende Körper, das Gas wenn es aufgefangen wird, liefert allemahl Kohlensäure, d.i. Kohlenstoff mit Sauerstoff verbunden, und in dem Wärmestoff aufgelöst.
Auf das Verkalken und Reduciren gründet sich auch das Schmelzen und Probiren der Erze auf trockenen Weg, das Rösten und Verfrischen der Metalle, das Abtreiben der Gold-, und Silbererze im Großen.
Zur anschaulichen Erklärung werden folgende Versuche gemacht:
1.) Ein Centner Rothgiltigerz wird anfangs geröstet, dann mit 3 Centnern schwerem Bley versetzt, und auf eine Capelle abgetrieben.
2.) Brauner Eisenstein von Amberg wird mit 3 Theilen schwarzem Ruß, und $^1/_2$ Theil Kohlenstaub gemenget, und auf Eisen probirt.

3.) Auf eine ähnliche Art wird Fallkupfererz anfänglich auf Kupfer probirt, und nachher auf Silber abgetrieben.

Bey dieser Gelegenheit wird gezeigt, wie man weißen, und schwarzen Fluß, die Abtreib und Auffindscherben, Probirreduten und Capellen anfertiget, wie die Erze im Großen gewonnen und ausgeschmolzen werden, die Einrichtung mehrerer Schmelzöfen, und auch einige Metallproben auf dem naßen Weg gezeigt, besonders werden hier aus den gemachten Koboldauflösungen, das hierbey befindliche Silber, Kupfernickel, und Eisen abgeschieden.

Man nimmt also Schmelzungen im kleinen, mit dem Blaserohr, und in einem Apparate mit dephlogistisirter Luft vor.

Da also hierbey vorzüglich die Lehre von den Schmelzungen vorkömmt, so werden auch die Untersiede verschiedener Schmelztigel angegeben.“

Anmerkungen: Metallische Kalke sind in unserem Sprachgebrauch Oxide. Regulus, d.h. der kleine König, war eine bei der Reduktion im Tiegel entstehende Metallplatte.

Zur Reduktion von Menninge siehe *Bukatsch/Glöckner*, Experimentelle Schulchemie. Bd. 3/I: Metalle, Seite 48, Versuch 82.

Zum Abschluß des Kapitels über die Experimentalvorlesung *Flurl*s sei ein Abschnitt aus seinem berühmten Werk: „Beschreibung der Gebirge von Baiern und der oberen Pfalz..., München 1792 vorgestellt. Es bereitet noch heute Vergnügen dieses Buch mit seinen recht nostalgischen Schilderungen des alten Bayern zu lesen. Besonders reizvoll, weil für Geduldige durchaus nachvollziehbar, ist das Kapitel über das Goldwaschen in einigen bayerischen Flüssen:

„Eine andere mehr mineralogische Merkwürdigkeit an dem Innstrome sind die hin und wieder vorkommenden Goldwäschen, die man aber auch auf der Isar und Donau findet, da diese Flüße so gut, als der Inn, Gold mit sich führen... Jeder Fluß ist in gewisse Waschdistrikte eingetheilet, wovon jeder einem besonderen Goldwäscher verliehen wird... Die Verfahrensart, das Gold aus dem Flußsande zu erhalten, ist im Ganzen sehr einfach. Bevor die Wäscher einen Platz angreifen, welcher ihnen einige Hoffnung zu geben scheint, nehmen sie eine kleine Probe vor. In der Absicht bedienen sie sich einer Art kleiner hölzener Schaufeln... Diese lassen sie zuvor über einer Unschlittkerze mit schmierigem Ruße anlaufen, und füllen selbe mit gemeinem Flußsande. Dann wird die Schaufel unter dem Wasser immer dergestalt gestossen, daß die leichteren Sandtheile von demselben fortgeführet werden, die schwereren darauf kleben bleiben. Wenn sie nun am Ende dieser Arbeit finden, daß wenigstens 3 kleine Goldflimmerchen daran kleben geblieben sind, so lohnt die Arbeit der Mühe, und es wird zum Verwaschen ordentlich der Anfang gemacht.

Am Ufer des Stromes wird ein kleines Gerüste von Holz aufgeschlagen, auf welchem schief und hinten erhoben ein breites Brett liegt. Der größte Theil des Brettes ist mit einem wollenen Tuche bedecket, und auf beyden Seiten mit Leisten eingefangen, in welche ein hölzernes Gitter eingeschoben und wieder herausgenommen werden kann. Da steht nun ein Mann, welcher eine Schaufel voll Sand nach der anderen auf das hölzerne Gitter wirft, und dann Wasser darauf schüttet. Dieses schlemmt den Sand hinweg, läuft über das Tuch wieder ab, und läßt die schwereren und feineren Sand und Goldkörner, welche an dem wollenen Tuche kleben bleiben, zurücke. Was nicht durch das hölzerne Gitter fällt, wird schlechterdings herabgeworfen. Auf diese Art fährt man so lange fort, bis man sieht, daß das Tuch stark mit Sande bedeckt ist, worauf es in einer hölzernen Wanne rein ausgewaschen wird. Am Boden derselben weiset sich dann ein sehr feiner Sand, welcher gewöhnlich aus bräunlich rothen Quarz — und schwarzen Eisenkörnern, die vom Magneten angezogen werden, (magnetische Eisensande) und aus Goldflimmerchen bestehet. Die Quarzkörner sind bey dem Goldsande aus der Isar und Donau weit lichter, und führen auch viel weniger vom magnetischen Eisensteine bey sich. Um nun das Gold von den übrigen Theilen zu scheiden, wird etwas Quecksilber daran gegossen, und so lange mit dem Sande unter einander gerührt, bis alle Goldtheile von demselben aufgelöset sind. Den dadurch erhaltenen Teig von Gold und Quecksilber (Amalgam) bringen sie in einen ledernen Beutel, und pressen das überflüssige Quecksilber wieder alles durch. Was im Beutel zurückbleibt, wird auf eine eiserne Pfanne unter Kohlenfeuer gebracht, wo sich die Quecksilbertheile alle in die Luft verfliegen. Das auf diese Weise erhaltene Gold wird, wie ich Ihnen bereits gesagt habe, zur Kurfürstlichen Münze geliefert, wo ganz eigene Flußdukaten daraus geschlagen werden, welche auf der einen Seite allemal das Portrait des regierenden Kurfürsten, auf der andern aber einen Flußgott mit einer Urne führen, woraus er Wasser gießt, und mit dem Bayerischen Wappen in der Hand, dann mit der Ueberschrift: ex auro Isaraea. Doch beträgt das gelieferte Gold dermal noch sehr wenig, und aus einem Fluße oft keine 30 Kronen in einem Jahre. Eine Krone ist ein Gewicht, wonach man noch unreines oder legiertes Gold bey einer Münze kauft, und wiegt fast so schwer, als ein Dukaten. Obschon es zuweilen der Mühe reichlich lohnen dürfte; denn vom Jahre 1761 bis 1773 wurden nur von vier dergleichen Goldwäschen aus der Isar 1273 Kronen zum kurfürstl. Münzamt eingeliefert.“

Versuch 51: *„Goldwaschen“*

Geräte: Eine größere, am besten hölzerne Schale, deren Innenseite mit einem Gemisch aus Wachs und Fett nicht zu dünn bestrichen wurde.

Materialien: Flußsand[1]

Zeit: Entsprechend der Geduld des Experimentators

Man schlämme den Flußsand mit Wasser auf und schüttle unter Zugabe weiteren Wassers das Gemisch mit schwappenden Bewegungen, bis einige Goldflitterchen auf der fetten Wachsschicht festkleben. Man mache sich allerdings keine übertriebenen Hoffnungen auf reichen Gewinn.

Der von *Flurl* beschriebene primitive und durch Abtreiben von Quecksilber an der Luft äußerst umweltfeindliche Amalgamationsprozeß, läßt sich im Experiment mit modernen Mitteln leicht nachahmen.

Versuch 52: *Goldgewinnung durch Amalgamierung*

Geräte: Eine Destillationsapparatur mit Sandbad und guter Kühlung. Aufzubauen unter einem gutgehenden Abzug

Chemikalien: Sand, Gold und Quecksilber

Zeit: $^1/_2$ Std.

Man vermenge etwas Goldstaub mit etwas Sand in einer glasierten Porzellanschale. Dieses Gemisch repräsentiert das beim Goldwaschen erhaltene unreine Endprodukt. Nun

[1] Ein Zusatz einiger Goldflitterchen erhöht den Versuchseffekt.

vermengt man mit Quecksilber. Man nehme nicht zuviel, aber es muß doch deutlich flüssig bleiben und vom Sande gut ablaufen. Dann filtriert man das Amalgam-Quecksilbergemisch wie üblich und destilliert dann in einer gut gekühlten mit einer gekühlten Vorlage versehenen Destillationsapparatur auf dem Sandbad, bis im Kolben Gold zurückbleibt.

Unfallgefahren: Bei unsauberem Arbeiten, ungenügender Kühlung und schlechtem Abzug ist dieser Versuch sehr gefährlich!

Quecksilber wurde in Bayern nicht gefunden, es mußte also zur Goldgewinnung importiert werden. Die Hauptmenge des Quecksilbers kam damals, wie auch heute, aus den Gruben von Almaden in Spanien.
1796 erschien in Weimar ein kleines Büchlein von *Johann Martin Hoppensack*, Königl. Spanischen Berg-Director: „Ueber den Bergbau in Spanien überhaupt und den Quecksilberbergbau zu Almaden insbesondere", in dem *Hoppensack* eine farbige Schilderung des Bergbaues zu Almaden gab:

> „... Plinius sagt im 33sten Buch Kap. 7 seiner Naturgeschichte: daß fast nach Rom kein anderer Zinnober gebracht würde, als blos der aus Spanien, aus der Region Sisaponensa in Andalusia, welche zum Kreise Cordua gehöre. Ferner sagt er daselbst; daß der Athenienser Calias der Erste gewesen sey, welcher durch die Bearbeitung der Bergwerke den Mino oder Zinnober gefunden habe. Luis Celio Rodriguez sagt: in seinen Lecciones antiquas Buch 28. Kap. 26: daß Calias ... zur Zeit des Krieges, welchen die Perser mit den Macedoniern führten, gelebt habe ... welchemnach also der spanische Quecksilberbergbau im gegenwärtigen 1796sten Jahre 2286 Jahr alt seyn würde ..."
>
> „... Der Nahme Almaden ist ein saracenisches Wort, welches aus den Zeiten der Mauren beybehalten worden ist, in welcher Sprache Almadena ein Fäustel oder Hammer, und Almaden einen Schacht anzeigt. Noch in den Concessionen, welche Königlicher Seits dem Orden von Calatrava über den Grubenbau zu Almaden nach Austreibung der Saracenen gegeben worden sind, behielt man diesen arabischen Ausdruck bey ...
>
> ... Die Stadt Almaden liegt in der Provinz La Mancha, und zwar nahe an der Grenze von Extremadura, 11 deutsche Meilen von Cordova. Sie besteht ohngefehr aus 2000 Häusern. Um die Stadt, so wie auf den Hauptwegen vor der Stadt hinaus, sind Alleen von Ulmen und Pappelbäumen angepflanzt ... Die Stadt liegt auf einer Anhöhe, Ratamar genennt, welche an der mittägen und mitternächtigen Seite von höhern Bergen umgeben ist. ...
>
> Die Gebirgsart derselben, so wie von allen umliegenden Bergen, ist ein grauer Thonschiefer, mit weißen kalchartigen Flecken. Diese Art Breccie wird zu Almaden Fraylesque (mönchisch) genennet, weil sie einem Franziskaner Habit ziemlich an Farbe gleich kömmt ... An der mittägigen Seite des Stadtberges, nahe an der Stadt, ja theils unter derselben, befinden sich die Quecksilbergruben. Diese Seite ist von einer von Abend gegen Morgen einlaufenden Schlucht, in zwey Anhöhen abgetheilt, in welcher Schlucht zwey Stollen gegen Mitternacht hin eingetrieben sind ...
>
> ... Das Häuerlohn ist unbestimmt und beläuft sich, nachdem die Arbeiten mehr oder weniger ungesund sind, auf 6 bis 10 Reales (ein Real ist 18 Pf.) Allein im Gedinge kann ein geschickter Häuer es leicht auf 12 Reales, die Schicht bringen.
>
> ... Ein Häuer hat schon zu thun, in 5 Stunden ein Bohrloch von 10 bis 11 Zoll tief zu schlagen.

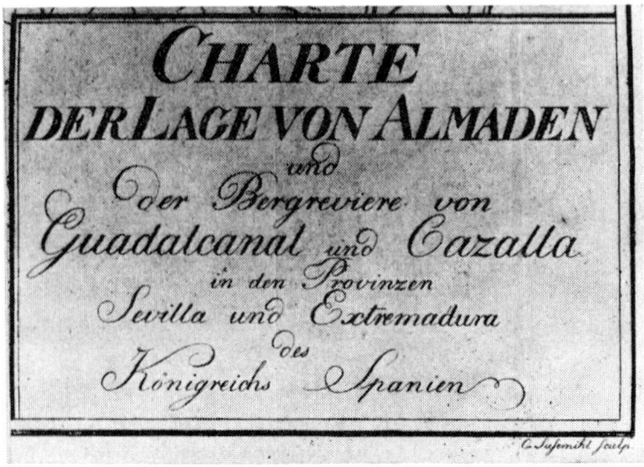

Abb. 52. J. M. Hoppensacks Karte von Almaden

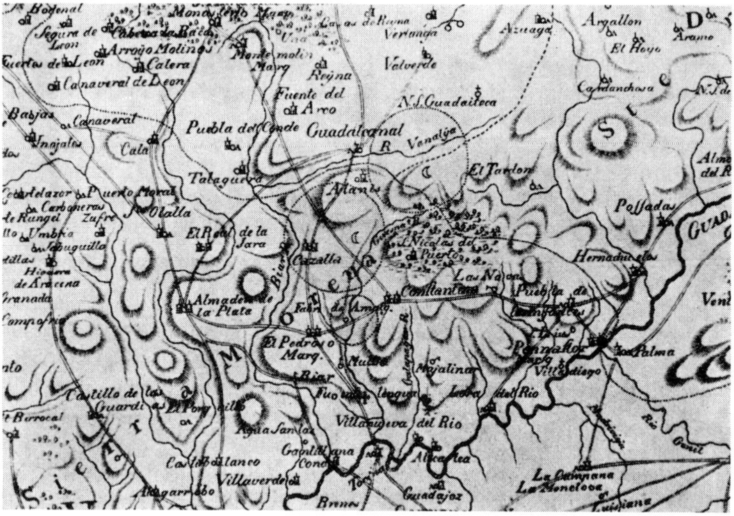

Abb. 53. J. M. Hoppensacks Karte von Almaden

Außer seinem Bohrer hat der Häuer Oehl (von Oliven), Bohr- und Schießzeug, Zünder und Schwefelfaden frey, blos Handfäustel und Krätzer muß er sich selber halten. Das Pulver, welches ihm in Patronen, jede zu 2 Unzen auf den Schlägel, von einem hierzu gesetzten Pulveristen eine Stunde vor Ende der Schicht gereicht wird, zieht man ihm an seinem Lohne das Pfund zu 5 Realen (8 gr. Conventionsgeld) ab. Alle Arbeiten aber, sowohl die auf den Schlägeln, als Zimmerung und Bergförderung, so wie Pumpenarbeit, sind in 4 Schichten à 6 Stunden täglich eingetheilt.

Das ordinäre Tagewerk des Häuers ist, daß er in jeder Schicht ein Bohrloch von 10 bis 11 Zoll tief abbohre, besetze und am Ende der Schicht wegthue … Mit Schlägel und Eisen zu arbeiten sind sie gar nicht abgerichtet, auch in keinem Falle dazu zu bringen, sondern es wird alles mit Schießen gezwungen …

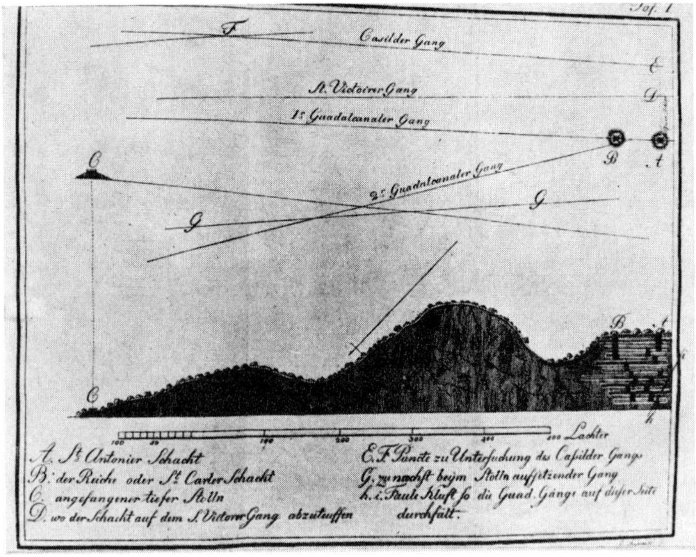

Abb. 54. J. M. Hoppensacks Karte von Almaden. (Querschnitt durch die Schachtanlagen des Hauptvorkommens bei Almaden)

Denn in Sommermonaten werden die Grubenarbeiten weit weniger als in den Wintermonaten betrieben, weil die mehresten Grubenarbeiter Auswärtige sind, welche im Herbst, wenn sie ihre Sommerarbeiten in ihrer Heimath verrichtet haben, nach Almaden kommen, den Winter durch daselbst arbeiten, dabey sich ein kleines Stück Geld machen, und sodann im Frühjahre wiederum zurück nach ihren häußlichen Arbeiten kehren. Auf diese Weise befinden sich den Winter hindurch viele hundert Arbeiter aus verschiedenen Provinzen Spaniens, so wie auch Portugiesen, in den Gruben zu Almaden.

Buitrones werden die Schmelzhütten genennt, welche mit einer Ringmauer umgeben und ohngefehr 400 Schritt von der Stadt entfernt sind … sie haben ihr eigen Magazin von viel tausend Dutzend weiß gegerbten Schaaffellen, Schnüren, Gezähe und große Vorräthe an Quecksilber … Ferner enthält sie einen Schmelzhof, eine zu den Aludeln und andern thönernen Gefäßen nöthige Töpferstube, und Brennofen, Wasserbehälter und verschiedene Schoppen zur Asche, und zu den, aus den feinsten Gruben klein gemachten Backsteinen, nebst 8 Paar Öfen und endlich 2 Schreibstuben ….

Die Erze, so wie solche von jeder Grube angeliefert werden, separirt man daselbst in verschiedene Klassen. Nemlich die erste, den derben Zinnober, der nie verschmolzen, sondern nach Sevilla zu der Vermellon- und Sigellackfabrik roh geschafft wird, bewahrt man in einem besonderen Magazin. Die 2te Klasse wird Metal genannt, welches eigentlich das derbste Scheide Erz ist, und auf einen besonderen Haufen auf den Hüttenhof gebracht wird. Die 3te und 4te Klasse wird sogleich vor den Ofen gestürzt, und besteht aus geringen Scheide und Poch-Erzen. Das erste nennt man Requebro und das letzte Solera …

Die Real-Carzel. Dieses ist das Gefangenenhaus ... in welchem die zur Tagearbeit nöthigen und bestimmten Baugefangenen, verwahrt werden. Alle diese Gefangenen stehen unter einem Alcaide (Gefangenenwärter) dem verschiedene Sotos (Stockknechte) untergeben sind, ... Es wird nemlich den Gefangenen durch die Ringe ihrer Beinketten ein lange und starke Kette gezogen, welche von Pfeiler zu Pfeiler durch andere Ringe gezogen ist, deren Ende durch die Mauer geht, und außerhalb dem Gefangenenzimmer verschlossen wird. ... Alle Jahre erhalten die Gefangenen von ziegelrothem starken Tuche eine vollständige kurze Jacke, Brustlatz und Beinkleider, zwey Paar starke Schuhe und 2 Hemden ...

Zur Sicherheit der Königlichen Kassen, Fabriken und Magazins befindet sich beständig eine Compagnie Invaliden der Infanterie, und etliche 20 Mann Kommandirte von der Cavallerie zu Almaden. Beyde haben ihr Hauptquartier in der fordern Seite des Gefangenenhauses. Die Invaliden geben täglich ihre Wache in das Haus des Coubernadors, woselbst die Bergwerkscasse ist; die Cavallerie aber giebt blos eine Wache zu Pferde, und beyde besetzen des Nachts das Wachthauß im Schmelzhofe.

Ueber diese Soldaten sind noch besondere Guardias bestellt ... Diese begleiten die Erzkarren von der Grube bis zum Hüttenhofe und müssen sowohl in der Stadt, als sonst um den Hüttenhof patrouilliren. Denn des Nachts befindet sich niemand im Hüttenhofe, sondern er wird alle Abende verschlossen, und große Hunde, die man deshalb im Hüttenhofe hält und am Tage einsperrt, werden losgelassen.

Zur Bestreitung aller Unkosten des Almadener- und dazu gehörigen Bergbaues, sind monatlich eine halbe Million Reales angewiesen, welche meistens zu Cordova abgeholt werden. Zu Abholung derselben wird jedesmal ein Contadurie Bedienter dahin abgesendet, welchen 6 Soldaten zu Pferde und 14 Schützen zu Fuß nebst der nöthigen Cavallerie zum Transport begleiten. Diese Mannschaft zusammen wird Conducta de las Caudales genennet. ...

Die Almadener Quecksilbergruben haben den Ruf, daß sie der Gesundheit der Arbeiter sehr nachtheilig wären: ... daß sich schon in den ersten Stunden das Uebel durch Maulweh und kleine Wunden im Munde äußert. Noch findet sich eine andere wichtige Ursache, welche der Gesundheit des Alamadener Bergmannes sehr abträglich ist, nemlich die Unreinigkeit, und die unordentliche Lebensart desselben. Die mehresten Arbeiter sind Auswärtige, welche insgemein schlecht gekleidet sind, in engen Stuben häufig zusammenliegen, und wohl kaum einmal die ganze Woche hindurch warme Speise, oder eine ordentliche Suppe genießen. Aus der Weinschenke gehen sie geradenwegs nach ihren Grubenarbeiten, schlagen daselbst ein Bohrloch ... Von der Grube geht es nun wieder, ohne daß sie sich vorher reinigen, oder Wäsche und Kleidung wechseln, in die Weinschenken, wo sie etliche grüne, sogenannte rothe Pfefferschoten, Knoblauch oder Zwiebeln, mit trockenem Brode bey dem Weine verzehren. Diese Art Leute sind freilich vielen Uebeln ausgesetzt, und wenn sie das Zittern oder Krämpfe bekommen, so behalten sie zeitlebens diese Krankheiten. Sind sie aber dennoch nicht zu starke Wein- und Brandeweintrinker, so sterben sie nicht so bald ... nur das Anstecken der Bohrlöcher darf man ihnen nicht erlauben.

Der Ofen ist mittelst eines Rostes seiner Höhe nach in zwey Theile getheilt. Ueber den Rost werden die Erze gesetzt, und der untere Theil macht den Feuerherd aus ... Während der Ladung des Ofens werden auf dem Heerde oder Plane vor demselben,

Abb. 55. Äußere Ansicht der vier Rauchkammern von hinten mit den vier über Dach gehenden Schloten und den Türen zu den Rauchkammern

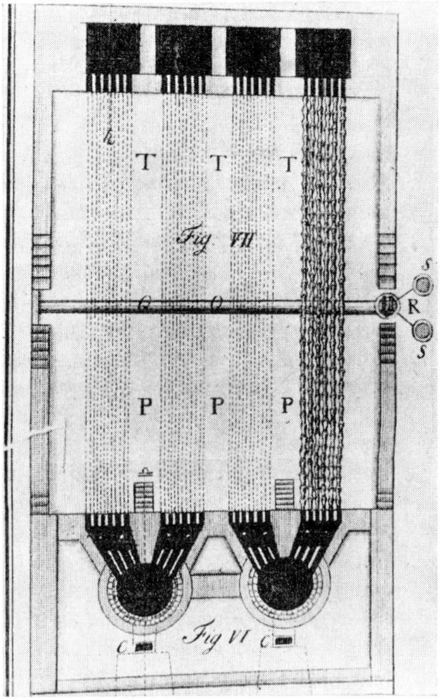

Abb. 56. Querschnitt durch die Destillationsanlagen von Almaden. N stellen gemauerte Öfen dar, deren Destillationshauben in zweimal je sechs Zügen einmünden, wo zahlreiche ineinandergehende Vorlagen, sogenannte Aludel aufgesetzt sind, und zwar bis zur Rinne QR abfallend (im Bereich P) und dann ansteigend (im Bereich T). Nach beendeter Destillation wurden die zusammengesteckten Aludeln wieder auseinandergenommen. Dabei wurde verschüttetes Quecksilber in der Rinne QR aufgefangen. Die Abluft wurde dann in die Rauchfänge Q geführt — den sogenannten Rauchkammern

Abb. 57. „Fig. I" Vordere Ansicht der Quecksilberöfen zu Almaden. „Fig. II" Querschnitt durch die Feuerung

Abb. 55—57 gehören zusammen und sollten gemeinsam betrachtet werden. Ofen zur Gewinnung von Quecksilber nach Hoppensack

die Aludels aneinander gestoßen, und die Zusammenfügung dieser wird mit angefeuchteter Asche wohl verschmieret, endlich aber wird ohne weitern Verzug mit Reisholz geheizt, welches continuierlich mittelst beständigen Nachschürens großer Bündel Reisholz ganze 8, 10 bis 12 Stunden fortgesetzt wird ... Wenn nun der Meister des Ofens glaubt, daß alle Feuchtigkeit übergegangen, so befiehlt er, daß man dem Ofen die letzte Hitze (La ultima Calda) gebe, die darinne besteht, daß man die ganze Feuergrube des Ofens mit Reisbündeln anfüllt, womit dann das fernere Feuer aufhört. So bleibt alles ohnegefehr 15 Stunden bis den andern Tag stehen ... Des Morgens früh am 4ten Tage, wird der Ofen ausgeladen ... Es werden die Aludels auseinandergenommen und ausgefegt ...

Das Quecksilber und der Rus aus den Aludels wird zusammen zur trocknen Wäsche (Lavadero) gebracht und daselbst auf der abhängigen Sohle reine gemacht ... Das Quecksilber in dieser Wäsche sammelt sich in einer, in der Mitte derselben angebrachten Grube, aus welcher es sogleich herausgeschöpft, über ein Maas, so 2 Aroben oder $^1/_2$ Centner hält, gemeßen, in weißgegerbte Kalbfelle geschüttet, wohl verschnürt, und so in das Magazin gebracht wird. Daselbst wird es auf der Wage sehr genau gewogen und sodann in großen Granittrögen verwahrt.

... so lange eine Feuchtigkeit im Ofen vorhanden ist, steigen elastische Dünste auf, welche in dem Ofen ein starkes Schlagen, und damit ein sehr merkbares Getöse verursachen, welche, wenn man sich dem zugemauerten Cargadero mit dem Ohr nähert, sehr genau zu höhren ist ... hört nun alles Brausen und Getöse darinnen auf, so ist er gewiß überzeugt, daß alle Erze wie eine glühende Kohle stehen, und das Quecksilber in vollem Gange ist, worauf er denn befielt, daß dem Ofen die letzte Feuerung gegeben werde, welche die Hitze des Ofens nicht vermehrt, sondern nur unterhält ...

... Atadores, oder Schnürer, müßen das Quecksilber, so wie es in ein Schaafleder gefaßt ist, verschnüren, sodann über jedes Paquet noch zwey andere Schaaffelle, jedes vor sich darüber schnüren, und dieses in dreyfaches Leder gepackte, dreymal verschnürte Quecksilber wird eine Maseta genennt, wovon jede zu 25 Pfund Quecksilber besteht ... Wenn sodann die Fuhren abgehen, wird jede Masete in einen Bergkorb von Sparta gesetzt, und mit Spartaschnüren verneht ... In Sevilla befindet sich das Hauptmagazin, ... woselbst die Quecksilber von neuem verpackt werden. Damit aber dieselben auf der langen Reise nach America desto besser verwahrt seyn mögen, so werden jedesmal 2 Maseten in einen hölzernen Kasten gepackt ... In der Zeit, da die Oefen umgehen, welches blos in den Wintermonaten erfolgt, sind wohl 160 angestellt ... Die Summe sämtlicher Grubenarbeiter bey diesem Bergbau ist nicht genau zu bestimmen ... Indessen kann man selbige wenigstens auf 2000 Mann schätzen ... Es giebt jetzt Jahre in welchen das Quecksilber-Ausbringen jährlich auf 15 bis 20000 Centner sich beläuft, wo der reine derbe Zinnober, welcher alle Jahre roh nach Sevilla zur dasigen Sigellackfabrick geliefert wird, und sich jährlich auf 60 Centner beläuft, nicht gerechnet ist, der im Centner auf 70 Pfund Quecksilber hält ...“

Dieser Text zeigt, wie außerordentlich alt manche chemischen Experimente und Erfahrungen sind. Unter einer Aludel ist ein Destillierhelm zu verstehen.

Eine moderne Beschreibung der Thermolyse von Quecksilberoxid findet sich in *Bukatsch/Glöckner*, Experimentelle Schulchemie. Bd. 3/I: Anorganische Chemie, Metalle, S. 146, Versuch 252.

IX. Versuche mit dem Lötrohr

(1846 bis 1847)

Der Gebrauch des Lötrohres blickt auf eine lange Geschichte zurück. Schon im Jahre 1670 erwähnte *Erasmus Bartholin* in seiner Abhandlung über den isländischen Doppelspat, daß man dieses Mineral vor dem Lötrohr zu Kalk brennen kann. Zu seiner Zeit war aber das Lötrohr, ebenso wie heutzutage, ausschließlich ein Hilfsmittel der Goldschmiede und Juweliere um kleine Objekte aus Edelmetall in einer Stichflamme zu bearbeiten. Auch verwendete man früher das Lötrohr beim Glasblasen. So findet sich in dem berühmten Werk „Ars Vitraria experimentalis" des *Johann Kunckel von Löwenstern* eine Anmerkung, daß ein zum Glasblasen eingerichteter Tisch einem Chemiker zu vielen Dingen nützlich sei. Um „Metallkalke" – Oxide in unserem Sprachgebrauch – zu probieren, müsse man ein Stück Holzkohle aushöhlen, den Kalk in die Höhlung geben, und mit der Flamme eines starken Lampenlichtes darauf blasen. Sehr systematisch waren allerdings diese Anwendungen noch nicht. Erst *Johann Andreas Cramer* hat 1739 in seinen „Elementis artis docimasticae ..." eine eingehendere Beschreibung eines zu chemischen Zwecken benutzten Lötrohres gegeben. Es sollte aus Kupfer gefertigt sein und an seiner Krümmung eine hohle Kugel haben, um die beim Blasen in das Rohr gelangende Mundfeuchtigkeit zurückzuhalten. Er empfahl das Lötrohr zum Schmelzen kleiner Metallstücke und zur schnellen Prüfung mineralischer Stoffe in kleinen Mengen. Seine große Blüte erlebte allerdings das Lötrohr während des 18. Jahrhunderts in Schweden. Der Mineralreichtum dieses Landes veranlaßte viele schwedische Forscher jener Zeit, sich mit dem Lötrohr als einem bequemen analytischen Hilfsmittel auseinanderzusetzen. Eng mit der erfolgreichen Geschichte des Lötrohres verbunden sind die Namen *Rinman*, *Schwab*, *Cronstedt*, *Engeström*, *Bergmann*, *Gahn* und *Berzelius*. In dem wohl berühmtesten Lehrbuch des vorigen Jahrhunderts über das Lötrohrblasen, in „*Carl Friedrich Plattner*s Probirkunst mit dem Lötrohre", wurde 1878 der Höhepunkt dieser Entwicklung wie folgt geschildert:

> „Cronstedt suchte auf die chemische Zusammensetzung der Fossilien eine Classification derselben zu gründen; um aber hierbei die Bestandtheile der Mineralien leicht und schnell aufzufinden, bediente er sich der Lötrohrversuche; auch war er nach v. Engeströms Mitheilung der erste, welcher alle zu Lötrohrproben erforderlichen Utensilien in eine compendiöse Form zu bringen suchte und einen tragbaren Lötrohrapparat, ein sogenanntes Taschenlaboratorium, construirte. ... Bergmann prüfte und erweiterte die Cronstedt'schen Versuche und legte seine Erfahrungen in einer Abhandlung: Commentatio de tubo ferruminatorio etc. nieder, welche im Jahr 1779 gedruckt wurde; übertroffen wurde er aber jedenfalls von Gahn, dessen ausge-

zeichnete Arbeiten heute noch die Grundlagen der Anwendung des Lötrohres in der Chemie und Mineralogie bilden. Wir verdanken es Berzelius, dass die von Gahn gewonnen Erfahrungen nicht verloren gingen, was leicht hätte geschehen können, indem der letztere nie etwas über seine Methode und seine Forschungen publicirte; Berzelius übernahm dies bei seiner Herausgabe seines Lehrbuches der Chemie, von welchem 1812 die erste Ausgabe erschien. Es waren indess nicht blos die Erfahrungen Gahn's, die Berzelius wiedergab und bei denen er stehen blieb, er erfasste auch selbst den Gegenstand mit besonderer Vorliebe und veröffentlichte im Jahre 1820 sein Werk über die Anwendung des Löthrohrs, welches bekanntlich vier deutsche Auflagen erlebte und in mehrere Sprachen übersetzt wurde ..."

Im weiteren wurde die Lötrohranalyse besonders von den beiden Professoren der Königlich Sächsischen Bergakademie in Freiberg, *Harkort* und *Plattner* ausgebaut. *Plattner*'s „Probirkunst mit dem Löthrohre" ist in erweiterten Auflagen über ein Jahrhundert hinweg bis in unsere Zeit noch oft erschienen. Inzwischen wird die Lötrohranalyse in den Laboratorien so gut wie gar nicht mehr angewendet und auch im Ausbildungsgang der Chemiker nicht mehr gepflegt. An und für sich ist dies schade, da sie eine außerordentlich trickreiche Kunst darstellte, in den Händen geübter Forscher, insbesondere Mineralogen, außerordentlich leistungsfähig war und an die Beobachtungsfähigkeit des Lernenden hohe Anforderungen stellte.

Allerdings muß man gestehen, daß die Technik des Lötrohrblasens mit dem Munde, nur durch die Bewegung der Backenmuskeln und keinesfalls durch stoßweises Atmen, schwer zu erlernen ist. So tauchten schon im 18. Jahrhundert die ersten automatischen Lötrohrgebläse auf, die einem diese Schwierigkeit abnahmen. Später erfand *Bunsen*, was wir heute allzuleicht vergessen, den *Bunsen*brenner als eine Weiterentwicklung des Lötrohres. Aber von der Flammenfärbung abgesehen, sind auch diese Bemühungen in der Zwischenzeit dem Vergessen anheimgefallen. Der Reiz des Lötrohres lag in seiner großen Leichtigkeit und Beweglichkeit. Einen Kerzenhalter mit brennender Kerze konnte man in jedem Bergwerk und in jedem Steinbruch, an jedem Berghang mit interessanten Mineralienfunden an ein Stück Holz oder an einen Baumstamm schrauben und direkt an der Fundstelle analytische Versuche machen. Es läßt sich durchaus vorstellen, daß wenigstens in kleinen Übungskursen für ältere Schüler die Tradition des Lötrohrblasens wieder aufleben könnte. Es wäre vorzuschlagen Exkursionen zu interessanten Fundstätten mit kleinen Lötrohrübungen im Freien zu verbinden. Dabei darf man nicht vergessen, daß in unseren modernen Gasfeuerzeugen und tragbaren Gaslötlampen leicht zu handhabende Instrumente zur Verfügung stehen, die einem das Erlernen des atemlosen Blasens ersparen. Geschickten Bastlern ist es aber durchaus möglich, sich mit Hilfe batteriebetriebener Aquariumspumpen einen stetigen Luftstrom zum Betrieb eines Lötrohres zu verschaffen. Noch einfacher ist es, eine kleine Preßluftflasche mit Reduzierventil an das Lötrohr anzuschließen. Die beiden letzten Vorschläge haben gegenüber den Gasfeuerzeugen und Gaslötlampen den Vorzug, daß es leichter ist, reine Oxidations- oder Reduktionsflammen herzustellen.

Zwar steht zur Zeit die gute alte Stoffchemie in den Lehrplänen unserer Schulen nicht so besonders hoch im Kurs, aber vielleicht können diese Zeilen doch den einen oder anderen Leser zu einem kleinen Ausflug mit einen Taschenlaboratorium verführen.

Im Rahmen dieses Buches ist es natürlich leider nicht möglich einen vollständigen Abriß der Lötrohranalyse zu geben. Aber in jeder besseren Bibliothek finden sich wenigstens einige der zahlreichen Auflagen von *Plattner*s „Probirkunst", die auch antiquarisch leicht zu haben ist. Und da die notwendigen Hilfsmittel bescheiden sind, so kann man sich jederzeit ohne sonderliche Mühe in diese früher so erfolgreiche und traditionsreiche „Probierkunst“ einarbeiten.

Doch zunächst seien die Männer vorgestellt, die einstens das Lötrohr benutzt haben. Das Lötrohr wurde in erster Linie von chemisch ambitionierten Mineralogen und Geologen verwendet. In dem Sprachgebrauch des vorigen Jahrhunderts nannte man solche Wissenschaftler „Geognosten“. Ein Geognost mußte ein ganzer Kerl sein, denn die „practische Geognosie“ war noch ein ziemliches Abenteuer.

Der Bühler Arzt und Naturforscher *F. H. Walchner* gab 1843 in seinem Werk: „Der practische Naturforscher, ein unentbehrliches Hand- und Hilfsbuch für Freunde der Naturwissenschaften, Der Geognost“, folgende anschauliche Darstellung.

> „Der practische Geognost muss sowohl *körperlich* als *geistig* gut beschaffen seyn. Die Reisen, die er, wenn sie Nutzen bringen sollen, zu Fuss unternehmen muss, erfordern einmal vollkommenes Verzichten auf Bequemlichkeit, und einen abgehärteten Körper. Man nimmt an, dass die mittlere Körperstatur sich am Besten für den Geognosten eignet. Gesunde kräftige Lungen, ein scharfes weittragendes Auge, dauerhafte kraftvolle Füsse sind noch ferner erforderliche Eigenschaften. Letztere kann man schon von Jugend an abhärten, besonders durch fleissig angewendete kalte Bäder, und durch das Tragen einer zweckmäßigen, nicht nach der Eitelkeit berechneten Fussbekleidung. Da der practische Geognost nicht selten Reisen von längerer Dauer unternimmt, die mit allerlei Beschwerlichkeiten verknüpft sind, so ist noch weiter erforderlich, gewöhnten Bedürfnissen und Lebensannehmlichkeiten entsagen zu können. Dies gilt sowohl von Nahrungsmitteln und Getränken als auch vom Bett u.s.w. statt welchem letzteren er nicht selten Heu, eine Hängematte, oder geradezu eine harte Bank antreffen wird ...
>
> Werden aber unwirthbare Gegenden, hohe Gebirge bereist, ... so ist es nöthig sich mit Nahrungsmitteln zu versehen, und es wären dann Brod, Salz, Suppentafeln, Salzfleisch u.s.w. mitzunehmen. So lange man auf Gebirgen reiset, ist fast überall Milch und Käse zu bekommen, und somit der Hunger immer eher zu stillen. Aber höchst lästig wird öfters der Durst, besonders bei Durchreisung hoher Kalkalpen und sandiger Steppen, wo das Wasser sehr selten und häufig schlecht ist ... Zwei bis drei Tropfen Hoffmannsgeist auf ein Stück Zucker gegossen und in den Mund genommen, steuern heftigem Durst auf einige Stunden ... Für die möglichen Fälle einer Erkrankung unterwegs räth die Vorsicht die Mitsichführung einer kleinen Reiseapotheke an, welche etwas Rhabarber, Brechweinstein, Magnesia, Kamillen und Fliederblumen, Minderers Geist, Hoffmanns Liquor und Laudanum enthalten mag. Bleiwasser, Kampferspiritus, Frostsalbe u.s.w. mögen allenfalls vorkommender äusserlicher Verletzungen wegen nicht mangeln ... Wichtig ist die Bekleidung des practischen Geognosten ... Der kurze und des Steigens wegen nur bis an die Knie reichende Rock muss nach aussen und innen mit mehreren geräumigen und starken Taschen versehen seyn ... Hiezu eignet sich am Besten ungebleichte Leinwand (sogenannte Hausleinwand). Die im Rocke sowohl inner- als äusserlich angebrachten Taschen dienen zur Aufnahme des Compasses, der Schreibtafel, des Tubus und der Untersuchungsgläser ... Schädlich sind die so angepriesenen Filzmützen, inwendig mit Leder überzogen. Sie erzeugen starken Kopfschweiss, verzärteln den Kopf und machen ihn gegen jedes frische Lüftchen empfindlich. Am besten sind weisse Strohhüte oder leinene Kappen, welche, mit dünnem hervorste-

Abb. 58. Friedrich Wöhlers (1800—1882) Lötrohrbesteck mit Lötrohr, Platintiegel, zwei Platintellerchen, Pinzette und Gewichten. Dort wo einst das Holzkohlestück im Etui lag, hat Wöhler ein Stück Aluminium beigegeben. Die Aluminiummedaille schenkte Kaiser Napoleon III. (1808—1873) Wöhler als Dank für die Entdeckung des Aluminiums

henden Lederschild versehen, das Auge gegen die Sonnenstrahlen schützen, die Ausdünstung des Kopfes nicht zurückhalten und wieder gewaschen werden können ... Ein wichtiger Artikel ist die Fußbekleidung des reisenden Geognosten. Er trägt entweder Schuhe oder Stiefel. Die Sohlen müssen dick und mit eisernen Nägeln versehen seyn ... Man versäume nicht sich mit zugehöriger Leibwäsche zu versehen ... Zur Bereisung der Hochgebirge bedient sich der Geognost eines sogenannten Berg- oder Alpstockes. Dieser ist meistens 7 Schuhe lang, von leichtem aber festen Holze (meist Fichtenholz) mit einer starken eisernen Spitze, manchmal am obern Ende mit einem zurückgebogenen Hacken versehen, mit welchem man theils Baumzweige an sich ziehen, theils auch den Rand eines Felsens anfassen kann, wenn etwa steile Stellen zu erklimmen sind. Durch diesen Stock gibt man namentlich auf schroffen Felsen, Gletschern und Schneefeldern dem Körper einen Haltepunkt auch auf einige Entfernung ... Es ist daher auch klar, daß ein solcher Stock nicht zu dünn seyn darf. Am Alpenstock kann auch ein Fußmaas angebracht werden, was in mancherlei Rücksicht sehr nützlich ist.

Je nach der Gegend, in welcher der Geognost reist, ist es gerathen, sich mit Waffen zu versehen, vielleicht in hohen Gebirgen, wo man allenfalls noch auf Raubthiere stößt. In Deutschland und der Schweiz dürften Waffen nutzlos seyn, man hat da wohl nichts zu befürchten. Allenfalls ein guter Dolch dürfte das beste seyn. In Italien ist es schon rathsamer, denn die Corruptheit des Volkes im Allgemeinen ist unglaublich, die Armuth gross, und so lesen wir beinahe jedes Jahr Nachrichten über Meucheleien, die an fremden Reisenden verübt werden. Einige haben auch den Vorschlag gemacht, eine Tasche voll feinen Sandes, oder eine Dose voll Schnupftabak bei sich zu führen, um nöthigenfalls das eine oder das andere dem anfallenden Räuber oder Raubthier in die Augen zu werfen. Hiezu möchte es aber wohl in den meisten Fällen zu spät seyn. Auch sind wohl Räuber, die sich Schnupftabak in die Augen streuen lassen, nicht sonderlich zu fürchten. Muth, ein paar kräftige Arme und ein tüchtiger Stock sind jedenfalls das Beste.

Nie vergesse der reisende Geognost, sich mit einem Passe zu versehen. ... Ohne Pass kann leicht geschehen, dass er als politischer Flüchtling, als Demagog u.s.w. betrachtet und von allen möglichen Behörden herumgezogen wird... Nirgend ist dies mehr der Fall, als in Italien und in Österreich ...

Zur nähern Untersuchung von Mineralkörpern sind folgende Geräthschaften und Hülfsmittel erforderlich:

1) Suchgläser, Loupen von verschiedener Stärke ...
2) Ein Anlegegoniometer ...
3) Ein Stahl zur Prüfung des Härtegrades (bzw. Härteskala nach Mohs)
4) Eine dreikantige Feile zur Bestimmung des Striches ...
5) Ein Magnetstab in einem Futteral ... zur Prüfung der magnetischen Eigenschaften der Fossilien.
6) Ein Löthrohr nebst Zubehör, da manche Aufschlüsse sogleich an Ort und Stelle erhalten werden müssen. Ein vollständiger Löthrohrapparat umfaßt: eine Lampe, feinstes Platinblech etwa eine Drachme, Platindrath 1 Drachme, Platinlöffel, platte Tonstreifen, gute Kohle, zwölf zugeschmolzene Glasröhren von $1^1/_2$ bis 4″ Länge und 3 bis 5‴ Weite, eine Zange zum Abkneipen der Bruchstücke, Hammer, Ambos, Feile, ein kleiner Achatmörser u.s.w. ...“

In der Mitte des vorigen Jahrhunderts schrieb ein Dr. *E. Schilling* als Student bei Professor Dr. *Kaiser* an der Universität München folgenden kurzen Abriß der Lötrohranalyse mit:

Aus: Die Chemie, vorgetragen von Prof. Dr. *Kaiser* 1846/47 Dr. *E. Schilling jr.*

„*Das Löthrohr.*

Das gemeine Löthrohr der Metallarbeiter kann man zu diesem Behufe nicht gebrauchen weil sich in demselben gar bald Wasser ansammelt, und dies mit einem Male in die Flamme gesprizt wird. Die bequemsten Löthrohre sind von Oberbergrath Fuchs. (Fuchsische Löthröhre). Die ersten Löthröhre für Chemiker erfand Wollaston. Die konische Gestalt war aber schwer zum Blasen. Darauf hat der Schwedische Bergmeister Gahn die Veränderung gebracht, daß er an die konische Röhre unten ein Fläschchen anbrachte. Fuchs hat zuerst eine cylindrische Röhre eingeführt. Beim Gebrauch des Löthrohres pflegt man die Flamme seitlich zu blasen; dabei hat man sich aber zu merken, nicht mit den Lungen, sondern mit den Backen zu blasen. Beim Blasen nimmt man zwei Flammenkegel wahr, die gewissermaßen in einander stecken.

Die äußere Flamme nennt man die *Oxydationsflamme*, weil in dieser die Körper, wenn sie dessen fähig sind, oxydirt werden, weil hier die größte Menge Sauerstoff sich befindet. Die innere Flamme ist die *Reductionsflamme*, weil in ihr, überhaupt die Körper dessen fähig sind, dieselben reducirt werden, weil dort der meiste Kohlenstoff sich befindet. Der Untersuchungsgegenstand heißt jedesmal *die Probe*, und muß immer sehr klein sein. Als Unterlage hat man:

1.) gut ausgebrannte Fichtenholzkohle.
2.) Zängelchen mit Platinspitzen,
3.) Platinlöffelchen,
4.) Platindraht, den man an seinen Enden in ein Oehr umbiegt.
5.) Proberöhren.

Statt des Platinlöffelchen kann man sich auch eines Platinbleches bedienen.
Die Ergebnisse bei den Löthrohrversuchen sind hauptsächlich folgende:

1.) *Die Schmelzung.* Diese wird gewöhnlich auf Kohle oder mit der Platinzange ausgeführt. Hierbei ist zu beachten:

a) ob die Probe leicht oder schwer schmelzbar ist.

b) ob sie ruhig oder unter Aufwallen oder unter Aufblähen von Statten geht,
c) ob die Probe verknistert oder verpufft.

Die Producte, die man bei der Schmelzung erhält, können dreierlei sein, nemlich: *Gläser* im Falle sie durchsichtig sind; *Emaile*, im Falle sie durchscheinend sind; *Schlacken*, im Falle sie undurchsichtig und manchmal auch porös sind.

2.) *Die Verflüchtigung.* Darunter versteht man die Verwandlung eines festen Körpers in einen gasförmigen unter Einwirkung der Hitze, und diese führt man immer in Proberöhren aus. Hierbei ist zu beachten:

a) ob sie total oder partiell ist; je nachdem sich die Probe ganz oder theilweise verflüchtigt.
b) Die Reaction der entweichenden Dämpfe und den Geruch.

3.) *Die Oxydation.* Darunter versteht man die Vereinigung eines glühenden Körpers mit Sauerstoff. Dieses Ergebnis steht meistentheils mit der Schmelzung und Verflüchtigung schon in Verbindung, und kommt besonders vor bei den Verbindungen des Schwefels, des Selens, des Arsenicks und vieler Metalle, welch letztere ihre Oxydation durch einen farbigen Beschlag auf der Kohle zu erkennen geben.

4.) *Die Reduction.* Darunter versteht man die Herstellung von Metallen aus ihren Verbindungen in der inneren Löthrohrflamme. Das hergestellte Metall nennt man *Regulus*, und dieser muß nach seiner Herstellung immer auf dem Asbeste mit Hammerschlägen geprüft werden, um zu erfahren, ob das hergestellte Metall ein sprödes oder ein dehnbares ist, um die Farbe desselben genauer beobachten zu können, und allenfalls auch noch Versuche mit demselben in Säuren vornehmen zu können. Diese Operation wird immer auf Kohle ausgeführt, weil diese Unterlage gewöhnlich auch als Reductionsmittel ausreicht.

Außerdem hat man bei den Löthrohrversuchen noch zu beachten: Die Veränderung der Farbe, ob die Probe kohlig wird, die Veränderung der Durchsichtigkeit, die Phosphorescirung, die Flammenfärbung, die Veränderung des Geschmackes, den man auch mit dem Reagenspapiere schon bestimmen kann, und die Veränderung des Geruches, den Magnetismus.

Alle Löthrohrversuche werden mit den Körpern veranstaltet entweder an und für sich, oder mit Zuschlägen. Diese letzteren sind dann Löthrohrreagentien, welche theils als Auflösungs-, theils als Präcipitationsmittel wirken, wenn die zu prüfenden Substanzen sich im Feuerflusse befinden, Die vorzüglichsten Zuschläge sind:

1) der Borax,
2) die Soda,
3) das phosphors. Natron,
4) das phosphors. Ammoniack-Natron oder Phosphorsalz,
5) das Cyankalium mit Soda gemengt
6) die salpeters. Kobaltoxydullösung.
7) Eisen und Zinn, in Drähten.
8) Kupferoxid und Salpeter.
9) Salz- und Schwefelsäure.“

Versuch 53: *Lötrohrblasen*

Zur Ergänzung wollen wir noch *Plattner*s Empfehlungen zum gleichmäßigen Blasen betrachten:

„Das Blasen mit dem Löthrohre darf nicht mit den Lungen geschehen, weil man es in diesem Falle nicht lange aushalten und einen ununterbrochenen Luftstrom

Abb. 59. Oxidationsflamme (nach *Plattner*)

auch nur auf sehr kurze Zeit hervorbringen würde. Man holt durch die Nase Athem, füllt den Mund mit Luft und drückt diese mit hülfe der Wangenmuskeln durch das Löthrohr. Während des Blasens verschließt man mit dem Gaumen, der gleichsam als Ventil dient, die Gemeinschaft der Brusthöhle mit der Mundhöhle so lange, als der Mund hinreichend mit Luft gefüllt ist, und lässt nun das Ein- und Ausathmen blos durch die Nase erfolgen. Nimmt die Spannung der Wangenmuskeln aber ab, so läßt man beim nächsten Ausathmen durch den Schlund wieder Luft ein und spannt mit selbiger die Wangen von neuem, ohne das Blasen dabei zu unterbrechen. Anfänger im Löthrohrblasen begehen in der Regel den Fehler, daß sie während des Blasens die Gemeinschaft der Brusthöhle mit der Mundhöhle nicht zur gehörigen Zeit verschliessen und daher die Lunge längere oder kürzere Zeit unmittelbar wirken lassen ... Es gelingt dies zwar nicht sogleich, aber nach einiger Übung geht es schon besser, und nach längerer Zeit erlangt man eine solche Fertigkeit dass man gar keine besondere Aufmerksamkeit auf das Blasen selbst mehr zu verwenden braucht ..."

Das nächste Hauptproblem des Lötrohrblasens besteht in der Aufgabe recht saubere Oxidations- oder Reduktionsflammen herzustellen. Für beide Flammentypen sei aus *Plattners* Anleitung die Vorschrift übernommen, zusammen mit leichtgehenden Reaktionen, mit deren Hilfe man den Erfolg seiner Bemühungen kontrollieren kann:

Versuch 54: *Die Oxidationsflamme*

Geräte: Ein Lötrohr, eine Lötrohrlampe (mit breitem, schräggeschnittenen Docht)

Zeit: 10 Min.

„Bläst man, wie aus obenstehender Figur hervorgeht, von der einen schmalen Seite der Lampenflamme in dieselbe so, daß die Lötrohrspitze ungefähr bis auf den dritten Teil der Dillenbreite (Anm.: Dochtbreite) hineinreicht, und der Luftstrom, fast den Docht berührend, genau in der Mitte durchgeht, so entsteht eine lange blaue Flamme a b ... Vor der Spitze dieser Flamme ist der heisseste Punkt ... In der freien Flamme bildet der heisseste Teil eine Hülle um die ganze Flamme, hier wird er aber mehr nach einem Punkte vor der blauen Flamme zusammengedrängt und bildet ebenfalls einen Flammenkegel, der sowohl die blaue Flamme an der Spitze umgiebt, als auch von a nach c sich ziemlich weit erstreckt und eine schwach blauliche Farbe besitzt. Die auf solche Weise gebildete äußere Flamme ist vor der Spitze der blauen Flamme, und zwar bei d am heissesten; sie nimmt aber sowohl nach c, als auch, und sogar noch schneller, nach b hin an Hitze ab: Die

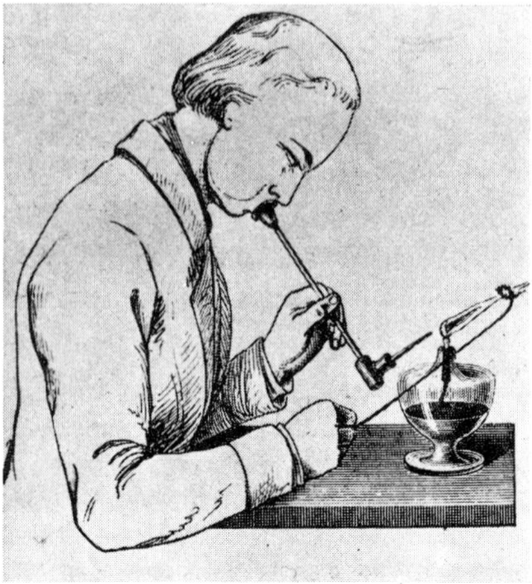

Abb. 60. Lötrohrblasen am Platindraht (nach *Stöckhardt*)

Oxidation geschieht, sobald nicht eine sehr hohe Temperatur erforderlich ist, am besten, je weiter man die Probe vor der Spitze der blauen Flamme erhitzt."

Ergebnis: *Die Flamme läßt sich durch eine entsprechende Haltung des Lötrohres so lenken, daß eine reine Oxidationsflamme entsteht.*

Versuch 55: *Kontrolle der Oxidationsflamme*

Geräte: Lötrohr, Lötrohrlampe (oder Alkoholbrenner), Platindraht

Chemikalien: Molybdänsäure, Borax, Platindraht

Zeit: 10 Min.

„Zur Uebung im Hervorbringen einer reinen Oxydationsflamme bietet die Molybdänsäure das beste Mittel dar, indem dieselbe mit Borax in einem unreinen Oxydationsfeuer sofort ein braunes Glas giebt. Löst man eine nicht zu geringe Menge davon in Borax auf Platindraht im Oxydationsfeuer, nämlich in ca 3 bis 4 Millim. Entfernung von der Spitze der blauen Flamme, auf, so bekommt man ein klares, gelblich gefärbtes Glas, welches unter der Abkühlung farblos wird. Behandelt man ein solches Glas eine kurze Zeit unmittelbar mit der Spitze der blauen Flamme, so wird es braun und nach längerem Blasen ganz undurchsichtig, weil die Molybdänsäure außerordentlich leicht auf eine niedere Oxydationsstufe, nämlich auf die Stufe des Oxydes zu bringen ist. Auch ein gelber Streif in der äußeren Flamme bewirkt schon eine braune Färbung des Glases. Je schneller man nun eine von Molybdänoxyd ganz undurchsichtig gewordene Boraxperle wieder völlig klar herstellen kann, um so reiner ist die Oxydationsflamme welche man anwendet, vorausgesetzt, dass sie auch hinreichend wirksam ist.

Will man sich überzeugen, ob man eine hinreichende Oxydationsflamme hervorzubringen im Stande ist, so darf man nur versuchen, das eine Ende eines 0,1 Millim. starken Platindrahtes zum Kügelchen zu schmelzen. Man biegt den Draht an dem einen Ende unter einem rechten Winkel und hält das umgebogene Ende so vor die

Abb. 61. Reduktionsflamme (nach *Plattner*)

Spitze der blauen Flamme, daß die Achsenlinie desselben genau mit der Achsenlinie der Löthrohrflamme zusammentrifft und nicht vibriert. Man bemerkt bei einer reinen und starken Flamme sehr bald, wie sich mit einem Male ein Kügelchen bildet, welches umso größer ist, je kräftiger die Flamme war.“

Ergebnis: *Die Oxidationsflamme des Lötrohres läßt sich mit der Reaktion Molybdänsäure – Molybdänoxid kontrollieren.*

Versuch 56: *Die Reduktionsflamme*

Geräte: Ein Lötrohr, eine Lötrohrlampe (Kerze mit breitem, schräggeschnittenen Docht, oder Spirituslampe)

Chemikalien: Borax (oder Phosphorsalz)

Zeit: 10 Min.

„Bläst man, wie aus obenstehender Figur zu ersehen ist, von der einen schmalen Seite der Lampenflamme mit dem Löthrohre gerade in die Spitze der Flamme so, daß die Löthrohrspitze nur wenig oder fast gar nicht hineinreicht und der Luftstrom in etwas größerer Entfernung über den Docht hinweggeht, so erscheint die Flamme als ein langer, leuchtender Kegel a b, dessen Ende a mit demselben schwach blaulich gefärbten Theile der Flamme umgeben ist, den man an der freien Flamme wahrnehmen kann. Während man so in die Flamme bläst, werden die vom Dochte aufsteigenden Gasarten bis auf den sich ausscheidenden Kohlenstoff verbrannt, und die Hitze wird in einem weit kleinern Raum concentrirt. Der unendlich fein ausgeschiedene, bis zum Weissglühen erhitzte Kohlenstoff verbrennt aber dann ebenfalls und bildet in Gemeinschaft mit dem bereits gebildeten Wasserstoffgas die äußere Flamme, welche bei c deutlich sichtbar ist. Von dem dunkeln Kern sieht man nur noch unmittelbar über dem Docht einen kleinen bis d reichenden Theil. Zwischen a und d und zwar etwas mehr nach a zu liegt der wirksamste Theil dieser Flamme. Leitet man denselben z.B. auf ein in Borax oder Phosphorsalz aufgelöstes Metalloxyd, so daß die Perle ganz davon umhüllt und der Zutritt der Luft völlig davon abgeschlossen ist, so wird auch, da diese Flamme wegen ihres freien Kohlenstoffes geneigt ist Sauerstoff aufzunehmen, das Metalloxyd von seinem Sauerstoffgehalte entweder ganz oder nur zum Theil befreit, je nachdem das Oxyd leicht oder schwer zu reduciren ist. Eine gute Reductionsflamme ist schwieriger hervorzubringen als eine Oxydationsflamme, man hat dabei vorzüglich darauf zu achten, dass nur in den oben erwähnten wirksamsten Theil der Flamme gebracht und von demselben vollständig umhüllt wird ...“

Ergebnis: *Die Flamme läßt sich durch eine entsprechende Haltung des Lötrohres so lenken, daß eine reine Reduktionsflamme entsteht.*

Abb. 62. Lötrohrblasen auf der Holzkohle (nach *Heumann*)

Versuch 57: *Kontrolle der Reduktionsflamme*

Geräte: Lötrohr, Kerze (oder Alkoholbrenner), Platindraht

Chemikalien: Manganoxid, Kupferoxid, Nickeloxid, Borax

Zeit: Jeweils 10 Min.

„Zur Uebung können Manganoxyd und die Oxyde des Kupfers oder Nickels dienen· Wird Manganoxyd am Platindraht in einer Boraxperle mit Hülfe der Oxydationsflamme aufgelöst, so bekommt man eine violettroth gefärbte oder bei zu großem Zusatze eine undurchsichtige schwarze Perle, je schneller man nun am Drahte das aufgelöste Manganoxyd zu Oxydul reduciren kann, wobei die Perle fast farblos wird, um so vollkommener ist auch die Reductionsflamme, welche man dabei anwendet. Löst man Kupferoxyd oder Nickeloxydul auf dieselbe Weise in Borax auf, stösst die Perlen ab und behandelt sie auf Kohle mit der Reductionsflamme, so sieht man sehr bald, ob die hervorgebrachte Flamme richtig wirkt oder nicht. Es können nämlich beide Oxyde zu Metall reducirt werden, welches, wenn es Kupfer ist, sich zu einem kleinen Korne vereinigt, und wenn es Nickel ist, sich im zusammenhängenden Zustande zur Seite des Glases begiebt. Je schneller die Perlen dabei entfärbt werden, um so reiner und kräftiger ist auch die Reductionsflamme ...“

Ergebnis: *Durch Reduction von Manganoxid, Kupferoxid und Nickeloxid zu den jeweiligen Metallen kann die Reduktionsflamme kontrolliert werden.*

Versuch 58: *Lötrohrprobe auf Blei*

Geräte: Lötrohr, Brenner, Reibschale mit Pistill, Holzkohle, Magnesiastäbchen, Hammer

Chemikalien: Salpetersäure ($c = 2$ mol/l), Bleioxide

Zeit: Etwa 10 Min.

Man bringt die auf Blei zu untersuchende Substanz in eine mit einem Geldstück ausgehöhlte Vertiefung der Holzkohle — ältere Lötrohrbestecke enthalten für diesen Zweck spezielle Bohrer — und erhitzt mit reduzierender Flamme des Lötrohrs. Verreibt man dann den Rückstand in einer Reibschale, so findet man bei Anwesenheit von Blei ein dehnbares, weiches Metallkorn, das sich leicht mit dem Hammer zu einer flachen Scheibe umformen läßt. Zur Unterscheidung von anderen Metallen (z.B. Silber) löst man das Blättchen in verdünnter Salpetersäure und prüft mit der Flammenfärbung oder einem anderen Reagenz auf Blei.

Anmerkung: Es empfiehlt sich, diesen Versuch auch mit silberhaltigem und sowohl silber- und bleihaltigem Material zu machen.

Es sei noch darauf hingewiesen, daß die Firma Robert Kind in Lichtenfels zerkleinerte Mineralien für Lötrohrversuche anbietet. Kosmos offeriert einen Experimentierkasten zum Mineralienbestimmen, für Mineralienfreunde ab 12 Jahre. Der Kasten enthält eine Lötrohrausrüstung zusammen mit Mineralienproben und eine sehr gute Anleitung. — Die Mineralienfirma Dr. Maucher, München, gibt auf Wunsch billig Mineralproben ab.

X. Versuche mit Platin

(1803)

Das Metall Platin (und seine Verwandten) waren seit ihrer Entdeckung von Geheimnissen umwittert. Schon die Geschichte dieser Entdeckung war höchst eigenartig.
1732 wollte die Akademie der Wissenschaften zu Paris die genaue Form und die Größe der Erde ermitteln, um aus diesen Daten ein einheitliches Maßsystem ableiten zu können. Aus diesen Bemühungen ging schließlich das Meter hervor. Die Akademie rüstete zwei Expeditionen aus, die Meridianmessungen vornehmen sollten. Die eine Expedition unter der Führung des französischen Naturwissenschaftlers und Philosophen *Pierre Louis Moreau de Maupertuis* (1698 bis 1759) wurde nach Lappland geschickt, von wo *Maupertuis* die Erkenntnis mitbrachte, daß die Erde keine Kugel sei, sondern eine apfelförmige Gestalt habe, wie dies schon *Newton* prophezeit hatte.
Mit der Leitung der zweiten Expedition, die nach Ecuador gehen sollte, wurde der junge spanische Seeoffizier *Don Antonio de Ulloa* und dessen Freund *Don Jorge Juan y Santacolia* beauftragt. Am 29. September 1735 kamen sie in Panama an. In *Guayaquil* studierte *Don Antonio* die Herstellung des Guayaquil-Purpurs und des Kakaos. Dann nahm die Expedition ihren Weg durch die Vulkan-Region des Chimborasso und erreichte am 29. Mai 1736 Quito, wo astronomische Messungen vorgenommen wurden. Nach deren Beendigung schiffte sich *Ulloa* auf einer französischen Fregatte ein, die jedoch vor Kap Breton von den Engländern aufgebracht und gekapert wurde. So endete die Reise *Don Antonios* nicht ganz freiwillig in London. 1746 kehrte er nach Madrid zurück und schrieb dort zusammen mit seinem Freund ein Buch, in dem er seine Reise festhielt und das sehr berühmt werden sollte: „Relacion Historica del Viage a la America Meridional“ (Madrid 1748). In diesem Buch beschrieb er erstmalig ein neues, bis dahin fast unbekanntes Metall:

> „In der Gegend von Choco gibt es viele Minen für Lavadero (Waschgold) … verschiedene dieser Minen mußten wegen des Platino verlassen werden, einer Substanz, die, wenn man sie auf einen stählernen Amboss schlägt, sich von diesem nur schwer wieder lösen läßt, auch ist es schwer calcinierbar, so daß das Metall (Anm.: Gemeint ist das Gold) — eingeschlossen in diesen hartnäckigen Körper — sich nicht ohne unendliche Mühe und Plage abtrennen läßt.“

Ulloa benannte das neue Metall wegen seiner Ähnlichkeit mit Silber mit der Verkleinerungsform des spanischen Wortes für Silber: Platino, mit einem Zusatz, der die Herkunft der ersten ihm bekannten Proben dieses Metalles bedeutete: del Pinto. Das Platin bereitete nun den Chemikern viele Schwierigkeiten, da es sich anfänglich bei den geringen technischen Hilfsmitteln des 18. Jahrhunderts zunächst nicht schmieden ließ. Doch das Platin dieser Epoche war nicht rein. In ihm verbargen sich noch zwei weitere Metalle, an deren Entdeckung sich eine schöne Skandalgeschichte knüpft. Im April 1803 passierte in London Seltsames. Es erschien ein anonymes Flugblatt, in dem ein „... new silver ... a new nobel metal ...“ angeboten wurde. Ein unbeschreiblich altmodischer, in einem Gemisch aus alchemistischen Ausdrücken und Handelsenglisch gehaltener Text bot ein vorher völlig unbekanntes, in keiner wissenschaftlichen Zeitschrift je zuvor beschriebenes neues Metall an. Ja, es wurden sogar acht Eigenschaften dieses neuen Metalles aufgeführt, wie z.B.:

> „1. It dissolves in pure spirit of nitre (zu deutsch: Salpetergeist), and makes a dark red solution ...“. Und dann hieß es noch: „... It is sold by Mr. *Foster*, at No.26 Gerrard Street, Soho London; in Samples of Five Shillings, Half a Guinea, & One Guinea each.“

Dieses Flugblatt fiel einem hoffnungsvollen jungen Mann aus gutem, wenn auch durch die politischen Wirren jener Zeiten geschädigtem Elternhaus in die Hände, *Richard Chevenix* (1774 bis 1830). Er entstammte einer nach Irland geflohenen Hugenottenfamilie. Bei einem Frankreichaufenthalt während der Französischen Revolution hatte man ihn gefangen gesetzt. Sein Zellengenosse war Chemiker — sein Name wurde nicht überliefert — der ihm gründliche Kenntnisse der Chemie beibrachte.

Chevenix sagte sich nun, daß die Ankündigung eines neuen Metalls in einem anonymen Flugblatt nicht mit rechten Dingen zugehen könne. Er erwarb bei dieser geheimnisvollen Adresse in einem nicht sehr angesehenen Viertel den gesamten Vorrat dieses Metalles. Bei seinen Untersuchungen kam er zu dem Schluß, daß es sich bei dem neuen Metall um eine Legierung aus Platin und Quecksilber handeln müsse. Mit der Synthese des Materials hatte er allerdings gewisse Schwierigkeiten. Immerhin gelang es ihm einige Male, ein ähnliches Metall zustande zu bringen. Daraufhin ließ er seine Arbeit in der Royal Society verlesen, und sie wurde in den „Philosophical Transactions“ veröffentlicht. Nun hätte die Sache eigentlich zu Ende sein können, jedoch es ging weiter, wie in einem echten englischen Kriminalroman.

In *Nicholsons* Journal erschien eine anonyme Anzeige, wieder in sehr altertümlichem Stil gehalten. Der Text zu dieser Anzeige war — wie der Herausgeber Mr. *Nicholson* schrieb — von der 2 Penny Post anonym zugestellt worden, doch die Handschrift sei die nämliche wie die auf einem Begleitbrief zu einer Probe des neuen Metalls, die ihm ebenfalls anonym zugeschickt worden war. In der Anzeige bot der geheimnisvolle Entdecker eine Belohnung von zwanzig Pfund für die künstliche Darstellung seines Metalles, das er nach einem damals neu entdeckten Planetoiden Palladium genannt hatte. Mr. *Nicholson* nahm die Sache ernst und begab sich nach Soho, um sich von Mr. *Foster* tatsächlich die ausgesetzte Summe zeigen zu lassen, die diesem, wie der geheimnisvolle Entdecker geschrieben hatte, ausgehändigt worden war. Für den Fall, daß *Chevenix* oder ein anderer sich das Geld hätte verdienen wollen, gründete *Nicholson* ein Schiedsgericht, vor dem ein Bewerber hätte experimentieren müssen.

Diese Maßnahme erwies sich indes als überflüssig. Am 24. Juni 1804 verlas der gleiche Gelehrte, der die Arbeit von *Chevenix* in der Royal Society vorgetragen hatte — *William Hyde Wollaston* (1766 bis 1828), eine neue Veröffentlichung: „On a New Metal. Found in Crude Platina“. Auch in ihr wurde die Entdeckung eines neuen Metalls (Rhodium) mitgeteilt, das aber mit dem anderen Metall nicht identisch sei. Am 23. Februar 1805 erschien

Abb. 63. Thomas Johann Seebeck (1770–1831)

dann ein Brief an den Herausgeber von *Nicholsons* Journal, in dem *Wollaston* zugab, auch der geheimnisvolle Entdecker des Palladiums zu sein.

Wollaston war ein exzentrischer, aber berühmter Mann. Von Haus aus war er Arzt, der sich, da er den Anblick der leidenden Menschheit nicht mehr ertragen konnte, als Privatgelehrter beschäftigte.

Dieser seltsame Skandal, der den guten Ruf des noch jungen *Chevenix* ziemlich in Mitleidenschaft zog, beunruhigte viele Gelehrte. Man wußte nicht so recht, was man von alledem halten sollte.

Zu denen, die verunsichert wurden, gehörte auch der deutsche Gelehrte *Thomas Johann Seebeck* (1770 bis 1831). *Seebeck* hatte Medizin studiert und erwarb 1802 in Göttingen den Doktorgrad. Nun siedelte er nach Jena über „... veranlaßt durch die Vereinigung bedeutender Männer, die zu Anfang des Jahrhunderts daselbst noch bestand. Hier kam *Seebeck* in Berührung mit *Knebel*, *Schelling*, *Hegel*, *Griesbach*, *Oken*, *Loder*, *Ritter* und vor allem mit *Goethe*, dessen Gast er oft in Weimar war. Bei dieser Gelegenheit hielt er dem Großherzog und den Personen des Hofes Vorträge über die Fortschritte der Physik, über Galvanismus u.a.m. An *Goethes* Farbenlehre hat *Seebeck* regen Anteil genommen ...“ 1812 wurde er zum Akademiker in Berlin gewählt, wohin er später übersiedelte. Die Entdeckung der durch die Spannung des Glases hervorgerufenen entoptischen Figuren im polarisierten Licht machte ihn berühmt. Er ist auch der Entdecker der Thermoelektrizität. *Seebeck* hatte nun Ende des Jahres 1803 das Pech, den Überlegungen von *Chevenix* aufzusitzen. Den damals noch unbekannten Entdecker des Palladiums hielt er für einen Schwindler, wie aus folgendem Brief hervorgeht. Damals war es noch schwierig, sich Platin zu besorgen:

„Herrn Secretair A. E. F. Werlich Wohlgebohren

Wenn ich nicht irre, so sagten Sie, mein Herr, mir im verflossenen Sommer, daß Sie geneigt wären von der Platina, welche Sie besitzen Liebhabern etwas abzulassen. Verschiedene neue Entdeckungen an diesem Metall machen eine Wiederholung nothwendig, und ich ersuche Sie mir, wenn Sie eine kleine Quantität von dem Platina noch entbehren können und mir solche *käuflich* (denn ich kann Ihnen nichts Bedeutendes für Ihre Sammlung dagegen anbieten;) ablassen mögen, solche durch den Bothen oder die Post zu senden, den Preis davon anzugeben, wogegen ich mit der nächsten Post den Werth entrichten würde.

Fourcroy, Vauquelin & ... wollen nehmlich in der Platina noch ein neues edles Metall entdeckt haben, das sich auch in der gereinigten noch befindet, außerdem Chromium und Titanum, so daß das künstliche Platina aus nicht weniger denn 7 Metallen wäre, nehmlich Gold, Eisen, Platina, das neue Metall, Chromium, Titanium und bekanntlich häufig auch Quecksilber. — Eine andere ebenso wichtige Entdeckung rührt von R. Chevenix her (einem Engländer). Dieser hat nehmlich aus Platina und Quecksilber ein Amalgama zu Stande gebracht, welches mehrere auffallende Eigenschaften besitzt, die eine nähere Untersuchung erfordern, voran die merkwürdigste, daß von diesem Amalgam das Quecksilber durch keine Künste wieder ausgeschieden werden kann, es sich also, obgleich ein Compositum, vollkommen als einfacher Körper (in dem gewöhnlichen Sinn) und als ein eigenes Metall in die Reihe der übrigen stellt. Das specifische Gewicht dieses Amalgams, welches früher unter dem Namen Palladium, betrüglicher Weise für ein neues Metall verkauft wurde, beträgt 11,8, also auch sehr verschieden von dem specifischen Gewichte welches die Rechnung für eine Verbindung aus 2 Theilen Platina und 1 Theil Quecksilber geben würde.

Diese Versuche bin ich zu wiederholen Willens, und ich werde Ihnen sehr verbunden seyn, wenn Sie mir hierzu durch Ablassung einer Quantität Platina behülflich seyn wollten. Die Resultate meiner Versuche stehen Ihnen dagegen gerne wieder zu Diensten.

Mit gebührender Hochachtung verbleibe

Dero

Jena, den 11ten Dec. 1803 — ergebenster Dr. T. J. Seebeck"

*Seebeck*s Versuche haben wohl nicht allzu viel erbracht. Aber die Chemie des Platins sollte gerade in Jena noch eine wesentliche Bereicherung erfahren. Der Jenenser Professor der Chemie *Johann Wolfgang Döbereiner* (1780 bis 1849) hatte 1812 zwei Pfund amerikanischen Platinerzes zur Untersuchung erhalten. 1818 glaubte er irrtümlich darin zwei neue Metalle entdeckt zu haben. 1823 wurde im Ural in Rußland erstmalig Platinerz gefunden. Nun wirkten sich die verwandtschaftlichen Bande des Weimarer Herrscherhauses günstig für *Döbereiner* aus, und er erhielt durch die Vermittlung der Großfürstin *Maria Paulowna* große Mengen russischen Erzes. Ausgehend von Beobachtungen der Gebrüder *Davy* fand *Döbereiner* 1821, daß der Alkoholdampf im Gemisch mit Luft am Platinmohr bei gewöhnlicher Temperatur Essigsäure bildet.

Am 27. Juli 1823 entdeckte *Döbereiner*, daß schwamm- und pulverförmiges Platin die Eigenschaft hat, ein Gemenge von Wasserstoff- und Sauerstoffgas bei gewöhnlicher Temperatur zu entzünden. Aus dieser Beobachtung entwickelte *Döbereiner* das nach ihm benannte Feuerzeug, das zu seiner Zeit ungeheuer populär war. Die von den Ge-

Abb. 64. Döbereinersche Zündmaschine

brüdern *Davy* konstruierte Glühlampe „veredelte" *Döbereiner* noch, indem er sie mit Kölnisch Wasser bzw. mit parfümiertem Alkohol füllte und sie als Duft- oder Räucherlampe propagierte.
Die Menschen früherer Jahrhunderte hatten große Schwierigkeiten mit der Beleuchtung ihrer Zimmer. Besonders schwierig war es, Feuer zu machen. Nicht jede Hausfrau konnte mit Feuerstein und Stahl auch wirklich umgehen. Auch war es recht kompliziert, im Dunkeln Feuer zu schlagen. Deshalb hatte man sogenannte Nachtlichter, das waren kleine, besonders langsam brennende Kerzen, die in eigens dafür geschaffenen Gefäßen auf dem Nachttisch brannten und die man während der ganzen Nacht nicht löschte. Diese Nachtlichter hatten aber eine Reihe von Nachteilen. Da war einmal die beträchtliche Feuersgefahr, die von ihnen ausging. Zum anderen leuchteten sie natürlich nur ein wenig. In einem Raum, in dem ein Nachtlicht brannte, war es nie ganz dunkel. Deshalb nutzte der englische Chemiker *Sir Humphry Davy* (1778 bis 1829) die katalytischen Eigenschaften des Platins zur Konstruktion einer nicht leuchtenden Nachtlampe, die als *Davy*s Glühlampe in die Geschichte der Beleuchtungstechnik einging.

Versuch 59: *Davysche Glühlampe* (*nach Heumann*)

Geräte: Alkoholbrenner, Spirale aus Platindraht

Chemikalien: Ether, Ethanol

„Die Davy'sche Glühlampe besteht in einem kleinen, mit einem Gemisch aus Aether und Alkohol gefüllten Lämpchen, über dessen Docht eine eng gewundene Spirale von ganz dünnem Platindraht aufgehängt ist.

Abb. 65. Davysche Glühlampe (nach *Heumann*)

Zunächst entzündet man die Lampe, wodurch die Spirale ins Glühen kommt; dann wird die Flamme mit einer Glasröhre ausgeblasen, ohne dass der abkühlende Luftstrom das Platin trifft. Letzteres kommt in dem nun fortwährend vom Docht aufsteigenden Aetherdampf dauernd von Neuem zum Glühen.
Leichter noch gelingt die langsame Oxydation des Aetherdampfes durch Vermittlung des Platins, wenn man die zum Glühen erhitzte Spirale aus sehr feinem Platindraht in ein Gefäss hängt, dessen Boden mit Aether bedeckt ist.
Wenn die lebhaft erglühende Spirale zu tief herab gesenkt wird, so entzündet sich der Aetherdampf."

Anmerkung: Dieser Versuch gelingt auch mit Methanol.

Ergebnis: *Alkohol- und Etherdampf bringt eine Platinspirale zum Glühen.*

Versuch 60: *Döbereinersches Feuerzeug* (*nach Heumann*)

Geräte: *Döbereiner*sches Feuerzeug

Chemikalien: Zink, verdünnte Schwefelsäure, Platinschwamm

Zeit: 5 Min.

„Wasserstoff-Feuerzeug. Die Zündmaschine besteht aus einem Glascylinder b, (oder einer Flasche, deren Boden abgesprengt ist), der an der mit dem Hahn e versehenen Deckplatte luftdicht festgekittet wird. An einem Draht hängt in ihm ein Zinkkolben herunter. Wird nun verdünnte Schwefelsäure in das Gefäß c gegossen und der Deckel mit dem daran befestigten Cylinder aufgesetzt, indem man zugleich den Hahn öffnet, um die in letzterem enthaltene Luft durch die von unten eintretende Säure verdrängen zu können, so entwickelt sich alsbald durch die Berührung des Zinks mit der Säure Wasserstoffgas, welches sich nach dem Schließen des Hahnes in dem Cylinder ansammeln und dadurch die Säure in das äußere Gefäß drängen muß, bis sie das Zink nicht mehr berührt. Beim öffnen des Hahns e strömt das Gas aus der feinen Spitze auf den Platinschwamm f, statt des entwichenen Gases aber tritt wieder Schwefelsäure aus dem äußeren Gefäße in das innere und erzeugt von neuem Wasserstoffgas, sowie sie wieder an das Zink gelangt. ... Es bildet sich Wasser (Anm.: am Platinschwamm), und die dabei freiwerdende Wärme reicht hin, um den Platinschwamm bis zum Glühen zu erhitzen und das nachfolgende Gas zu entflammen ..."

Unfallgefahren: Vor Inbetriebnahme längere Zeit Wasserstoff entweichen lassen, ohne daß dieser mit dem Platinschwamm in Berührung kommt.

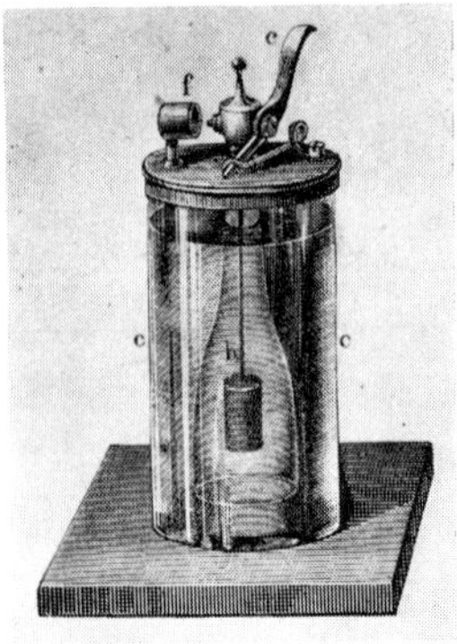

Abb. 66. Döbereinersche Zündmaschine (nach *Heumann*)

Literatur: *Bukatsch/Glöckner*, Experimentelle Schulchemie, Anorganische Chemie — Nichtmetalle (I) Bd. 1, S. 106: Versuch 37. S. 107: Versuch 38

Ergebnis: *Wasserstoff läßt sich mit Platinschwamm entzünden.*

Versuch 61: *Langsame Vereinigung von Sauerstoff und Wasserstoff durch platinierten Bimsstein (nach Heumann)*

Geräte: Kleine Bimssteinstückchen, Porzellantiegel, längeres Reagenzrohr

Chemikalien: Sauerstoff, Wasserstoff, Quecksilber, Platin(IV)-chlorid

Zeit: 20 Min.

„Kleine Bimssteinstückchen werden in einem Porcellantiegel mit concentrirter Platinchloridlösung übergossen. Der Tiegel ist zunächst bis zur Verdunstung des Wassers gelinde zu erhitzen und schließlich bei aufgelegtem Deckel in starkes Glühen zu bringen. Unter Chlorentwickelung wird Platin reducirt und lagert sich fein zertheilt in den Poren des Bimssteins ab; durch die Masse desselben sind die Platintheilchen jedoch räumlich so sehr getrennt, dass sie sich im Knallgas nicht stark erhitzen und also auch keine Explosion hervorrufen können. Nichts destoweniger wird es immerhin gerathen sein, den ersten Versuch mit einem platinierten Bimssteinstück unter der Vorsicht anzustellen, dass etwaige Explosion keinen Schaden anrichtet. Ein etwa 15 cm langes, 1,5 cm breites, starkwandiges Reagenzrohr wird über Quecksilber mit Knallgas aus 2 Vol. Wasserstoff und 1 Vol. Sauerstoff oder 5 Vol. Luft gefüllt und dann ein Stückchen platinirten Bimsstein eingebracht. Alsbald vermindert sich das Gasvolum und nach etwa 5 Minuten ist die Verbindung der beiden Elemente vollständig eingetreten; war eins derselben im Ueberschuss, so bleibt es zurück. Statt des platinirten Bimssteins können auch erbsengroße Kügelchen verwendet werden, welche durch inniges Vermengen gleicher Volume Platinschwamm und feuchten Thon hergestellt, getrocknet und ausgeglüht worden sind.“

Unfallgefahren: Der Versuch gelingt nicht immer. Es kann zu Knallgasexplosionen kommen.

Ergebnis: *Feinstverteiltes Platin kann die explosionslose Vereinigung von Sauerstoff und Wasserstoff bewirken.*

Versuch 62: *Herstellung von Platinschwamm (nach Heumann)*

Geräte: Alkoholbrenner, Fließpapier

Chemikalien: Lösung eines Platinsalzes

Zeit: 10 Min.

„... Man kann dieses in wenigen Minuten darstellen, wenn man einige Tropfen Platinlösung auf Fließpapier tröpfelt, dieses an einen Draht steckt und über einer Weingeistlampe so lange erhitzt, bis nur noch eine graue, zusammenhängende Asche übriggeblieben ist. In der Asche ist das Platin außerordentlich fein verteilt und porös, und in diesem Zustande zeigt es die merkwürdige Eigenschaft, im Wasserstoffgase glühend zu werden und dasselbe zu entzünden. Man nennt solches poröse Platin Platinschwamm und wendet es, bevor die modernen Streichhölzer zu ihrer allgemeinen Verbreitung gelangten, als Zünder bei den Döbereinerschen Wasserstoff- oder Platinfeuerzeugen an; die noch in den fünfziger Jahren (Anm.: des vorigen Jahrhunderts) sehr verbreitet waren, heute aber wieder ganz vergessen sind. Wenn wir sie hier beschreiben, so geschieht es zur Erinnerung daran, daß sie vor 50 Jahren (Anm.: also in den zwanziger Jahren des vorigen Jahrhunderts) noch als die bequemste Art zum Gewinnen von Feuer galten, wozu uns heute die in der Tasche transportablen schwedischen Streichholzschachteln mit ihrem Inhalt dienen."

Unfallgefahren: Sorgloser Umgang mit Platinschwamm kann zu Bränden führen!

Literatur: *Bukatsch/Glöckner*, Experimentelle Schulchemie. Bd. 3/I: Anorganische Chemie — Metalle. S. 212, Versuch 358

Ergebnis: *Zur Gewinnung von Platinschwamm zersetzt man Platinsalze in der Hitze.*

Versuch 63: *Abscheidung des Platins als Platinmohr*

Geräte: Becherglas, Meßzylinder

Chemikalien: Glycerin, Kalilauge, Platin(IV)-chloridlösung, Traubenzuckerlösung

Zeit: 15 Min.

„Abscheidung des Platins als Platinmohr.

a. In eine aus 15 cbcm Glycerin und 10 cbcm Kalilauge von 1,08 specif. Gew. hergestellte siedende Flüssigkeit werden 3 bis 5 cbcm Platinchloridlösung (1 : 10) in kleinen Portionen nach und nach eingegossen. Nach wenigen Augenblicken entsteht Braunfärbung der Flüssigkeit und Platinmohr scheidet sich ab, welcher indess anfangs — ehe er sich abgesetzt — nicht gut zu sehen ist. Hat sich der flockige, schwarze Niederschlag gesammelt, so giesse man die dunkle Flüssigkeit oben ab und füge Wasser zu, wodurch das Platinschwarz sichtbarer wird.

Stellt man zum Zwecke des Gebrauchs etwas grössere Mengen Platinmohr dar, so läßt man einige Minuten lang die Flüssigkeit kochen und wäscht das Platinschwarz nach dem Absetzen mit kochender Salzsäure und zuletzt mit siedendem Wasser aus. Gilt es nur das Entstehen desselben zu zeigen, so ist es nicht nöthig, obige Mengenverhältnisse genau einzuhalten. Verwendet man viel Kalilauge, so scheidet sich ein Theil des Platins manchmal als Metallspiegel an der Glaswand ab.
b. Ein anderes, ebenfalls sehr wirksames Platinschwarz lieferndes Verfahren, besteht im Erhitzen einer Mischung von Platinchloridlösung mit etwas Natronlauge

und Traubenzuckerlösung. Auch hierbei färbt sich die Flüssigkeit dunkelbraun und es scheidet sich schwarzer Platinniederschlag ab.“

Unfallgefahren: Platinschwarz nie zur Trockne filtrieren, schon gar nicht auf Papier.

Ergebnis: *Durch Reduktion von Platinchloridlösung läßt sich Platinschwarz herstellen.*

Versuch 64: *Katalytische Umsetzung von Ethanol zu Essigsäure* (*nach Stöckhardt*)

Geräte: Flaches Porzellanschälchen

Chemikalien: Platinschwamm, Ethanol

Zeit: 5 Min.

„Dieser Versuch ist sehr einfach auszuführen: Tröpfelt man auf Platinschwamm Weingeist, so entsteht ein Erglühen und eine fast augenblickliche Umwandlung des Weingeistes in Essigsäure.“

Unfallgefahren: Achtung vor möglicherweise entstehenden Bränden!

Ergebnis: *Am Platinkontakt läßt sich Ethanol bei Anwesenheit von Luftsauerstoff leicht in Essigsäure überführen, die durch ihren Geruch wahrgenommen wird.*

XI. Pottasche und Kalium

(1865)

Handwerkliche chemische Berufe sind in der Literatur selten beschrieben worden. Das ärmliche Handwerk der Aschenmänner, die in früheren Zeiten die Asche der Öfen, die damals noch fast ausschließlich Holzasche war, in einer auf dem Rücken getragenen Bütte einsammelten, zu einer Aschenlaugerei trugen, wo durch Auslaugen Pottasche gewonnen wurde, die man als Waschmittel dann verkaufte — ist nur einmal gezeichnet worden:

Ferdinand Raimund (1790 bis 1836) verfaßte 1826 ein ,,Romantisches Original-Zaubermärchen mit Gesang in drei Aufzügen, Das Mädchen aus der Feenwelt oder der Bauer als Millionär", in dem ein Bauer, Fortunatus Wurzel, von einer Fee in einen Aschenmann verwandelt wurde:

> „3. Aufzug, 3. Auftritt
>
> ... Man hört in der Kulisse Wurzels Stimme: Ein Aschen! Ein Aschen! Wurzel tritt ein als Aschenmann mit einer Butte auf dem Rücken und einer Aschenkrücke in der Hand.
>
> Wurzel: Ein Aschen! Au weh! (Stützt sich auf die Krücke.) Was bin ich für ein miserabler Mensch! Ein Aschen! Was war ich und was bin ich jetzt? Ein Aschen! ...
>
> Zufriedenheit: Wer lärmt denn so entsetzlich?
>
> Wurzel: Der Aschenmann ist da, Euer Gnaden Fräulein Köchin ... Reden wir von was Gscheiden. Haben S' keinen Aschen?
>
> Zufriedenheit: Ich wollte, ich könnte schon die Asche dieses Schlosses in deinen Kübel leeren ...
>
> Wurzel: (Arie)
> So mancher steigt herum,
> Der Hochmut bringt ihn um,
> Trägt einen schönen Rock,
> Ist dumm als wie ein Stock
> Von Stolz ganz aufgebläht,
> O Freundchen, das ist öd!
> Wie lang stehts denn noch an,
> Bist auch ein Aschenmann!
> Ein Aschen! Ein Aschen!"
>
> ...

Otto Nikolaus Witt schilderte uns die große Wäsche in seinem Schweizer Elternhaus, einem alten Patrizierpalais:

Abb. 67. Wäscherinnen bei der Arbeit. Als Waschmittel diente früher Pottasche

„ ... Ich wollte ja von der Wäsche reden, die es in einem solchen Hause, ... , mitunter gab. Nicht oft, sondern einmal im Jahre. Denn die Bewohner dieses Hauses hätten es für eine Schande gehalten, wenn ihr Vorrath in tadelloser Wäsche nicht so reichlich gewesen wäre, dass er ein Jahr und darüberhinaus vorhalten konnte. Man rechnete nicht nach Dutzenden, sondern nach Dutzenden von Dutzenden, und Alles war fein säuberlich in vielen geschnitzten Schränken in einem grossen Wäschezimmer aufbewahrt, in welchem die Frau des Hauses oft stundenlang verweilte und welches sie gelegentlich mit Stolz zu zeigen pflegte ... Einmal im Jahre nun, nämlich im Juli oder August, gab es grosse Wäsche. Wochenlang dauerten die Vorbereitungen und Erwägungen über das muthmaassliche Wetter ... Dann begannen in der Waschküche, die ein im Erdgeschoss gelegener, mit Sandsteinplatten gepflasterter Saal war, die Kessel zu dampfen und die Wasser zu rauschen. Ein besonderer Bottich lieferte die während des ganzen Jahres durch Auslaugen der Asche des in den Oefen verfeuerten Holzes zubereitete und erklärte Pottaschenlauge ... Wenn die Wolle an die Reihe kam, so wurde der Pottaschenzuber verschlossen, damit die Wäscherinnen ja nicht etwa die reinigende, aber wollenfeindliche Lauge zu benutzen sich erkühnten ...“

Pottasche war lange Zeit eines der wenigen Reinigungsmittel, die der Menschheit zur Verfügung standen.

Versuch 65: *Darstellung von Pottasche* (*nach Stöckhardt*)
Geräte: Filter mit Faltenfilter, Porzellanschälchen, Bunsenbrenner, Dreifuß: mit Drahtnetz
Chemikalien: Holzasche, Wasser, Lackmuspapier
Zeit: 20 Min.

Abb. 68. Eine Pottasche-Siederei. Im Ofen rechts wird Holz verbrannt, dessen Asche links ausgelaugt und die Lauge eingedickt wird (aus Kunckel: Ars vitraria)

„Auf ein Filter, welches man in einen Trichter gelegt hat, wird eine Handvoll Holzasche gebracht und auf diese nach und nach heißes Wasser gegossen; die durchgelaufene Flüßigkeit schmeckt laugenhaft und bläut rotes Lackmuspapier. Dampft man sie in einem Porzellanschälchen bis zur Trockne, so bleibt zuletzt eine graue Salzmasse übrig, die durch Glühen in einem kleinen Porzellantiegel weiß wird, man nennt sie die rohe Pottasche. In holzreichen Gegenden, z.B. in Amerika, Rußland etc., bereitet man sie auf ähnliche Weise im großen und bringt sie als eine vielgebrauchte Ware in den Handel (Anm.: Bezieht sich auf die Situation um die Jahrhundertwende).

In der Asche befinden sich alle die mineralischen Stoffe, welche die Pflanzen während ihres Wachstums aus dem Erdboden aufnahmen, sie sind nicht flüchtig und bleiben daher zurück, während die eigentliche Holz oder Pflanzenmasse (Anm.: die aus Kohlenstoffverbindungen aufgebaut ist) verbrennt. Das lösliche der Asche wird von dem Wasser aufgenommen (Pottasche und andere löslichen Salze), das Unlösliche (Kieselerde, unlösliche Salze und unverbrannte Kohlenstückchen) bleibt auf dem Filter zurück. Die Holzasche war bis in die sechziger Jahre das Grundmaterial, aus welchem man alle anderen Kaliverbindungen darstellte, da die direkte Gewinnung derselben aus kalireichen Mineralien, z.B. dem Kalifeldspat, zu große Kosten verursacht. Dies ist seitdem ganz anders geworden, denn es hat sich in dem Salzwerke Staßfurt eine so mächtige Vorrathskammer von Kalisalzen aufgethan, daß man sie jetzt aus dem sogenannten Abraumsalze, d.h. den oberen Schichten dieses Lagers, fabrikmäßig abscheidet, und aus diesen Kalisalzen jetzt auch Pottasche darstellt."

Ergebnis: *Aus der Holzasche erhält man durch Auslaugen mit Wasser eine alkalische Lösung.*

Versuch 66: *Reinigung von roher Pottasche (nach Stöckhardt)*

Geräte: Becherglas, Abdampfschale, Glasstab, Bunsenbrenner, Dreifuß mit Drahtgitter, Waage

Chemikalien: Rohe Pottasche, Wasser

Zeit: 2 Tage (Reine Arbeitszeit: ca. 20 Min.)

„20g ... (der rohen) Pottasche werden mit 20g kaltem Wasser übergossen, öfters umgerührt und dann eine Nacht hingestellt. Die Flüssigkeit wird durch Filtration von dem Bodensatze getrennt, bis zur Hälfte eingedampft und abermals eine Nacht hindurch der Ruhe überlassen, wobei die meisten fremden Salze herauskrystallisieren. Als solche kommen in der rohen Pottasche vor: kieselsaures und schwefelsaures Kalium, Chlorkalium, Chlornatrium u.a.

Aus der nochmals filtrierten Flüssigkeit erhält man beim Abdampfen bis zur Trockne, wobei fortwährend mit einem Glasstabe gerührt wird, eine weiße, krümelige Salzmasse, gereinigte Pottasche (K_2CO_3).

Die Pottasche ist sehr leicht in Wasser löslich, sie wird daher zuerst von dem Wasser aufgenommen und zuletzt wieder daraus abgeschieden, die anderen Beimengungen sind schwerer löslich, sie bleiben zum Teil ungelöst, zu Teil krystallisieren sie aus der Flüssigkeit heraus, ehe noch die Pottasche ans Krystallisieren denkt. Es sind dies zwei allgemeiner Anwendung fähige Methoden, durch welche man schwer lösliche Stoffe von leicht löslichen trennen kann."

Ergebnis: *Durch Kristallisation läßt sich die rohe Pottasche reinigen und man erhält reines Kaliumcarbonat.*

Versuch 67: *Hygroskopische Eigenschaften der Pottasche (nach Stöckhardt)*

Geräte: Porzellanschälchen

Chemikalien: Gereinigte und getrocknete Pottasche

Zeit: Einige Stunden (reine Arbeitszeit nur ca. 3 Min.)

„Man stelle in einem Schälchen eine Portion Pottasche in eine Stube, eine andere in einen (Anm.: nach Möglichkeit recht feuchten) Keller: die erstere wird feucht, (doch) die letztere zerfließt. Beide Proben ziehen Wasser aus der Luft an, die in der trockeneren Stubenluft weniger, die in der feuchteren Kellerluft mehr."

Ergebnis: *Die Pottasche ist ein sehr hygroskopisches Salz.*

Versuch 68: *Lösende Kraft der Pottasche (nach Stöckhardt)*

Geräte: Becherglas, schmutzige und fettige Leinwand und Kattunstreifen

Zeit: 15 Min.

„Man koche in einem Töpfchen ein Stückchen grauer Leinwand und einige schmutzige oder fettige Kattun- oder Leinwandläppchen mit 10g Pottasche und 80g Wasser einige Zeit: Die Flüssigkeit färbt sich dunkler, während die Läppchen heller und reiner werden. Was wir im gewöhnlichen Leben Schmutz nennen, ist Staub, der an Haut oder Kleidern etc. und zwar insbesondere dann festhaftet, wenn diese durch Schweiß feucht waren oder mit fettigen und anderen klebrigen Stoffen in Berührung kamen. Durch Pottasche können die letztgedachten Stoffe, wie auch der Farbstoff der rohen Leinwand, aufgelöst und entfernt werden. Hierauf beruht die vielfache Anwendung dieser Substanz zum Reinigen und Waschen."

Ergebnis: *Pottasche gelöst in Wasser hat reinigende Wirkung (alkalische Reaktion).*

Versuch 69: *„Bestandtheile der Pottasche" (nach Stöckhardt)*

Geräte: Becherglas, Porzellanschale, Lackmuspapier, Holzspan, Faltenfilter, Abdampfschale, Bunsenbrenner, Dreifuß, Drahtnetz

Chemikalien: Pottasche, Essig

Zeit: 20 Min.

„Ein Theelöffel voll Pottasche wird in einem Trinkglas mit Essig übergossen: es entweicht unter lebhaftem Aufbrausen eine Luftart, in der ein brennender Holzspan erlischt. Diese Luftart ist die uns bekannte Kohlensäure. Die Pottasche ist also ein Salz, sie ist kohlensaures Kalium (K_2CO_3). Die schwache Kohlensäure ist nicht im stande, die basischen Eigenschaften des Kalis vollständig aufzuheben, daher schmeckt die Pottasche laugenhaft und färbt rotes Lackmuspapier blau. Der Essig (wie Säuren überhaupt) kann mit Kalium Salze bilden, setzt man soviel von ihm hinzu, bis weder rotes noch blaues Probierpapier verändert wird, filtriert und verdampft die Flüssigkeit alsdann, so erhält man eine weiße Salzmasse, essigsaures Kalium.

Man könnte meinen, daß die Kohlensäure, die so gern Luftform annimmt, durch Erhitzen leicht vom Kali zu trennen wäre, Dem ist aber nicht so, die Pottasche verliert selbst in der stärksten Glühhitze ihre Kohlensäure nicht."

Ergebnis: *Die Pottasche ist ein hitzestabiles Salz der Kohlensäure und läßt sich mit Essigsäure leicht in Acetat umwandeln.*

Versuch 70: *„Prüfung der Pottasche" (nach Stöckhardt)*

Geräte: Bechergläser, Bürette, Stativ

Chemikalien: Rohe Pottaschen verschiedener Herkunft (aus verschiedenen Holzarten), eingestellte Säure, Indikatorlösung

Zeit: 15 Min.

„Die Pottasche kommt in verschiedener Güte und Reinheit im Handel vor (Anm.: der Gehalt an Kaliumcarbonat in der rohen Pottasche hängt wesentlich von der Holzart ab, aus der die Pottasche bereitet wurde, dieser Punkt ist bei einer eventuellen Düngung entsprechender Wälder von größter Wichtigkeit). Um sie auf ihre Güte zu prüfen, oder mehrere Sorten miteinander zu vergleichen, wägt man sich 10g von jeder Sorte ab und neutralisiert sie mit einer Säure. Da eine gute Pottasche, weil sie mehr kohlensaures Kalium enthält, mehr Säure braucht als eine schlechte, so kann man aus der Menge der verbrauchten Säure einen Schluß auf den Wert der Pottasche ziehen. Für häufige derartige Prüfungen benutzt man ein Alkalimeter. Ein solches Instrument besteht aus einem in Grade aufgeteilten (graduierten) Glaszylinder, in dem man die Säuremenge, statt abzuwägen, abmißt. Hierzu fertigt man sich dann eine Probesäure an, die gerade so stark ist, daß ein Grad von ihr ein Decigramm reinen kohlensauren Kaliums neutralisiert. Die Grade der verbrauchten Säure geben dann gleich den Gehalt der Pottasche an reinem kohlensaurem Kalium in Prozenten an. Die Herstellung einer Säure von ganz bestimmten Gehalt setzt aber zu viel Vorkenntnisse voraus, um hier dargelegt werden zu können, doch kann man solche heutzutage kaufen."

Ergebnis: *Der Carbonatgehalt roher Pottaschen ist je nach Herkunft verschieden.*

Versuch 71: *„Darstellung von doppeltkohlensaurem Kalium ($KHCO_3$)" (nach Stöckhardt)*

Geräte: Becherglas, Kohlensäureflasche oder Entwicklungsapparatur, Abdampfschale, Bunsenbrenner, Drahtnetz

Chemikalien: Kohlendioxid, Pottasche

Zeit: 15 Min.

„Leitet man in eine Auflösung von Pottasche Kohlensäure, so nimmt die erstere in Gegenwart des Wassers noch einmal soviel Kohlensäure auf, als sie schon enthält, und es setzen sich Krystalle von doppeltkohlensaurem Kalium ab. Diese Verbindung gehört zu den sauren Salzen:

$$K_2CO_3 + CO_2 + H_2O = 2HKCO_3,$$

denn wie wir sehen, hat sie noch ein durch Metall ersetzbares Wasserstoffatom. Kocht man die wässerige Lösung des Salzes längere Zeit, oder erhitzt man das trockene Salz, so entweicht das zweite Molekül Kohlensäure nebst dem Wasser wieder, und es hinterbleibt Pottasche ...

$$2KHCO_3 = K_2CO_3 + CO_2 + H_2O\text{“}$$

Ergebnis: *Mit Kohlendioxid kann man aus Pottasche Hydrogencarbonat darstellen, das sich beim Erhitzen in Kaliumcarbonat zurückverwandelt.*

Versuch 72: *„Darstellung von Ätzkalilauge" (nach Stöckhardt)*

Geräte: Porzellanschale, Bunsenbrenner, Dreifuß, Drahtnetz, verschließbare Flasche

Chemikalien: Gebrannter Kalk (CaO), Pottasche, Wasser, Essig

Zeit: 15 Min.

„Man lege 20g gebrannten Kalk (Anm.: CaO) in eine Schüssel, besprenge ihn mit warmen Wasser und lasse ihn solange stehen, bis er sich gelöscht hat, d.h. zu einem staubigen Pulver zerfallen ist. Dann bringe man 20g Pottasche in einer eisernen Schale mit $^1/_4$ Liter Wasser zum Kochen, und setzte der Flüssigkeit nach und nach die reichliche Hälfte des gelöschten Kalkes hinzu. Nachdem das Gemenge noch einige Zeit gekocht hat, schüttet man eine Probe davon auf ein Filter und gießt das durchgelaufene in Essig. Erfolgt dabei ein Aufbrausen, so muß noch mehr Kalk zugegeben werden, erfolgt keins, ist also keine Pottasche mehr in Lösung, so gießt man alles in eine Flasche, verstöpselt diese, und läßt sie einige Stunden lang ruhig stehen, damit der Satz sich am Boden ablagere. Die klare Flüssigkeit wird vorsichtig abgegossen und in einem wohlverstopften Glase aufbewahrt. Sie besteht aus Wasser, in welchem Kaliumhydroxyd aufgelöst ist, und heißt Ätzkalilauge ...

K_2CO_3	+	$Ca(OH)_2$ =	2KOH	+	$CaCO_3$
Kohlensaures Kalium (wasserlöslich)		Ätzkalk	Kaliumhydroxyd (wasserlöslich)		Kohlensaures Calcium" (wasserunlöslich)

Ergebnis: *Durch Umsetzung mit Calciumhydroxid läßt sich aus Pottasche Kaliumhydroxid herstellen.*

Versuch 73: „*Darstellung des festen Ätzkalis aus obiger Lösung*“ *(nach Stöckhardt)*

Geräte: Eisernes Schälchen, Bunsenbrenner, Dreifuß, Tondreieck

Chemikalien: Die im vorigen Versuch erhaltene Lösung von Kaliumhydroxid

Zeit: 20 Min.

„Ein Teil der Lösung des Kaliumhydroxyds wird in einem eisernen Schälchen, Glas und Porzellan werden angegriffen (Anm.: Heutzutage gibt es laugenfeste Gläser und Porzellane, aber mit Gebrauchsglas Fensterglas oder einem gewöhnlichen Porzellanscherben kann man dies leicht ausprobieren), eingedampft: das Wasser entweicht und es bleibt zuletzt eine weiße Salzmasse zurück. Durch stärkeres Erhitzen kann diese geschmolzen und in Stangen oder Platten ausgegossen werden.“

Unfallgefahren: Kaliumhydroxid ist stark ätzend.

Ergebnis: *Kaliumhydroxid läßt sich in fester Form gewinnen.*

Versuch 74: „*Eigenschaften des Ätzkalis*“ *(nach Stöckhardt)*

Geräte: Porzellanschälchen

Chemikalien: Kaliumhydroxid, Essigsäure

Zeit: Einige Stunden, reine Arbeitszeit ca. 3 Min.

„Man lasse etwas trockenes Kaliumhydroxyd an der Luft liegen: es wird bald feucht werden, ja zerfließen, und ... aufbrausen, wenn man eine Säure hinzugießt. ... die Kalilauge hat sehr starkes Vereinigungsbestreben: 1) zum Wasser, 2) zur Kohlensäure, beide nimmt es aus der Luft auf und wird dann wieder zu einer wässerigen Lösung von kohlensaurem Kalium oder Pottasche ...“

Ergebnis: *Kaliumhydroxid ist hygroskopisch und bindet Kohlendioxid aus der Luft.*

Versuch 75: „*Ätzende Wirkung von Ätzkali*“ *(nach Stöckhardt)*

Geräte: Becherglas, Bunsenbrenner, Dreifuß, Drahtnetz, weißes Filtrierpapier, Wollfäden

Chemikalien: Kalilauge

Zeit: 10 Min.

„Man erwärme in einem Probiergläschen etwas weißes Fließpapier, in einem anderen einige Wollfäden mit Kalilauge: beide Substanzen werden zerstört und aufgelöst, die Pflanzenfaser des weißen Papiers (Leinen oder Baumwolle) sehr langsam, die Tierfaser sehr schnell. Das Kali wirkt sehr ätzend oder kaustisch, namentlich auf tierische Stoffe. Das schlüpfrige Gefühl beim Reiben der Laugen zwischen den Fingern rührt von einer allmählichen Auflösung der Haut her.“

Ergebnis: *Kaliumhydroxid wirkt stark ätzend. Vorsicht!*

Versuch 76: „*Ätzkali ist eine Base*“ *(nach Stöckhardt)*

Geräte: Bechergläser, Thermometer, Abdampfschalen, Bunsenbrenner, Dreifuß

Chemikalien: halbkonzentrierte Salz- und Salpetersäure, Kaliumhydroxid, Indikator

Zeit: 20 Min.

„Man neutralisiert Kalilauge erstens mit Salpetersäure, zweitens mit Salzsäure: man erhält im ersten Falle ein in Säulen krystallisierendes Salz, den Salpeter:

KOH	+ HNO_3	= KNO_3	+ H_2O
Kaliumhydroxyd	Salpetersäure	Salpeter	Wasser

im zweiten Falle ein in Würfeln krystallisierendes Salz, Chlorkalium (Kaliumchlorid):

KOH	+ HCl	= KCl	+ H_2O
Kaliumhydroxyd	Salzsäure	Chlorkalium	Wasser

nebst Wasser. Die hierbei stattfindende Erwärmung zeigt an, daß das Kali sich mit großer Energie mit den Säuren verbindet. Die meisten Kalisalze sind in Wasser löslich."

Ergebnis: *Durch Neutralisation der Kalilauge mit Salz- und Salpetersäure erhält man Kaliumchlorid und Kaliumnitrat.*

Pottasche war seit Jahrhunderten bekannt. Aber niemals hatte man sich überlegt, was es eigentlich für die Vegetation bedeutet, wenn man Pflanzen erntet und verbrennt, und dann die Asche anderswo verbraucht. Die Tatsache, daß der Boden an den mineralischen Bestandteilen verarmen müsse, die die Pflanze zu ihrem Wachstum brauche, erkannte man nicht.

Der Durchbruch gelang erst *Justus Liebig* (1803 bis 1873). Schon in seiner Doktorarbeit, die er 1823, im Alter von zwanzig Jahren einreichte, begann er sich mit diesem Problem zu beschäftigen. Die Doktorarbeit trug den Titel: „Über das Verhältnis der Mineralchemie zur Pflanzenchemie". Diese Frage sollte *Liebig* bis ans Ende seiner Tage nicht mehr loslassen. Als Student schrieb er darüber:

„... Ich erkannte, oder richtiger vielleicht, es dämmerte in mir das Bewußtsein, daß nicht allein zwischen zweien oder dreien, sondern zwischen allen chemischen Erscheinungen in dem Mineral, Pflanzen und Tierreich ein gesetzlicher Zusammenhang bestehe, daß keiner allein stand ..."

Liebig erkannte, — wie schon einige vor ihm — daß die Pflanzen den zu ihrem Aufbau notwendigen Kohlenstoff in Form von Kohlendioxid aus der Luft aufnehmen:

„... Durch die Analyse des Strohs, Heus und der Früchte gelangte ich zu dem Resultate, daß gleiche Flächen Wiese, Wald oder Kulturland einerlei Quantitäten Kohlenstoff produzieren, ein Acker Getreide soviel wie ein Acker Runkelrüben ... Ich war davon in hohem Grade überrascht ... Die Wiese, der Wald erhalten keinen Dünger, jedes Jahr nehmen wir im Holz, im Heu ein Quantum Kohlenstoff hinweg, ohne jemals etwas hinzuzufügen ... es ist klar, dieser Kohlenstoff stammt aus der Atmosphäre ..."

Woher nimmt aber die Pflanze ihre anderen Bestandteile? Verbrennt man ein Naturprodukt, so bleibt Asche zurück. So mußte sich *Liebig* mit der chemischen Zusammensetzung von Pflanzenaschen beschäftigen:

„... Die Chemie hatte damit begonnen, die Pflanze in allen ihren Theilen auf das genaueste zu studiren, sie untersuchte die Blätter, Stengel, Wurzeln und Früchte ..., sie analysierte zuletzt den Ackerboden von den verschiedensten Gegenden der Erde. Es zeigte sich, daß die Pflanzen gewisse Bestandtheile in sich aufnehmen, die zum Aufbau ihres Leibes dienten und als Asche nach der Verbrennung der Pflanze zurückbleiben, daß diese Aschenbestandtheile für die Pflanzenernährung dasselbe seien, was Brod und Fleisch für die Menschen oder das Futter für die Thiere ist ... daß der fruchtbare Boden allmählich unfruchtbar werden müsse, weil durch die

Cultur der Gewächse und ihre Hinwegnahme der Vorrat im Boden immer kleiner werden müsse ..." und er schloß daraus: „... Die erschöpften Felder können nur durch künstliche Düngung wieder tragbar gemacht werden ..."

Dank *Liebig*s Ideen blühte trotz anfänglicher Mißerfolge die Anwendung der Kunstdünger auf. Für uns Nachgeborene ist die Größe des Erfolges, den *Liebig* letztlich erzielte, kaum mehr vorstellbar. Die sich in der ersten Hälfte des vorigen Jahrhunderts häufenden Mißernten schienen dem englischen Pfarrer *Malthus* und seinen düsteren Prognosen Recht zu geben und vielfach glaubte man, daß es nie gelingen würde, für die Menschen Europas eine ausreichende Ernährungsbasis zu schaffen. Die Regierungen erklärten die Revolution von 1848 bis 1849 mit dem Hinweis auf den Hunger der ärmeren Bevölkerung, der seine Ursachen in der Teuerung und der Knappheit des Getreides hatte.

Für uns heute sieht die Welt ganz anders aus. Das Problem unserer Landwirte liegt eher in der Bewältigung der Überschüsse. Überproduktion bedingt den Verfall der Erzeugerpreise, der uns in den landwirtschaftlichen Subventionen eine neue Variante staatlicher Wirtschaftspolitik beschert hat. Den Menschen zur Zeit *Liebig*s wäre das Vernichten überschüssiger Nahrungsmittel und die gesetzliche Beschränkung der Anbauflächen und der Viehhaltung, wie dies heute in fast allen Kulturstaaten üblich ist, wie ein Märchen aus dem Schlaraffenland erschienen oder wie Blasphemie.

Unter den zahlreichen Bestandteilen der Pflanzenaschen war die Pottasche, das heißt das Kaliumcarbonat, technisch genutzt worden. Pflanzen, deren Asche besonders viel Pottasche lieferten, mußten somit bei der Pottaschegewinnung den Boden zumindest an Kalium verarmen lassen. In den Handbüchern des vorigen Jahrhunderts findet sich folgende Zusammenstellung, die das Gewicht an Asche und Pottasche angibt, die 1000 Gewichtsteile verschiedener Holzarten liefern:

	Asche	Pottasche
Fichtenholz	3,4	0,45
Buchenholz	5,8	1,27
Eschenholz	12,2	0,74
Eichenholz	13,5	1,50
Ulmenholz	25,5	3,90
Weidenholz	28,0	2,85

Besonders hoch ist der Pottaschegehalt bei Sonnenblumenstengeln (20,00) und Brennnesseln (25,03).

Somit mußte die Auffindung von Kalisalzlagerstätten und deren Nutzung zur künstlichen Düngung *Liebig*s Interesse finden. Hören wir zunächst den Bericht über die Entdeckung der Staßfurter Abraumsalze:

„*Ueber die Anfänge der Staßfurter Kalifabrikation von Dr. A. Frank in Staßfurt.*"

...

„Meine Untersuchungen über die Verwerthung des Abraumsalzes habe ich im Jahre 1859 begonnen, zu welcher Zeit ich als Chemiker der Zuckerfabrik von C. Bennecke, Hicken & Co in Staßfurt beschäftigt war und legte ich dabei in Regnault Cons. elementaire de Chimie, Paris (1850) damals bereits ausführlich beschriebenen Arbeiten von Balard und Mirlis über die Benutzung der Seesalzmutterlaugen zu Grunde, da diese auf die hiesigen Verhältnisse vielfach passen. Anfang Juli 1860 waren meine Arbeiten soweit abgeschlossen, daß ich mich am 14. Juli an den Herrn Oberberghauptmann Klug in Nidda wendete und unter Hinweis auf die große Wichtig-

Abb. 69. Adolf Frank (1834—1916)

keit der Abraumsalze für technische und landwirtschaftliche Verwendung, um staatliche Unterstützung bei Anlage einer Fabrik zu deren Verarbeitung nachsuchte. Drauf theilte mir Herr von Klug unterm 22. Juli 1860 mit, daß die von mir geforderten besonderen Vergünstigungen, wie Bewilligung eines Rabatts für längere Jahre, ausschließliches Vorkaufsrecht auf die Salze etc. mit den bei Verwaltung von Staatsmarken geltenden Grundsätzen nicht vereinbar seien und bemerkte dann, daß es bei der Wichtigkeit, welche die Auffindung eines Verfahrens zur Trennung des in den Abraumsalzen enthaltenen Chlorkaliums von Chlormagnesium hätte, nicht schwer fallen würde, die zu einer Fabrikanlage nöthigen Kapitalien zusammen zu bringen, im August 1860 trug ich hierauf Herrn von Klug die Details meines Projektes mündlich vor und erhielt von demselben die Zusage, daß er sich bemühen werde, Kapitalisten für die Sache zu interessiren, ich gab deshalb meine bisherige Stellung in Staßfurt auf und ging nach Berlin, um für meine Sache weiter zu wirken und die Erlangung eines Patentes auf eine Verbesserung bei Trennung des Chlorkaliums vom Chlormagnesium, welches ich unterm 29. August 1860 eingeschickt hatte, zu betreiben.

Die damalige für alle industriellen Unternehmungen sehr ungünstige Lage des Kapitalmarktes veranlaßte mich außerdem, die Herzogliche Bernburgsche Regierung, welche derzeit mit dem Abtaufen der Steinsalzschächte auf Leopoldshall vorging um Bewilligung des für eine Fabrikanlage nothwendigen Kapitals zu ersuchen und reichte ich dem damaligen Bernburgschen Staatsminister von Schackzell ebenso wie Herrn von Klug im October 1860 ein ausführliches Prommonia über die Anlage einer chemischen Fabrik ein, in welchem ich ad I die Verarbeitung der

Abb. 70. Kali-Fabrik in Leopoldshall Staßfurt

Staßfurter Abraumsalze zu Chlorkalium beschrieb und Anlagekosten der Fabrik wie Herstellungspreise der Producte berechnete …

ad IV mit Rücksicht auf die durch forcirten Rüben und Hackfruchtbau vorauszusehende Bodenerschöpfung und die ungeeignete Zusammensetzung der rohen Abraumsalze für landwirtschaftliche Verwendung die *Darstellung von Kalimitteln als besonders wichtig und beachtenswerth hervorhob.* — Es ist in diesen Vorschlägen der wesentliche Entwicklungsgang, welchen die Staßfurter Industrie genommen hat, nahezu vollständig vorgezeichnet und ist bis heute eigentlich nur noch die Fabrikation von Brom und Brompräparaten dazu gekommen. —

Obiges Prommonia habe ich dann am 1. März 1861 in der Polytechnischen Gesellschaft zu Berlin in einem Vortrage auszugsweise mitgetheilt … Unterm 21. März 1861 erhielt ich auch das von mir im vorhergehenden Jahre nachgesuchte Patent auf ein Verfahren zur Trennung des Chlorkaliums von Chlormagnesium und ebenso gelang es mir im Frühjahr 1861 nach vielen fruchtlosen Bemühungen endlich das zu einer Fabrikanlage erforderliche Kapital zusammen zu bringen, womit ich im Mai den Bau einer für tägliche Verarbeitung von 100 Ctr. Abraumsalzen eingerichteten Fabrik begann, welche am 1. October desselben Jahres in Betrieb kam …"

(*Frank* beschreibt nun die Versuche seiner zahlreichen Konkurrenten, die wir übergehen wollen)

„Bei der sehr bedeutenden Nachfrage nach Chlorkalium, welche derzeit herrschte und dem großen Gewinn, welchen die Fabrikation des Chlorkaliums anfangs abwarf, hätten die obengenannten Firmen sich gewiß dabei betheiligt, wenn sie eben mit ihren Versuchen zu befriedigenden Ergebnissen gekommen wären … Daß eine ganz neue Fabrikation mit ungeübten Arbeitern und knapper Einrichtung nicht sofort fix und fertig dasteht, weiß jeder Techniker und gestehe ich gerne zu, daß ich bei Beginn der Arbeit viele Schwierigkeiten zu überwinden hatte, trotzdem waren

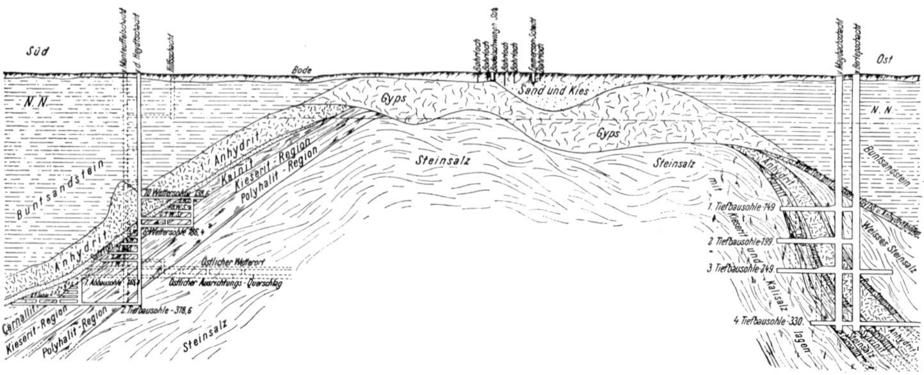

Abb. 71. Profil durch das königlich-preußische Salzwerk zu Staßfurt
(W. Michels, Leipzig 1916)

bereits im November 1861 die ersten Parthien fertiges Chlorkalium zum Versand gebracht ...
Bei der Feldbestellung von 1863 — (Herbst 62 und Frühjahr 63) wurden mit meinen Kalidüngemitteln bereits ausgedehnte Versuche gemacht und lieferten diese ... ein sehr günstiges Resultat daß im Herbst 63 und Frühjahr 1864 die Anwendung dermaßen stieg, daß ich außerstande war, den Bedarf allein zu decken ...“

Anmerkung: Die Trennung des Kaliumchlorids von den übrigen Salzen geschieht durch Kristallisation. Sie kann im Experiment nachvollzogen werden, ist aber mühsam und nicht sehr spannend.

Die Entstehung der Staßfurter Abraumsalze mußte *Liebig* begeistern. Bald nachdem die ersten Erfolge der Kalidüngung sichtbar wurden, schrieb er an *Frank* folgenden Brief:

„Herrn Dr. Frank in Staßfurt

München, den 26. Februar 1865.

Hochgeehrter Herr Doktor!

Ihr geehrtes Schreiben vom 1. Februar, welches ich erst gestern empfing, hat mir große Freude gemacht, indem ich daraus entnahm, wie nach und nach die Gesetze des Feldbaues und die Bedienungen zur Erhaltung der Fruchtbarkeit der Felder zur Anerkennung und zum Bewußtsein der Landwirthe kommen. Die Rübenzuckerfabrikation hat wesentlich dazu mitgewirkt, die Bedeutung des Kalis ins Licht zu stellen, und wenn das Chlorkalium, wie kaum anders zu erwarten steht, zum Ersatz des Entzogenen sich vollkommen eignet, so können die Rübenbauer ohne Sorge ihre Schlempe auf kohlensaures Kali verarbeiten, eine Sache, die ich für die Industrie für sehr wichtig halte. Wir haben hier im vorigen Jahr eine Reihe von Versuchen mit Zuckerrüben gemacht in einem Boden (Torf mit den verschiedenen Nährstoffen gesättigt) von bekannter Zusammensetzung, und es hat sich ganz entschieden herausgestellt, daß der an Kali reichere Boden einen zuckerreicheren Saft lieferte, aber ebenso entschieden, daß das Kochsalz, obwohl dadurch der Ertrag an Rübenmasse gestiegen war, den Zuckergehalt des Saftes auffallend verminderte. Das

Kochsalz welches Sie mit Chlorkalium empfehlen, um letzteres in den Untergrund zu bringen, sollte jedenfalls im Herbste schon auf die Aecker gebracht werden, um die oberen Schichten des Bodens von dem Ueberschuß an Kochsalz zu befreien. Auch ihre Absorptionsversuche haben mich sehr interessiert. Um aber zu einem schärferen Schluß zu kommen, dürfte es nöthig sein, eine Anzahl von Erden aus verschiedenen Gegenden mit Lösungen von Chlorkalium, so wie Sie es gethan, zu behandeln.

Für die Mittheilung Ihrer Versuche über die Wirkung des Kochsalzes auf die Verbreitung der unlöslichen Phosphate werde ich ihnen, wenn sie vollendet sind, sehr dankbar sein.

Auch ihre Betrachtung über die Erträge der belgischen Felder ist sehr merkwürdig: der Ausfall an Erbsen ist ein in allen Ländern sehr auffallendes Symptom der Erschöpfung. Das Kalisalzlager in Staßfurt ist ein großes Glück für unsere Landwirthe und Rübenbauer insbesondere; wenn die französischen nicht nachfolgen, so wird in einem Menschenalter von Zuckerfabriken in Frankreich nicht mehr die Rede sein. Durch die wohlfeile Darstellung und Verbreitung dieses so wichtigen Düngemittels verdienen Sie den Dank aller Landwirthe.

Mit der aufrichtigsten Hochachtung
der Ihrige
J. v. Liebig"

Wir wollen in der Geschichte der Pottasche wieder rückwärts schreiten. Bis weit ins 18. Jahrhundert hinein konnte man Pottasche und Soda nicht recht unterscheiden. Auch gelang es nicht, das beiden zugrundeliegende „Prinzip" zu isolieren. Doch das 18. Jahrhundert brachte den großen Aufschwung durch Elektrizität. Der englische Gelehrte *Humphry Davy* (1778 bis 1829) war der erste, der auf die Idee kam, Schmelzen zu elektrolysieren. So gelang ihm die Entdeckung mehrerer Alkali- und Erdalkalimetalle.

Hören wir seinen Bericht über die Entdeckung des Kaliums:

„Capital Experiment proving the decompn of Potash"

„Obgleich im Feuer vollkommen getrocknete Pottasche ein Nichtleiter ist, wird sie zu einem Leiter durch ein ganz klein wenig Feuchtigkeit, die ihren Zusammenhalt nicht sichtbarlich zerstört; in diesem Zustand schmilzt sie leicht und wird durch starken elektrischen Strom zersetzt.

Ein kleines Stück reiner Pottasche, das für einige Sekunden der Luft ausgesetzt worden war, um der Oberfläche Leitfähigkeit zu verleihen, wurde auf eine isolierte Platinschale gelegt, die mit der negativen Seite einer Batterie ... verbunden war, die sich in einem Zustand hoher Aktivität befand; Und ein Platindraht, der mit der positiven Seite verbunden war, wurde mit der Oberfläche des Alkalis in Berührung gebracht. Der ganze Apparat war offen der Luft ausgesetzt. Unter diesen Umständen konnte man einen lebhaften Vorgang beobachten. Die Pottasche begann an beiden Punkten der Elektrisierung zu schmelzen. Da war ein starkes Aufbrausen auf der Oberfläche; an der unteren oder negativen Oberfläche, war keine Freisetzung eines Gases; aber es erschienen kleine Kügelchen mit starkem metallischem Glanz und in ihrem Aussehen ziemlich dem Quecksilber gleichend, einige von ihnen verbrannten in Explosionen mit helleuchtender Flamme, sobald sie sich gebildet hatten. Andere blieben erhalten und trübten sich nur und wurden schließlich von einem weissen Film bedeckt, der sich an ihrer Oberfläche bildete. Bald zeigten zahllose Experimente, daß jene Kügelchen die Substanz war, die ich gesucht hatte und ein eigentümlich brennbares Prinzip der Basis der Pottasche.“

Edmund Davy, der als Assistent seinem Bruder beim Experimentieren half, hat berichtet, daß *Humphry Davy*, als er die ersten Kaliumkügelchen die Pottaschenkruste durchbrechen sah, sich vor Freude nicht habe halten können – tatsächlich sei er in ekstatischem Entzücken im Raum herum gesprungen, und er brauchte einige Zeit, bis er sich wieder soweit gefaßt hatte, daß er das Experiment fortsetzen konnte.

Zur Darstellung von elementarem Kalium ist es günstiger, von Ätzkali auszugehen. Man verfahre dabei ebenso, wie *Bukatsch/Glöckner*: Experimentelle Schulchemie, Anorganische Chemie, Metalle, Bd. 3/I, S. 3 Versuch 5 für das Natrium beschrieben und verwende statt Ätznatron Ätzkali.

Die vorstehend aufgeführten Versuche können zeigen, wie man aus wenigen natürlichen Ausgangsmaterialien zu einer Reihe chemischer Verbindungen gelangen kann. Es ist so möglich, anschaulich das Vorhandensein von Kalium in den Pflanzen zu zeigen.

XII. C. F. Schönbein und das Ozon

(1844)

Der Basler Professor für Chemie und Physik, *Christian Friedrich Schönbein* (1799 bis 1868) schrieb 1854 an *Liebig* über seine chemischen Spekulationen:
„Wer nicht den Mut hat, einen neuen Gedanken auszusprechen, auch auf die Gefahr hin, zu irren oder für einen Narren gehalten zu werden, wird wenig zu irgend einer Art von Fortschritt beitragen können ...“ Über jene seiner Zeitgenossen, die sich nach seiner Meinung zu wenig um die chemische Theorie kümmerten, heißt es im gleichen Jahr in einem Brief an *Schönbeins* Freund *Faraday:*

> „... Und wenn darüber auch unsere chemischen Kochkünstler, die unentwegt ihren Schnaps und ihren Mehlbrei brauen, ohne sich im geringsten um die ursprünglichen Zustände der Substanzen, die sie zusammenrühren, zu kümmern, in blinde Wut geraten sollten, so wäre mir das nicht nur gleichgültig, sondern es würde mich sogar freuen; denn ich kann nicht leugnen, daß ich mich über die Engherzigkeit und Kleinlichkeit der Mehrzahl dieser Rasse geradezu ärgere...“

Es ist indes nicht zu leugnen, daß ein solcher Standpunkt auch seine Gefahren hat. *Schönbeins* größte Entdeckung war das Ozon. Schon lange vor *Schönbein* war der merkwürdige „elektrische Geruch“ beobachtet worden, der bei dem Abströmen elektrischer Ladung in der Luft entsteht. Diesen Geruch sah man als Eigenschaft imponderabler elektrischen Materie an. *Schönbein* beobachtete diesen Geruch auch bei der Elektrolyse des Wassers. Da er die Elektrizität nicht als etwas Stoffliches ansah, sondern in ihr einen Bewegungszustand vermutete, schloß er auf einen unbekannten gasförmigen Stoff. 1839 lernte er während einer Englandreise den Physiker *William Robert Grove* kennen, der gerade das später nach ihm benannte galvanische Platin-Zink Element konstruiert hatte. *Wilhelm Prandtl* hat 1956 in seiner *Schönbein*-Biographie die Entdeckung des Ozons so beschrieben:

> „... Unter der Mitwirkung des Erfinders ließ sich *Schönbein* in London eine kräftige *Grove*sche Säule bauen, die in der Minute 15 Kubikzoll (etwa 300 cm^3) Knallgas lieferte, welches den elektrischen Geruch außerordentlich stark zeigte und es ihm ermöglichte, die Ursache des Geruches näher zu erforschen. Nach Basel zurückgekehrt, fand er alsbald, daß der Geruch nur an dem der Anode entwickelten Sauerstoff anhaftet, auch nach der Unterbrechung des Stromes fortdauert und sich auch beim Aufbewahren des riechenden Gases in wohlverschlossenen Flaschen nicht verliert. Er fand ferner, daß der Geruch nur auftritt, wenn die Anode aus edlem Metall, Gold oder Platin, besteht, nicht an Kohle oder oxydierbaren Metallen, daß er nur aus verdünnten wäßrigen Lösungen von Schwefel-,

Abb. 72. Christian Friedrich Schönbein (1799—1868)

Phosphor- oder Salpetersäure entwickelt wird, nicht aus Lösungen der Halogenwasserstoffsäuren oder ihrer Salze, nicht aus Ferrosulfatlösung, konzentrierter Salpetersäure usw., und daß er nur bei nicht allzu hohen Temperaturen entsteht. Der riechende Sauerstoff wird mehr oder weniger rasch geruchlos beim Schütteln mit Kohlepulver, mit Feilspänen oder Pulver von Eisen, Zink, Zinn, Blei, Arsen, Antimon oder Wismut, mit Quecksilber oder mit reduzierenden Salzen wie Ferrosulfat, Zinnchlorür und dergleichen, ferner beim Erhitzen.

Aus ihrer Bildungsweise und ihrem chemischen Verhalten schloß *Schönbein*, die riechende Substanz sei ein den Halogenen ähnlicher Stoff ... Bald darauf machte er den Vorschlag, dem riechenden Prinzip, falls es sich bei ferneren Untersuchungen entweder als ein elementarer oder zusammengesetzter Salzbildner verhalten sollte, den Namen ,Ozon', d.h. das Riechende zu geben ..."

Schönbein knüpfte an die Entdeckung des Ozons weitreichende Betrachungen, die sich indessen später als falsch erwiesen. Sein Ozon-Reagenz: Kaliumiodidstärkekleister war nicht sicher genug. Der folgende Brief, den *Schönbein* voller Entdeckerstolz an den damals in Berlin lebenden Philosophen *F.W.J.v. Schelling* sandte, ist ein sehr schönes Beispiel dafür, wie gefährlich es sein kann, aus wenigen neuartigen Erkenntnissen zu weitreichende Folgerungen abzuleiten. Dieser Brief zeigt auch, daß *Schönbein* noch zu diesem Zeitpunkt von der romantischen Naturphilosophie stark beeinflußt war. Nicht zuletzt deshalb war es ihm wichtig, gerade die Meinung *Schelling*s zur Entdeckung zu hören:

„Sr. Hochwohlgeboren
Herrn
Geheimen Rath von Schelling
in Berlin

Sehr geehrter Herr geheimer Rath!

Obwohl zwei Briefen, die ich im Laufe der letzten beiden Jahre an Sie zu richten mir die Freiheit genommen, noch nicht die Ehre der Erwiederung geworden ist,

Abb. 73. Friedrich Wilhelm Schelling (1775—1854)

so nehme ich doch deshalb nicht an, daß Sie Ihren alten Erlanger Bekannten gänzlich vergessen haben, Ihr Wohlwollen gegen mich aufgehört.[1] Da Sie nun die Mittheilungen, ... über den electrischen Geruch mit aufmunternden Worten aufnahmen und ich aus meinen neuesten Untersuchungen über den gleichen Gegenstand Ergebnisse erhalten von einer solchen Art, daß dieselben wohl ein ganz neues Feld für chemische und physikalische Forschungen eröffnen dürften, so hoffe ich, werden Sie eine allgemeine Angabe hierüber freundlich mir entgegen nehmen.[2] Vorab will ich bemerken, daß meine schon in der ‚Denkschrift' ausgesprochene Vermutung vollkommen sich erwahrt hat, die Vermutung nämlich, daß das am positiven Pol bei der Wasserelectrolyse sich (neben dem Sauerstoff) entwickelnde riechende Wesen durchaus einerlei ist mit dem an electrischen Ausströmungsspitzen zum Vorschein kommenden Körper und daß diese Materie die Natur eines Salzbildners hat und dem Chlor sehr nahe verwandt ist.[3] Unter die schlagendsten Beweise für die Richtigkeit dieser Behauptung gehören:

1.) daß das Ozon[4] wie das Chlor die Pflanzenfarben mit Energie zerstört,

2.) daß es gleich dem Chlor eine Reihe zusammengesetzte Körper z.B. Schwefelwasserstoffgas, Jodkalium u.s.w. zerlegt,

---

[1] *Schelling* war damals schon sehr alt — der Brief wurde 10 Jahre vor seinem Tode geschrieben. Seine Philosophie hatte sich zu diesem Zeitpunkt schon überlebt und es war recht einsam um ihn geworden.

[2] Am 10. April 1840 hatte er an die Bayerische Akademie der Wissenschaften in München einen Bericht: „Beobachtungen über den bei der Elektrolyse des Wassers und dem Ausströmen der gewöhnlichen Electricität an Spitzen sich entwickelnde Geruch" gesandt.

[3] Tatsächlich ist Ozon ein Salzbildner, obwohl *Schönbein* selbst keine Ozonide isoliert hat.

[4] Noch im folgenden Jahr zeigten *Marignac* und *de la Rive* in Genf, daß Ozon auch bei der Einwirkung der elektrischen Entladung auf reinstem und ganz trockenen Sauerstoff entsteht, und sie stellten fest, daß Ozon nichts anderes ist, als besonders aktiver Sauerstoff. Damit waren *Schönbeins* Thesen gescheitert, auch wenn er dies zunächst nur bedingt hinnehmen wollte.

3.) daß es wie Chlor Calciumeisencyanin[1] in Cyanin umwandelt.
Noch könnte ich Ihnen eine Reihe anderer ähnlicher Thatsachen aufführen, die angegebenen reichen aber vollkommen hin, die zwischen Chlor und Ozon bestehende chemische Ähnlichkeit zu begründen. Beifügen will ich indessen noch das Factum, daß Ozon eingeathmet auf den Organismus dem Chlor analog wirkt; es werden hiedurch Erscheinungen veranlaßt, wie dies an mir selbst hinreichend ermittelt habe. Auch ist bereits eine Maus dem Ozon als Opfer gefallen. Das wichtigste der von mir in der neuesten Zeit gewonnenen Resultate besteht indessen in der Entdeckung, daß das Ozon nicht nur auf electrischem und electrolytischem Wege, sondern auch durch chemische Mittel erzeugt werden kann und zwar mit der größten Leichtigkeit.
Ich brauche nicht zu sagen, daß das auf diese Weise erzeugte Ozon in allen seinen Eigenschaften vollkommen mit dem auf electrischen und voltaschen Wege hervorgebrachten übereinstimmt. Wie verschieden nun auch dem Schein nach die Umstände sind, unter welchen Ozon auftritt, so haben sie doch alle das gemeinschaftlich, daß in ihm Stickstoff anwesend ist. In der That haben meine Versuche dargethan, daß die Bildung oder, eigentlicher gesprochen, die Ausscheidung des Ozons ohne die Gegenwart des Stickstoffes nicht stattfindet und kann ich nicht umhin, aus den Ergebnissen meiner Untersuchung einen Schluß zu ziehen, vor dessen Kühnheit ich beinahe selbst erschrecke. Der Schluß nemlich, daß der Stickstoff der Träger des Ozons, d.h. ein zusammengesetzter Körper ist, aus Ozon und Wasserstoff bestehend. Aus der Annahme, daß der Stickstoff in der bezeichneten Weise constituirt sei, erklären sich mir alle die auffallenden und ungewöhnlichen Erscheinungen, welche ich aufführe und in der neuesten Zeit zu veranlassen und zu beobachten Gelegenheit fand auf die einfachste und genügendste Weise. Das Auftreten des Ozons an electrischen Ausströmungsspitzen rührt einfach von der Entwasserstoffung des Stickstoffes her. Die Electricität bestimmt nemlich den Sauerstoff der Luft mit dem Wasserstoff des Stickstoffes zu Wasser sich zu verbinden und das Ozon in Freiheit zu setzen. Versteht sich, daß dasselbe in großem Maßstabe bei Blitzschlägen und durch electrische Entladungen in der atmosphärischen Luft geschieht und daher der Blitzgeruch. Würde zum Beispiel die atmosphärische Luft anstatt des Ozonwasserstoffes (Stickstoffes) Chlorwasserstoff enthalten, so träten an den Ausströmungsspitzen Erscheinungen auf, ganz analog denjenigen, die wir jetzt an jenen beobachten. Es würde an diesen Spitzen beim Ausströmen der Electricität ein schwacher Chlorgeruch auftreten, herrührend von der unter electrischen Einfluße dort bewerkstelligten Zersetzung des Chlorwasserstoffes durch den Sauerstoff der Luft; ein Platinstreifen würde im electrischen Büschel negativ polarisirt durch das frei werdende Chlor; organische Farbstoffe würden gebleicht, das oben erwähnte Cyanin verwandelt werden. Die Erzeugung des Ozons auf chemischen Wege geht in der gleichen Weise vor sich: unter gegebenen Umständen wird der Sauerstoff der Luft veranlasst mit dem Wasserstoff des Ozonwasserstoffes sich zu vereinigen und das Ozon in Freiheit zu setzen.
Es hieße die Grenze eines Briefes weit überschreiten, wollte ich Ihnen auch nur den kleinen Theil meiner Versuche näher beschreiben, das Gesagte aber denke ich reicht hin um Ihnen eine Vorstellung von der Art meiner neuesten Arbeiten zu geben. Demnächst werde ich natürlich dieselben umständlichst der wissenschaftlichen Welt vorlegen, Faraday und Berzelius sind bereits davon unterrichtet. Noch

[1] gemeint ist Calcium-hexacyanoferrat(III)

sind freilich viele Versuche anzustellen, bevor ich meine begonnene Arbeit auch nur halb vollendet nennen kann, der Weg jedoch ist angebahnt, auf welchem ich oder andere das Ziel erreichen können. Für die Richtigkeit meines Schlußes, daß Ozonwasserstoff gleich Stickstoff, und Salpetersäure Ozonsäure sei, habe ich erst noch einen thatsächlichen Beweis erhalten; das auf chemischen Wege aus Stickstoff gewonnen Ozon, erzeugt mit Kalilösung zusammengebracht Salpeter. Eine längst bekannte, aber bisher übelverstandene Thatsache ist, daß electrische Funken durch atmosphärische Luft schlagend Salpeter erzeugen, falls Kalilösung anwesend ist. Auch die Erzeugung der Salpetersäure durch electrische Entladungen in der Luft muß ganz anders als bisher gedeutet werden. Wenn es nun mit der Zusammengesetztheit des Stickstoffes seine Richtigkeit hat und nach den vorliegenden Versuchen ist kaum mehr an derselben zu zweifeln, so kann es nicht fehlen, daß die Chemie in ein neues Stadium ihrer Entwicklung treten wird, denn der Stickstoff spielt ja eine der bedeutendsten Rollen sowohl in organischer als auch unorganischer Natur. Allein auch andere Gebiete der Naturwissenschaft dürften durch die Entdeckung der Zusammensetzung des Stickstoffes und durch die genauere Einsicht in die chemische Natur dieses so verbreiterten Körpers die durchgreifendsten Umgestaltungen erleiden und sehr wesentliche Erweiterungen erfahren. Namentlich verspreche ich mir für die metereologischen Erscheinungen, diese anscheinend so launenhafte Seite der Natur, nicht ganz geringe Aufschlüsse, denn, ist unsere Atmosphäre aus Sauerstoff und einem Electrolyten, dem Ozonwasserstoff zusammengesetzt, so haben wir in derselben eine wahrhaft gigantische voltasche Luftsäule, in welcher der Sauerstoff das negative, der Stickstoff das positive Element bildete. Durch die chemische Anziehung nehmlich, welche der Sauerstoff fortwährend gegen den Wasserstoff des electrolytischen Ozonwasserstoffes ausüben muß, wird die voltasche Polarisation in dem letzteren veranlaßt oder ein electrischer Gegensatz zwischen seinen Bestandtheilen hervorgerufen in demselben Maaße wie Chlor die Theilchen des electrolytischen Wassers polarisirt. Es würde mit anderen Worten die beiden Hauptbestandtheile der athmosphärischen Luft in einem Zustande electrischer Spannung sich befinden, welche um so bedeutender seyn muß, je höher die Temperatur der Atmosphäre ist. Dieser polare Zustand der Lufttheilchen wird nur unter gegebenen Umständen und namentlich bei Anwesenheit einer merklichen Menge von Wasser so stark sich steigern müssen daß electrische Ausgleichungen zwischen den electrisch gespannten Molecülen eintreten. Eine solche electrische Entladung in großem Maßstabe würde Vorgänge bilden, die wir Blitz nennen. Ueber die bis jetzt noch sehr im Dunkel gehüllten electrischen Vorgänge, welche in der Athmosphäre unaufhörlich Platz greifen, dürfte daher meine Entdeckung ein eben so unerwartet als helles Licht werfen, dieselbe also durch Beantwortung der wichtigen Frage über den Ursprung der Luftelectricität führen. Auch würde aus der Zusammensetzung des Luftstickstoffes folgen, daß ein Theil des athmosphärischen Wassers nicht von bloßer Verdampfung herrühre, sondern aus seinen Elementen bei electrischer Entladung in der Luft selbst sich bildete. Da bei solchen Entladungen immer Ozon entbunden werden muß und dieser merkwürdige Körper schon in kleinen Mengen auffallende physiologische Wirkungen im menschlichen Körper veranlaßt (ich kann zum Beispiel dadurch, daß ich Luft mit einigem Ozon vermengt, einathme sehr rasch eine Art von Grippe in mir erregen), so dürften unter gegebenen Umständen, d.h. bei lebhaften atmosphärischen electrischen Entladungen krankhafte affectionen wie z.B.

Influenza u.s.w. herbeigeführt werden und das Ozon also auch an pathologischen Erscheinungen seinen Antheil haben.
Bei der großen Verbreitung des Stickstoffes und bei den wichtigen Beziehungen, in welchen derselbe erfahrungsgemäß zur organischen Welt steht, darf vage vermuthet werden, daß der Ozonwasserstoff eine Materie sei, deren sich die Natur zur Erreichung der großartigsten Zwecke, zur Veranlassung der bedeutendsten tellurischen Erscheinungen bediene und daß er namentlich das wichtigste Mittelglied bilde, durch welches die großen Gebiete des organischen und unorganischen Lebens unmittelbar und materiell zusammenhängen.
Ich würde mich eben so geehrt fühlen, als mich freuen, wenn auch einmal von Berlin aus Nachrichten über Sie selbst als Ihre werthen Familie erhielte. Die meinige befindet sich wohl und meine drei Mädchen wachsen rasch heran.
Im Sommer gedenke ich wieder auf einige Zeit nach England zu gehen, um mit meinem Freunde Faraday, der an der Ozonentdeckung das lebhafteste Interesse nimmt, in der Royal Institution über diese Gegenstände einige Arbeiten auszuführen. Mich gelüstet es wohl, einmal Berlin zu besuchen, allein wir kommen von hier aus gar zu schwer in den Norden und so weiß ich nicht, ob wohl je mein Wunsch in Erfüllung gehen wird. Wollen Sie mich Ihrer Frau Gemahlin bestens empfehlen und bald mit Nachrichten aus Berlin beehren.
Mit größter Hochachtung habe ich die Ehre zu seyn

Euer Hochwohlgeboren ergebenster C. F. Schönbein

Basel, den 22. April 1844

1. PS. Um Ihnen einen thatsächlichen Beweis für die bleichenden Kräfte des Ozons zu geben, lege ich Ihnen ein Stückchen gerötheten Lackmuspapieres bei. Der weiße Theil desselben befand sich nur sehr kurze Zeit in ozonhaltiger Luft.“

Versuch 77: *„Ozonbildung bei stiller Entladung des Inductionsstromes im Sauerstoffgas“ (nach Heumann)*

Geräte: Ozonapparat, Reagenzglas, Hochspannungsquelle, Kabel

Chemikalien: Sauerstoff, Kaliumiodidstärkelösung

Zeit: 5 bis 10 Min.

„Dies ist die ausgiebigste und bequemste Ozonquelle, welche zur Construction einer großen Anzahl von Apparaten geführt hat ...
Anmerkung! Man bediene sich am einfachsten eines kleinen käuflichen Siemensschen Ozonisators.“

Unfallgefahren: Vorsicht beim Arbeiten mit Hochspannung!

Genauere moderne Beschreibung dieses Versuches: *Bukatsch/Glöckner*, Experimentelle Schulchemie. Anorganische Chemie, Nichtmetalle, Bd. 1, S. 145, Versuch 37

Ergebnis: *Ozon entsteht bei der stillen elektrischen Entladung.*

Versuch 78: *„Ozongehalt des elektrolytisch abgeschiedenen Sauerstoffs“ (nach Heumann)*

Geräte: U-Rohr, Gleichstromquelle, Amperemeter, Regelwiderstand

Chemikalien: Verdünnte Schwefelsäure, Kaliumiodidstärke, Elektrodenmaterial

Zeit: 15 Min.

„Das bei der galvanischen Wasserzersetzung resultierende Sauerstoffgas besitzt den Ozongeruch in hohem Grade und bläut einen mit Jodkaliumstärkekleister bestrichenen Papierstreifen augenblicklich. Um das ozonhaltige Gas in constantem Strome zu erhalten, verschliesst man den einen Schenkel einer mit reiner verdünnter Schwefelsäure (1 Thl. Schwefelsäure und 10 Thle. Wasser) gefüllte U-Röhre mit einem trockenen, die Gasleitungsröhre und die positive Elektrode (Kohlenpol) tragenden Kork. Das bei der Elektrolyse entwickelte ozonisirte Sauerstoffgas leitet man ohne Anwendung von Kautschuk in dünne Jodkaliumstärkelösung oder in sehr verdünnte Indigolösung."

Moderne Variante dieses Versuches: *Bukatsch/Glöckner*, Experimentelle Schulchemie. Anorganische Chemie, Nichtmetalle (I), Bd. 1, S. 146, Versuch 38

Ergebnis: *Bei geeigneten Bedingungen kann auch Elektrolyse Ozon liefern.*

Versuch 79: *„Das aus übermangansaurem Kalium durch Schwefelsäure abgeschiedene Sauerstoffgas ist stark ozonisiert" (nach Heumann)*

Geräte: Erlenmeyerkolben mit durchbohrtem Korkstopfen und eingesetztem Tropftrichter, Papierstreifen

Chemikalien: Kaliumpermanganat, konz. Schwefelsäure, Bleihydroxid, Indigolösung, Silberstreifen oder Münze, Bleiacetat, Schwefelwasserstoffwasser

Zeit: 20 Min.

„In einem kleinen, mit Korkstopfen versehenen Gasentwicklungskölbchen, dessen Trichterröhre in einem Präparatengläschen steht, übergieße man 2 Thle. krystallisirtes und vollständig trockenes übermangansaures Kalium allmählig mit 3 Thln. reiner concentrirter Schwefelsäure. Wird das entweichende Gas ohne Anwendung von Kautschukverbindungen in ein mit sehr verdünnter Indigolösung gefülltes Reagenzröhrchen geleitet, so tritt nach einigen Augenblicken Entfärbung ein. Lässt man das Gas in ein Kölbchen treten, in welchem sich eine blankgeputzte Silbermünze befindet, so überzieht sich diese in wenigen Secunden mit einem grauschwarzen Ueberzuge von Silbersuperoxyd. Werden mit Bleihydroxyd (‚dieses erhält man durch Fällen einer Bleilösung mit etwas Natronlauge und einmaligem Auswaschen durch Decantation genügend rein; die Papierstreifen werden in den nassen Niederschlag eingetaucht;) bestrichene Papierstreifen statt der Silbermünze in das Kölbchen gebracht, so entsteht braunes Bleihyperoxyd.

Ein Fliesspapierstreifen, welcher zuerst in Bleizuckerlösung und dann in Schwefelwasserstoffwasser getaucht worden war, ist mit braunschwarzem Schwefelblei überzogen. Bringt man nun einen solchen Papierstreifen in das ozonhaltige Gas, so wird er sofort gebleicht, indem weisses, schwefelsaures Blei entsteht."

Unfallgefahren: Explosionsgefahr! Vorsicht!

Moderne Varianten zu Teilen dieses Versuches: *Bukatsch/Glöckner*, Experimentelle Schulchemie, Anorganische Chemie, Nichtmetalle (I), Bd. 1, S. 148, Versuche 42 und 43

Ergebnis: *Kaliumpermanganat und konzentrierte Schwefelsäure geben Ozon.*

Versuch 80: *„Darstellung von Ozon durch elektrische Funkenentladung" (nach Heumann)*

Geräte: Eudiometerrohr (einseitig verschlossenes Glasrohr, an dessen verschlossenem Ende zwei Platindrähte eingeschmolzen sind, die im Innern des Rohres eine Funkenstrecke bilden), pneumatische Wanne, Induktionsapparat

Chemikalien: Sauerstoff, Wasser, Stärkekleister, Kaliumiodid

Zeit: 10 Min.

„Eine Eudiometerröhre, wird mit Wasser, welchem etwas Stärkekleister und einige Tropfen Kaliumiodidlösung zugefügt sind, angefüllt und in einem dieselbe Flüssigkeit enthaltenden Gefässe umgedreht. Dann läßt man einige Cubikcentimeter Sauerstoffgas in die Röhre treten, wobei noch keine Bläuung eintreten darf. Veranlasst man nun, dass die Funken eines Induktionsapparates zwischen den Platindrähten des Eudiometers überschlagen, so wird im Augenblick soviel Ozon gebildet, dass beim gelinden Rütteln des Eudiometers sich der Obere Theil der Stärkelösung sofort blau färbt, indem das gebildete Ozon aus dem Jodkalium Jod in Freiheit setzt und so die Entstehung von blauer Jodstärke verursacht. Verwendet man viel Sauerstoffgas, so dauert es längere Zeit, bis das Ozon zur Flüssigkeit herabdiffundirt oder man ist genöthigt, die Röhre nach Unterbrechung des Funkenstromes mit dem Daumen zu verschließen und ihren Inhalt durchzuschütteln."

Unfallgefahren: Es sind die beim Arbeiten mit Hochspannung nötigen Vorsichtsmaßregeln (Berührungsschutz) einzuhalten.

Moderne Variante dieses Versuches: *Bukatsch/Glöckner*, Experimentelle Schulchemie. Anorganische Chemie, Nichtmetalle(I), Bd. 1, S. 146, Versuch 39.

Ergebnis: *Elektrische Funken liefern die für die Ozonbildung nötige Energie.*

Versuch 81: *„Ozonisation des atmosphärischen Sauerstoffs bei langsamer Verbrennung des Phosphors" (nach Heumann)*

Geräte: Glasballon, Papierstreifen

Chemikalien: Weißer Phosphor, Wasser, Kaliumiodidstärkekleister, Bleihydroxid, Bleisulfid, Manganacetat

Zeit: Einige Stunden Vorbereitung, dann 10 Min.

„Mehrere Stunden vor der Vorlesung bringe man einige Stücke reinen Phosphors in einen recht grossen Gasballon. (Ein zur Versendung der Schwefelsäure etc. verwendet gewesener Ballon lässt sich ganz gut verwenden, doch genügt auch ein kleineres Gefäß.) In den Ballon ist so viel laues Wasser zu giessen, dass der Phosphor, zur Hälfte wenigstens heraus ragt. Die lose mit einem Korken verschlossene Flasche muss nun mehrere Stunden an einem 16 bis 20° Temperatur besitzenden Orte sich selbst überlassen bleiben, damit die Ozonisation genügend statt findet. Alsdann enthält die im Ballon vorhandene Luft so viel Ozon, dass Papierstreifen, welche mit Jodkaliumstärkekleister, mit Bleihydroxid, mit Schwefelblei oder Manganacetatlösung imprägniert sind, beim Einhängen in den Ballon nach wenigen Augenblicken die bereits oben erwähnten Oxydationserscheinungen zeigen."

Unfallgefahren: Vorsicht beim Arbeiten mit weißem Phosphor, Gift! Feuergefahr!

Ergebnis: *Bei der langsamen Verbrennung von Phosphor in Luft entsteht etwas Ozon.*

Versuch 82: *„Ozonbildung bei Verbrennung im Sauerstoff resp. in der Luft" (nach Heumann)*

Geräte: Glaskolben (ca. 1 *l*), kleiner Platinbrenner

Chemikalien: Sauerstoff, Wasserstoff, Kaliumiodidstärke

Zeit: 10 Min.

„Ein etwa 1 *l* fassender Kolben wird über Wasser ganz mit Sauerstoffgas gegefüllt; dann giesst man rasch etwas verdünntes Jodkalium enthaltenden Stärkekleister in den Kolben und führt eine kleine Wasserstoffflamme, welche aus einer

Platinspitze brennt, in den horizontal gehaltenen Kolben ein. Nach einer Viertel Minute etwa wird die Wasserstoffflamme entfernt und der Inhalt des Gefäßes umgeschüttelt; die Bildung blauer Jodstärke beweist sofort die Gegenwart von Ozon. Da die Verbrennung hier in reinem Sauerstoff erfolgt, so ist diese Reaction nicht auf die Bildung von salpetriger Säure zurückzuführen, welche in geringer Menge bei Verbrennungsprocessen in der Luft entsteht."

Unfallgefahren: Vorsicht vor Knallgasbildung

Ergebnis: *Bei der Verbrennung von Wasserstoff in Sauerstoff entsteht neben dem Hauptprodukt Wasser etwas Ozon.*

Hinsichtlich der sonstigen Eigenschaften des Ozons, so wie sie von *Schönbein* geschildert wurden, siehe folgende Versuche: *Bukatsch/Glöckner*, Experimentelle Schulchemie. Nichtmetalle(I), Bd. 1, S. 147 bis 149 die Versuche 41: Oxidation von Kaliumiodid; Versuch 45: Oxidation organischer Substanzen; Versuch 47: Zerstörung von Farbstoffen.

XIII. Versuche zur Konservierung von Nahrungsmitteln

(1860 bis 1868)

Das Bevölkerungswachstum im Verlaufe des vorigen Jahrhunderts warf viele neue Probleme auf. Die Erträge der europäischen Landwirtschaft hielten mit diesem Wachstum nicht Schritt. Der Transport von Nahrungsmitteln aus überseeischen Ländern nach Europa war damals bei den langsamen Segelschiffen und noch unvollkommenen Dampfschiffen nur sehr bedingt möglich, da die Nahrungsmittel verdarben. So wurden viele Verfahren erprobt um Nahrungsmittel, insbesondere Fleisch, in haltbare Form überzuführen. In den chemischen Handbüchern jener Epoche wurden allerlei Versuche zur Konservierung besprochen, die jedoch alle ihre Nachteile hatten. *Johannes Rudolf Wagner* (1822 bis 1880) diskutierte 1868 in seinem Werk „Die chemische Technologie" verschiedene Möglichkeiten. Am längsten bekannt war die Konservierung durch Trocknung:

„... Das Aufbewahren des Fleisches durch Austrocknen, das Sicherste, es vor dem Verderben zu schützen, hat seine Schwierigkeiten. Die Eingeborenen Nord- und Südamerikas pflegen die Fleischvorräthe, welche sie auf ihren Zügen mit sich nehmen, sorgfältig vom Fett zu befreien, die reinen Fleischtheile in dünne Streifen zu zertheilen, die mit Maismehl bestreut werden, um die Säfte aus dem Fleische aufsaugen zu lassen und die so betreuten Streifen auf horizontal liegenden Stäben an der Sonne zu trocknen. Es bleibt eine biegsame, nicht mehr fäulnisfähige Masse zurück, in Nordamerika Pemmikan, im Süden Tassajo genannt, welche zusammengerollt und festgestampft wird und in diesem Zustande leicht zu transportiren ist ... es eignet sich für manche Küchenzwecke nicht mehr ..."

Dort wo es Fleisch in Hülle und Fülle gab, konnte es damals nicht verwertet werden. Zwar gab es in Texas gewaltige von Cowboys bewachte Rinderherden, doch gebraucht wurde das Fleisch in anderen Staaten bzw. in Übersee. So mußte das Vieh über gewaltige Entfernungen getrieben werden, wobei große Verluste auftraten und die Tiere auch abmagerten. So griff ein Texaner die alte Methode der Indianer auf:

„... Von ziemlicher Wichtigkeit ist der Fleischzwieback (meat-biscuit), eine Erfindung von Gail Bordon, der 1850 eine Fabrik zu Galveston in Texas anlegte, woselbst die ausgedehnten Prairien durch das in unzähliger Menge in ihnen hausende Hornvieh den nöthigen Vorrath an Fleisch für geringe Kosten liefert. Der Erfinder behauptet, dass 1 Kilogr. solcher Zwiebäcke eine gleiche Menge nährende Substanz enthalten wie 5 Kilogr. frisches Fleisch. Die Zwiebäcke eignen sich vorzüglich für Feldzüge in wüsten unwirthbaren Gegenden, sowie auf langen Seereisen ... In Amerika werden sie auf den Streifzügen gegen die Indianer häufig angewendet ..."

Abb. 74. Johann Rudolf von Wagner (1822—1880), ein bedeutender chemischer Technologe seiner Epoche, zum Unterschied von anderen Chemikern namens Wagner, zu seiner Zeit der „Dicke Wagner" genannt

Offensichtlich handelte es sich um einen Zwieback, der mit Fleischextrakt und Einbacken von Fleisch hergestellt worden war.

Altbekannte Methoden der Fleischkonservierung waren das Räuchern und das Einsalzen (Einpökeln) des Fleisches. Insbesondere das Einpökeln wurde früher im großen Umfange ausgeführt:

> „... Eine andere, seit undenklichen Zeiten angewendete Methode der Fleischkonservierung durch Wasserentziehung ist das Einsalzen mit Kochsalz (Pökeln), welches letztere, indem es einen Theil der Fleischflüssigkeit aufnimmt, das Fleisch entwässert. Zu gleicher Zeit tritt ein Theil Kochsalz in die Fleischfaser ein. Beim Einsalzen wird das ausgeschlachtete Fleisch mit Salz stark eingerieben, einige Tage liegen gelassen und dann unter Gewichten oder einer Hebelpresse ausgepresst; dieselbe Behandlung wird wiederholt, das Fleisch hierauf in Fässer gepackt und mit der ausgepressten Salzlösung übergossen. Man setzt dem Kochsalze in der Regel etwas Salpeter (außerdem zuweilen Zucker) zu, der theils gleiche Wirkung äussert, wie das Kochsalz, theils dem Fleische eine lebhafte rothe Farbe ertheilt ..."

Salzfleisch hatte den großen Nachteil, daß es tatsächlich außerordentlich salzig war, seine Zubereitung sich dementsprechend schwierig gestaltete. Außerdem rief sein Genuß großen Durst hervor, was bei Seereisen mit geringem Frischwasservorrat sehr ins Gewicht fiel.

Man glaubte damals eine gute Methode zur Konservierung von Fleisch im *Liebig*schen Fleischextrakt zu haben:

„... Um eine kräftige Fleischbrühe darzustellen, mischt man feingehacktes mageres Fleisch mit kaltem Wasser, erhitzt es langsam bis zum Sieden und presst es nach minutenlangem Aufwallen aus. Bei längerem Kochen und siedendem Abdampfen nimmt die Fleischbrühe eine dunklere Farbe und einen feinen Bratengeschmack an. Dampft man sie im Wasserbade ab, so erhält man eine dunkelbraune weiche Masse, von welcher 1 Loth hinreicht, um 1 Pfund Wasser, dem man etwas Kochsalz zusetzt, in eine wohlschmeckende und starke Fleischbrühe zu verwandeln. Aus 32 Pfund knochen- und fettfreiem Ochsenfleische erhält man 1 Pfund dieses Extraktes. Auf Veranlassung *v. Liebig*'s wird gegenwärtig dieser Fleischextract (Extractum carnis) in Uruguay dargestellt und zu verhältnismässig billigem Preise nach Europa gebracht. Die von dem Hamburger Giebert in Fray-Bentos in Uruguay gegründete Fabrik ist seit einem Jahr in den Besitz einer engl.-belg. Actiengesellschaft übergegangen und gedenkt im Jahre 1868 1 Million Pfund (= 10.000 Ctr.) Fleischextract zu produciren. Die beim Schlachten sichanhäufenden Nebenbestandtheile sollen in Düngerfabricate übergeführt werden ..."

Der *Liebig*sche Fleischextrakt war zu seiner Zeit eine Sensation, ja — so etwas wie ein Symbol für die geheimnisvollen Möglichkeiten der Chemie. So veröffentlichte 1896 der Schriftsteller *Richard Engländer*, der sich *Peter Altenburg* nannte, ein Buch unter dem Titel: „Wie ich es sehe", über das er im Katalog des Fischer-Verlages selbst schrieb:

„... Denn sind meine kleinen Sachen Dichtungen? Keineswegs. Es sind Extrakte! Extrakte des Lebens. Das Leben der Seele und des zufälligen Tages, in zwei bis drei Seiten eingedampft, vom Überflüssigen befreit wie das Rind im Liebig-Tiegel! ..."

Eine besonders erfolgreiche Konservierungsmethode hatte aber der Leibkoch Kaiser *Napoleons I*, *Nicolas Francois Appert* (1750 bis 1841) ersonnen, „das Appertisieren".

Wagner beschrieb die „ungeahnte Wichtigkeit" gerade dieses Verfahren vor dem historischen Hintergrund zur Mitte des vorigen Jahrhunderts:

„... Es hat sich deshalb das Einschliessen von Fleisch in luftdicht-verschlosseen Blechbüchsen nach der Methode von Appert durch vielfache Erfahrungen als dem Zwecke vollkommen entsprechend erwiesen, so dass dieses Verfahren und seine Nachbildungen in neuester Zeit, wo als Folge des erleichterten See- und Landverkehrs, der zunehmenden Auswanderung, so wie überhaupt der Seereisen und Expeditionen zu wissenschaftlichen Zwecken, der Kriege der letzten Jahrzehende und die damit verknüpfte Nothwendigkeit der Verproviantierung von Armeen und Festungen, das Bedürfnis weit wichtiger als früher hervortrat, die Nahrungsmittel ... für eine Reihe von Jahren vorrathsweise aufzuspeichern ..."

Appert hatte nichts geringeres erfunden als die Konservendose. Das Verfahren ist im Prinzip recht einfach, doch man muß sorgfältig arbeiten, wie aus der folgenden Vorschrift hervorgeht:

„... Die Methode Apperts besteht in Folgendem: Zubereitete Fleischspeisen, die zu dem Ende möglichst stark eingekocht werden müssen, bringt man in cylindrische Blechbüchsen von angemessener Grösse, welche damit fast ganz angefüllt werden, löthet nun einen mit einer kleinen Öffnung versehenen Deckel auf, füllt durch diese Öffnung den noch lehren Raum völlig mit Brühe und umlöthet endlich auch diese Öffnung. Hierauf werden die Büchsen in einem Bade mit Salzwasser bis über den Siedepunkt des Wassers je nach ihrer Grösse $^1/_2$ bis 4 Stunden erhitzt.

Wenn eine oder die andere Büchse nicht vollkommen schließt, so sieht man Bläschen aus der schadhaften Stelle perlen, welche man dann mit dem Löthkolben ausbessert. Die solcher gestalt der Einwirkung der Luft entzogenen Substanzen unterliegen, wenn die Operation mit Sorgfalt ausgeführt wurde, dem Verderben nicht; doch unterwirft man die fertigen Büchsen einer Prüfung, indem man sie einige Zeit lang an einem bis auf 30° erwärmten Orte aufbewahrt. Ist bei dieser Probe Fäulnis eingetreten, so giebt sie sich bald durch eine Gasentwicklung zu erkennen, in deren Folge sich die flachen Boden etwas nach aussen krümmen ..."

*Appert*s Erfindung wurde zu ihrer Zeit als sensationell empfunden. In Hermbstädts Bulletin hieß es 1809 anerkennend:

„Bericht des Herrn Bouriet über die von Herrn Appert eingemachten Früchte, Gemüse u.s.w.

Herr Appert zu Massy bei Paris, hat der Societé d'Encouragement daselbst verschiedene von ihm eingemachte Früchte, Gemüßarten u.s.w. eingereicht, deshalb dieselbe die Herren Parmentier und Guyton de Morveau zu Commissarien ernannt hat, um die von Herrn Appert eingereichten Vegetabilien und Animalien, die nach seiner Versicherung über 8 Monate erhalten worden waren, näher zu untersuchen.

Jene Substanzen bestanden: 1) aus einem Pot au feu; 2) in einer Kraftbrühe; 3) Milch; 4) Molken; 5) in grünen Erbsen; 6) in grünen Schminkbohnen; 7) in Kirschen; 8) in Aprikosen; 9) in Stachelbeersaft; 10) in Himbeeren.

Jeder einzelne dieser Gegenstände war in einem gläsernen hermetisch verschlossenen Gefäße enthalten, das außerdem noch mit Drath zugebunden und verpicht war.

Indem man die Untersuchung in einer gegebenen Ordnung veranstaltete, erregte der pot au feu zuerst die Aufmerksamkeit. Er enthielt ein ziemlich festes Gelée, das ein Stück Rindfleisch und zwei Stück Geflügel umgab. Als man das Ganze langsam erwärmte, hatte man eine gute Suppe, und das Fleisch war sehr zart und angenehm von Geschmack ..."

Das positive Gutachten der Kommission war so beeindruckend, daß man sogleich dieses Verfahren in der Praxis erprobte: Im Bulletin hieß es darüber:

„Mehrere Personen von Distinktion sind veranlaßt worden, die Zubereitungen des Herrn Appert auf Seereisen zu untersuchen. ... Der Präfekt des Seewesens zu Brest ertheilt darüber folgenden Bericht.

Die Nahrungsmittel, welche am 2. December 1806 eingepackt, und am 13. April 1807 unter Aufsicht einer Commission untersucht wurden, fanden sich, ohngeachtet sie die Zeit über auf dem Schiffe gestanden hatten, dennoch gar nicht verändert ..."

Eine weitere Konservierungsmethode, die erst durch die Erfindung der Kühlmaschinen interessant werden sollte, war erst in Ansätzen sichtbar:

„... Dass niedere Temperatur zu den vorzüglichsten Conservationsmitteln gehört, die es nur giebt, ist allgemein bekannt ... Wer in den Wintermonaten nur eine kurze Zeit in der nördlichen Hälfte Russlands gelebt hat, erstaunt gewiss über die Menge von Lebensmitteln, welche dort in gefrorenem Zustande Monate lang, ohne dass sie verderben oder auch nur ihren Geschmack ändern, aufbewahrt werden. Der grösste Theil von Fleisch und Fischen wird nach einem Transport von oft vielen hundert, ja sogar tausend Wersten in gefrorenem Zustande auf den Markt gebracht. Alles Geflügel und Wild, welches während des langen nordischen Winters als Leckerbissen auf den Tisch der Wohlhabenden kommt, wird in gefrorenem Zustande zugeführt. Der Reisende, der bei strenger Winterkälte entfernte Gegenden durcheilt und seine Kost oft für Monate bei sich führen muss, hat in seinem Schlitten einige Eisklumpen, die er durch Erwärmen in eine schmackhafte Kohlsuppe oder durch Aufthauen in heissem Wasser in Fleischkuchen umwandelt, und von denen er sich während seiner Reise ausschliesslich nährt. In St. Petersburg giebt es grosse Niederlagen, in denen Haselhühner, Birkhühner etc. in Eis vergraben, ohne dass sie ihren Geschmack verändern, bis spät in den Sommer aufbewahrt werden. Diese einfache Art der Conservirung übertrifft durch ihre Resultate alle anderen Methoden, und ihr Gelingen ist nur von einer genügenden Quantität Eis abhängig, von der die Lebensmittel während der ganzen Zeit des Aufbewahrens umgeben sein müssen."

Zu den zahlreichen Experimenten, die man in der Mitte des vorigen Jahrhunderts unternahm, gehörte auch das Einlegen in Essig. An sich war dieses Verfahren schon sehr lange bekannt, aber vielleicht ließ es sich verbessern:

„... Essig ist ein recht brauchbares Mittel, Fleisch auf einige Zeit vor der Fäulniss zu schützen (Sauerbraten, in Essig eingelegtes Geflügel). Es ist sehr wahrscheinlich, dass wir in der gegenwärtig so wohlfeil zu erlangenden concentrirten Essigsäure ein gutes Mittel besitzen, von Knochen befreites Fleisch im Grossen zu conserviren, vorausgesetzt, dass der Zutritt der Luft dabei abgeschlossen werde. Um den Übelstand des Auslaugens des Fleisches durch Einlegen in Essig zu vermeiden, ist der passende Vorschlag gemacht worden, die Essigsäure nicht in Form von flüssigem Essig, sondern dampfförmig auf das Fleisch wirken zu lassen ..."

An rein chemische Methoden zur Konservierung von Nahrungsmitteln dachten damals nur wenige. Dies lag nicht zuletzt daran, daß man über die bakteriellen Ursachen des Verderbs nicht Bescheid wußte.

Die erste rein chemische Methode beschrieb *Wagner* wie folgt:

„... In neuerer Zeit hat der Franzose Lamy (wie schon in früherer Zeit Braconnot, Robert, de Dombasle u.A.) vorgeschlagen, Fleisch behufs seiner Conservirung mit schwefliger Säure zu behandeln. Fleischstücke von 2 bis 3 Kilogr. setzt man 10 Minuten lang der Einwirkung von schwefligsaurem Gas aus, grössere Stücke von 10 Kilogr. längere Zeit, etwa 20 bis 25 Minuten. Die mit schwefliger Säure behandelten Stücke werden einige Zeit der Luft ausgesetzt, damit die schweflige Säure abdunste, und dann mit einem Überzug versehen, indem man mit Hülfe eines Pinsels eine mit Melasse versetzte Auflösung von Albumin in Eibischwurzelabkochung aufträgt. Neuerdings überzieht man das in trockner heisser Luft getrocknete Fleisch mit einer dünnen Schicht von Guttapercha oder Kautschuk. Zu diesem Behufe wird das zu conservirende Fleisch wiederholt in eine verdünnte Lösung einer der genannten Substanzen in Schwefelkohlenstoff getaucht; ein 2—3maliges Eintauchen ist in den meisten Fällen genügend ..."

1860 fand *Hermann Kolbe* (1818 bis 1884) eine Synthese der Salicylsäure, die zuvor schon aus Naturprodukten verschiedentlich isoliert worden war. *Kolbe* erkannte, daß diese Substanz eine Reihe bemerkenswerter Eigenschaften aufwies. Unter anderem beobachtete er, daß mit Salicylsäure behandelte Lebensmittel für längere Zeit haltbar gemacht werden konnten. Daneben setzte er auch Benzoesäure ein. Salicylsäure erwies sich bald darauf als ein Heilmittel — Derivate der Salicylsäure, meist Ester, die Salicyl-

Abb. 75. Hermann Kolbe (1818–1884)

säure freisetzen können, sind heute noch im Gebrauch (Aspirin) — deshalb schien der Gebrauch von Salicylsäure als Konservierungsmittel nicht geraten. Aber die Benzoesäure hat sich in dieser Eigenschaft bis heute gehalten. Auf jeder deutschen Speisenkarte muß der Gehalt der Speisen an Benzoesäure angegeben werden.

Bei dem hier vorgestellten Dokument handelt es sich um *Kolbe*s Laborjournal, das er in einer extrem schwer leserlichen und fahrigen Schrift führte.

„*22. Juni*

Versuch IX. Circa 5 Pfund Lämmerfleisch, am 21. ds. geschlachtet, für Beefsteak (ohne Knochen) wurde 2 Stunden lang in frisches Salicylwasser gelegt, dann in ein salicylirtes Schirtingtuch gewickelt und zum allmäligen Gebrauch ins sog. dunkle Zimmer gestellt ... Am 25. Juni wurde ein Stück zum Beefsteak abgeschnitten das Uebrige wieder in das Schirtingtuch geschlagen. Das mit verdünnter Sodalösung gewaschen, dann $^1/_2$ Stunde in das Wasser gelegt, daraus gebratene Fleisch (Beefsteak) war *vorzüglich.* Ein zweites Stück wurde am 27. ds. abgeschnitten und gebraten. Dieses Beefsteak Schnitte war möglich noch besser als das erste, Den 30. Juni Stück abgetheilt, $^1/_2$ Stunde in verdünnter Sodalösung gelegt, dann gebraten, war vortrefflich. Das letzte Stück am 2. Juli gebraten, nichts war riechend!

2. Juli

Versuche Eier zu conserviren.

Lösung von $5^1/_2$ L. Wasser, 25 Grm Salicylsäure, 250 Cbc. dickflüssiges Glycerin. Ein Theil Salicylsäure war auskrystallisirt. 3 frisch gelegte Kückeneier wurden

20–25 Minuten in die Lösung gelegt, dann in das damit getränkte Pergamentpapier gewickelt und in einen bedeckten Steintopf gelegt.
Das wurde Tag für Tag ausgeführt.
Diese Art der Einhüllung verhindert nicht, daß die Küche einen motzigen Geruch annahm. Ich legte deshalb die Eier, nachdem sie eine halbe Stunde in jener Lösung verweilt hatte, ohne Umkleidung in eine offene Suppenterrine, das eine auf das andere.
Am 21 September, also nach circa 2 Monaten, wurde ein Ei aus der Mitte herausgenommen; es war äußerlich feucht, und schmeckte so frisch, wie ein eben gelegtes Ei.

Mit Bier

9. 7. 12h

1 Liter Bier in einem lose mit Papier bedeckten Becherglas zeigte am 11.ten früh deutliche Schimmelbildung, am 12. 7. dicke Schimmeldecke.
1 Liter Bier mit 0,5 gr. Benzoesäure (festes) die sich durch Umrühren löste) versetzt, am 11. 7. Mittags noch völlig klar, ohne Schimmelbildung am 12. 7. Mittags Schimmelbezug dünn; beginnende Trübung, am 13. 7. durch und durch trübe.
1 Liter Bier mit 0,5 gr. Salicylsäure versetzt, war am 11. 7. Mittags klar und ohne Schimmeldecke, am 12. 7. Mittags unverändert klar, am 13. 7. noch vollkommen klar, ohne Schimmelbildung. Am 14. 7. Anflug einer Schimmeldecke, schwache Trübung, am 15. 7. *Schimmeldecke nicht* wesentlich vermehrt.

Versuche Brod zu konserviren.

28. 6. 75.

In 6℔ Roggenmehl wurde zu $^4/_5$ Abends Sauertaig eingeknetet, und andern Morgens das übrige $^1/_5$ Mehl mit Salicylsäure in wässriger Lösung eingetaigt.
Es wurde so im Ganzen 18 Pfund Mehl verarbeitet.
Die ersten 6 Pfund erhielten auf jene Weise 1,5 Gram., die zweite 2 Gram., die dritte 3 Gram. Salicylsäure einverlaibt. Aus je 6 Pfunden wurden je 2 Brode gegebacken, Demnach sollte jedes Brod der ersten Sorte, unten mit einem 0 markirt, 0,7 Grm. Salicylsäure bekommen, jedes der zweiten Sorte, mit 00 markirt, 1 Grm. jedes der dritten Sorte, mit 000 unten markirt, 1,5 Grm. Salicylsäure bekommen.
Da die Salicylsäure aus den Broden während des Backens wie es scheint sich vollständig verflüchtigt, und da die Schimmelbildung jedenfalls von außen durch Inficirung beginnt und so ins Innere dringt, so wurden, um dem vorzubeugen, die 6 Brode nach dem Herausnehmen aus dem Ofen noch heiß mit einer warm gesättigten wässrigen Lösung von Salicylsäure allseitig bestrichen, und dies nach dem völligen Erkalten des Brodes, da sie hierdurch Risse und Sprünge erhalten hatten, wiederholt. Dieses zweite Bestreichen geschah bei 3 Broden *jeder Sorte* mit wässriger Salicylsäurelösung, bei den drei andern mit derselben Lösung, nachdem ihr noch saures schwefelsaures Kali beigemischt war.
Diese drei letzten Brode sind durch unten eingesteckte Stecknadeln markirt.
Nachdem die 6 Brode wieder getrocknet waren, wurden sie in einer länglichen Kiste (I) neben einander (hochkant) gestellt, und die Kiste durch Auflegen des gut schließenden Deckels geschlossen.
Die Kiste nebst Deckel war zuvor mit der Lösung von Salicylsäure und saurer schwefelsaurem Kali ausgestrichen.

Am 15ten Juli wurde die Kiste zum ersten Male geöffnet, und wurden sämtliche Brode, unversehrt, ohne jegliche Schimmelüberzug befunden. Die beiden, mit 00 gezeichneten Brode, eines mit und ohne Stecknadel, wurden mitten durchgeschnitten, sie waren ganz frisch, saftig ohne jede Schimmelbildung, vorzüglichem Geschmack. Die beiden Hälften wurden bei beiden Broden wieder aufeinander gelegt, und in der Kiste ferner aufbewahrt.
Am 24. Juli waren die Schnittflächen etwas trocken, die Brode aber dicht darunter frisch und saftig, ohne jeglichen Schimmel. Am 10ten August, also am 44ten Tage waren die beiden *nur* mit Salicylsäurelösung bestrichenen Brode dünn mit Schimmel bedeckt und die Schimmelbildung erstreckte sich tief ins Innere.
An dem nämlichen Tage zeigte sich an den mit Salicylsäure + saurem schwefelsaurem Natron bestrichenen Broden nur an den Stellen eine wenig ins Innere sich fortpflanzende Schimmeldecke, wo sie gegeneinander gelegen waren. Sonst waren beide Brode gut und wohlschmeckend, natürlich etwas trockner als anfangs; im Innern aber immer noch weich.“

17. 7. 1880

„*Neue Versuche Fleisch zu conserviren.*

Ein Stück Ochsenfleisch, am 16. Juli geschlachtet, wurde in einen bedeckten Steintopf gelegt, ohne es einzuhüllen, auf den Boden des Gefässes wurden dann ein paar Eßlöffel voll concentrirter wässriger Lösung von SO_2 gebracht, sodaß diese Lösung mit dem Fleisch nicht in unmittelbare Berührung kam. Die SO_2 wurde während 7 Tagen einige Male erneuert.
Das Fleisch war am 23. gut und frisch und nur an den Stellen etwas riechend, wo es aufgelegen hatte.
Die Bouill. davon war vortrefflich, etwas säuerlich.
Ein anderes Stück Fleisch, ebenfalls 2 ℔ schwer, wurde 1 Stunde in *verdünnte* wässrige SO_2 gelegt, dann in salicylirtes Pergament-Papier gewickelt in einen bedeckten Topf hingestellt, auf dessen Boden etwas concentrirte Lösung von SO_2 geschüttet war, wie zuvor. Letzteres wurde einen Tag um den anderen erneuert.
Am 26. Juli, also am 10. Tage, wurde das ganz frisch aussehende und riechende Stück halbiert, die eine Hälfte wieder eingelegt, die andere Hälfte 25 Min. in verdünnte Sodalösung gelegt, dann $^1/_2$ Stunde mit Wasser ausgelaugt und gekocht. — Das gekochte Fleisch und die Boullion waren *vorzüglich*.
Die andere Hälfte war am 3. August ganz gut und frisch. Sie wurde $^1/_2$ Stunde in NaCl-lösung, dann ebenso lange in H_2O gelegt und gekocht.
Ein drittes Stück Fleisch in wässrige Salicyllösung von untenstehender Composition[1], der noch wässrige SO_2 zugefügt war, $2^1/_2$ Stunden liegen laßen, dann in salicylirtes Pergamentpapier geschlagen und in einen bedeckten Topf so gelegt, dass das Papier mit der auf den Boden gegossenen starken SO_2 nicht in Berührung kam.
War am 23. gut, ganz frisch, aber säuerlich, auch nach $^1/_2$stündigem Einlegen in Sodalösung.
Die andere Hälfte war am 2. August in Folge mangelnder SO_2 an einer Stelle etwas riechend, diese wurde herausgeschnitten. Das Fleisch roch dann gar nicht mehr, es wurde mit Wasser abgewaschen, dann 1 Stunde in Kochsalzlösung gelegt, in frischem Wasser gewaschen, dann 1 Stunde in Kochsalzlösung gelegt, in frischem Wasser gewaschen und nun gekocht.“

[1] „10 L. Wasser, 25 Grm. Salicyls., 50 Grm. NaCl, 50 Cbc, SO_3H_2.“

Versuch 83: *Darstellung von Pemmikan*

Geräte: Holzstäbchen, eventuell ein Stück Blech

Chemikalien: Fettfreies Rindfleisch, Maismehl

Zeit: Je nach Sonnenschein einige Stunden

Man besorge sich fettfreies Rindfleisch, schneide dieses in dünne schmale Streifen, und lege sie auf hölzernen Stäbchen aufgelegt frei in das Sonnenlicht. Die Holzstäbchen sollen bezwecken, daß die Luft auch von unten an das Fleisch kann. Sollte in unseren Breiten das Sonnenlicht zu einer schnellen Trocknung des Fleisches nicht ausreichen, so lege man in einem Abstand von etwa 5 cm unter die Holzstäbchen ein Stück Blech um die Wärmewirkung zu erhöhen. Das Fleisch sollte aber nicht gebraten werden. Bevor man das Fleisch dem Sonnenlicht aussetzt, muß es auf beiden Seiten dick mit Maismehl eingerieben werden. Die Dicke der Fleischstreifen sollte 1 cm nicht übersteigen.

Unfallgefahren: Bei nicht hinreichend geglückter Konservierung besteht die Gefahr der Fleischvergiftung, wenn man später eine Probe zu genießen versucht. In unseren Breiten neigt Pemmikan zur Schimmelbildung.

Ergebnis: *Pemmikan hält länger als rohes Fleisch.*

Versuch 84: *Pökeln*

Geräte: Ein kleines hölzernes Fäßchen, eine Presse bzw. ein starkes Brett mit Gewichten darauf

Chemikalien: Fleischstücke, Kochsalz, Salpeter

Zeit: $^1/_2$ Std, Beobachtung über längere Zeit

Stücke von rohem Fleisch werden mit Kochsalz stark eingerieben, etwas liegen gelassen, dann stark gepreßt. Die dabei austretende Flüssigkeit läßt man weglaufen. Nun wird von neuem gesalzen und nun in ein Aufbewahrungsgefäß geschlichtet. Auf diese Weise erhält man Salzfleisch, das meist grau aussieht. Zusatz von Salpeter verleiht dem Fleisch eine freundlichere Farbe.

Unfallgefahren: Ungleichmäßig behandeltes Fleisch kann bei Verzehr Anlaß zu Lebensmittelvergiftungen werden.

Anmerkung: Diese Konservierungsmethode war in früheren Jahrhunderten von größter Bedeutung, und somit eine der Ursachen für die damalige politische Wichtigkeit des Salzhandels.

Ergebnis: *Pökelfleisch hält länger als rohes Fleisch.*

Das Konservieren mit Hilfe von Salz war aber nicht auf Fleisch beschränkt, wie folgende Rezepte aus einem Kochbuch[1] für Arbeiterhausfrauen von 1882 zeigen:

„Einmachen der Wintergemüse.

Zum Einmachen von Gemüsen eignen sich sehr gut gebrauchte Weinfässer … Bevor man neues Gemüse in das Faß bringt, muß man es ein paar Tage vorher

[1] Zur Konservierung mit Essig sei auf Vorschriften verwiesen, die entnommen wurden dem Werk: „Das häusliche Glück. Vollständiger Haushaltungsunterricht nebst Anleitung zum Kochen für Arbeiterhausfrauen. Zugleich ein nützliches Hülfsbuch für alle Frauen und Mädchen, die ‚billig und gut' haushalten lernen wollen, Leipzig 1882."
Zitiert nach dem Nachdruck Rogner und Bernhard, München 1975.
Diesem Büchlein wurden auch die obigen Gemüserezepte mit Salz entnommen.

mit klarem Wasser füllen, damit es wieder dicht werde ... Ehe das Gemüse nun hineinkommt, trocknet man es mit einem reinen Tuche aus, streut auf den Boden etwas Salz und drückt das Gemüse herein. Ist man damit fertig, legt man ein reines, weißes, klar ausgewaschenes Tuch darüber, darauf einige in das Faß passende Brettchen und beschwert diese mit einem großen Steine, damit die Brühe auf das Gemüse komme. ...
(Das Tuch und der Faßrand müssen öfters gereinigt werden!)
Schneidbohnen einmachen
Man kann die Schneidbohnen auch roh einmachen. Die Bohnen werden nicht sehr fein geschnitten, weil sie sonst allen Saft verlieren. Nach dem Schneiden vermengt man sie mit Salz und drückt sie in's Faß. Zu 100 Pfund Bohnen braucht man 7 bis 8 Pfund Salz.
Sauerkraut einmachen.
Das Weißkraut wird lang und fein geschabt, mit wenig Salz vermengt und in's Faß gedrückt; frische Wacholderbeeren und Pfefferkörner sind gut daran."

Versuch 85: *Herstellung von Liebig's Fleischextrakt*

Geräte: Fleischwolf, großes Becherglas, Abdampfschale, Wasserbad, Waage

Chemikalien: Fettfreies Rindfleisch, Wasser, Kochsalz

Zeit: 1 bis 2 Std.

Man treibt $2^1/_2$ kg fettfreies Rindfleisch durch einen Fleischwolf, gibt es mit etwa 2 *l* kaltem Wasser aufs Feuer und erhitzt langsam zum Kochen. Man gibt dabei nach Geschmack Kochsalz zu. Kochsalz darf aber nicht weggelassen werden, da sonst der Fleischextrakt nicht haltbar ist. Man läßt etwa 15 Min. kochen. Sodann gießt man die Flüssigkeit in eine Abdampfschale. Die enthaltenen Fleischkrümel fängt man dabei in einem Tuche auf, mit dessen Hilfe man dann das Fleisch von Hand auspreßt (auswringt). Auf dem Wasserbad wird nun eingedampft bis man eine dunkelbraune, weiche Masse erhält, die man in verschlossenen Glas- oder Porzellangefäßen aufbewahrt.

Anmerkung: Der Nährwert von *Liebig*s Fleischextrakt ist nur gering.

Zur Erprobung des Appertierens bediene man sich einschlägiger Kochbücher bzw. entsprechender Anleitungen zum „Einwecken".

„Gurken einzumachen
Die Gurken werden ausgesucht, d.h. man entfernt alle fleckigen und beschädigten, dann rein abgewaschen, mit Salz bestreut und je nach ihrer Größe 12 bis 18 Stunden hingestellt, wobei man sie indeß öfter umschütteln muß. Nach Verlauf dieser Zeit werden sie mit einem reinen Tuche abgetrocknet und in einen steinernen Topf gelegt, welchen man neu nimmt oder doch nur zum Einmachen gebraucht hat. Man legt auf den Boden des Topfes Weintraubenblätter, darauf eine Lage Gurken dicht nebeneinander, darauf reichlich kurz geschnittener Dill, Dragon, weiße Pfefferkörner, Nelken, geschälte Meerrettigscheiben, Lorbeerblätter, auch kleine geschälte Zwiebeln, welche ebenfalls im Salz gelegen haben. Darauf kommt wieder eine Lage Gurken, darauf Gewürz und so fährt man fort, bis der Topf beinahe voll ist. Nun gießt man Weinessig über die Gurken, bis sie bedeckt sind, legt einen reinen Schiefer (Anm.: oder Deckel) und einen Stein darüber, bindet den Topf zu und stellt ihn an einen kalten luftigen Ort. Nach 14 Tagen schüttet man den Essig davon, kocht und schäumt ihn, läßt ihn erkalten und gießt ihn wieder über die Gurken.

Am besten halten sie sich, wenn man aus alter reiner Leinwand einen kleinen Sack von der Weite des Topfes näht, ihn mit Senfsamen füllt und auf die Gurken legt, wodurch der Schiefer überflüssig wird. Nun sorge man, daß der Essig stets über den Gurken stehe, weil sie sonst verderben; man sehe darum öfter nach.“

Konservierungsversuche nach Kolbe

Versuch 86: *Konservieren von Bier*

Geräte: 3 flache Porzellanschalen, Papierblätter zum lockeren Abdecken

Chemikalien: 1 Flasche Bier, Benzoesäure, Salicylsäure

Zeit: Zum Ansetzen 5 Min., Beobachtung mehrere Tage

In drei Porzellanschalen gebe man je 100 m*l* Bier. In die zweite Schale wird 0,05 g Benzoesäure, in die dritte 0,05 g Salicylsäure eingerührt. Alle drei Proben werden mit Papierblättern locker abgedeckt. Man beobachte die in den folgenden Tagen fortschreitende Schimmelbildung, die bei der unbehandelten ersten Probe sehr bald einsetzen wird.

Anmerkung: Der Versuch gelingt nur mit Bier, das nicht unter der Verwendung von konservierenden Stoffen gebraut wurde!

Ergebnis: *Die unbehandelte Probe wird bald schimmeln, während der Zusatz von Benzoe- und Salicylsäure die Schimmelbildung hemmt, aber auf die Dauer nicht verhindert.*

Versuch 87: *Konservierung von Brot nach Kolbe*

Geräte: Backrohr

Chemikalien: Semmelteig, Salicylsäure

Zeit: $^1/_2$ Std, Beobachtung über einige Tage

Man besorge sich fertigen, käuflichen Semmelteig. In einen Teil des Teiges menge man 1 g Salicylsäure. Nun bäckt man Semmeln die teils Salicylsäure enthalten, teils ohne Salicylsäure. Die salicylsäurehaltigen Semmeln werden nun abermals geteilt und der eine Teil wird außen mit einer mäßig konzentrierten Salicylsäurelösung bestrichen.

Unfallgefahren: Hohe Dosen von Salicylsäure können dem menschlichen Körper schaden. Salicylsäure ist nach dem neuen Lebensmittelgesetz verboten.

Ergebnis: *Wird dieses Brot bei nicht zu trockener Atmosphäre aufbewahrt, so wird das unbehandelte Brot als erstes, dann das mit Salicylsäure gebackene Brot und als letztes das auch an der Oberfläche behandelte Brot zu schimmeln beginnen.*

XIV. Versuche mit Alkohol

(um 1850)

Allzuleicht vergißt man, daß verschiedene chemische Vorgänge über Jahrhunderte hinweg in mehr handwerklichen Betrieben ausgeführt wurden. Zu diesen Tätigkeiten zählten aus naheliegenden Gründen die Herstellung von Alkohol und die der Folgeprodukte. Nach der Entdeckung des Alkohols im Mittelalter, wir wissen nicht ganz genau, wie und wo sie zustande kam, waren durch Destillation aus Wein erhaltene Getränke eine große Kostbarkeit. Damals war auch Zucker noch eine wertvolle Substanz. Und so glaubten die mittelalterlichen Ärzte, daß Zucker gelöst in Alkohol etwas besonders Gesundheitsförderliches sei. Auf diese Weise trat der Likör seinen Siegeszug an. Durch Zusatz von Heilkräutern bzw. Heilkräuterauszügen entstand dann so etwas wie eine Medizin.

Es ist überliefert, daß die ersten Liköre zur Bekämpfung der großen Pestepidemien des Mittelalters eingesetzt wurden. Ob sie wirklich geholfen haben, darf man zwar bezweifeln, aber immerhin schmeckten sie gut. Diese Tradition hat sich in der Gestalt der sogenannten Klosterliköre bzw. der Magenbitter bis auf unsere Zeit gehalten. Im Deutschen Museum in München wird ein Rezeptbuch aufbewahrt, das der Besitzer einer in Würzburg gelegenen Likör- und Essigfabrik in der Mitte des vorigen Jahrhunderts anlegte. Dabei muß man sich vor Augen halten, daß sich diese Rezepturen über Jahrhunderte hinweg kaum verändert haben und auch heute noch in ähnlicher Weise Verwendung finden.

Im verkleinerten Maßstab ist jedes der folgenden Rezepte sehr leicht nachzumachen. Wir können versichern, daß die Ergebnisse, von den Likören wider die Cholera abgesehen — gerade damals gab es in Bayern nochmal ein schlimmes Auftreten dieser gefürchteten Krankheit — alle überaus wohlschmeckend sein werden. Für uns heute sinnlos geworden, aber von historischem Interesse sind die Vorschriften zum Aufbereiten der Ausgangssubstanzen, der Reinigung des Alkohols und der Klärung des Zuckers. Von der Entwicklung überholt und von der Gesetzgebung verboten sind die meisten der hier mitgeteilten Färbevorschriften für alkoholische Getränke.

Da auch in vielen alten Medizinen Alkohol enthalten war, kamen die Likörfabrikanten allzuleicht in Versuchung sich gewinnbringend auf dem Gebiet der Kurpfuscherei zu betätigen. Auch diese Rezeptsammlung liefert dafür einige recht anschauliche Beispiele. Die Bedeutung des Essigs war früher noch größer als heute. Arme Leute pflegten als billigstes Getränk mit Wasser verdünnten Weinessig zu trinken, der als sehr durstlöschend galt. Essig wurde und wird noch viel zur Konservierung von Nahrungsmitteln verwendet, wofür eingelegte Gurken ein leckeres Beispiel sind. Es war daher die saure

Gärung bzw. die Umsetzung von Wein zu Essig über Jahrhunderte hinweg ein wichtiges Verfahren.

Betrachten wir zunächst einmal die Rezepturen der Firma G. HEINRICH BECK in Würzburg zum Reinigen der Ausgangssubstanzen.

Die Destillation des Weines zu Weinbrand liefert, vor allem, wenn man recht „hart" und mit weitem Temperaturintervall destilliert hat, meist ein recht gefärbtes und durch unerwünschte Beimengungen recht roh schmeckendes Produkt. Dabei darf man nicht vergessen, daß man noch gegen Ende des vorigen Jahrhunderts in Destillerien keine Thermometer kannte. Man wäre also gar nicht in der Lage gewesen, sanfter zu destillieren.

Deshalb ließ man zur Reinigung das Destillat über frisch bereitete Holzkohle laufen. Dieser Holzkohle konnte man noch Pottasche zumischen, die etwaige übergegangene Säuren neutralisierte, und Chlorkalk, der das Destillat zusätzlich bleichte. Sollte ein Leser tatsächlich schwarz gebrannt haben, wir erlauben uns den Hinweis, daß dies gesetzlich verboten ist, und diesen Reinigungsversuch nachmachen wollen, so empfiehlt es sich aber, wenigstens den Chlorkalk wegzulassen. Bei dem im folgenden beschriebenen „Kohlenständer" handelt es sich schlicht um ein kleines Faß mit durchlochtem Boden, das auf einem hölzernen Ständer steht:

„*Kohlen Ständer.*

Man nehme ein Faß oder Ständer richte solches her, dann kommt auf den ersten Senkboden, der mit Sackleinwand überzogen ist, 4 bis 6 Zoll hoher rein gewaschener Sand auf diesen kommen die Kohlen mit

3 Lth. Chlorkalk &
3 " Potasche gestreut

und gemischt wird bis 10 Zoll auf den obern Rand gefüllt dann kommt wieder 1 Filsdeckel & auf denselben wieder Sand so das noch Raum zum aufschütten bleibt, auf den Sand kommt wieder eine Leinwanddecke damit es b. Aufschütten keine ungleiche Vertheilung erleidet."

Anmerkung: Diese Vorschrift funktioniert ganz ausgezeichnet. Man kann dies leicht demonstrieren, indem man eine gefärbte wäßrige Lösung von Methylenblau in Wasser herstellt und sie über eine mit Aktivkohle gefüllte Nutsche laufen läßt.

Moderne Varianten dieses Versuches: *Bukatsch/Glöckner*, Experimentelle Schulchemie. Anorganische Chemie, Nichtmetalle (II), Bd. 2, S. 177, Versuch 5.

Zucker war früher eine Kolonial-Ware und wurde in spitzen Kegeln, sogenannten Zuckerhüten, gehandelt. Die Qualität muß nicht allzu hoch gewesen sein, d.h. der Zucker war nicht ganz weiß und noch durch Fremdsubstanzen verunreinigt. Da aber bei alkoholischen Getränken das Auge mittrinkt, so mußten die Zuckerlösungen aber ungefärbt und klar sein.

„*Zucker zu Läutern.*

Ganz gleich welche Quantität Zucker geläutert wird, ausgenommen zu Punschessenzen, da wird die Menge des zuzugebenden Wasser genau bestimmt; außerdem wie folgt verfahren:

Der Zuckerhut wird in kl. Stücken zerschlagen & kommt in einen reinen geputzten Kessel & wird so lange Wasser zugegeben bis das Wasser oben drüber geht, wenn derselbe kocht nimmt man auf 50 ℔ Zuck. das Weisse von 1 Ei, schlägt es zu Schnee mit etwas Wasser & giebt dem Zucker zu, nach $^1/_2$stündigem Kochen wird der Schaum abgenommen und der Zucker ist hell & gut fertig zu Liqueuren etc. etc."

Anmerkung: Das hier beschriebene Rezept funktioniert. Man kann es in kleinerem Maßstab nachkochen. Man besorge sich im Reformhaus sogenannten braunen Zucker, den manche Leute für gesünder halten, und kocht eine Lösung davon mit Eiweißschnee, anschließend enge man die Lösung stark ein und lasse dann zum Kristallisieren abkühlen. Beim Einengen muß man aufpassen, daß der Zucker nicht anbrennt und dann brauner ist als zuvor.

Für bereits fertige Liköre und sonstige alkoholische Getränke, die bei der Herstellung trüb geworden waren, war folgendes Rezept gedacht:

„*Klärungsmittel* für 68 Liter zu sämtlichen Spirituosen berechnet:
2 Loth gestoßenen Alaun in $^1/_2$ Lit. Wasser gekocht läßt dasselbe auskühlen dann mit demselben 1 Lth. Potasche auflösen & $^1/_2$ Lth. Reinigungsäther beisetzen durcheinander geschüttelt & ins Faß auf den trüben Gegenstand 48 Stunden ruhen lassen & derselbe ist cristall hell."

Farben

Es ist eine alte Tradition, daß viele Liköre geheimnisvoll leuchtende Farben zeigen. Die alten Färberezepte waren aber zum großen Teil nach unseren heutigen Maßstäben von recht zweifelhafter Qualität. Indigo und Safran, von Anilinfarben nicht zu reden, sind recht zweifelhafte Zusätze:

„*Cochenille zu 1 Loth.*

Bereitung der *rothen Farbe* auf kaltem Weg.
Mann mahle in einer Cafe-Mühle recht fein die Cochenille zu Mehl, dann setzt man dazu:

$^1/_2$ Loth. Potasche
2 " Weinstein & Allaun

bis die Farbe das rechte Feuer besitzt giebt man etwas Citronensäure dazu so wird dieselbe Ziegelroth & fällt ins gelbe. Alles wird in einer Reibschale gerieben & schönes helles Regenwasser zugesetzt bis alles klar gerieben

Grüne

Aufgelösten blauen Indigo mit Safran Zusetzungen in allen Nuancirungen grün.

Rothe hellroth

Chochenille Auflösung
Dieselbe mit Zuckercouleur versetzt dunkelroth
ebenso Heidelbeersaft

Kirschsaft

Zucker Couleur für Spirituosen muß 80% sein und genau b. Kaufen darauf gedrungen werden.

Gelbe Farbe,

erhält man durch Safran und Curcuma Mehl."

Chemische Berechnungen haben es in sich. Jeder Prüfer weiß, welche Schwierigkeiten die im Lehrbuch so harmlos aussehende Mischungsregel schon Generationen von Prüflingen bereitet hat und noch bereiten wird. In der Sprache eines Likörfabrikanten des vorigen Jahrhunderts wird das Problem auch nicht einfacher. Obwohl ein geübter Likörfabrikant das Panschen beherrschen muß, wenn sein Geschäft florieren soll:

„*Die Berechnung des Spiritus.*

Da ein mit Zucker versetzter Brantwein nicht mehr mit dem Alkoholmeter nach seiner Stärke gewogen werden kann, deswegen ist es umso nothwendiger durch ein Rechnungs-Verfahren im Voraus bestimmen zu können.

a) Wie viel man einer Quantität Sprit von bestimmter Stärke Wasser zusetzen muß, um ihn auf beliebigen Grad zu verschwächen.

b) Welchen Grad bekommt ein Brantwein von bestimmter Stärke wenn man ihm ein gewißes Quantum anderer Prozentgehalte zusetzt.

c) Wie viel ist Sprit von einer angegebenen Stärke erforderlich, um ein bestimmtes Quantum Brantwein von beliebiger Stärke zu erhalten.

Ad a) 60 Liter Sprit von 82% sollen zu 36% verschwächt werden wie viel ist dazu Wasser erforderlich & wie viel wird sodan Brantwein?
Zuerst wird die Stärke des Spiritus hier 82% mit seiner Quartzahl 60 multiplizirt giebt 4920% in diesen wird mit der Prozentzahl der zu gebenden Stärke hier 36 dividirt bringt $136^2/_3$ Quart als Menge des Brantweins wird nun von dieser Zahl die des Spiritus hier 60 abgezogen, bleiben $76^2/_3$ als Zahl des zu gebenden Wassers

Ad b) 30 Quart Brantwein zu 40% sollen mit 65 Quart Brantwein zu 36% vermengt werden; wie stark wird dann die Zusammensetzung werden?
Zuerst wird der Grad 40 mit seiner Quartzahl 30 multiplizirt giebt 1200% dann wird der Grad 36 mit seiner Quartzahl 65 ebenfalls multipliziert giebt 2340% hierauf werden die beiden herausgekommenen Prozentzahlen 1200 & 2350 addirt giebt 3540% eben addirt 30 & 65 giebt 95 als Summe, mit dieser wird nun in die Hauptzahlen 3540 dividirt, benennt $37^1/_4$% als die erlangte Stärke.

Ad c) Es sollen 80 Quart Brantwein zu 42% gefertigt werden, wie viel Wasser & Sprit zu 70% erforderlich?
Zuerst die zu erlangende Prozentzahl 42 mit der Zahl wie viel gefertigt werden soll 80 Quart multiplizirt giebt 3360% in die so mit der Prozentzahl des dazu bestimmten Spiritus 70 dividirt benennt 48 Quart als die Zahl des dazu erforderlichen Spiritus.
Um nun auch zu erfahren, wie viel Wasser zur Fertigung dieser 80 Quart erforderlich ist wird die Zahl des dazu verwendeten Spiritus davon abgezogen bleiben 32 Quart, die Zahl des dazu nöthigen Wassers.“

Die Herstellung von Likören ist nicht allzu schwierig, wie das nun folgende Rezept des *G. Heinrich Beck* zeigt. Das Verfahren beschränkt sich auf ein schlichtes Zusammenmischen der Bestandteile.

Das Schwierigste ist die Herstellung des braunen Karamelzuckers unter starkem Rühren auf der heißen Pfanne. Erhitzt man zu hoch, verbrennt der Zucker leicht und hat dann einen ausgesprochen unangenehmen Geschmack:

„*Mein erster Liqueur*
fabrizirt 1848.

1 Maas Spiritus in einem neuen Geschirr dann 20 Tropfen Kümmelöl & 10 Tropfen Annisöl hinnein. 2 Maas reines Wasser mit etwas grünem Thee & ganzem Zimmt jeder Sorte für 3ter — *gewiß rationell* wenn das Wasser siedet, thue erst den grünen Thee hinnein zum brühen dann zurück & handwarm mit 1℔ Zucker kochen wenn *abgekühlt*! den Weingeist zusetzen.

Willst Du ihn braun haben, so brenn ein wenig Zucker zu Harzfärbe denselben, wird auf Flaschen gefüllt zum Ge- & Verbrauch wie auch geschehen."

Bereits oben erwähnten wir, daß ursprünglich die Liköre als Medizin hergestellt wurden. Im vorigen Jahrhundert kam es zu gewaltigen Seuchenzügen der Cholera durch ganz Europa. Dies führte zum Wiederaufleben alter Likörrezepte, die angeblich gegen Cholera helfen sollten. Dies darf man im Nachhinein wohl eher bezweifeln, aber sicherlich haben sie auch nicht geschadet:

„*Kollera Bitter*

Dieses Recept ist das Vornehmste.

1	Loth	bittere Pommeranzenöl
$^1/_4$	"	Nelckenöl
$^1/_4$	"	Zimmentöl
1	"	schweizer Alpenkräuteröl
$^1/_4$	"	Calmusöl
4	"	China Essenz
$1^1/_2$	"	Essigäther

wird gewöhnlich braun gestellt, kommt bald 20 oder auch 24 Maas Sprit 90% dazu."

War das obige Beispiel ein Liqueur, der ausschließlich bei Cholera helfen sollte, so war folgendes Rezept eine Art Breitband-Medizin, die gegen recht unterschiedliche Leiden half:

„*Anticollera Liqueur*

Ein vortrefflicher Tafel Liqueur sowie treffendes Mittel gegen Collera, Thyphus, gelbes Fieber, Ruhr & Wurmleiden etc.

Alkohol 21%	1 Liter
Angelika Wurzel	30 gramm
Calmus	2 "
Myren	2 "
Zimt	2 "
Aloe	2—4 "
Nelken	1 "
Vanill	1 "
Kampfer	$^1/_2$ "
Muscat Nuß	$^1/_2$ "
Safran	1,20 "

Einige Tage das Ganze durchschütteln, das Reine oben abgießen & wieder voll machen circa 2 mal gut, jedoch an der Wärme digerirt.

Obigen nimmt man nie mehr als 1 Cafe Löffel voll mit etwas Zucker höchstens 2 Löffel."

Da alkoholische Lösungen auch anderer Ingredienzien in der damaligen Medizin eine große Rolle spielten, so war für einen kleinen Fabrikanten die Versuchung recht groß, neben alkoholischen Getränken auch sonst noch allerlei pharmazeutische Waren herzustellen. So ein wenig Kurpfuscherei belebte den Geschäftsgang und man konnte solcherlei Waren sicherlich über fahrende Quacksalber bestens verkaufen:

„*Gicht-Spiritus* zum Einreiben

1	Lth.	Kampfer Spiritus
1	”	Salmiakgeist
1/2	”	Roßmaringeist
1/2	”	Terpentingeist
1/2	”	Reihner venitianischer Geist

Kopf Wasch-Wasser
große Erfrischung

10 Gramm weiße Kali-Seife in 150 Gramm Weingeist, welcher Mischung 2 Tropfen Rosenöl 10 Tropfen Lavendel- und 5 Tropfen Nelkenöl zugesetzt wurden.
Diese Mischung wird geschüttelt und von derselben zu 1/2 Liter Wasser 1 Theelöffel voll zugesetzt zum jedesmaligen Gebrauch, *probatem est*!“

So lag es nahe, auch Parfüms herzustellen, insbesondere sogenannte Kölnische Wasser, bei denen es sich um Parfüms mit hohem Alkoholgehalt handelt:

„*Bereitung des richtigen Kölnischen Wasser's*

2	gramm	Rosmarinöl
4	”	Citronenöl
1	”	Orangenblätteröl (Petitgrainsöl)
5	”	Bergamottöl
2	”	Lavendelöl
1	”	Orangenblüthenöl (Neroliöl)

Zusammen in 1 Liter 96% Sprit 8 Tage an einem lauwarmen Orte stehen lassen. Alsdann fügt man langsam u. unter fortwährenden Umschütteln ungefähr 1/10 Liter feinstes Rosenwasser zu. Sollte b. diesem Zusatz Trübung eintreten, so hört man damit auf.“

Vollends in die Kurpfuscherei gleitet folgendes Rezept für einen Lebensverlängerungstrank. Hauptbestandteil ist dabei eine uralte, geheimnisumwitterte Substanz oder besser Medizin, die aus geheimnisvollen orientalischen oder italienischen Quellen schon zubereitet erworben wurde und ihrerseits etwa 100 Bestandteile haben konnte. Gelegentlich tauchte dieser „Theriak“ (Electuarium theriacale) auch damals noch in deutschen Apotheken auf:

„*Lebens Verlängerung*
Recept

2	Loth	Aloe Senatica
1	Quint	Gentiana
1	”	Zedvaria
1	”	besten Safran
1	”	feine Rhabarbara
1	”	Azarici albi
1	”	Venizianer Theriack

Die ersten 6 Specis werden pulvrisirt, der Theriack ganz dazu gethan.

Gebrauchsanweisung.

Nehme 5 bis 9 Tropfen früh nüchtern ebensoviel um 11 Uhr & soviel um 6 Uhr Abends gerade soviel kurz vor dem Schlafengehen auf weißen Zucker, im Cafee

Thee oder mit Candis zu nehmen & werfe solche lange im Munde herum, wodurch sich das Zahnfleisch befestigt & frisch erhalten bleibt.
Besonders gute Wirkung machen sie um circa 6 Uhr Nachmittag wo sie die gänzliche Verdauung der Hauptmahlzeit von Mittag beenden & Appetit auf den Abend machen; nimmt man sie regelmäßig so wolle man 9 bis 11 Tropfen nicht überschreiten da es nicht auf Absatz abgesehen ist und nur wenige Tropfen genügen.
Bei sonst regelmäßiger Lebensweise wird man durch Gebrauch derselben nicht leicht krank; wird man es aber dennoch, so setze man, wenn Entzündung dabei ist was b. Krankheiten beinahe immer der Fall, einige Tage mit Gebrauch derselben aus. Esse Abends nichts als eine Suppe, enthalte sich besonders Abends des Fleisch, Wein, Bier, starken Café, Salat etc. (Verkältung hauptsächlich) und genieße Schleimsuppe & wird in einigen Tagen nicht besser, so nehme man eine Dosis Abführ Latwerger oder nehme einen guten Arzt."

Doch kehren wir zu trinkbaren Rezepten zurück. Im vorigen Jahrhundert erfreuten sich Punschrezepte einer besonders großen Beliebtheit, auch Bowlen waren sehr gefragt. Da es recht teuer war, sich selbst einen Punsch mit den vielerlei Zutaten selbst zu brauen, so lieferten die Fabrikanten vielfach sogenannte Punschessenzen, denen man nur heißes Wasser zufügen mußte, um Punsch zu haben. Der große Erfolg dieser Punschessenzen lag wohl nicht zuletzt darin, daß man sich auf diese Weise auch kleinere Portionen bereiten und auch nach Belieben mit Wasser verdünnen konnte:

„Eigne Composition.
Ein sehr guter Familien-Punsch Essenz.

mit halb heißem Wasser angefertigt.

		Calculation
5 ℔ Candis	à 68 dl.	M 3.25
$3^3/_4$ Flaschen Arac		5.—
$^1/_2$ Flasche Rum alter		—.50
$^1/_4$ Lit. Kirschwasser		—.80
1/1 Lit. Rothwein		1.05
3 ℔ Melies		1.38
6 Orangen	à 20 dl.	1.20
2 Citronen	à 12 dl.	0.24
		M 12.34

Das Gelbe der Citronen abgerieben.
Circa 20/1 Flaschen zusammen"

„Erdbeer-Punsch a la Uhlenhorst

Man nehme auf eine Flasche guten alten Rum, zwei ℔ Erdbeeren quetsche solche zu einem Brei in einer steinernen Schüssel thue die Erdbeermasse in ein verschließbares steinernes oder Gläsernes Gefäß, gieße den Rum darauf und lasse die Mischung 2 bis 3 Tage stehen während welcher Zeit man die Masse mehrere male umrührt. Hierauf fülle man die Flüssigkeit ab & lasse sie durch ein nicht ganz feines Haarsieb laufen. Den zurückbleibenden Erdbeerbrei gieße man nach & nach in das Sieb & treibe solchen mit Hülfe des Durchtreibers durch. Den zurückbleibenden Brei lasse man durch ein sauberes Tuch & suche durch Zusammenpressen alle noch darin befindliche Flüssigkeit zu gewinnen. Man füllt dann den also gewonnenen Erdbeer-Rum in Flaschen, die gut verkorkt versiegelt, liegend bis zum Gebrauch aufbewahrt werden können, selbst bis zum nächsten Sommer.

Zum Punsch nehme man auf 1 Flasche Erdbeer Rum, den Saft von zwei guten saftigen Citronen ohne Kerne nach Geschmack, 500 bis 750 Gram Zucker und 3 Flaschen Wasser. Der Zucker wird in eine Terine gethan der Citronensaft daraufgedrückt dann der Rum zugegossen & zuletzt das kochende Wasser. Er schmeckt kalt besser als frisch bereitet und kann auch auf Flaschen gefüllt liegend einige Tage aufbewahrt werden."

„Schwedischer Punsch
nach F. W. Wickel aus Kiel

zu 36 Liter Punsch nimmt man
26 ℔ Zucker
18 Liter alten Arac zu 56%
4 " weißen guten Wein
9 Liter Wasser zum läutern,

Wenn der Zucker geläutert ist & ganz fein abschäumt muß er abkühlen doch warm genug zum mischen sein.

Dann kommt in einen reinen Gefäße der Zucker dann der Arac unter fortwährendem aufziehen 2 Minuten später kommt der Wein zugesetzt & hellgelb gefärbt läßt man kalt werden & auf Flaschen gebracht. Im Sommer wird er mit Selterswasser kalt getrunken oder heiß mit der Hälfte heißes Wasser angebrüht."

„Eigener gesunder Punschessenz.

4 Liter Arac richten
10 ℔ Candiszucker recht dick einkochen
1/2 Lit. Kirschwasser –
2/1 Flasche griechischen Wein (Patras) à 1 M
4 Citronen abreiben auf Zucker
10 Orangen mit den Citronen auspressen."

„Haushalt-Glühwein.

Zu 3 Flaschen guten Apfelweins einer Flaschen Rothwein nehme man $^1/_2$ Gramm Vanille 12–18 Stück Nelken 2 Stg. ganzen Zimmt 2 ℔ Zucker $^1/^3$ Litr. Rum und die Schale einer halben Citrone, lasse dies einige Minuten aufwallen u. giebt den Glühwein warm auf:

Landpfarrers Glühwein
Eine Rosen-Pouvle

Welche an Wohlgeschmack den Maiwein weit übertrifft.

Dazu verwendet man die Thee-Rose Marschal Niel. 3 mittelgroße Blüthen auf 12 Flaschen Wein; nach 10 höchstens 14 Minuten nimmt man die Rosen wieder aus dem Wein setzt das übliche Quantum Zucker hinzu & ist fertig zum trinken Ist wohl das Feinste an Aroma. *probatum est*"

„Champagner Punsch.

$1^1/_2$ ℔ Zucker mit 1 Maas Wasser aufkochen, giebt dann den Saft von 5 Citronen zu, gießt 1 Flasche Arac & 1 Flasche Champagner macht in heiß gießt ihn durch ein Tuch Serviette in eine Bouvle & gleich servirt.

von m. Freund
Wormosohly
Ungarn"

Damals war es noch üblich, die fertigen Getränke auf Flaschen zu ziehen, sie zu verkorken und den Korken mit dem Flaschenhals mit Siegellack zu überziehen. Auch dieser Lack wurde von den Fabrikanten selbst zubereitet, wie folgendes Beispiel zeigt:

„Vorschrift zur eleganten Flaschen-Versiegelung

20 Theil Colophonium
40 " Äther
60 " Colodium
und eine Pigmente welche nach Belieben man zusetzt je nach Farbe die man wünscht."

Eine große Rolle spielte die Bereitung von wohlschmeckendem Essig. Viele Leute tranken damals im Sommer mit Wasser verdünnten Essig als Erfrischungsgetränk. So entstand ein beträchtlicher Bedarf und nicht immer reichte der Vorrat an billigen, minderen Weinqualitäten aus. So griff man gelegentlich zu Rezepten wie das folgende:

„Künstlichen Weinessig zu bereiten.

Man nimmt 5 ℔ große Rosinen, $1^3/_4$ ℔ Weinstein und 2 ℔ Waizenmehl.
Dies alles wird zerstoßen und soviel heißes Wasser darauf gegoßen, bis ein dicker Brei daraus entsteht. Nachdem er eine Stunde gestanden, gießt man 20 Quart oder Liter siedendes Wasser darauf und läßt es unberührt abermals 4 Stunden stehen, dann gießt man es in ein Faß, welches größer ist als der Umfang dieser Masse beträgt, und setzt es an einen warmen Ort. Wenn diese Masse recht warm ist, giebt man 2 Quart Hefe hinzu, rührt es wohl untereinander und läßt es 4 Stunden gähren. Ist diese Masse gut abgegohren, so gießt man 4 Liter guten Essig hinein und läßt das Ganze 24 Stunden stehen, dann zieht man es auf ein anderes Faß, und läßt das Ganze einige Wochen stehen in welcher Zeit solcher gut ist."

An sich sollte Essig aber Weinessig sein. Über den biochemischen Hintergrund gab es damals nur Vermutungen. Die Essigbereitung war eine wichtige Angelegenheit. Zur Zubereitung und Konservierung vieler Speisen wurde Essig benutzt:

„Die Schnell-Essig Fabrik
resp IIIfach Essigbereitung zu 66% 75%.

ein ausgezeichneter Genuß-Essig weil chemisch rein & aromatischer Geschmack.

Ia Die Beschaffenheit der Ständer u. ihrer Füllung.

Die Höhe des Ständers wird in neuer Zeit gegen die weiten vorgezogen & doch halte ich nach m. Erfahrungen die letzteren, das ist die weiten Ständer für besser, für Wärme haltender & weniger unangenehm für den Arbeiter in der Fabrik, da die

Fig. 181.

Abb. 76. Solche Fässer zur Schnellessiggärung wurden auch von der Firma Beck benutzt (nach *Wagner*)

Verdunstung, wegen schwächerem Zug, ein weit billiger & weniger ist! Billiger, da aller Dunst auf Kosten von Alkohol geschieht, sogenannt Aldasyt bildet, nicht ganz verarbeiteter Alkohol ist. Ich halte sohin ein Verhältnis 7 Fuß Höhe & $3^1/_2$ Fuß oben weite Ständer für die besseren, In einer solchen Fabrik bleiben die Wände trocken, dieweil b. hohen schmalen Ständer durch die große Verdunstung dieselben feucht werden; sieht man auf gute regelmäßige Lüftung & lasse man durch öfteres Nachsehen des Arbeiters keine Verstopfung durch Schmutz eintreten, welches der Fall ist, wenn der Essig oder Maische oben auf dem Senkboden stehen bleibt; oder am Thermometer, wenn der stehen bleibt oder gar retour geht, ein sicheres Zeichen, daß entweder die Zuglöcher verstopft sind, oder der Essig-Pilz keine Nahrung hat, in welchem Falle man um Sicher zu gehen, unten mit starkem Drath die 8 Öffnungen fest durchstößt & wenn am 2. Tag noch nicht besser, den betreffenden Ständer je nach Nothwendigkeit alle Tage 2 bis 3 Mal in der Woche etwas Apfelwein aufgießt, mit der aufzugiessenden Quantität; Hierauf & auf gleichmäßiges Fortarbeiten, stützt sich die ganze Fabrikation, natürlich müssen auch die richtigen-%igen Brantweine oder Sprit sehr regelmäßig zu der Maische verwendet werden, nicht daß heute 6% morgen 10% als schwache Maisch aufgegossen, sondern genau nach Vorschrift. Dasselbe gilt ebenso auch bei der starken Maisch.

Nur mit Ordnung rentirt das Geschäft.

Die Ständer können aus Eichenholz oder auch, wo man es der Leichtigkeit wegen zu thun gezwungen ist, wie in m. eigenen Fabrik, unten breite Kübel von Eichenholz & aufgesetzt bis zur Höhe von $7^1/_2$ Fuß Fichten-Holz nehmen, nur muß man Vorsichtig sein, daß kein Astholz sondern nur ganz reines Holz genommen wurden; unten, wo der Essig ist, ist sohin für Haltbarkeit garantiert. Das Faß oben wird mit einer guten Grundierfarbe mehrere mal angestrichen, daß solches recht gesättigt, dicht ist. Da es aber nicht zu vermeiden ist, daß selbst b. größter Vorsicht durchschlägt, lasse man von vornherein die Ständer mit ganz starken Walzeisen binden & nehme ja keine Reifen; will oder muß man Reifen anlegen, wenn die Ständer schon im Gang sind, so nimmt man gut englisch verzinnte Bandagen.

Die Böden unten sowie die Siebböden müssen, soll es gut werden, von Eichenholz sein, dagegen kann der Deckel von doppelt auf einander liegenden Bretter sein, wovon der untere im Ständer herein geht, der obere aber, über den Rand des Ständers gehen & decken, damit kein Dunst hinaus & kein Schmutz & kalte Luft resp. s.g. falsche Luft hinein kann.
$2^1/_2$ Fuß von oben herunter wird in der mittleren Daube ein Loch gebohrt, damit man den Thermometer einführen kann in seiner ganzen Länge. Da die Füllung sehr fest ist, muß man mit einem Holzstäbchen vorstoßen, in derselben Daube befindet sich unten das Hahnenloch in welchen ein starker guter Stopfen kommt & erst in diese kommt das Glashähnchen zu stehen, welches rechts oder links gelegt werden muß je nach Ablauf des Faßes bewerkstelligt werden kann.
Unter circa 2 Fuß hoch legt man oft einen Rostboden von Latten etc. ich finde es nicht unpraktisch, wo man haben kann, auf dieser Höhe Reben Büschel zu stellen & darauf erst die Spähne bis zum oberen Senkboden.
Die Roll sogenannter Essigspähne bezieht man aus Thüringen Eisfeld etc. pro Ctr. für ca. $2^1/_2$ fl. (fl = Gulden). Ist das Faß soweit gefüllt, so kommt ein fein durchlöcherter Siebboden darauf, welcher auf ein mit Holznägel sehr gerade herum gelegter Reife oder Latte welche alle 2 Zoll eingeschnitten sind, ruht und außen herum wird der Boden mit Werk verdichtet, damit kein Aufguß an die Wände abläuft sondern gezwungen ist, zur gleichmäßigen Vertheilung durch die kleinen Löcher vertheilt zu laufen.
Nebige Bilder[1] sind gewöhnliche Sprit Stücke à 600 Liter haltend bei täglicher Arbeit von 4 bis 6 maliger Arbeit (umdrehen auf den Lagerhölzer soll bei Ausschluß großer Verdunstung bis 11% reiner Wasserfreier Essigsäure liefern & zwar durchschnittlich per Tag. Eines Bildes!

6% Alkohol	24 Liter
8% ”	18 ”
11% ”	12 ” “

Unter den Aufzeichnungen der Firma Beck findet sich auch ein Beispiel, wie das Ganze zeitlich ablief und wie und wann die jeweiligen Fässer mit Buchenspänen angefüllt wurden:

Versuch 88: *„Gärung von Honig“ (nach Stöckhardt)*

Geräte: Glasflasche, Größe je nach Ansatz, mit Stopfen und aufgesetztem Gärröhrchen, pneumatische Wanne mit Gasauffanggefäß, Verbindungsschlauch, Meßzylinder, Waage

Chemikalien: Honig, Wasser, Hefe, Kalkwasser

Zeit: Einige Tage (reine Arbeitszeit ca. 15 Min.)

„30 g Honig werden in $^1/_4$ Liter Wasser gelöst und zu der Lösung wird etwas käufliche Hefe gesetzt ... Die Flüssigkeit wird an einem warmen Orte (bei 18 bis 24°C.) bald in Gärung geraten und eine reichliche Menge von Gas entwickeln. Stellt man den Versuch in einem mit einer gebogenen Glasröhre versehenen Fläschchen an und leitet die Glasröhre in ein zweites, mit Wasser gefülltes Gläschen, welches verkehrt in einer pneumatischen Wanne aufgestellt ist, so läßt sich das Gas leicht auffangen; es besteht aus Kohlensäure. Schließlich wird aller Zuckergeschmack verschwunden sein und die Flüssigkeit dafür einen branntweinartigen (geistigen) Geschmack an-

[1] Vgl. hierzu Abb. 76.

genommen haben. Man nennt also diese gegorene Flüssigkeit Met; sie enthält statt des Zuckers Weingeist, und dieser ist die Ursache, daß ihr Genuß berauschend wirkt. Am Boden liegt nunmehr ziemlich reichlich Hefe."

Ergebnis: *Der im Honig enthaltene Zucker vergärt mit Hefe zu Ethanol.*

Versuch 89: *Vergären von Obstsäften (nach Stöckhardt)*

Geräte: Glasflasche, Größe je nach Ansatz, mit Stopfen und aufgesetztem Glasröhrchen, pneumatische Wanne mit Gasauffanggefäß und Verbindungsschlauch

Materialien: Obst zum Auspressen oder Obstsaft, Hefe, Möhrensaft

Zeit: Einige Tage (reine Arbeitszeit ca. 15 Min.)

„Man bringe frisch gepreßten Möhrensaft auf eine Temperatur von ungefähr 20 bis 25°: der Saft wird bald brausen, Hefe absetzen und in eine geistige Flüssigkeit (Möhrenwein) übergehen. Auf gleiche Weise bereitet man sich aus Johannis- oder Stachelbeeren den Johannis- oder Stachelbeerwein, aus Äpfeln den Äpfelwein oder Cider."

Ergebnis: *Der im Obstsaft bzw. Möhrensaft enthaltene Zucker vergärt zu Ethanol.*

Versuch 90: *Bierbereitung (nach Stöckhardt)*

Geräte: Kochtöpfe, Leinenstück zum Filtrieren, Waage, Thermometer

Chemikalien: Gerstenmalz, Hefe, Hopfen, Wasser

Zeit: Insgesamt einige Tage, reine Arbeitszeit ca. 2 Std.

„Nächst dem Wein sind Bier und Branntwein die wichtigsten gegorenen Getränke. Die Darstellung derselben unterscheidet sich also von der des Weines wesentlich dadurch, daß hierzu Materialien angewendet werden, welche keinen fertig gebildeten Zucker, sondern statt dessen Stärkemehl enthalten, als: Gerste, Weizen, Roggen, Kartoffeln etc. Das Stärkemehl kann nicht, wie der Zucker, direkt in Weingeist und Kohlensäure zerfallen; um es zur Alkoholbereitung zu benutzen, muß es vorher in Zucker umgewandelt werden. Dies geschieht in den vorliegenden Fällen immer durch die Diastase des Gerstenmalzes bei dem sogenannten Maischprozesse der Brauer und Branntweinbrenner.

20 g käufliches oder durch Keimen von Gerste selbst hergestelltes zerquetschtes Malz werden mit einem Gemenge von 60 g kaltem und 80 g kochendem Wasser übergossen und einige Stunden an einen warmen Ort gestellt, wo die Mischung ungefähr eine Temperatur von 65 bis 70 °C erlangt. Man erhält eine süße Flüssigkeit. Der Brauer nennt diese Flüssigkeit Würze. Man preßt sie durch ein Läppchen und kocht sie einige Zeit, bis sie klar und durchsichtig geworden ist, läßt sie dann bis 30 °C. abkühlen und versetzt sie mit einem Theelöffel voll Hefe: sie wird bald in Gärung geraten und nach einigen Tagen sich wieder klären; die klare gegorene Flüssigkeit ist Bier. Auf diese Weise bereitet man die nicht bitteren, sogenannten Weißbiere. Setzt man der Würze während des Kochens etwas Hopfen (Fruchtzapfen der Hopfenpflanze) hinzu, so löst sich daraus ein aromatisch bitterer Stoff (Lupulin) auf, der dem Bier einen angenehmen und kräftigeren Geschmack giebt.

Nachgärung. Das frische Bier enthält noch etwas Zucker aufgelöst, es erfährt daher, ebenso wie manche Weine, beim Aufbewahren eine zweite schwache Gärung (Nachgärung). Läßt man diese in geschlossenen Fässern oder in verstopften Flaschen vor sich gehen, so daß die Kohlensäure nicht entweichen kann, so erhält man also, ähnlich wie bei der Champagner-Bereitung, das moussirende Bier."

Unfallgefahren: Nicht immer sind die Ergebnisse erster Brauversuche hinreichend bekömmlich. Vorsicht beim Trinken. Wegen fehlender Lagerung bleibt der Geschmack dieses Bieres ohnedies hinter dem käuflicher Produkte zurück.

Versuch 91: *Langsame Essigbildung (nach Stöckhardt)*
Geräte: Becherglas, Pappdeckel, Meßzylinder, Thermometer
Chemikalien und Materialien: Weingeist, Flußwasser, Schwarzbrot, Essig, Indikator
Zeit: Einige Tage (wirkliche Arbeitszeit 25 Min.)

„Man vermische in einem Glashafen 40 ccm starken Weingeist mit 250 ccm Flußwasser, lege in die Flüssigkeit ein Scheibchen Schwarzbrot, das man vorher mit starkem Essig getränkt hat, bedecke das Gefäß mit einem durchlöcherten Pappdeckel und stelle es an einen warmen Ort, wo es ungefähr 30 bis 40° warm wird: die geistige Flüssigkeit wird nach einigen Wochen in Essig verwandelt sein. In einem verstopften Glase erfolgt diese Umwandlung natürlich nicht ..."

Anmerkung: Flußwasser und Schwarzbrot beschleunigen das Bakterienwachstum bzw. sind schon mit Bakterien versetzt. Gefahren beim „Genuß" von Flußwasser beachten!
Ergebnis: *Mit Hilfe von Bakterien läßt sich Ethanol in Essigsäure umsetzen.*

Versuch 92: *Schnellessiggärung (nach Stöckhardt)*
Geräte: Zwei hohe Bechergläser, Größe je nach Ansatz
Chemikalien: Rosinenstengel oder Buchenholzspäne, Weingeist, Bier, Wasser
Zeit: Einige Tage (wirkliche Arbeitszeit ca. 25 Min.)

„Man fülle zwei Trinkgläser locker mit Rosinenstengeln an und gieße das eine ganz, das andere nur halb voll mit Wein, Bier oder einer Mischung, die man sich aus einem Teil Weingeist, einem Teil Bier und sechs Teilen Wasser bereiten mag. Diese Gefäße bringt man an einen warmen Ort und füllt ihren Inhalt täglich ein bis zweimal um, so daß jedes Gefäß abwechselnd einmal ganz, dann wieder nur halb mit Flüssigkeit angefüllt ist. Der im Brantwein enthaltene Weingeist wird auf diese Weise viel schneller zu Essig oxidiert werden, weil die an den Rosinenstielen hängen bleibende Flüssigkeit, die in dieser feinen Verteilung ringsum von Luft umgeben ist, in viel reicherem Maße Gelegenheit findet, Sauerstoff aus der letzteren aufzunehmen. Das zu Anfang eintretende Brausen rührt wieder von dem im Biere und den Rosinenstielen enthaltenen Zucker her, welcher sich zuerst in Weingeist und Kohlensäure umwandelt."

Anmerkung: Da heutzutage Rosinenstengel nicht mehr im Handel sind, empfiehlt es sich, diesen Versuch mit kleinen Buchenholzspänen zu machen.
Dieser Versuch zur Essigbereitung macht keine nennenswerten Schwierigkeiten. Man muß allerdings über eine saubere alkoholische Lösung verfügen. Ist Wein zu stark geschwefelt worden und enthält einen zu hohen Anteil schwefliger Säure, so wird er auch durch eine noch solange Behandlung nicht wirklich sauer.
Am besten eignet sich für diesen Versuch erwärmtes Bier. Die Buchenspäne lege man vor dem Versuch einige Zeit in ein Gemisch von Bier und Essig und lasse sie dann an der Luft antrocknen.

Ergebnis: *Mit Hilfe von Bakterien läßt sich Ethanol zu Essigsäure, hier Weinessig, oxidativ umwandeln.*

XV. Justus von Liebig: öffentliche Experimentalvorlesung

(1853 bis 1856)

Das ausgehende 18. und das 19. Jahrhundert brachten den Naturwissenschaften einen enormen Gewinn an öffentlichem Ansehen. Zum Teil war dies der damaligen Mode zu verdanken, Schauvorlesungen vor allgemeinem Publikum zu halten. In Bayern war diese Mode schon im letzten Drittel des 18. Jahrhunderts von den Professoren der Akademie der Wissenschaften in München gepflegt worden. Der Pater *Maximus von Imhoff* (1758 bis 1817) hatte mit viel Liebe und beträchtlichem Aufwand öffentliche Experimentalvorlesungen für Chemie und Physik veranstaltet. Zwar schlief die Tradition der öffentlichen Vorlesungen in München dann zunächst einmal ein, um erst von *Justus Liebig* wieder zum Leben erweckt zu werden. Offensichtlich hat ihn einer seiner Freunde, *Friedrich Mohr* (1806 bis 1879) dazu angeregt. In einem Brief, den *Liebig* am 27. Januar 1853 an *Mohr* sandte, heißt es:

> „... der König und die liebreizende Königin haben viel Gnade für mich, ich möchte der Königin sehr gerne einen Cyclus von Vorträgen halten und ihr die neuesten Wunder der Chemie vor Augen bringen, etwa in der Art wie Deine Vorträge vor der Prinzessin von Preussen hauptsächlich um die Menschen hier etwas mehr für die Naturwissenschaften zu gewinnen. Wenn die Königin die Vorträge besucht, dann folgen die anderen auch, sie ist wie ein Magnet, der die Herzen der Menschen an sich zieht. Drei Vorlesungen will ich diesen Winter noch halten, die sie besuchen wird, es ist aber die Frage, ob ich im Stand sein werde, ihr für die Zukunft ein dauerndes Interesse einzuflössen ..."

Tatsächlich waren *Liebigs* Bemühungen ein beträchtlicher Erfolg beschieden. Wir wissen über das Schicksal dieser Vorträge recht gut Bescheid, da ein Schüler und Mitarbeiter *Liebigs* – *Jakob Volhard* (1834 bis 1910) – in seiner *Liebig*-Biographie ausführlich darüber berichtet hat. *Liebig* konnte auch andere Forscher, darunter einige Geisteswissenschaftler bewegen, parallel zu ihm Vorträge zu halten, was offensichtlich den Erfolg begünstigte. Doch seien zunächst die Mitteilungen von *Volhard* betrachtet:

> „... Schon im ersten Jahre seines Münchener Aufenthaltes regte Liebig an, sein schöner geräumiger Hörsaal möge von Freunden und Kollegen zu wissenschaftlich-populären Vorlesungen für ein größeres Publikum benutzt werden. Der Gedanke fand allseitigen Beifall, und von 1853 ab wird durch eine Reihe von Jahren jeden Winter im Liebigschen Hörsaal ein Zyklus solcher Vorlesungen gehalten. Eröffnet wurden deren Reihe durch Liebig am 12. Febr. 1853; er sprach über die Natur der Flamme, über Sauerstoff, Wasserstoff usw., den Vortrag mit vielen Experimenten

Abb. 77. Eine zeitgenössische Darstellung Liebigs, in der Kleidung, in der er Vorlesungen zu halten pflegte. In der Hand die charakteristischen und berühmten schmalen Vorlesungszettel, auf denen er die Stichworte zu seinen Vorlesungen zu notieren pflegte. Jede Vorlesung war auf einem Bündel solcher Zettel niedergeschrieben, die bei Nichtgebrauch mit einer Schnur umwickelt wurden

erläuternd, die selbstverständlich das mit diesen Dingen ganz unbekannte Laienpublikum höchlichst überraschten und geradzu faszinierten.

Ein sehr zahlreiches Publikum — in dem großen Hörsaal war kein Plätzchen mehr zum Stehen, geschweige denn zum Sitzen, und der gesamte Stuhlvorrat des Liebigschen Hauses war zur Aushilfe requiriert — und sehr vornehme Gesellschaft: Prinz und Prinzessin Luitpold mit ihrem Hof, mehrere Minister, Hof und Staatsbeamte, Personen aller Stände, ein reicher Damenflor; zu den späteren Vorlesungen kam auch die Königin ... Prinz Adalbert von Bayern und etwaiger fürstlicher Besuch des Hofes.

Liebig hielt noch zwei weitere Vorlesungen am 19. Febr. über Kohlenstoff und Kohlensäure und am 26. über Gase; dazwischen waren Vorträge von Dingelstedt und Kobell eingeschaltet, dann folgten Dönniges und Geibel, und am 8. März machte Thiersch mit einem Vortrag über die äginetischen Bildwerke der Glyptothek den Schluß.

Die „Abendvorlesungen“ fanden ganz außerordentlichen Beifall, die ganze gebildete Welt Münchens interessierte sich für sie, und der Begehr nach Eintrittskarten war stets größer als deren verfügbare Zahl. Die chemischen Vorlesungen namentlich erweckten bei dem schönen Geschlechte lebhaftes Interesse; ... Noch eine vierte populäre Vorlesung hielt Liebig Anfang April desselben Jahres auf besonderen Wunsch der Königinnen Marie und Therese und der Königs Ludwig; außer diesen waren zugegen Prinz und Prinzessin Luitpold, die Prinzessinnen Helene und Luise, eine Prinzessin Altenburg und eine Anzahl vom Hof geladener Gäste.

Der Hörsaal im chemischen Institut des Frhrn. Justus v. Liebig in München.

Abb. 78. Der Hörsaal des Chemischen Institutes in München zur Zeit Liebigs. In diesem Hörsal fanden seine berühmten öffentlichen Vorlesungen statt. Man beachte die neugotische Architektur, den an der Rückwand des Hörsaales fest eingemauerten chemischen Herd mit winziger gläserner Abzugshaube

In dieser Vorlesung gab es einen heillosen Schrecken. Liebig hatte das schöne Experiment der Verbrennung von Schwefelkohlenstoff in Stickoxydgas gemacht; das staunende Entzücken seines Publikums über das prachtvoll aufblitzende hellblaue Licht veranlaßte ihn, das Experiment zu wiederholen. Statt des überraschenden, aber unschuldigen Lichtblitzes gab es eine furchtbare Detonation, die unter heftigem Knall die Flasche zerschmetterte und die Trümmer weit umherschleuderte. Alles war starr. Die Königin Theres blutete aus einer zollangen Wunde auf ihrer Wange, Prinz Luitpold war auch durch einen Glassplitter am Scheitel verwundet, auch einige andere Damen hatten leichte Verletzungen davongetragen. Liebig selbst war an mehreren Stellen verwundet, die größte Gefahr hatte ein Zufall von ihm abgewendet: ein mächtiges, scharfes Glasstück steckte fest in dem Deckel seiner goldenen Tabacksdose in der Hosentasche; ohne die schützende Dose hätte der Splitter wohl die Schenkelarterie durchschneiden müssen.

„Die Fassung sämtlicher höchster Herrschaften" heißt es in den Zeitungsberichten, „bei diesem unglücklichen Vorfall war bewunderungswürdig. Die Königin Marie war wie ein Engel der Beruhigung für Alle." ...

Abb. 79. Justus von Liebig in seinem Münchener Laboratorium (1866). Man beachte die recht einfache Einrichtung mit Bunsenbrenner, Abdampfschale, C,H-Analyse, Liebig-Kühler und Retorte, sowie einigen Spritzflaschen

Liebig berichtete über diesen Vorfall an *Wöhler* (18. April 1853):

„Als ich mich nach der furchtbaren Explosion in dem Raum wo die Zuhörer saßen, umschaute und das Blut von dem Angesicht der Königin Therese und des Prinzen Luitpold rinnen sah, da war mein Entsetzen unbeschreiblich; ich war halb tod. Der Unfall hatte zum Glück keine weiteren unangenehmen Folgen. Die Herrschaften benahmen sich edel und hochsinnig, alle ihre Sorgen schienen sich nur um mich zu konzentrieren. Die Königin schickte mir noch am selben Abend ihren Arzt, und jeden Tag lassen sich die Herrschaften nach meinem Befinden erkundigen. Der alte König Ludwig kam selbst am nächsten Tage, fragte, ob meine Verwundung etwas zu bedeuten habe, und als ich sagte: Nein, da rief er aus: ‚Nun ist alles gut, wenn nur Ihnen nichts geschah, das andere ist nichts'. Der Prinz Luitpold lud mich einige Tage darauf zu Tisch, die Königin Marie zum Thee; heute bin ich bei Herzog Max zur Tafel gebeten, obwohl ich ihn noch nicht besucht habe. Meine Sorge, die

Abb. 80. Liebig begründete die Mode der Aquarien in Deutschland. So sah 1856 ein Seewasser-Aquarium aus

> mir bleibt, ist, daß die Herrschaften nun nicht wiederkömmen, wiewohl der alte König wiederzukommen erklärt hat; ob es aber geschieht, weiß ich nicht."

Liebig scheint den Schrecken über die Explosion bald überwunden zu haben. Jedenfalls schrieb er am 15. Mai 1853 einen recht vergnügten Brief an *Friedrich Mohr*, in dem er auch ein Aquarium erwähnt, das er der Königin *Marie* zum Geschenk machte. *Liebig* begründete damit in Deutschland die Mode der Aquarien als Bestandteil einer bürgerlichen Wohnkultur. Das Aquarium der Königin *Marie* fand unzählige Nachahmer. *Liebig* hatte es ursprünglich als ein Beispiel eines in sich geschlossenen Nahrungskreislaufes gedacht. Wie jeder Besitzer eines Aquariums aber genau weiß, funktioniert das zumindest bei kleineren Aquarien nur sehr unvollkommen, d.h. die Fische müssen gefüttert und das Aquarium gelegentlich gereinigt werden. Das biologische Gleichgewicht ist nicht so leicht herzustellen, wie sich *Liebig* dies für seine „Kleine Welt im Glase" wünschte:

> „... Von der Explosion, die ich in meiner Vorlesung gehabt habe, hast Du wohl schon gehört. Die Wunden sind geheilt und wir sind eminent interessant geworden. Die Königin Marie, welche ein Engel an Schönheit, Lieblichkeit und Herzensgüte ist, bat mich den Tag nach der zweiten Vorlesung, daran die Betheiligten Alle beiwohnten — auch die Verwundeten — mit meiner Frau und Agnes in das Schloß zu kommen, um sie persönlich kennen zu lernen und sie übergab als wir kamen meiner Agnes ein schönes silbernes Theeservice zur Aussteuer, die Gabe empfing durch die Art des Gebens ihren höchsten Wert. Ich habe der Königin eine kleine Welt im Glase zusammengestellt, worin sie und die kleinen sehr liebenswürdigen Prinzen ihre Freude haben; es sind Goldfische, kleine Bachfische, Salamander u. Schnecken darin. Du solltest Deiner hohen Gönnerin ein solches Glas machen, es ist wirklich eine Freude und eine Unterhaltung ..."

Wie wir aus dem folgenden Text wissen, hat *Liebig* auch seine kleine Welt im Glase bei seinen Vorlesungen verwendet. Doch folgen wir zunächst weiter *Volhards* Betrachtungen:

Zum Chemismus des Unfalles äußerte sich *Volhard* so:

„Wenn in der Tat der Assistent, wie in dem Bericht angegeben, Liebig für den Versuch eine Flasche gereicht hatte, die statt mit Stickoxyd mit Sauerstoff gefüllt war, so erklärt sich die Explosion ohne weiteres; unverständlich aber bleibt, daß Liebig, der so scharf beobachtete, diese Verwechslung nicht bemerkte, denn man kann von einer Flasche mit Stickoxydgas den Stopfen nicht abnehmen, ohne daß ihr ein braunes Gas entsteigt und die zuvor farblose Luft im Halse der Flasche sich braun färbt, während Sauerstoffgas unverändert bleibt."

Wie man sieht, lohnt es sich, bei der Vorbereitung von Experimentalvorlesungen alle Flaschen ordentlich zu etikettieren.

Volhard berichtet auch von einer gegen die *Liebig*schen Vorträge gerichtete Gegengründung, es habe:

„... ein aristokratisches Damenkomitee sich an die Herren Döllinger und Deutinger gewendet, um diese zu veranlassen, vom positiv katholischen Standpunkt aus ein ähnliches Unternehmen wie das Liebigsche zu arrangieren. Den Vortragszyklus begann Döllinger am Osterdienstag im großen Saale des Odeons vor einer Zuhörerschaft von gegen 500 Personen, meist Damen ..."

Diese letzte Bemerkung berührt einen eigenartigen Punkt. Auch die Vorlesungen *Liebigs* und seiner Freunde wurden viel wegen der Tatsache verspottet, daß ein Großteil der Besucher Frauen, insbesondere Damen der höheren Gesellschaftskreise waren. Dies lag natürlich nicht zuletzt einfach daran, daß *Liebig* die Königin *Marie* als Aushängeschild benutzt hatte, dadurch war deren weiblicher Hofstaat erschienen, was naturgemäß weitere Damen anlocken mußte. Trotzdem hat man aber beim Durchlesen der damaligen Zeitungsnotizen über diese Vorlesungen den Eindruck, daß sie ganz offensichtlich dem Bildungsbestreben der Frauen entgegen kamen. Das Erscheinen in öffentlichen Vorträgen war, so scheint es, ein Schritt auf dem Wege der Frauenemanzipation. Die Besucherinnen haben die Vorträge recht ernst genommen. Die Staatsbibliothek München bewahrt den Nachlaß des Münchener Hofmalers *Karl Stieler* auf, der heute in erster Linie als Maler der Schönheitsgalerie König *Ludwig I.* von Bayern ein Begriff ist. Auch *Stielers* Frau *Josephine* hat an *Liebigs* Vorlesungen teilgenommen und diese Vorlesungen mitgeschrieben. Da ihre Kenntnisse der Chemie nicht allzu weit gegangen sein dürften, ist ihre Leistung beim Mitschreiben recht hoch zu bewerten. Relativ selten sind die Stellen, wo sie ganz offensichtlich Unsinn aufzeichnete. Auch scheint manchmal der Fluß *Liebig*scher Gedanken etwas schneller gewesen zu sein, als die Schreibkünste seiner prominenten Hörerin.

Aber es ist recht reizvoll, diese Vorlesung anhand der Aufzeichnung einer zarten Hand, an sich vorüber ziehen zu lassen. Man gewinnt einen recht guten Eindruck der *Liebig*schen Didaktik und auch der damaligen Theorie der Chemie. Die Aufzeichnung der *Josephine Stieler* über die erste Vorlesung ist recht kurz. Offensichtlich hat sie sich eine Tabelle abgeschrieben, die *Liebig* oder sein Assistent an die Tafel vorgeschrieben hatte:

„*Aus Liebigs Vorlesung über die Natur der Flamme.*

Bergkrystall	enthält	48 Prozent Sauerstoff
Salpeter	"	
Wasser	"	$^4/_5$ Sauerstoff
Luft	"	$^1/_5$ "

Münchener

PUNSCH.

Ein satyrisches Originalblatt von M. E. Schleich.

Ganzjährig 2 fl., halbj. 1 fl., viertelj. 30 kr., einzelne Nummern 3 kr.

Sechster Band.

Sonntag. Nro. 9. 27. Februar 1853.

Urlaubsreise

der Fräulein Bavaria durch München u. s. w.

Fräulein Bavaria frägt sich bei Herrn von Liebig in dessen Laboratorium an, ob sie nicht auch an den „Vorlesungen für Damen“ Theil nehmen könnte?

Abb. 81. Karikatur auf die weiblichen Besucher der öffentlichen Vorlesungen Liebigs

Durch Einathmen desselben färbt sich das Blut, das als weißer Saft (!) dem Herzen zufließt, erst roth. Sauerstoff heißt Oxygen, die meisten Naturprodukte enthalten Oxyde.

Den höchst möglichen Grad der Hitze geben zusammenströmend, Sauerstoff und Wasserstoffgas, verbrennen Eisendrath, Silber, Kupfer, selbst Platin, die in unseren Öfen nicht mehr schmilzt[1].

Das Leuchten der Flamme hängt nicht von dem erhöhten Wärmegrad ab, es wird zwar bei manchen dadurch vermehrt; in den meisten Fällen erzeugt das Leuchten ein nicht verbrennbarer Stoff, als die Kohle, der Ruß bei Talglichtern; das hellste Licht erzeugt Sauerstoff und Wasserstoff über Kreide geleitet.

[1] Man darf annehmen, daß die hier erwähnten Experimente auch tatsächlich vorgeführt wurden. Interessant ist die Erwähnung des Drummondschen Kalklichtes, das damals auch eine gewisse Bedeutung in der Praxis hatte. Es wurde von verschiedenen Armeen verwendet, um nachts gegnerische Festungswerke anzuleuchten. Inwieweit es tatsächlich zum Einsatz kam und nicht nur im Manöver Verwendung fand, ist nicht ganz auszumachen. Der Versuch ist in der Tat sehr schön. Die Reaktion von Kalium und Wasser ist so allgemein bekannt, daß hier auf eine Diskussion verzichtet werden kann. Das Wort Niederschlag ist hier nicht im chemischen Sinne zu verstehen, sondern als eine Art umwerfender Donnerschlag.

Kalium wird von Sauerstoff so sehr angezogen, daß man es in gläsernen Röhren eingegossen bewahren muß — in Kügelchen ins Wasser geworfen, verbrennt es augenblicklich in einer blauröthlichen Flamme. Der Niederschlag ist kolossal."

Unfallgefahren: Vorsicht! Alkalimetalle reagieren mit Wasser heftig!

Versuch 93: *„‚Wasserzersetzung' durch Eisen und Schwefelsäure" (nach Stöckhardt)*

Geräte: Zwei Glasflaschen, pneumatische Wanne, zweimal gebogenes Glasrohr, Tonrohr, Waage, Kork

Chemikalien: Eisenfeilspäne, Wasser, konz. Schwefelsäure

Zeit: 5 Min.

„Man schütte 10 g Eisendrehspäne in eine Flasche und übergieße sie mit 100 g Wasser; setzt man nun langsam und unter stetem Umschwenken der Flasche 20 g Schwefelsäure hinzu, so wird bald eine kochende Bewegung der Flüssigkeit und zugleich ein Heißwerden derselben eintreten. Das scheinbare Kochen rührt von der Entwickelung des Wasserstoffgases her. Nachdem man die Öffnung der Flasche mit einem durchbohrten Korke, in dem sich eine gebogene Glasröhre befindet, verstopft, und nachdem man das Gas zwei Minuten hat in die Luft entweichen lassen, wird es, in mit Wasser gefüllten Flaschen mit Hülfe der pneumatischen Wanne aufgefangen, denn es ist eine unerläßliche Vorsicht beim Experimentieren mit Wasserstoff, das Gas nicht eher aufzufangen, als bis die vorher im Glase befindlichen Luft vollständig ausgetrieben ist, weil ein Gemisch von Wasserstoffgas und Luft, welches man sonst zu Anfang auffangen würde, wenn eine Flamme herankommt, auf das heftigste explodiert ..."

Unfallgefahren: Schutzbrille tragen! Knallgasprobe! Kleine Mengen nehmen!

Ergebnis: *Eisen entwickelt aus Schwefelsäure Wasserstoff.*

Ergänzung zu diesem Versuch:

Wird auf das Glas, aus dem man sich das Wasserstoffgas rasch entwickeln läßt, statt der gebogenen Glasröhre ein Stück einer Röhre von einer thönernen Tabackspfeife in den Kork gesteckt und das Gas angezündet, so brennt es in Gestalt einer Kerzenflamme.

Versuch 94: *Knallgasflamme (nach Stöckhardt)*

Geräte: Schweinsblase, abgeschlagener Hals einer Flasche, 2 einfach durchbohrte Korken, Glasrohre, Bindfaden, Wachs, Ziegelsteine

Chemikalien: Wasserstoff, Sauerstoff, Drähte von Eisen, Silber, Kupfer und Platin, Kreide

Zeit: 10 Min.

„... In die Öffnung einer großen Schweinsblase, die man, um sie geschmeidig zu machen, etwas angefeuchtet hat, stecke man den von einem Fläschchen abgeschlagenen Glashals, binde diesen mit Bindfaden recht fest und suche sich zwei dazu passende Korke, die man nachher durchbohrt. Der eine Kork wird mit einer gebogenen Glasröhre verbunden, die zu einem kleinen Apparate führt, aus dem man Sauerstoffgas entwickelt, so daß man auf diese Weise die Blase leicht mit diesem Gase anfüllen kann. Ist dies geschehen, so vertauscht man den ersten Kork mit dem zweiten, in welchem ein nur etwa 15 cm langes Glasröhrchen, das an der einen Seite in eine Spitze ausgeht, eingepaßt ist, und drückt ein Stückchen Wachs auf die Öffnung ... Die so vorgerichtete und mit Sauerstoff gefüllte Blase legt man nun auf Ziegelsteine, in der Höhe, daß die Spitze der Glasröhre gerade bis zu der Wasserstoffflamme reicht, die man auf die im vorigen Versuch angegebene Weise erzeugt. Drückt man die Blase mit der Hand, so muß das Sauerstoffgas ausströmen; es bläst in die Wasserstofflamme, welche dadurch zur Seite getrieben wird. Diese Flamme leuchtet nur schwach, ist aber außerordentlich heiß. Man halte einen feinen Draht von Platin, einem Metalle, welches in dem heftigsten Ofenfeuer nicht flüssig wird, in die Flamme: er schmilzt wie Wachs; man halte ein oben zu einem dünnen Stäbchen geschabtes Stück Kreide in dieselbe: es wird so glühend, daß es das blendendste Licht ausstrahlt (Drummondsches Kalklicht). Eine Uhrfeder oder ein dünner Eisendraht verbrennt in ihr mit glänzendem Funkensprühen, wie im Sauerstoffgase ..."

Unfallgefahren: Man hüte sich vor der Entstehung von Knallgas im Raum. Schutzbrille tragen.

Ergebnis: *Die Knallgasflamme brennt außerordentlich heiß.*

2. Vorlesung *Liebig*s über Kohlensäure

Verbrennung des Diamanten, welcher in dem Glase, worin er verbrannt wurde, ganz genau dieselbe Substanz hinterließ als die in einem andern Glase verbrannte Holzkohle[1].

Die athmosphärische Luft besteht aus $^1/_5$ Sauerstoff, die wir zum Leben bedürfen, die von uns ausgeathmete ist ohne Sauerstoff und enthält Kohlensäure — Läßt durch Assistenten einen Schlauch, durch welchen dieselbe in ein mit Kalkwasser gefülltes Glas geleitet wird, in den Mund nehmen — das Aufbrausen des Kalkwassers, das sich milchweis färbte, diente als Beweis[2]. Jeder Mensch consumirt täglich 10000 Kubikfuß Luft, müßten wir dieselbe nochmals einathmen, brächte sie uns den Tod. Eine unendliche Weisheit ersetzt das Lebensbedürfniß, indem die Pflanzen, Gräser, Vegetabilien die Kohlensäure zum Wachsthum bedürfen — 2. aber so viel Sauerstoff ausathmen, als sie Kohlensäure absorbiren, daher die Luftmessungen aller Orten die nämlichen Resultate ergeben in den verschiedensten Weltgegenden 20 Procent Sauerstoff.

Es gibt 7000 organische Verbindungen, die alle bei chemischer Auflösung immer nur aus 4 Urstoffen bestehen[3].

Gase sind Luftkörper — erst seit dem Jahre 1822 weiß man, daß selbe durch starkes Zusammendrängen flüßig werden — 36 Fuß schwefelsaures Gas auf 1 Kubikfuß

1 Wir wissen nicht ganz genau, zu welcher Uhrzeit *Liebig* seine Vorlesung gehalten hat. Es ist demnach nicht sehr wahrscheinlich, daß er den Versuch der Diamantenverbrennung auch wirklich vor Publikum ausgeführt hat.

2 Das Blasen von ausgeatmeter Luft durch eine Lösung von sogenanntem Kalkwasser ist ein allgemein bekanntes Experiment, das sich sehr leicht ausführen läßt. Bequemer in der Handhabung ist Barytlauge. Interessant ist an dieser Stelle die falsche Beobachtung der Schreiberin, die ein Aufbrausen der Lösung zu sehen glaubt. Diese Erscheinung kommt natürlich durch das Einblasen des Assistenten zustande. Die hier erwähnten „Luftmessungen aller Orten" beziehen sich auf die Ergebnisse der Eudiometrie. (Siehe dieses Buch, Abschnitt Chemie der Gase!)

3 Tatsächlich gab es damals nur etwa 7000 bekannte organisch-chemische Verbindungen. Selbst diese Zahl war aber noch reichlich optimistisch und kam nur unter dem Mitzählen sämtlicher Salze der organischen Säuren und der organischen Basen zustande. Es sei daran erinnert, daß die Zahl der heute bekannten organisch-chemischen Verbindungen auf einige Millionen geschätzt wurde, wobei die Salze aber nicht mitgezählt werden.
Tatsächlich glaubte man, daß nur vier Elemente, nämlich Kohlenstoff, Sauerstoff, Wasserstoff und Stickstoff am Aufbau der belebten Welt beteiligt seien. Dies war jedoch ein Irrtum.

zusammengedrängt wird flüßig — wenn diese Flüßigkeit an die Luft kömmt, verflüchtigt sich ein Theil derselben, der andere bildet einen weißen Niederschlag gleich Schnee — von der sonst nirgends vorkommenden Kälte von 80 Grade, ein Stückchen davon mit Äther benetzt in Quecksilber geworfen macht letzteres so fest frieren, daß man es mit dem Hammer zerklopfen kann[1].
Leicht auf der Hand gehalten — fühlt man wohl die Kühle, doch nicht in solchen Umfang, da die der Hand entströmende Wärme zu gering ist, um eine Verbindung hervor zu bringen — — würde man Schnee und Hand benetzen, wodurch eine solche hergestellt würde — so wäre augenblicklich nicht nur die Haut zerstört, sondern die Hand unheilbar erfroren. Wunderbarerweise brennt die lockere Schneemasse fest angedrückt, Blasen.
Aus dem gleichen Grunde, der nicht hergestellten Verbindung kocht Wasser in eine roth glühende Schale gegoßen, nicht — sondern verdampft oder rollt in Tropfen hin und her — Liebig macht das Experiment mit einer glühenden Platina Schaale — in dieselbe gießt er — (Lücke im Manuskript) — und hält in einem ganz kleinen Becher Brunnenwasser herein, welches augenblicklich zu Eis wird[2]. Die verschiedenen Flüßigkeiten haben ganz verschiedene Grade an Siedepunkt-Maßen — Wasser 100, Weingeist 80, Äther 35, Schnee 10 Grad unter Null — Eines der merkwürdigsten Gase ist das Cyan-Gas (auch in der Blausäure enthalten).
Chlor verbrennt die Farbe, daher zur Bleiche, in dieser Hinsicht so dienlich und doch den Stoffen so schädlich, da das Bleichen ist ein Verbrennen, nicht nur der Farbe, sondern auch der Holztheilchen und Stoffe, daher 100 ungebleichte — nur mehr 80 nach der Bleiche wiegen."[3]

Versuch 95: *Verbrennung von Diamanten (nach Lavoisier)*

Geräte: eine möglichst große Brennlinse, kleine Hebebühne, eisernes Schälchen, Kitt, pneumatische Wanne, Glasglocke

Chemikalien: kleiner Industriediamant, Quecksilber

Zeit: 10 Min. (bei Sonnenschein!)

Dieses alte Experiment ist weder sonderlich schwierig noch aufwendig, obwohl es fast nie mehr ausgeführt wird, da es zu unrecht als sehr teuer gilt. Die großen Lehrmittelhandlungen vertreiben aber Rohdiamanten zu durchaus erschwinglichen Preisen und schon für acht bis zehn Mark kann man kleine Diamanten haben, deren Verbrennung gut zu beobachten ist. Wichtig ist es, eine gute und möglichst große Brennlinse zu besitzen. Man bringe in den Brennpunkt der Linse einen auf einer eisernen Schale festgekitteten Diamanten. Dies kann man sich mit einer kleinen Hebebühne erleichtern. Auch empfiehlt es sich eine Halterung für die Linse zu basteln, da sie wirklich ruhig

[1] Bei der Beschreibung der Verflüssigung von Gasen ist der *Stieler* offensichtlich ein Irrtum unterlaufen. Ihre Beschreibung muß sich zunächst auf Schwefelwasserstoff beziehen. Die Experimente, die dann aber von *Liebig* ausgeführt wurden, wurden alle mit Kohlendioxid unternommen. Verflüssigungspumpen für CO_2 waren damals schon bekannt. Die hier geschilderten Versuche sind mit Trockeneis bzw. mit einer CO_2-Bombe unter Verwendung eines Kohlensäureschneeaufsatzes leicht nachzuvollziehen.

[2] Die Beschreibung des Leidenfrostschen Phänomens ist etwas unscharf. Offensichtlich hat *Liebig* eine wäßrige Kältemischung (siehe dieses Buch, Kapitel künstliche Kälte) in eine glühende Platinschale gegeben und ein kleines Becherglas mit Wasser hineingestellt. Trotz des Glühens der Platinschale gefror das Wasser.

[3] Die Siedepunktangaben sind ziemlich ungenau bzw. falsch. Die hier gegebene Theorie der Bleiche mit Chlor entspricht dem damaligen Stand der Wissenschaft und ist recht roh.

stehen sollte. Das Verbrennen der Diamanten an freier Luft ist sehr einfach. Aus optischen Gründen etwas schwieriger ist das Verbrennen unter einem Glassturz und in einer pneumatischen Wanne. Man bringe die Diamantsplitter auf einem eisernen Schälchen festgekittet unter den Glassturz einer pneumatischen Wanne. Der Glassturz muß eine hinreichende Menge Luft oder Sauerstoff umfassen. Gewissenhaften Experimentatoren sei die Berechnung der notwendigen Mengen Luft oder Sauerstoff, bezogen auf das Diamantgewicht, empfohlen. Anschließend führe man von unten CO_2 absorbierende Mittel, wie Natronasbest oder dergleichen in die Glocke ein, bzw. wenn die Glocke einen Auslaßhahn hat, so kann man mit einem kleinen Schlauch ein mit Natronasbest gefülltes U-Rohr anschließen und durch Senken der Glocke in der Wanne das Gasgemisch austreiben. In diesem Fall gelingt der Versuch quantitativ.
Unfallgefahren: Man achte darauf, daß der Brennpunkt der Linse beim Stehen in der Sonne nicht durch Unachtsamkeit auf leicht entzündbares Material fällt. Auch die menschliche Haut bemerkt die Einwirkung der Brennlinse meist erst, wenn man sich schon ganz ordentlich verbrannt hat.
Ergebnis: *Diamant besteht aus Kohlenstoff und ist mit Sauerstoff brennbar.*

Versuch 96: *Bleichende Wirkung des Chlors (nach Heumann)*

Geräte: Blaues Lackmuspapier, bunte Blumen, bunte Stoffstreifen, größerer Glascylinder

Chemikalien: Chlor, Eisengallustinte

Zeit: 10 Min.

„a. In die Mündung einer mit Chlor gefüllten Flasche gehängte feuchte Streifen blauen Lackmuspapiers werden sofort weiss.
b. Bunte Blumen, vorzugsweise blaue und rothe, ferner bunt bedruckte Kattunstreifen — (Man benutze nur Stücke von solchem gefärbten Zeug oder Papier, welches bei einem Vorversuch durch Eintauchen in Chlorwasser rasch gebleicht wurde, denn manche Farben (Anilinfarben etc.) werden vom Chlor nur wenig angegriffen.) —, sowie mit Eisentinte beschriebene Papierblätter und bedrucktes Papier werden mit starkem Draht an eine Korkscheibe befestigt, mit Wasser angefeuchtet und nun in einen mit Chlorgas gefüllten Cylinder gehängt. Fast augenblicklich verschwinden die Farben zum größten Theil, nur die Druckerschwärze bleibt unverändert, weil sie ihre Farbe der Kohle verdankt, welche von Chlor direct nicht angegriffen wird.“

Unfallgefahren: Achtung beim Arbeiten mit Chlor!

Ergebnis: *Chlor zeigt bleichende Wirkung.*

Versuch 97: *Die Abhängigkeit der bleichenden Wirkung des Chlors von der Feuchtigkeit (nach Heumann)*

Geräte: Zwei Rundkolben mit zweifach durchbohrten Stopfen, zwei Quetschhähne, ein großes zylinderförmiges Standgefäß oder Becherglas, ein U-Rohr, eine Woulfesche Flasche, ein Trichter, Schlauchmaterial, Glasrohre

Chemikalien: Chlor, Calciumchlorid, Wasser

Zeit: 15 Min.

„Einen vollkommen trockenen Glascylinder verschliesst man mit einem gut passenden Kork, welcher ausser den zu bleichenden, an Draht befestigten Gegenständen (gefärbtem und beschriebenem Papier, gefärbtem und bunt bedruckten Kattun)

noch zwei Glasröhren, durch welche das Chlorgas ein und austreten kann, sowie eine Röhre trägt, welche mittelst des durch einen Quetschhahn verschlossenen Kautschukschlauchs mit einem Kolben in Verbindung steht. In letzterem wird Wasser zum Sieden erhitzt, wobei einstweilen der entwickelte Dampf entweichen kann, da der hier befindliche Quetschhahn geöffnet ist. Die an dem Draht befestigten gefärbten Gegenstände werden vor der Ausführung des Versuches im Wasserbad vollständig ausgetrocknet und dann direct aus demselben in den Cylinder gebracht, wenn das Experiment vorgenommen werden soll.
Durch die Röhre leitet man alsdann Chlorgas ein, welches vorher durch eine mit concentrirter Schwefelsäure gefüllte Waschflasche und durch ein Chlorcalciumrohr hindurchgeleitet wurde, um von aller Feuchtigkeit befreit zu sein. Das austretende Chlor wird in eine Absorptionsflasche oder in den Abzug geführt.
Wenn die Einwirkung des Chlors einige Zeit gedauert hat und constatirt wurde, dass keine Entfärbung der betreffenden Gegenstände eingetreten ist, so öffnet man den Quetschhahn, schliesst erst hierauf den anderen und veranlasst somit den Dampf des im Kolben siedenden Wassers in den Cylinder zu treten. Sowie die in letzterem aufgehängten Zeug und Papierstreifen feucht werden, tritt sofort Entfärbung ein.“

Unfallgefahren: Vorsicht bei dem Arbeiten mit Chlor!

Ergebnis: *Chlor bleicht nur bei Anwesenheit von Wasser.*

„*Liebigs Vorlesung, den 4. Februar 1854*

Materie ist alles was unseren Sinnen auf irgend eine Weise sich kund gibt; Licht, Wärme und nicht jede Materie können wir sehen[1].
Körper heißt, was einen bestimmten Raum einnimmt, den kein anderer Körper mit ihm zugleich einnimmt, während zum Beispiel (eine Materia) das Licht, die Wärme etc. zugleich denselben einnehmen kann. Das Licht durchstrahlt das Glas – die Wärme den mit Luft erfüllten Raum. Es gibt dreierlei Körper – schwere[2] – flüßige – und luftförmige (oder Gase): Die Schweren sind jene die durch ihr Gewicht auf ihrer Unterlage fest ruhen ... die flüßigen nehmen die Form des Gefäßes an, das sie umschließt und haben in ruhigem Zustand immer eine horizontale Oberfläche ... die luftförmigen sind abstoßend, daher sie sich in den kleinsten Theilchen in den Luftraum vertheilen. Die Schwere tragend ist die Anziehungskraft des Erdkörpers; der große Körper zieht die kleineren an. – Viele Körper verändern ihre Eigenschaften, ihren Platz, Umfang und dergleichen.
Die bekannten Eigenschaften nennt man *physikalische*, die verborgenen *chemische*[3]. Zum Beispiel, wir sehen daß der Schwefel gelb ist, wir riechen ihn, aber wir sehen nicht, daß er brennt.
Die Anziehungskraft zweier Körper nennt man Wahlverwandschaft[4]. Durch die Vereinigung zweier Körper entsteht ein dritter, in dem sich mehr oder weniger die beiden verbundenen Körper wiederfinden. Z. B. Salz und Wasser gibt Salzwasser –

[1] Zur Zeit *Liebigs* wurden Licht und Wärme vielfach noch als Materie aufgefaßt, obwohl es schon auch andere Vorschläge gab.
[2] Ob *Liebig* tatsächlich anstelle des Ausdruckes fest, die Bezeichnung schwer gebrauchte, oder ob dies ein Zugeständnis an sein nicht chemisch vorgebildetes Publikum war, ist schwer zu entscheiden.
[3] Hier wird eine bemerkenswert originelle Definition des Unterschiedes zwischen Physik und Chemie gegeben, der natürlich etwas vereinfacht ist.
[4] Die damalige Theorie der Wahlverwandtschaften ist hier schlicht aber anschaulich wiedergegeben.

in dem kleinsten Tropfen findet man Salz und Wasser. Schwefel und Quecksilber gibt Zinober — Niemand erkennt in denselben die früheren Bestandtheile — ein und derselbe Körper ergibt immer verschiedene Resultate, je nachdem er mit verschiedenen Körpern verbunden wird.
Experiment: Dieselbe Säure in verschiedene Gläser mit verschiedenen Substanzen gegoßen, erzeugt in jeder eine andere Farbe.
Weingeist im selben Volumen, verhält sich im Gewichte zu Wasser, wie 80 zu 100 —
Alles Warme ist leichter als das Kalte —
Experiment: Ein mit Luft gefülltes Gefäß wird in heißes Wasser gestellt, durch eine Glasröhre die oben in ein Gefäß mit Wasser mündet, strömt soviel Luft aus, daß das Wasser Blasen macht. Die Wärme dehnt aus — d.h. eine geringere Quantität den Raum ausfüllt.
Cohäsion, Verbindung nennt man die Anziehung der Elemente (?), chemische Verbindung, die bei der Vereinigung zweier wahlverwandter Körper entsteht.

den 11. Februar
Die Chemie befasst sich mit den naheliegenden Gegenständen, sie zu scheiden, zu vereinen. Fernhin wirkende Kräfte gehören der Physik an, als Magnetismus, Electricität etc.
Eine Unze Weingeist brennend, erhitzt $^3/_4$ Wasser zum Siedepunkt; dieß siedende Wasser in 1 ℔ Eis oder Schnee gegoßen gibt $1^3/_4$ Wasser mit Null Grad; ebenso erbringt dieselbe Quantität Feuer 1 ℔ Schnee nur zum Schmelzen, das geschmolzene Wasser hat 0 Grad wie der Schnee selbst — Es bedarf daher das Wasser um flüßig zu sein, so viel Wärme (latente Wärme genannt), die frei wird, so wie das Wasser seine Eigenschaft verändert, oder sich mit einem anderen verbindet — Wasser auf Kalk gegoßen, verbindet sich mit demselben, die frei werdende Wärme ist so stark, sie entzündet Phosphor. Schwefel. Wird dem siedenden Wasser noch mehr Wärme zugeführt, so nimmt das Wasser keinen höheren Wärmegrad an, sondern verdampft — 1 ℔ dieses Dampfes bringt $3^1/_2$ Schnee zum Sieden. Mit demselben Quantum Spiritus, das 1 ℔ Wasser zum Sieden bringt, schmilzt man 5 ℔ Blei[1].
Ein aus 2 chemisch verbundenen Körpern entstehender Körper heißt bienär, aus 3 oder 4 zusammengesetzten tärcer oder quatercär. Man kennt bis jetzt 64 Körper, die sich nicht auflösen, nicht trennen lassen, darunter aber 36, die von den wenigsten Chemikern gekannt sind. — nur 28 sind allgemein bekannt, daß selbe nicht auflösbar erscheinen[2] ist wohl nur, daß man die dazu erforderlichen Mittel nicht kennt — ebenso wie man weiß, hätte man die dazu nöthigen Apparate erst erfunden, die Luft so sehr zusammenpressen könnte, daß sie flüßig würde.
Man theilt die Metalle in 2 Gruppen: Metalle und Metalloide. Metalle haben den Metallglanz, die unzerlegbaren Körper / wie Schwefel etc. / die diesen nicht haben, sind Metalloide.

---

1 Die hier vorgestellten Demonstrationen zu den latenten Wärmen sind natürlich recht ungenau, aber sehr leicht auszuführen und wie man an dem gewissenhaften Mitschreiben der Beobachterin sehen kann, recht eingängig. Die angegebenen Quantitäten stimmen in etwa, halten aber einer theoretischen Nachrechnung nicht stand, da *Liebig* die Versuche offensichtlich völlig ohne Isolierung vorgeführt hat. Zu einer einfachen Demonstration des Grundphänomens ist dem aber zuzustimmen.
2 Wie man sieht, hat sich die Zahl der nicht weiter zerlegbaren Körper, die wir heute chemische Elemente nennen, in den letzten hundert Jahren um etwa 40 erhöht. Mit der Prophezeiung, daß man sie eines Tages werde zerlegen können, hat *Liebig* recht behalten. Möglicherweise muß man diese Stelle als ein verstecktes Bekenntnis zur *Proust*schen Hypothese werten. Die Verflüssigung der Luft ist in München bald darauf dem Geheimrat *Karl von Linde* geglückt.

Crystalisation, die Cohäsionskraft[1]

Die Kraft, welche (durch Anziehung) die Körper zusammenhält, wird durch Wärme oder auflösende Flüßigkeit gebrochen, durch die Ausdehnung stoßen sich die Theilchen ab. Hört die Ursache dieser Auflösung auf, verdampft die Flüßigkeit, so tritt der frühere Zustand der Starrheit wieder ein — da aber eine *warme* Flüssigkeit viel mehr der geschmolzenen Substanz in sich aufnimmt, als im kalten Zustand, so erstarrt dieselbe nur langsam, und zwar nach ihrer Anziehungskraft in einer bestimmten Richtung, am liebsten setzen sich Crystale an rauhen Gegenständen an, viel leichter als an glatten; ein Bindfaden in ein Glas gehangen, setzen sich die Crystale daran an — ein kleiner Crystall, wie ein Stecknadelkopf in eine Auflösung geworfen, setzt die ganze Crystalisation sich an selben an.

Jede Crystalisation hat ihre eigenen Formen, wodurch man die Crystale erkennt. Wird jedoch der Prozeß der Crystalisation, der nur allmälig vor sich geht, durch plötzlichen Temperatur-Wechsel gestört, so daß die Theile nicht die nötige Zeit haben, nach ihrer Anziehung in einer gewissen Richtung anzusetzen, so crystalisirt sie nicht und das entstehende Product wird amorph genannt. Geschmolzener Schwefel, welcher wieder erkaltet, bietet, da in die obere Decke ein Loch geschlagen, und der noch flüssige Schwefel abgegossen wurde, eine sehr schöne Crystalisation; derselbe Schwefel heiß in ganz kaltes Wasser gegoßen, bildet eine zähe, dehnbare Maße, wie Gummi. wird die aufgelöste Flüßigkeit in tiefster Ruhe erhalten, so crystalisirt sie nicht und bleibt flüßig[2]. —

Wird aber bei der leisesten Bewegung augenblicklich fest —

Eine Lösung von Klauber Salz in Kelch-Gläsern, wird bei der Berührung mit einem Glasstäbchen alsbald fest, diese Wirkung erfolgt *nicht*, wenn das Stäbchen erhitzt ist, weil die Wärme die Anziehung hindert. Schwefel und Quecksilber gibt Zinober, hat derselbe Zeit zu Crystalisiren wird er roth, im amorphen Zustande *schwarz* — dieser in siedend heißes Wasser gestellt, wird in einiger Zeit roth. Die Wärme der Sonne wirkt auf die Farbe wie 300 Grad Wärme. Die Verdampfung der latenten Wärme mildert den Winter in den kalten Zonen, wo sonst keine Menschen wohnen könnten, da sich selbe beim Frieren des Wassers entwickelt …

Alle Körper sind mehr oder weniger porös.

1 Papierstreifen, davon die kürzere Hälfte in einem Glas Wasser, die größere außer demselben ist, wird bald mit Wasser ganz durchnäßt, so daß aus letzterem Wassertropfen herabfallen.

---

[1] Die Kohäsionskraft war einer der Grundbegriffe der damaligen Chemie. Sie wurde für die verschiedenartigsten Erscheinungen der Chemie verantwortlich gemacht. Interessant ist, daß *Liebig* sie als eine gerichtete Kraft annahm, wobei diese Richtungen offensichtlich molekülspezifisch sein sollten und sie so den Habit der Kristalle bestimmen würde. Diese Anschauung war damals keineswegs die allgemeingültige. *Eilhard Mitscherlich* schrieb z. B. den Kristallhabit der Form aufbauenden Moleküle zu, und er hoffte so, aus dem Kristallhabit auf die Form der aufbauenden Moleküle schließen zu können, wodurch man vielleicht die Lage der einzelnen Atome im Molekül angeben könnte. Wir wissen heute, daß der Gedanke in dieser einfachen Form nicht funktioniert. Jedoch selbst von unserem jetzigen Kenntnisstand aus betrachtet hatte die gerichtete Kohäsionskraft bei der Kristallisation, so wie sie *Liebig* hier vorstellte, durchaus ihre Berechtigung.

[2] Die hier beschriebenen Kristallisationsversuche mit Schwefel sind sehr leicht nachzumachen und tatsächlich auch recht instruktiv. Bei den Versuchen mit Glaubersalz ist darauf zu achten, daß die Lösung auch tatsächlich gesättigt ist. Der einfache aber trickreiche Vorschlag, die erwartete Kristallisation bei einem zweiten Versuch durch Gebrauch eines warmen gläsernen Rührstabes zu verhindern ist auch recht gelungen.

Eine Bleistange gebogen, das untere Ende in ein Gefäß mit Quecksilber gestellt, das andere in ein leeres Gefäß, wird bald von dem Quecksilber so durchdrungen, obwohl die Poren des Bleis nicht sichtbar sind[1].

Die Kraft der Ausdehnung und des Zusammenziehens beim Erkalten ist außerordentlich. In Paris bekam eine alte Kirche die zum Museum für Gewerbe benutzt wurde, einen Riß im Gewölbe, der immer weiter ging, so daß endlich die Mauern mehr denn einen Schuh auseinander standen — Man zog nun 5 starke Eisenstangen durch das Schiff der Kirche, diese wurden auf einer Seite in der Mauer befestigt, auf der anderen Seite eine Schraube angebracht und die Stangen durch Strohfeuer zum Glühen erhitzt; als die Stangen dadurch die möglichste Ausdehnung erlangt, wurde die Schraube zugeschraubt, und dieß Verfahren immer wiederholt, wodurch wirklich die dicken Mauern sich wieder zusammenfugten, daß kein Spalt mehr zu sehen ist — die fünf Eisenstangen sind noch darin.

Es können zwei Dinge in ihren chemischen Eigenschaften ganz identisch und doch in ihren physikalischen, ja selbst physiologischen ganz verschieden sein, insbesondere in ihrer Wirkung auf organische Körper — und diese gewaltige Verschiedenheit rührt von der verschiedenen Weise der Crystalisation her.

Von 2 chemisch *identischen* Körpern kann einer Gift, der andere heilsam für uns sein — Die anorganischen Körper sind durch gerade Linien begränzt, die organischen durch krumme wellenförmige.[2]

Destillation[3]

Es wird Wasser, wovon immer nachgegossen wird, über glühendes Eisen geleitet, und der daraus entstehende Dampf in einer kalten Glasröhre aufgefangen, der Dampf verdichtet sich alsbald wieder durch die Kälte und das ist destillirtes Wasser. —

Das Wasser galt früher für einen einfachen Körper, erst in den 80er Jahren des vorigen Jahrhunderts berichtigte Lavoisier in mehreren Abhandlungen.

---

[1] Der Vergleich der Systeme Papier/Wasser und Blei/Quecksilber ist natürlich sehr grob. Der Versuch mit Quecksilber funktioniert. Man sollte ihn aber stets unter einem sehr gut gehenden Abzug machen.

[2] Diese Stelle sollte ein warnendes Beispiel sein. Offensichtlich hatte hier *Liebig* zwei Tabellen mit chemischen Formeln von anorganischen und organischen Substanzen an die Tafel gemalt. Frau *Stieler*, vom Zuhören und Zusehen schon müde geworden, hat die Tabellen nicht abgeschrieben, sondern nur festgehalten, daß *Liebig* die einen mit geraden, die anderen mit krummen Linien umgab. Offensichtlich glaubte sie, dies hätte tiefere Bedeutung.

[3] Bei der Beschreibung der Destillation hat *Josephine Stieler* zwei verschiedene Versuche durcheinandergebracht. Die eigentliche Destillation des Wassers ist nicht beschrieben. Was hier als Destillation vorgestellt wird, ist in Wahrheit der Versuch zur Zersetzung des Wassers nach *Lavoisier*. Dadurch wird auch der Hinweis auf *Lavoisier* verständlich. Tatsächlich glaubte man bis *Lavoisier*, Wasser sei ein Element, im Sinne der empedoklischen Elemente Wasser, Feuer, Erde, Luft, schien dies auch logisch zu sein. Allerdings hatten viele Alchemisten die Umwandlung von Wasser in Erde beobachtet. Man glaubte vielfach, daß Gemische jahrelang am Sieden gehalten werden müßten. Wir wissen aus der alchemistischen Literatur, daß es durchaus üblich war, wäßrige Gemische bis zu zwanzig, fünfundzwanzig Jahre und länger ununterbrochen am Kochen zu halten. Die Apparaturen waren zwar versiegelt, trotzdem entwich im Laufe der Jahrzehnte ein Teil des Wassers. Gleichzeitig wurde das Glas des Kolbens korrodiert, und am Boden des Gefäßes sammelte sich Sand an. So war der Irrtum an sich erklärlich. Erst *Lavoisier* zeigte mit Hilfe genauer Wägungen, daß das Gewicht des Sandes in etwa dem Gewichtsverlust des Kolbens entsprach. Dieser alte Versuch der Alchemisten von der Verwandlung von Wasser in Erde ist, wenn es einem nicht gelingt an Proben besonders schlechten Glases zu kommen, nicht mehr nachvollziehbar. Die meisten der heutigen Gläser sind kochfest.

Man glaubte Wasser werde zu Erde — aber man entdeckte, daß Wasser lange in Glas oder Porzellan gesotten, dasselbe auflöst (das Blindwerden der Gläser zum Beispiel zeugt dafür).

Versuch 98: *„Krystallisiren des Schwefels" (nach Heumann)*

Geräte: Porzellantiegel, Bunsenbrenner mit Dreifuß und Asbestnetz, Deckel für den Tiegel, Sandbad, Glasstab oder Messer

Chemikalien: Schwefel

Zeit: $1^1/_2$ Std. (Arbeitszeit nur ca. 15 Min.)

„In einen etwa 8 cm hohen und 6 cm weiten Porcellantiegel, welcher über der Gaslampe erhitzt wird, bringt man Schwefelstückchen zum Schmelzen und trägt solange von denselben ein, dass der Tiegel zu $^2/_3$ mit flüssigem Schwefel gefüllt ist. Sollte Entzündung eintreten, so legt man einige Augenblicke den Deckel auf. Der Tiegel wird dann vom Feuer entfernt und auf ein ungeheiztes Sandbad gestellt, nicht aber auf die kalte Tischplatte. Nun ist Derselbe bei aufgelegtem Deckel so lange ruhig stehen zu lassen, bis der Schwefel an der Oberfläche völlig erstarrt und die Tiegelwand aussen so weit abgekühlt ist, dass ein daran gehaltenes Schwefelstück nicht im Geringsten mehr erweicht wird; hierauf durchstösst man die feste Schwefeldecke mit einem heissen Stab oder schneidet mit dem Messer eine Oeffnung in dieselbe und läßt den noch flüssigen Theil des Schwefels durch Umkehren des Gefässes möglichst vollständig in eine mit Wasser gefüllte Porcellanschale fliessen. Mit Hülfe des Messers entfernt man die obere Schwefeldecke völlig und findet dann die innere Wandung des Tiegels mit honiggelben durchsichtigen, prysmatischen Krystallen überdeckt. Nach einigen Tagen — oft schon nach wenigen Stunden — werden die Krystalle undurchsichtig und mehr weissgelb, indem sie in die rhombische Modification übergehen, aber äusserlich ihre prismatische Form beibehalten."

Ergebnis: *Schwefel kristallisiert beim Erkalten in durchsichtigen prismatischen Kristallen.*

Versuch 99: *Schmelzen von Glaubersalz (nach Stöckhardt)*

Geräte: Lötrohr, Kohle, Lötrohrlampe oder Kerze

Chemikalien: Natriumsulfat (Glaubersalz)

Zeit: 5 Min.

„Wird ein Glaubersalzkrystall auf Kohle durch ein Lötrohr erhitzt, so schmilzt er bald, weil er sich in seinem Kristallwasser auflöst, er wird wieder fest, sobald das Wasser verjagt ist; endlich aber schmilzt er in der Glühhitze zum zweiten Male (feuriger Fluß). Bei Salzen, welche keine Krystallwasser enthalten, kann nur die letzte Art des Schmelzens in der Hitze eintreten."

Ergebnis: *Kristalle von Glaubersalz lösen sich beim Erhitzen im eigenen Kristallwasser.*

Versuch 100: *Verwittern von Glaubersalz (nach Stöckhardt)*

Geräte: Trockenofen, Waage

Chemikalien: Natriumsulfat, krist. = kristallisiertes Glaubersalz

Zeit: 20 Min.

„Man lege 20 g durchsichtiges krystallisiertes Glaubersalz an einen warmen Ort: es bedeckt sich allmählich mit einem weissen Beschlage und zerfällt schließlich zu

Pulver, es verwittert. Das erhaltene Pulver wiegt kaum nach 10 g. Was verloren gegangen, war Wasser; das Glaubersalz enthält über die Hälfte seines Gewichts (56%.) Krystallwasser.“

Ergebnis: *Das Kristallwasser des Glaubersalzes läßt sich bei erhöhter Temperatur entfernen.*

Versuch 101: *Verhalten des Glaubersalzes gegen Wasser (nach Stöckhardt)*

Geräte: Bunsenbrenner, Dreifuß, Asbestnetz (bzw. Kolben mit Klammer am Stativ eingespannt), Thermometer, Waage

Chemikalien: Kristallisiertes Glaubersalz, Wasser

Zeit: 5 Min.

„In einem Kochfläschchen erwärme man 20 g Wasser bis auf 33° und erhalte es bei dieser Temperatur, während man nach und nach solange krystallisiertes Glaubersalz in dasselbe giebt, als dieses gelöst wird: es werden sich über 6 g auflösen. Erhitzt man die gesättigte Auflösung stärker, so scheidet sich Salz aus (wasserfreye Krystalle); läßt man sie erkalten, so scheidet sich ebenfalls Salz aus (wasserhaltige Krystalle), Das Glaubersalz hat die Eigentümlichkeit, nicht beim Kochpunkte seiner Lösung, sondern bei einer niedrigeren Temperatur am löslichsten in Wasser zu sein.“

Ergebnis: *Die Löslichkeit des Glaubersalzes in Wasser hat bei 33 °C ein Maximum.*

Versuch 102: *„Latente Wärme und Glaubersalz“ (nach Stöckhardt)*

Geräte: Becherglas, Thermometer

Chemikalien: Kristallisiertes Glaubersalz und Soda, Wasser

Zeit: 5 Min.

„Löst man krystallisiertes Glaubersalz in Wasser auf, so kühlt sich die Flüssigkeit ab, löst man dagegen zerfallenes Glaubersalz in Wasser auf, so erwärmt sie sich. Genau dasselbe wird man bemerken, wenn man den Versuch mit Soda und zwar einmal mit krystallisierter und das andere Mal mit calcinierter anstellt.“

Versuch 103: *„Über das Verhalten des Zinnobers“ (nach Heumann)*

Geräte: Bunsenbrenner, Dreifuß, Asbestnetz, Becherglas, Reagenzgläser

Chemikalien: Quecksilberchlorid, Ammoniaklösung, Natriumhydrogensulfit

Zeit: 15 Min.

„Quecksilberchloridlösung wird mit Ammoniak ausgefällt und das ausgeschiedene, sogenannte weisse Precipitat, ohne die überstehende Flüssigkeit davon zu trennen, durch Zusatz von gelöstem unterschwefligsaurem Natrium eben aufgelöst. Die so erhaltene klare Flüssigkeit scheidet bei andauerndem Erhitzen auf etwa 70° allmälig einen schön rothen Zinnober ab. Das Erhitzen wäre durch Einstellen des die Flüssigkeit enthaltenden Kölbchens oder Reagenzrohrs in ein durch eine kleine Gasflamme nicht ganz bis zum Sieden gebrachtes Wasserbad auszuführen. Schon nach einer Viertelstunde ist ein rother Niederschlag entstanden. Würde man jene Flüssigkeit einige Minuten der Kochhitze aussetzen, so besässe der allerdings rascher präcipirte Zinnober eine röthlichbraune Farbe …

Zinnober nimmt beim schwachen Erhitzen, z.B. in einem Reagenzrohr über der Gasflamme eine dunkler rothe und schliesslich schwarze Farbe an, welche beim langsamen Abkühlen wiederum in Roth übergeht. Wird Zinnober bis zum Schwarz-

werden erhitzt und dann durch Eingiessen in kaltes Wasser rasch abgekühlt, so kehrt die rote Farbe nicht zurück; das Quecksilbersulfid ist dann dauernd in die schwarze Modification übergegangen.
Schwarzes Sulfid geht bei der Sublimation in dunkelrothen Zinnober über, welcher sich in grau metallglänzenden Krusten ansetzt."

Literatur: *Bukatsch/Glöckner*, Experimentelle Schulchemie. Anorganische Chemie, Metalle, Band 3/I, S. 147, Versuch 253.

Ergebnis: *Quecksilbersulfid existiert in einer roten und in einer schwarzen Modifikation.*

*Liebig*s Vorlesung (1855), Aufzeichnung von *Josephine Stieler*.

„Auf 2500 Theile enthält atmosphärische Luft 1 Theil Kohlensäure ... Säuerlinge bilden sich, wenn süße Quellen mit kohlensauren Strömungen, deren man in der Nähe von Bergwerken häufig findet, in Berührung kommen. – durch den Zusatz von Kohlensäure bekommt das Wasser die Kraft, auch andere Substanzen zu lösen, was gewöhnliches Wasser nicht vermag; daher kommt auch der Zusatz von Kalk.

Nur Kohlensäure löst Kalk, daher Kalkzusatz unseres Wassers. – Das mit Kohlensäure gesättigte Wasser vermag auch andere Bestandtheile zu lösen und aufzunehmen, die gewöhnliches Wasser nicht auflöst. Heiße Quellen kommen aus großer Tiefe, ...
Tropfsteinhöhlen werden gebildet durch die Entwicklung der Kohlensäure durch Regen, welche durch den Erdboden durchsickernd, sich mit dem Kalk des Berges verbindet, diesen in den verschiedensten Formationen bewegt und dann allmählich verdunstet, wodurch diese dann fest werden.

Apparat zur Analyse der verschiedensten Stoffe mittelst Verbrennung mit Kupferoxyd = das heißt Hammerschlag Kupfer, welches in der Luft verbrannt eine schwarze Rinde bildet[1].

Schwitzen der Häuser.

In 35 ℔ pulverisirten gelöschten Kalk (Kalkhydrat) sind 9 ℔ Wasser, welches, da es durch chemische Verbindung festgehalten, selbst im Backofen nicht verschwindet, aber sobald das nöthige Quantum Kohlensäure dazu tritt, welche sich alsbald mit dem Kalk verbindet, wodurch derselbe in seine frühere Natur (kohlensaurer Kalk) zurückkehrt, wird das Wasser frey – daher das Schwitzen der Häuser, wenn selbe auch Jahre lang an der Luft getrocknet – sobald sie durch Menschen bewohnt werden. Durch deren Ausathmen, eine so große Masse Kohlensäure erzeugt wird, als dem Kalk in Jahren von der athmosphärischen Luft nicht zugeführt werden kann, – daher ein gutes Mittel ist in solche Räume glühende Kohlen zu stellen, wodurch so viele Kohlensäure entwickelt wird[2].

Basen sind jene Körper, welche Säuren in sich aufnehmen und neutralisiren. Kalk ist eine der kräftigsten Basen.

---

[1] Diese Stelle gibt den Gang der *Liebig*schen Vorlesung nur recht oberflächlich wieder. Offensichtlich wurde die Schreiberin hier etwas überfordert. *Liebig* hat wahrscheinlich das Entstehen der Kohlensäure, bzw. genauer des Kohlendioxids bei der organischen Analyse zur quantitativen Bestimmung des Kohlenstoffs vorgeführt.

[2] Das Freisetzen von Wasser aus gelöschtem Kalk durch Überleiten von CO_2 läßt sich auch im Experiment zeigen.
Siehe in diesem Zusammenhang: *Bukatsch/Glöckner*, Experimentelle Schulchemie. Metalle, Bd. 3/I, S. 16 bis 18, Versuche 29, 30, 31 und folgende.

Salmiac und Amoniac

Stickstoff ist ein passiver Körper, der nur durch chemische Verbindung mit anderen Stoffen merklich hervortritt, seine Hauptverbindung ist mit Ammoniac.

In einem mit Wasser gefüllten, hermetisch verschlossenen Glase — bestehen, leben und gedeihen Jahre lang Thiere und Pflanzen ...[1]

Schweflichte Säure wird erzeugt durch verbrennen von Schwefel in der Luft, und ist ein schwächeres Oxyd — (Oxydul) als Schwefelsäure, wie alle Säuren welche mit -ichte bezeichnet werden. chlorichte. Die schweflichte Säure färbt Blumen — Wolle und anderes weiß — ohne aber wie Chlor die Farbe zu zerstören — auch bleibt der Geruch unverändert und tritt irgend eine chemische Verbindung ein, welche diese Färbung ... (Lücke im Manuskript) ... erscheint alsbald die ursprüngliche Farbe ...

Die Luftbestandtheile Wasserstoff, Kohlensäure und Stickstoff, zum Leben der Pflanzen unumgänglich nöthig — reichen nicht zu deren Erzeugung und Gedeihen aus.

Die Asche der Pflanzen (Erbsen, Bohnen, Waizen etc.) enthält genau die Bestandtheile, die man im Boden findet, wo sie gewachsen — eben dieselben finden sich im Blute der Menschen und Thiere, die sie genießen. ...

Schwefel Wasserstoffgas

Schwefel Amonium

Phosphorsäure ist die einzige Säure, welche nicht flüchtig, sondern in krystallinen Stückchen aufzubewahren ist.

Nahrung der Pflanzen:

athmosphärische:	*aus dem Boden:*[2]
Wasser	Schwefelsäure
Amoniac	Phosphor "
Kohlensäure	Kiesel- "
	Kali Kalk
	Magnesia Eisen = Bittererde

Chlor, Jod und Brom sind ohngefähr dieselben Substanzen, nur in verschiedener Stärke und zwar fest, flüßig und flüchtig; Letzteres ist erst vor kurzem aufgefunden."

„*Den 19. Januar 1856. Vorlesung Liebigs über das organische Leben*

Es finden sich im organischen Körper viele chemische Verbindungen, doch ist es unmöglich ... (leere Stelle im Manuskript)

Viele Körper mit gleichen Bestandtheilen sind in ihren Eigenschaften äußerst verschieden. Dieser außerordentliche Unterschied ihrer Eigenschaften ist abhängig

---

[1] Diese Stelle bezieht sich auf das von *Liebig* heiß geliebte, und schon weiter oben erwähnte Aquarium, von dem *Liebig* glaubte, daß es eine in sich geschlossene, von äußeren Bedingungen (Ausnahme natürlich Licht) unabhängige Welt im Kleinen sei. In der Praxis funktioniert das aber nicht recht, wie jeder Aquarienfreund wissen wird. Im übrigen waren die *Liebig*schen Aquarien keine reinen Aquarien in der strengen Bedeutung dieses Wortes. Es gehörte dazu immer auch ein Stück Land, auf dem zumindest einige Schnecken leben sollten.
Liebig gab hier einen Überblick über seine Düngetheorie. Siehe Kap. XI.

[2] In Form von Salzen.

Abb. 82. Karikatur des Grafen Franz von Pocci auf zwei der Gründer der ersten deutschen Fabrik für künstlichen Dünger (1857): „Fabrik für chemische und landwirthschaftlich-chemische Producte Heufeld, Oberbayern". Die Zeichnung zeigt Liebig auf einem Mistkarren, umgeben von Retorten. Im Hintergrund die Fabrik. Auf dem einen Pferd sitzt der Reichsrat Julis Freiherr von Niethammer: Der Commandeur des Kronenordens in Folge seiner Verdienste um die Landwirthschaft

von der Ordnungsweise der Elemente in ihnen. in einer gewißen Richtung gelagert, hemmen, in einer andern befördern, in einer dritten unterhalten sie den Lebensprocess. Die chemische Analyse gibt keinen Anhaltspunkt zur Erklärung der Eigenschaften von organischen Verbindungen — alle Bemühungen gehen dahin, die verschiedenen Produkte des Pflanzenlebens zu entdecken, denn davon hängt ihre Wirkung ab. Baumwolle, Milch, Zucker und die Säure des Sauerkrautes ergaben bei der Analyse genau dieselben Bestandtheile: Kohlen-, Wasser- und Sauerstoff. ... Kupfer hat so große Affinität zum Sauerstoff, daß es mit Salzwasser benetzt, in kürzester Zeit oxydiert, — legt man aber ein Stück Eisen darauf, so oxydiert dieses und das Kupfer bleibt blank. — Davy welcher dies entdeckte, erregte großes Aufsehen durch die Anwendung bei Schiffen, wodurch der englischen Marine eine jährliche Ersparniß von mehreren hunderttausend Guineen zuwuchs, da die Schiffe immer nach einigen Jahren neu mit Kupfer beschlagen werden müssen. — leider aber vereitelte eine neue Erfahrung den Vortheil, indem sich eine unzählige Menge von Schaalenthien an das blanke Kupfer anhängen, daß diese kaum aus dem Hafen sich fortbewegen konnten

Wenn die Oberfläche der Erde fast nur aus Sauerstoffverbindungen besteht, d. h. oxydirt (verbrannt) sei, so kann man annehmen, daß doch der Kern der Erde aus unverbrennbaren Körpern, vielleicht Edlen Metallen bestehe.

Ein Kubik Schuh Gold wiegt 280 baierische Pfund und ein Pfund hält im Werth 900 Gulden.

Meteorsteine sollen Trümmer zerstörter Welten oder Trabanten sein, die lange im Weltenraum herumgeirrt — endlich auf unsere Erde niederfallen."

Josephine Stieler hat auch einen Teil der anderen Vorträge dieser Reihe gehört. Unter den *Liebig*-Vorlesungen findet sich auch folgende kurze Notiz über einen Vortrag, den der *Franz Freiherr von Dingelstedt* (1814 bis 1881), der in jenen Jahren Intendant des Münchener Hoftheaters war, über Faust in der Literaturgeschichte hielt. Auch dieser Vortrag fand in *Liebig*s chemischen Hörsaal statt:

> „*Faust*
> (Vorlesung von Dingelstedt)
> Die Sage von Faust erscheint zum erstenmal jedoch in Deutschland im Jahre 1587 — schon das Jahr darauf, 1588, dramatisirt auf den deutschen Marionetten Theatern. Schon ein Paar Jahre später von dem englischen Dichter Marlow, welcher sich im Jahre 1593 selbst entleibte, für die Londoner Bühne bearbeitet, aus welcher Bearbeitung Dingelstedt einige Scenen vortrug, welche durch Schönheit der Sprache und Erhabenheit der Gedanken überraschten."

Eine Aufzeichnung über die zu Beginn dieses Kapitels beschriebene Unglücksvorlesung *Liebig*s hat die *Stieler* leider nicht hinterlassen. Vielleicht wollte es der Zufall, daß sie gerade diese Vorlesung nicht hörte. Vielleicht war sie aber doch anwesend, aber so erschrocken, daß sie keine Niederschrift anfertigte. Deshalb seien nun am Schluß dieses Kapitels Experimente zum Schwefelkohlenstoff nachgetragen. Dabei vergleiche man die Erfahrungen *Liebig*s und die Betrachtungen *Volhards* über *Liebig*s gefährlichen Unfall mit folgenden aus dem Buche *Heumann*s entnommenen Vorschriften zu Versuchen über die Eigenschaften des Schwefelkohlenstoffs.
Dabei bedenke man, daß Schwefelkohlenstoff außerordentlich giftig ist und daß die Gefahren — wie wir oben gesehen haben — recht beträchtlich sind.

Versuch 104: *Rasche Verdunstung des Schwefelkohlenstoffs (nach Heumann)*

Geräte: Glasschale, Glasrohr, Preßluft

Chemikalien: Kohlendisulfid (= Schwefelkohlenstoff), Wasser

Zeit: 5 Min.

> „In eine Glasschale giesst man etwas Wasser und etwa gleichviel Schwefelkohlenstoff und leitet aus einer Glasröhre einen starken, durch ein Gebläse erzeugten Luftstrom in die Flüssigkeit hinein.
> Der aufsprudelnde Schwefelkohlenstoff verdampft ausserordentlich rasch und etwa nach einer Minute ist das in der Schale enthaltene Wasser zu einem Eisklumpen gefroren. Man beachte, dass das Einathmen Schwefelkohlenstoffdampf leicht Ueblig-keit verursachen kann."

Unfallgefahren: Diesen Versuch darf man nur unter einem gutziehenden Abzug machen. Kohlendisulfid ist sehr giftig und explosiv!

Ergebnis: *Die Verdunstungskälte des Schwefelkohlenstoffs bringt Wasser zum Gefrieren.*

Versuch 105: *Brennbarkeit von Schwefelkohlenstoff in Luft (nach Heumann)*

Geräte: Glasstab, Bunsenbrenner

Chemikalien: Schwefelkohlenstoff

Zeit: 2 Min.

> „Man taucht einen Glasstab in Schwefelkohlenstoff und näher ihn einer Flamme. Die Flamme des brennenden Schwefelkohlenstoffs ist bläulich weiss."

Unfallgefahren: Äußerste Vorsicht!

Ergebnis: *Schwefelkohlenstoff ist brennbar!*

Versuch 106: *Entzündung eines Gemenges Schwefelkohlenstoffdampf in Luft (nach Heumann)*

Geräte: 1 *l* fassender Glaszylinder (möglichst dickwandig), Glasplatte als Deckel, Tropfpipette, an einen Stab gebundene Kerze

Chemikalien: Schwefelkohlenstoff

Zeit: 5 Min.

„In einen ungefähr 1 *l* fassenden Cylinder giesst man einige Tropfen Schwefelkohlenstoff, verschliesst den Cylinder mit einer Glasplatte und schüttelt seinen Inhalt, um die Verdunstung zu beschleunigen. Wird dann der freigemachten Öffnung des Cylinders eine Flamme genähert, so verbrennt das Gemisch aus Luft und Schwefelkohlenstoffdampf mit pfeifendem Geräusch. Die innere Cylinderwandung bedeckt sich mit ausgeschiedenem Schwefel."

Unfallgefahren: Dieser Versuch ist außerordentlich gefährlich! Es empfiehlt sich sehr, den Glaszylinder zusätzlich mit Tüchern zu umwickeln und durch Aufstellen von Drahtnetzen und Schutzscheiben für zusätzliche Sicherheit zu sorgen. Schutzbrille aufsetzen!

Versuch 107: *Explosion eines Gemenges von Schwefelkohlenstoffdampf und Sauerstoff (nach Heumann)*

Geräte: Starkwandiges Glasgefäß (nicht über 350 m*l*) mit weitem Hals, passender Kork, Tücher, Tropfpipette, an einen Stab gebundene Kerze oder Fidibus (möglichst lang)

Zeit: 5 Min.

„Um denselben Versuch mit reinem Sauerstoff anzustellen, darf kein so grosses Gefäss benutzt werden. Am sichersten bedient man sich eines starkwandigen Pulverglases, welches etwa 350 cbcm fasst und einen weiten (4 cm) Hals besitzt, weil bei enger Halsöffnung das Gefäss fast unfehlbar zerschmettert wird. Dasselbe ist über Wasser mit Sauerstoffgas zu füllen, worauf man einige Cubikcentimeter Schwefelkohlenstoff eingiesst und tüchtig schüttelt. Dann wird das Glas sorgfältig bis zum oberen Rand in ein starkes Tuch eingewickelt, und nach Wegnahme des Korkes die Entzündung durch einen langen Fidibus bewirkt. Es entsteht ein gewaltiger Knall. Mitunter wird dabei das Glas zerschlagen und es ist daher sehr davor zu warnen, ein grösseres oder enghalsigeres Gefäss, als angegeben wurde, zu verwenden, da sonst das Tuch gewaltsam zerissen wird.

Auch umfasse man das mit Tuch umwundene Gefäss nicht fest mit der Hand, weil dieselbe mit Gewalt auseinander gesperrt wird, im Falle das Glas zerschmettert werden sollte. Selbstverständlich ist es wohl, im Moment des Anzündens die Gefässöffnung nicht nach Personen zu richten, damit ein etwa nach oben geschleudertes Stück des Glashalses kein Unglück anrichtet."

Unfallgefahren: Dies ist ein Versuch für Leute mit starken Nerven. Von dem Versuch ist abzuraten! Durch Aufstellen von Drahtnetzen und Schutzscheiben ist für zusätzliche Sicherheit zu sorgen. Schutzbrille aufsetzen!

Ergebnis: *Kohlendisulfid und Sauerstoff ergeben ein explosives Gemisch.*

Versuch 108: *Entzündung eines Gemenges von Schwefelkohlenstoffdampf und Stickoxid (nach Heumann)*

Geräte: Weiter und hoher Glaszylinder (oder Becherglas), Spritze für den Schwefelkohlenstoff

Chemikalien: Stickstoffmonoxid, Kohlendisulfid

Zeit: 5 Min.

„Der Versuch wird mit einem weiten und hohen Cylinder, welcher mit Stickoxydgas gefüllt ist, ausgeführt.

Das Einspritzen des Schwefelkohlenstoffs geschieht am besten aus einer kleinen, damit gefüllten Spritzflasche, deren Spritzröhre man unter die den Cylinder bedeckende, nur wenig gelüftete Glasplatte einführt.

Die Entzündung erfolgt ohne Explosion mit sehr hellem blauweissem Lichte. Die chemische Wirksamkeit desselben ist so gross, dass selbst eine so vorübergehende, kaum eine halbe Sekunde dauernde Beleuchtung genügt, um die photographische Aufnahme einer Person zu ermöglichen.

In einer Abendvorlesung lässt sich der Versuch sehr gut mit geringem Zeitaufwand ausführen, sofern nur die photographischen Vorbereitungen gehörig getroffen sind. Die Beleuchtung geschehe unter Anwendung von fünf, etwa 40 cm hohen und 8 bis 10 cm weiten Glascylindern, von denen drei auf der einen und zwei auf der anderen Seite der Person aufgestellt und mit Stickoxyd und Schwefelkohlenstoffdampf im Voraus gefüllt sind. Nach Einstellung der Camera bei Lampenlicht wird die Entzündung der Schwefelkohlenstoffcylinder möglichst gleichzeitig ausgeführt.“

Ergebnis: *In Stickstoffmonoxidatmosphäre verbrennt Kohlendisulfid mit helleuchtender Flamme.*

Heumann fügte der Beschreibung dieses Experimentes noch die Schilderung einer damals höchst wichtigen technischen Nutzanwendung bei:

„Sellsche Schwefelkohlenstofflampe für photographische Zwecke:

Um das Licht des mit Stickoxyd verbrennenden Schwefelkohlenstoffs für photographische Zwecke nutzbar zu machen, hat sich E. Sell in England eine Lampe patentiren lassen, welche das genannte Licht in constanter und leicht zu regulirender Weise herzustellen gestattet.“

Da es heute praktischere Lichtquellen für photographische Zwecke gibt, wollen wir uns die umständlichere weitere Beschreibung schenken.

Versuch 109: *Verbrennung von Kohlendisulfid in Sauerstoffgas (nach Heumann)*

Geräte: 1-*l*-Becherglas, eisernes Löffelchen mit langem Stiel

Chemikalien: Sauerstoff, Kohlendisulfid-Schwefelkohlenstoff

„Schwefelkohlenstoffdampf in Sauerstoffgas verbrannt liefert eine sehr helle, prächtige blaue Flamme.
Man entzündet den in einem kleinen eisernen Stiellöffelchen enthaltenen Schwefelkohlenstoff und taucht das Löffelchen in einen mit Sauerstoffgas gefüllten, etwa 1 *l* fassenden Kolben.“

Unfallgefahren: Schnell arbeiten, sonst treten die in den vorstehenden Experimenten geschilderten Gefahren auf. Äußerste Vorsicht! Vgl. S. 220.

XVI. Umweltprobleme: Salpeter als Rohstoff für Azofarben

(1896)

Der deutsche Schriftsteller *Wilhelm Raabe* hat 1884 in dem Roman „Pfisters Mühle“ erstmalig in der Literatur einen Fall von industrieller Umweltverschmutzung geschildert. Ein Mühlenbesitzer namens *Pfister* und dessen Sohn haben Schwierigkeiten durch die plötzliche Verschmutzung des Mühlenwassers. Der mit ihnen befreundete Chemiker Dr. *Asche*, der selbst im Begriffe steht in Berlin eine umweltverschmutzende Farbenfabrik einzurichten, will den beiden helfen:

> „Ein Mensch wie ich, der die feste Absicht hat, selber einen sprudelnden Quell, einen Krystallbach, einen majestätischen Fluß, kurz, irgendeinen Wasserlauf im idyllischen grünen deutschen Reich so bald als möglich und so infam als möglich zu verunreinigen, kann nicht mehr sagen, als daß er sein Herzblut hingeben würde, um dem guten alten Manne dort seinen Mühlbach rein zu halten...“

Man begiebt sich nun auf der Suche nach der Ursache:

> „... Kurz, wir sahen meines Vaters Mühlwasser je höher hinauf, desto unsauberer werden, wir sahen noch mehr als einen auf der Seite liegenden Fisch an uns vorbeitreiben, und wir füllten, die Nasen zuhaltend, Samses Flaschenkorb und versahen jede einzelne Flasche mit einer genauen Bezeichnung der Stelle, wo wir die geschändete Najade um eine Probe angegangen waren.
>
> Zweieinhalb Kilometer von Doktor Lippoldes' Behausung gelangten wir dann, nach der Welt Lauf und Entwicklung, wie zu etwas ganz selbstverständlichen, zu dem Ursprung des Verderbens von Pfisters Mühle, zu der Quelle zu Pfisters Leiden; und Dr. Adam Asche sprach zum erstenmale an jenem Morgen freundlich ein Wort. Auf die Mündung eines winzigen Nebenbaches und über eine von einer entsetzlichen, widerwärtig gefärbten, klebrig stagnirenden Flüssigkeit überschwemmte Wiesenfläche mit der Hand deutend, sagte er mit unbeschreiblichem, gewissermaßen herzlichem Genügen: „Ici“!
>
> Jenseits der Wiese erhob sich hoch aufgethürmt, zinnengekrönt, gigantisch beschornsteint — Krickerode! Da erhob sie sich, Krickerode, die große industrielle Errungenschaft der Neuzeit, im wehenden Nebel, grau in grau, schwarze Rauchwolken, weiße Dämpfe auskeuchend, in voller ‚Kampagne‘ ...“
>
> „Der reine Zucker!“ rief Asche. „Da schwatzen die Narren immerfort über die Bitterkeit der Welt. Da können sie sie niemals süß genug kriegen, und da — stehen wir, das Leid der Erde widerkäuend, vor dem neuen Thor ...
>
> ..., und so umschritten wir den wohl zwanzig Morgen bedeckenden künstlichen Sumpf und gelangten unter der Mauer der großen Fabrik zu dem dunklen Strahl

heißer, schmutziggelber Flüssigkeit, der erst den Bach zum Dampfen brachte und dann sich mit demselben über die weite Fläche verbreitete, die meine nächsten Vorfahren nur als Wiese gekannt hatten."

„So ist es nicht unerklärlich, daß beim Wiedereintritt des Wässerleins in Deines Vaters Mühlwasser, mein Sohn Ebert, das nützliche Element trotz Allem, was es auf seinem Überflutungsgebiete ablagerte, stark gefärbt, in hohem Maße übelriechend bleibt. Das, was ihr in Pfisters Mühle dann, laienhaft erbost, eine Sünde und Schande, eine Satansbrühe, eine ganz infame Suppe aus des Teufels oder seiner Großmutter Küche bezeichnet, nenne ich ruhig und wissenschaftlich das Produkt der reduzierenden Wirkung der organischen Stoffe auf das gegebene Quantum schwefelsaurem Salzes," sagte Adam Asche. „Und nun, denke ich, können wir wieder nachhause gehen," fügte er hinzu, indem er die letzte Flasche aus Samsens Flaschenkorb gefüllt mit warmem, leise dampfendem Naß aus der Abflußrinne von Krickerode mit fast zärtlicher Kennerhaftigkeit gegen den grauen Feiertagshimmel und vor das linke, nicht zugekniffene Auge prüfend erhob ..."

Ein alter jüdischer Schauspieler hatte diese kleine Expedition begleitet und stößt nun angesichts der rauchenden Fabrik düstere Prophezeiungen aus:

„Nun krallte er sich mit der Linken in meinen Kragen und streckte den dürren rechten Arm und die Faust aus dem schäbigen Ärmel weit vor gegen das phantastischer als eine Ritterburg der Vergangenheit mit seinen Dächern und Zinnen, seinen Thürmen und Schornsteinen im Nebel des Weihnachtstages aufragende große Industriewerk und rief hell und heiser: „Sie es Dir an, Knabe, und finde auch Du dich mit ihm ab, wie der da — wissenschaftlich oder als Aktionär. Kind, habe dreist wie die anderen Furcht, Dich ihm gegenüber lächerlich zu machen, und renne Dir ja den Schädel nicht daran ein mit irgend etwas drin, was über der Zeit und dem Raume liegt. Folge Du unserm Rathe, so wirst Du etwas vor Dich bringen; und sieh Dich nicht um nach dem, was Du vielleicht dabei hinter Dir liegen lässest ..."

Ganz offensichtlich begann die Chemie in den achtziger und neunziger Jahren des vorigen Jahrhunderts den Menschen unheimlich zu werden. Es finden sich in der damaligen Literatur häufiger Hinweise auf dieses Unbehagen. So läßt *Theodor Fontane* seinen Herrn *von Stechlin*, der Titelfigur des gleichnamigen Romanes — der „von jung und lieber im Sattel als bei den Büchern war" — sagen, wobei dieser sich mit der Produktion einer nahe bei seinem Herrensitz gelegenen Glashütte beschäftigt:

„... Über hundert Jahre besteht nun schon diese Glashütte. Und wenn ich nun so das jedesmalige Jahresprodukt mit hundert multipliziere, so rechne ich mir alles in allem wenigstens eine Million (Anm.: Glasretorten für chemische Zwecke) heraus. Die schicken sie zunächst in andre Fabriken, und da destillieren sie flott drauflos, und zwar allerhand schreckliches Zeug in diese grünen Ballons hinein: Salzsäure, Schwefelsäure, rauchende Salpetersäure. Das ist die schlimmste, die hat immer einen rotgelben Rauch, der einem gleich die Lunge auffrißt. Aber wenn einem der Rauch auch zufrieden läßt, jeder Tropfen brennt ein Loch, in Leinwand oder in Tuch, oder in Leder, überhaupt in alles; alles wird angebrannt und angeätzt. Das ist das Zeichen unserer Zeit jetzt, ‚angebrannt und angeätzt' ..."

Das Aufblühen der deutschen chemischen Industrie brachte bald ein neues Problem mit sich, ein Problem, dem wir heute den Namen „Umweltverschmutzung" geben. Dabei ist es vom historischen Standpunkt aus besonders interessant zu sehen, wie man

Abb. 83. Abbau von Salpeter in Chile, etwa zur Jahrhundertwende

zu Ende des vorigen Jahrhunderts zwar die großen Gefahren der Umweltverschmutzung durchaus erkannte und auch keineswegs leugnete, sie jedoch als ein notwendiges Opfer auf dem Wege zu einer wirtschaftlichen Hochblüte unbedingt bringen zu müssen glaubte. Noch heute bezeichnet das Sprichwort — „man müsse dort hingehen, wo die Schlote rauchen" — d.h. dorthin, wo der industrielle Wohlstand blüht, diese Haltung. Wir wollen nun den Streit zwischen einigen Gärtnereibesitzern und einer Nitritfabrik in Mannheim betrachten, der 1895 begann und 1898 durch Ministerial-Entscheidung zum Nachteil der Gärtner beendet wurde.
Salpeter kommt in Chile in mächtigen Lagerstätten vor und wird im Tagebau abgebaut, und dann durch Auslaugen und Kristallisieren gereinigt. Dieser gereinigte Salpeter wurde auf große Segelschiffe verladen, die ihn um Kap Horn herum nach Europa segelten. Die Haupthäfen für das Anlanden des Salpeters waren Rotterdam und Antwerpen. Auf Rheinkähnen wurde dann der Salpeter nach Mannheim gebracht, wo er zum Teil zu Nitrit verarbeitet wurde. Um die Bedeutung dieser Fabrikation zu verstehen, wollen wir uns das Gutachten des Hofrates Dr. *Heinrich Caro* ansehen, in dem der damalige Zeitgeist recht deutlich geschildert wird:

Aus dem Gutachten des Hofrat Caro

„Mannheim d/21.ten December 1896

Ehe ich über ... Ergebnisse berichte, halte ich eine Vorbemerkung für angezeigt.
Das Natriumnitrit gehört zu den vielseitigsten und unentbehrlichsten Hilfsmaterialien der Theerfarbenindustrie, in der es zur Darstellung zahlloser Diazo-, Azo und Nitrosoverbindungen dient, die ihrerseits teils als Farbstoffe, überwiegend aber als Zwischenprodukte in den ausgedehnten Fabrikationsbetrieben der sogenannten Azofarbstoffe, der Induline und Safranine, des Methylenblau und anderer verwandter Farbstoffgruppen ihre industrielle Verwerthung finden. Auch in den Baumwoll-Färbereien und Druckereien hat es sich eingebürgert, seitdem in den letzten Jahren in immer steigendem Masse die Erzeugung von Azofarbstoffen auf der Faser ihre technische Vervollkommnung erlangt hat. Die hauptsächliche, volkswirtschaftliche Bedeutung des Natriumnitrits liegt aber darin, daß gerade die durch seine Mithülfe erzeugten Farbstoffe wegen ihrer leichten und vielseitigen Verwendbarkeit, billigen Herstellungspreises und unbegrenzbarer Massenproduction besonders

Abb. 84. Abbau von Salpeter in Chile, etwa zur Jahrhundertwende

berufen sind, den erfolgreich begonnenen Concurrenzkampf der chemischen Synthese mit den natürlichen Farbstoffen bis zur völligen Verdrängung der letzteren aus dem Weltmarkte durchzuführen. So ist zum Beispiel die früher in so großen Mengen importirte, teure Cochenille jetzt fast vollständig aus den Färbereien verschwunden und durch Azofarbstoffe ersetzt worden. Aber auch die gleiche Verdrängung der noch in enormen Mengen eingeführten, wohlfeilen Farbhölzer, wie zum Beispiel des Blauholzes, schreitet in dem Masse fort, als es der Farbstofftechnik gelingt, durch das Zusammenwirken aller Factoren der Herstellungspreis ihrer synthetischen Producte zu vermindern. Hierzu gehört nun auch in erster Reihe die Beschaffung des Natriumnitrits in möglichst reiner und wirksamer Form und zu möglichst niedrigem Preise, ...
An dieser Entwicklung hat die deutsche Industrie ein überwiegendes Interesse ..."
„Bekannlich ist die in England und Frankreich begonnene Fabrikation von Farbstoffen aus den Destillaten des Steinkohlenteers am Anfang der 60er Jahre auch nach Deutschland verpflanzt worden und hier zu ihrer gegenwärtigen Höhe emporgewachsen, die andauernd die Bewunderung und den Neid des Auslandes erregt.
Mehr als $^2/_3$tel der gesammten Farbstoffproduction entfällt auf Deutschland. Die wirtschaftliche Bedeutung der deutschen Farbstoffindustrie und der aus ihr hervorgegangenen von Fabrikationen von künstlichen Heil- und Genussmitteln läßt sich aber nicht aus ihren Produktionsziffern vollständig ermessen: um sie richtig zu beurteilen, muss man auch den grossen und weitverzweigten Einfluß in Rechnung ziehen, den sie auf die Entwicklung der ihr dienstbaren chemischen und mechanischen Hilfsbetriebe ausgeübt hat.
Wenn Deutschland heute auf dem gesammten chemischen Industriegebiete die unbestrittene Führerschaft besitzt, so ist dies eine nationale Errungenschaft, die sich nachweislich auf den Impuls der deutschen Theerfarbenindustrie zurückführen läßt, und die Erhaltung und Mehrung eines solchen Besitzes ist eine nationale Pflicht. Ist nun, wie oben ausgeführt, die Fabrikation des Natriumnitrits zu einem wesentlichen Erfordernisse der Theerfarbenindustrie geworden, so kann auch diese, so wichtige Hülfsfabrikation für ihre gedeihliche Entwicklung das wohlwollende Interesse des deutschen Gewerbefleisses und aller zu dessen Schutz und Förderung berufenen Organe beanspruchen.

Dieses wohlwollende Interesse sollte sich besonders in Mannhein vorfinden ... So durfte denn die Natriumnitrit Fabrikation der Firma Manz & Gamber eine bereitwillige Aufnahme in den Kreis der Mannheimer chemischen Industrie beanspruchen, und dies umso mehr, als die bekannte und übliche Fabrikationsmethode des Natriumnitrits: Schmelzen von Chili-Salpeter mit Blei, Auslaugen des Nitrits, Eindampfen und Krystallisieren lassen — sich durch das Fehlen von Abwässern, Säuredämpfen oder übelriechenden Gasemanationen äusserst vortheilhaft vor den meisten in der Umgebung von Mannheim betriebenen chemischen Fabrikationsverfahren auszeichnet. Allerdings werden neben dem Nitrit gleichzeitig entsprechend grosse Mengen von Bleioxyd erzeugt, die zu Gesundheitsstörungen der damit beschäftigten Arbeiter Veranlassung geben können, doch zeigen sich — nach den darüber durch die Höchster-Farbwerke veröffentlichten Erfahrungen — derartige Bleierkrankungen meistens nur bei frisch eingestellten Arbeitern, welche die vorgeschriebenen Schutzmaßregeln außer acht lassen. ...

Und was schließlich die aus den Steinkohlenfeuerungen der Schmelzkessel und Abdampfpfannen entweichenden und stets Schweflige Säure enthaltenden Rauchgase betrifft, so sind die hierdurch erzeugten Nachtheile für den Pflanzenwuchs die unvermeidlichen Nachtheile eines jeden Fabrikbetriebes ..."

Heinrich Caro fertigte nun für den eigenen Gebrauch eine Zusammenfassung der Prozeßakten an, aus der hervorgeht, daß der Prozeß mit einem ungewöhnlichen Aufwand an Gutachtern und Gerichtsterminen geführt wurde. *Caro* war einer der letzten, den man in diesem Verfahren um ein Gutachten anging.

Damals bestand die Gepflogenheit, daß jeder weitere Gutachter bei einem Gerichtsverfahren — bzw. einem Verwaltungsverfahren — beides lief bei diesem Fall ineinanderverzahnt ab — sämtliche bereits zu diesem Verfahren vorliegenden Gutachten vorgelegt bekam. Besonders bemerkenswert ist nun *Caro*s Erwiderung auf die Beodachtungen des Dr. *Bissinger*, dessen Messungen er allerdings nicht in Frage stellte:

„Herr Dr. Bissinger hat in einem früheren Gutachten (von 15.ten Oktober 1896) angegeben, dass er bei einer Rundfahrt „mit einem der besten Kenner der landwirtschaftlichen Fabrikbeschädigungen in der Gemarkung Mannheim" zahlreiche Kleeäcker angetroffen habe, die fast ausnahmslos die „charakteristischen" Zeichen der Fabrikbeschädigungen gezeigt hätten. Man braucht nur einen Blick auf die Zahlreichen Fabrikschornsteine in und um Mannheim zu werfen, um diese sogenannten Fabrikbeschädigungen erklärlich zu finden. Die unvermeidlichen Rauchgase tragen die Hauptschuld, bei feuchtem oder nebligen Wetter erzeugen sie aus ihrer schwefligen Säure die vegetationsfeindlichen Niederschläge. In der Umgebung der grossen englischen Fabrikstädte regnet es geradezu Schwefelsäure, — um einen bekannten Ausspruch zu gebrauchen — und in der Umgebung von Mannheim ist dies in entsprechend geringerem Masse der Fall. ..."

Eine genaue Beschreibung des Verfahrens entnehmen wir dem Gutachten der Großherzoglich Badischen chemisch technischen Prüfungs- und Versuchsanstalt:

„Karlsruhe, den 15. November 1897

... Das Ausgangsmaterial, der Chili-Salpeter, wird in Säcken bezogen, als gereinigte (circa 95%ige) prima Waare, er bildet ein weissliches etwas feuchtes Salz (Cristallmehl) und besteht aus fast chemisch reinem Natriumnitrat, dessen Hauptverunreinigung Feuchtigkeit (Wasser) ist. Beim Einbringen desselben in die er-

Abb. 85. Farbchemisches Laboratorium zur Jahrhundertwende

hitzten Kessel entweicht die Feuchtigkeit in Form von Wasserdämpfen, und es tritt dann bei gesteigerter Erhitzung ein ruhiges Schmelzen ein. Ist die Masse im Fluss, so wird nach und nach die erforderliche Menge metallisches Blei in Barren von der Oberfläche her eingeführt, und es tritt gleichzeitig — zum Zwecke der gleichmäßigen Mischung und Wärmevertheilung — ein mechanisches Rührwerk in Thätigkeit. Das Blei schmilzt ruhig ab und oxydiert sich zu Bleiglätte (Bleioxyd) während der Salpeter in Folge seiner Sauerstoffabgabe an das Blei zu Natriumnitrit reduziert wird. Ist alles Blei eingetragen, so wird die Masse noch einige Zeit unter fortwährendem Rühren flüssig erhalten.

Auch dieser Prozess verläuft sehr ruhig.

Das im Gutachten des Herrn Dr. Bissinger in Mannheim vom 24. April v. J. behauptete und seither ohne jeden Nachweis festgehaltene Auftreten von rothbraunen Dämpfen und Geruch nach salpetriger Säure müssen wir, zumal im Stadium des Einschmelzens, wo der Genannte es beobachtet haben will, für unmöglich erklären; es ist nach Theorie und Erfahrung gleich unverständlich, wie sich freie Stickstoffsäuren hier sollten bilden können. Erst bei einer den Schmelzpunkt des Natronsalpeters (316 Grad Cels.) erheblich übersteigenden Temperatur würde eine Entwicklung von Gasbläschen beginnen, welche anfänglich aus Sauerstoff, später aus einem Gemisch von Sauerstoff und Stickstoff bestehen. Aber nicht einmal diese Erscheinung macht sich im Fabrikbetrieb bemerkbar, da eine so übermässige Erhitzung des Schmelzgutes nicht nur eine ganz unnöthige und zweckwidrige Verschwendung von Brennmaterial sein, sondern geradezu ein Verlust an Ausbeute bedeuten würde.

Bei dem letzten Besuch der Fabrik am 3. d. M. wurde Veranlassung genommen, diese Schmelz- und Reductionsvorgänge noch einmal besonders und eingehend zu beobachten, es war aber ebenso wenig wie bei den früheren Besichtigungen möglich,

etwas von dem im Bissinger'schen Gutachten aufgeführten Erscheinungen wahrzunehmen. Es ist wohl hie und da ein vorübergehendes Aufglimmen einzelner Punkte in der Schmelze zu bemerken, herrührend von kleinen mechanischen Verunreinigungen organischer Natur (Sackfasern, Holzpartikelchen etc.), welche unter Feuererscheinungen ebenso verbrennen, wie absichtlich hineingeworfene Papierschnitzel; es war aber beim Einschmelzen, wie beim Reductionsprozess, weder ein von Zersetzungsgasen herrührendes Aufschäumen, noch eine Spur rother Dämpfe oder eines entsprechenden Geruches zu entdecken.
Zur weiteren Kontrolle wurde noch ein Laboratoriumsversuch gemacht, in dem Chilisalpeter in einem eisernen Tiegel einer allmälig steigenden Temperatur ausgesetzt wurde. Der Versuch ergab, dass in keinem Stadium, weder zu Anfang der Schmelzung, noch bei stärkerer Erhitzung, wo sich schon reichlich die oben erwähnten Gasblasen entwickelten, mit den schärfsten Reactionen auch nur Spuren von salpetriger Säure, resp. Untersalpetersäure nachzuweisen waren. Auch beim reduzierenden Schmelzen, also beim Eintragen von metallischem Blei in den geschmolzenen Salpeter und darauffolgendem Weitererhitzen der Masse ergab der Laboratoriumsversuch das Nichtauftreten dieser Gase, wenn die Temperatur nicht unnöthig hoch gesteigert wurde. Erst bei übermässiger Erhitzung des Tiegelinhaltes in der Gasgebläseflamme, also bei einer so hohen Temperatur, wie sie dem Fabrikbetrieb lange nicht zur Verfügung steht, konnte mit empfindlichen Prüfungen eine Bildung der fraglichen Gase nachgewiesen werden; ...
Wir gehen nun zur Betrachtung der folgenden Operationen über. Nach beendigter Reduction wird die noch halbflüssige und heisse Masse in danebenstehende mit Wasser gefüllte Tröge ausgeschöpft. Es findet hierbei natürlich ein Aufzischen und ein entsprechendes Entweichen von Wasserdampf statt. Auch dieser Dampf ist vollständig frei von Geruch, ... und hat — wie bei den Besuchen in der Fabrik constatirt wurde — nicht einmal für die dabei beschäftigten Arbeiter etwas belästigendes. Es folgt nun die Operation der Neutralisierung der Nitritlauge, nachdem dieselbe aus den Trögen von der sich zu Boden setzenden Bleiglätte abgezogen worden ist.
In den Schmelzen hat sich nämlich neben der Hauptmasse des Natriumnitrit noch ein kleiner Gehalt an einer im Wasser löslichen alkalisch reagierenden, entsprechend der oben besprochenen Abspaltung von Sauerstoff und Stickstoff, Doppelverbindung, dem sogenannten Bleioxydnatron, gebildet. Dieses muss erst wieder zerlegt und sein Bleigehalt abgeschieden werden, ehe das reine Nitrit durch Eindampfen und Auskristallisieren gewonnen werden kann. Es geschieht dies durch Versetzen der Rohlauge mit verdünnter Schwefelsäure in besondern Trögen; und zwar wird gerade so viel Schwefelsäure zugesetzt, bis die Flüssigkeit aufhört alkalisch zu reagieren. Hierdurch wird alles in Lösung befindliche Blei als unlösliches Bleisulfat niedergeschlagen und aus der Flüssigkeit entfernt. ...
Was zunächst die Verbesserungen betrifft, welche der Fabrik unterm 16. März d. J. zur Fernhaltung von Übelständen auferlegt worden sind, so erwiesen sich dieselben bei dem letzten unvermutheten Besuch in allen wesentlichen Punkten durchgeführt.
Die ins Freie gehenden Fenster des Schmelzraumes waren geschlossen. Die Bedeckung der Schmelzpfannen und die damit verbundene Rohrleitung wurde in einem Zustand angetroffen, welcher den Zweck einer Absaugung der Schmelzdämpfe in ausreichendem Masse erfüllt ..."

Der Rechtsstreit wurde nun durch das Ministerium entschieden, das dabei durchaus für die Anliegen der von der Fabrik geschädigten Nachbarn Verständnis zeigte:

„Ministerium des Innern

Karlsruhe, den 6ten Januar 1898.

No. 39351. Den Fabrikbetrieb der Firma Manz und Gamber in Mannheim betreffend.

An das Grossherzogl. Bezirksamt Mannheim
Betriebsbedingungen:

Zur Beseitigung etwaiger beim Schmelzprozess auftretender Bleidämpfe aus dem Arbeitsraum, sowie zur Verhütung des Austritts von salpeterhaltigen Wasserdämpfen, sind die Schmelzkessel mit Blechhauben zu überdecken, die durch eine genügend weite Rohrleitung mit einem kräftig wirkenden Exhaustor in Verbindung stehen, die Blechhauben dürfen nur soweit geöffnet werden, als dies für den Arbeitsprozess unbedingt erforderlich ist. Die abgesaugten Dämpfe sind in eine geräumige Staubkammer und aus dieser in den Fabrikkamin zu führen.

Die beim Eindampfen der Laugen entstehenden Wasserdämpfe sind durch genügend weite Abzüge über Dach zu führen.

Die Bestimmungen der Bekanntmachung des Bundesraths, betreffend die Errichtung und den Betrieb von Bleifarben und Bleizuckerfabriken vom 8. Juli 1893 finden in ihrem ganzen Umfange Anwendung.

Insbesondere ist für die strengste Beobachtung zu sorgen. Vor dem Vollzug des § 14 betreffend Herstellung von Wasch- und Ankleideräume ist über die Art der Ausführung noch besondere Vorrlage zu machen. In Ergänzung des § 16 der Bestimmungen ist ferner vorgeschrieben, dass der Arzt nicht allein die Untersuchung der Arbeiter vorzunehmen und Fälle von Bleierkrankungen ins Kontrollbuch, sondern überhaupt jedesmal den Erfund einzutragen hat.

Fabrikationsabwasser dürfen aus der Fabrik nicht abgeleitet werden. Die in die Fabrikation nichtmehr zurückführenden Mutterlaugen sind zur Trockne zu verdampfen und in irgend einer Weise zu verwerten, oder nach den für Abfallstoffe giltigen Bestimmungsort zu beseitigen.

Hinsichtlich der Kosten wird ... bestimmt, dass die Gesuchstellerin (Anm.: die Firma Manz & Gambler) auch die in der Rekursinstanz durch die Erhebung von Gutachten entstandenen Kosten zu tragen habe. Die Sporteln für die gegenwärtige Entscheidung fällt den Widersprechenden, Georg Schosso und Genossen zur Last. Die übrigen Kosten der zweiten Instanz werden niedergeschlagen.

Ihre eigenen Kosten haben die Parteien auf sich zu behalten."

Zur Bedeutung des Natriumnitrits bei der Darstellung von Azofarben nach *Peter Griess* siehe: *Bukatsch/Glöckner*, Experimentelle Schulchemie, Bd. 6/II. Organische Chemie III, S. 3, 4, 5 und 6.

Versuch 110: *Zersetzen von Salpeter in der Wärme (Offene Apparatur)*

Geräte: Eisentiegel, Heizofen, Thermometer (ca. 350 °C)

Chemikalien: Salpeter

Zeit: 10 Min.

„Man bringe in einem eisernen Tiegel Salpeter langsam zur Schmelze und verfolge mit einem Thermometer sein Verhalten bis zur Entwicklung roter Dämpfe."

Unfallgefahren: Im Abzug arbeiten! Nitrose Gase!

Ergebnis: *Wird Salpeter über den Schmelzpunkt hinaus erhitzt, zersetzt er sich zunächst unter Abgabe eines farblosen Gases (Sauerstoff). Bei höherer Temperatur läßt sich die Entstehung nitroser Gase beobachten.*

Versuch 111: *Zersetzung von Salpeter in der geschlossenen Apparatur*

Geräte: Sandbad, Glas oder Tonretorte, pneumatische Wanne mit Glasglocke, Schlauchmaterial

Chemikalien: Salpeter

Zeit: 10 Min.

Man wiederhole obigen Versuch in einer geschlossenen Apparatur und fange das gebildete Gas in einer pneumatischen Wanne auf. Man erhitze nicht zu hoch! Den entstandenen Sauerstoff weise man mit einem glimmenden Holzspan nach.

Unfallgefahren: Die beiden hier geschilderten Versuche sind nicht ohne Heimtücke. Man wähle den Ansatz nicht zu groß und achte tunlichst darauf, daß nicht ungewollt durch Zufall organisches oder sonst oxidierfähiges Material mit der Schmelze in Berührung kommt, es kann sich sonst leicht eine Detonation ereignen!!

Ergebnis: *Siehe oben.*

Versuch 112: *„Bildung von Nitriten durch Glühen salpetersauerer Alkalimetalle"*
(nach Heumann)

Geräte: Platinblech oder Tiegel, Bunsenbrenner

Chemikalien: Kaliumnitrat, Wasser, Schwefelsäure, Kaliumiodid, Stärkelösung

Zeit: 5 Min.

> „Bildung von Nitriten durch Glühen salpetersaurer Alkalimetalle.
> Salpeter entlässt, über seine Schmelztemperatur erhitzt, Sauerstoffgas und es bleibt salpetrigsaures Kalium im Rückstand.
> Reiner, chlorfreier Salpeter wird auf einem Platinblech oder in einem Schälchen oder Tiegel aus diesem Metall einige Augenblicke über der Bunsen'schen Gas- resp. Gebläselampe zum starken Glühen erhitzt und hierauf durch Eintauchen in Wasser aufgelöst. Zusatz einiger Tropfen Schwefelsäure und jodkaliumhaltiger Stärkekleisterlösung verursacht sofort die Bildung blauer Jodstärke."

Anmerkung: So kann man auch in den beiden vorangegangenen Versuchen Nitrit nachweisen. Der Versuch gelingt auch im normalen Reagenzglas

Ergebnis: *Beim Erhitzen von Salpeter entsteht neben Sauerstoff Nitrit.*

Versuch 113: *Reduktion von Nitrat in Lösung (nach Heumann)*

Geräte: Becherglas

Chemikalien: Kaliumnitrat, Schwefelsäure, Cadmium, Zinkstaub, Kaliumiodid, Stärkelösung

Zeit: 5 Min.

> „Eine Lösung von salpetersaurem Kalium wird mit einigen Tropfen Schwefelsäure versetzt und dann mit einem Kadmiumstäbchen umgerührt, oder etwas Zinkstaub eingestreut. Sofort entsteht salpetrigsaures Salz, dessen Anwesenheit durch die für

Nitrite charakteristische Blaufärbung einer Jodkalium enthaltenden Stärkelösung bewiesen wird. Auch kann man die Salpeterlösung zuerst mit etwas verdünnter Schwefelsäure und jodkaliumhaltiger Kleisterlösung versetzen und zeigen, daß beim Eintauchen des Kadmiumstabes um denselben herum sofort blaue Jodstärke entsteht."

Anmerkung: Der Versuch geht auch mit einem Zinkstab.

Ergebnis: *Zink und Cadmium reduzieren in wäßriger Lösung Nitrat zu Nitrit.*

Versuch 114: *Reduktion von Nitrat in Lösung (nach Heumann)*

Geräte: Becherglas, Glasplatte

Chemikalien: Kaliumnitrat, Natrium, verd. Schwefelsäure, Kaliumiodid, Stärkelösung

Zeit: 5 Min.

„Die Reduction der Salpeterlösung kann ebensogut durch ein Natriumstückchen bewirkt werden, welches man auf die in einem (mit Glasplatte zu bedeckenden Becherglas befindliche concentrirte Flüssigkeit wirft. Man versetzt dann mit verdünnter Schwefelsäure und fügt etwas jodkaliumhaltige Stärkekleisterlösung zu, welche sofort gebläut wird."

Ergebnis: *Natrium reduziert Nitrat in wäßriger Lösung zu Nitrit.*

Literatur

Im Buch zitierte Werke

Bersch, Josef: Chemisch-technisches Lexikon. Eine Sammlung von mehr als 17000 Vorschriften und Rezepten für alle Gewerbe und technische Künste. Wien und Leipzig, 2. Auflage, ohne Datum

Bestelmeiers Magazin Nürnberg 1803

Bukatsch/Glöckner: Experimentelle Schulchemie, Köln 1972. Bd. 1, 2, 3/I, 3/II, 4/I, 4/II, 5, 6/I, 6/II

Bulwer, Edward-Lytton: Was wird er damit machen? Nachrichten aus dem Leben eines Lords. Deutsch von *Arno Schmidt.* Stuttgart 1971

Casanova, Giacomo Girolamo: Geschichte meines Lebens. Neu übersetzt von *Heinz von Sauter.* Berlin 1969—1970

Cavallo, Tiberius: Vollständige Abhandlung der theoretischen und praktischen Lehre von der Elektrizität neben eigenen Versuchen. Leipzig 1779

Eggs, Ch. v.: Magisch-Physikalisches Taschenbuch oder natürliche Zaubereyen nebst anderen schönen Kunststücken gesammelt von Ch. v. Eggs. Frankfurt und Leipzig 1804

Fischers Physikalisches Wörterbuch oder Erklärung der vornehmsten zur Physik gehörigen Begriffe und Kunstwörter, Göttingen 1800

Flurl, Mathias: Beschreibung der Gebirge von Baiern und der oberen Pfalz mit darin vorkommenden Fossilien, aufläßigen und noch vorhandenen Berg- und Hüttengebäuden, ihrer ältern und neueren Geschichte ... München 1792

Goethes sämtliche Werke in vierzig Bänden. Verlag der J. G. Cotta'schen Buchhandlung. Stuttgart 1869

Haber, Charlotte: Mein Leben mit *Fritz Haber.* Spiegelungen der Vergangenheit. Düsseldorf, Wien 1970

Halle, Johann Samuel: Magie oder die Zauberkräfte der Natur, so auf den Nutzen und die Belustigung angewandt worden. Berlin 1783

Halle, Johann Samuel: Fortgesetzte Magie oder die Zauberkräfte der Natur, so auf den Nutzen und die Belustigung angewandt worden. Wien 1789

Hereinspaziert, Hereinspaziert. Jahrmarktsgraphik aus drei Jahrhunderten. Katalog zu einer Ausstellung der Puppentheatersammlung des Münchner Stadtmuseums vom 19. 9. 1975 bis 6. 1. 1976

Heumann, Karl: Anleitung zum Experimentieren bei Vorlesungen über anorganische Chemie zum Gebrauch an Universitäten und Technischen Hochschulen sowie beim Unterricht an höheren Lehranstalten. Braunschweig 1876

Hoffmann, E. T. A.: in Aufzeichnungen seiner Freunde und Bekannten. Eine Sammlung von *Friedrich Schnapp.* Darmstadt 1974

Hoffmann, E. T. A.: Tagebücher. Nach der Ausgabe *Hans von Müllers* mit Erläuterungen herausgegeben von *Friedrich Schnapp.* München 1971

Hoppensack, Johann Martin: Über den Bergbau in Spanien überhaupt und den Quecksilberbergbau zu Almaden insbesondere. Weimar 1796

Humboldt, Alexander von: Ansichten der Natur mit wissenschaftlichen Erläuterungen. Stuttgart 1859—1860

Hüttl, Ludwig: Max Emanuel. Der Blaue Kurfürst 1679—1726. Eine politische Biographie. München 1976

Imhof, Maximus: Anfangsgründe der Chemie zum Gebrauch für öffentliche Vorlesungen an der kurfürstlichen Akademie der Wissenschaften. München 1803

Ingenhousz, Jan: Vermischte Schriften. Wien 1784
Kuhse, Kurt und *Erich Beck, Willy Schneider:* Die Speiseeisherstellung. Leipzig 1969
Langebucher: Beschreibung einer beträchtlich verbesserten Elektrisiermaschine. Augsburg 1780
Mann, Thomas: Doktor Faustus. Das Leben des deutschen Tonsetzers *Adrian Leverkühn,* erzählt von einem Freunde. Zitiert nach Taschenbuchausgabe in 12 Bänden. Frankfurt 1967
Marcet, Jane: Unterhaltungen über die Chemie, in welchen die Anfangsgründe dieser nützlichen Wissenschaft allgemein verständlich erläutert werden von Mistreß *Marcet.* Nach der dreizehnten englischen Auflage herausgegeben von *F. F. Runge.* Berlin 1839
Martius, Johann Nikolaus: Unterricht in der natürlichen Magie oder zu allerhand belustigenden und nützlichen Kunststücken völlig umgearbeitet von *Gottfried Erich Rosenthal.* Die natürliche Magie aus allerhand belustigenden und nützlichen Kunststücken bestehend erstlich zusammengetragen von *Johann Christian Wiegleb.* Berlin und Stettin 1790
Masters, Thomas: The Ice Book. Being a Compendious & Concise History of Everything Connected With Ice From Its First Introduction into Europe As An Article of Luxury To The Present Time ... London 1844
Mendelsohn, Peter de; S. Fischer und sein Verlag. Frankfurt 1970
Otto, Fr. Jul.: Lehrbuch der Essigfabrikation. Braunschweig 1840
Paul, Jean: Des Luftschiffers *Gianozzo* Seebuch. Insel Taschenbuch 144, Frankfurt 1975
Plattner, Carl Friedrich: Plattner's Probierkunst mit dem Löthrohre oder vollständige Anleitung zu qualitativen und quantitativen Löthrohruntersuchungen. Fünfte Auflage, neu bearbeitet und vermehrt von Prof. Dr. *Theodor Richter.* Leipzig 1878
Poe, Edgar Allan: Geschichten des Grauens. München 1977
Prandtl, Wilhelm: Deutsche Chemiker in der ersten Hälfte des 19. Jahrhunderts. Weinheim 1956
Raabe, Wilhelm: Pfisters Mühle zitiert nach: Industrie und deutsche Literatur 1830 bis 1914. dtv Bibliothek, herausgegeben von *Keith Bullivant* und *Hugh Ridley*
Raimund, Ferdinand: Romantisches Original Zaubermärchen mit Gesang in drei Aufzügen: „Das Mädchen aus der Feenwelt oder der Bauer als Millionär." Reclamausgabe 120. Stuttgart 1914
Schäfer, Bergmann: Lehrbuch der Physik. Berlin 1945
Scheerer, Johann Andreas: Luftgüteprüfungslehre für Ärzte und Naturfreunde. Wien 1785
Stöckhardt, Ad.: Stöckhardt's Schule der Chemie oder Erster Unterricht in der Chemie versinnlicht durch einfache Experimente. Zum Schulgebrauch und zur Selbstbelehrung insbesondere für angehende Apotheker, Landwirte, Gewerbetreibende etc. Zwanzigste Auflage. Braunschweig 1900
Traugott, Johann, Samuel Gehler: Physikalisches Wörterbuch. Leipzig 1833
Ulloa, Don Antonio de: Relacion Historica del Viage a la America Meridional. Madrid 1748
Volhard, Jakob: Justus Liebig, 2. Bd. Leipzig 1909
Volta, Alessandro: L'Opera ... Milano 1927
Wagner, Johannes Rudolf: Die chemische Technologie als Leitfaden bei Vorlesungen ... siebente unter Berücksichtigung der Ergebnisse der internationalen Industrieausstellung zu Paris des Jahres 1867 verbesserte und vermehrte Auflage. Leipzig 1868
Walchner, F. H.; Der practische Naturforscher. Ein unentbehrliches Hand- und Hülfsbuch für Freunde der Naturwissenschaften. Zweite Abtheilung: Der Geognost. Karlsruhe 1843
Watermann, Rembert: Eudiometrie (1772—1805) in Technikgeschichte Bd. 35, 1968, S. 293—319
Weeks, Mary Elvira: Discovery of the Elements. Easton, Pa., 1960
Witt, Otto Nikolaus: Narthekion, Nachdenkliche Betrachtungen eines Naturforschers. Berlin 1901 bis 1908

Zusammenstellung der zitierten Handschriften aus den Sondersammlungen des Deutschen Museums mit ihren Signaturen in der Reihenfolge ihrer Zitierung:

	Signatur
Brief von *R. W. Bunsen* an *H. E. Roscoe*, 11. 10. 1857	12
Brief von *A. v. Humboldt* an *E. Mitscherlich*, o. D.	223
Brief von *J. v. Liebig* an *F. Mohr*, 25. 12. 1849	1104
Handschriftliche Notizen in dem Buch:	
J. C. Creilling. Abhandlung vom goldenen Vließ	XI A
J. Ch. Wiegleb an *F. Nicolai.* 30. 11. 1785	o. S.
Anonymes Feuerwerksbuch	1950/14
Brief von *A. v. Humboldt* an *E. Mitscherlich*, o. D.	222
Beschreibung seines Feuerzeuges durch Prof. *Pizenberger*, Konstanz	1949/140
Album der *Wilhelmine Reichard*	1944/64
Mathias Flurl: Von der Chemie überhaupt und ihren Mitteln zur Untersuchung der Körper	1974/5
Die Chemie, vorgetragen von Prof. Dr. *Keiser* 1846/47; von Dr. *E. Schilling* jr.	1966/14
Brief von *T. J. Seebeck* an *A. E. F. Werlich*, 11. 12. 1803	1954/77
Über die Anfänge der Staßfurter Kalifabrikation von Dr. *A. Frank* in Staßfurt	o. S.
Brief von *J. v. Liebig* an *A. Frank*, 26. 2. 1865	3445
Brief von *C. F. Schönbein* an *F. W. J. v. Schelling*, 22. 4. 1844	551
Hermann Kolbe, Laborjournal	3812
Aufzeichnungen von *G. H. Beck*	1970/29
H. Caro. Prozeßakten *Schosso* & Genossen gegen *Manz* & *Gamber*	2357

o. S. bedeutet: ohne Signatur
Außerdem wurden die Vorlesungen von *Liebig* im Tagebuch der *Josephine Stieler* verwendet, das in der Bayerischen Staatsbibliothek im Stielernachlass aufbewahrt wird. Den Hinweis auf diese Vorlesung verdanke ich Frl. Dr. *Sigrid von Moisy.*

Stichwortverzeichnis

Aerostat 114
Ätzkali 177
Alaun 53
Alaunschiefer 135
Alkoholmeter 208
Almaden 145—150
Altenburg, P. 196
Amalgamierung 144
Ammonchloridrauch 58, 63
Appert, N. F. 196—198
Aquarium 222, 136
Arlandes, M. de 115
Arsenik 138
Auripigment 53
Avicenna 27
Azofarben 241

***B**acon of Verulam, F.* 27
Bärlappsporen 39, 42
Balard, A. J. 179
Bartholin, E. 151
Beck, G. H. 206—215
Benzoesäure 198, 204
Bergmann, T. 151
Berzelius, J. J. 63, 90, 151, 152, 188
Bier 200, 204, 216
Bimsstein, platinierter 168
Bismut 135
Black, J. 113
Blei 7, 160
Bleiacetat 14, 55
Bleibaum 11—15
Bleiglanz 7
Bleiglätte 246
Bleioxid 246
Bleizucker 11
Blutlaugensalz, gelbes 18
Boerhave, H. 9
Borax 134, 135
Bordon, G. 194
Boyle, R. 27
Brander, Ch. 106
Branntwein 63, 208
Braunstein 4
Brot 200, 204
Bulwer, E. G. (Lord Lytton of Lytton) 37
Bunsen, R. W. 1, 85, 152

Calciumhydroxid 176
Caro, H. 243—245
Casanova, G. G. 21, 22
Cavallo, T. 113
Cavendish, H. 113
Charles, J. A. C. 114—116
Chevenix, R. 163—165
Chinarinde 135
Chlor 228
Cobalt 54, 135, 137, 139
Cobaltchlorid 55
Cochenille 207
Conteaux, P. 28
Cramer, J. A. 151
Creiling, J. C. 19
Cuthberthson 89

Damentinte 56
Davy, H. 165, 166, 183, 184, 237
Destillation 138, 139, 232
Diamant 226, 227
Döbereiner, J. W. 165—167
Drummondsches Kalklicht 224, 226

Eis 26—34
Eisen 3, 5, 126, 139
Eisenbaum 12
Eisenoxid 5
Eisen(II)-sulfat 55
Elektrizität 61
Elektrisiermaschine 61
Elektrolyse 187
Emser Pastillen 64, 65
Essig 198, 205, 217
Essigsäure 217
Ethanol 42, 166, 216, 217
Ether 166
Ethylen 89
Eudiometer 94, 96—98, 100—105

***F**araday, M.* 185, 188, 190
Feuerwerk 66—69, 75
Feuerzeug 107
Flammenfärbung 37, 39
Flurl, M. 129—145
Fontana, F. 96, 97, 100
Fourcroy, A. F. de 165
Frank, A. 179—181
Franklin, B. 97
Fuchs, J. N. v. 155
Funkenentladung 191

***G**ahn, J. G.* 151, 152
Gärung 215
Galen 26
Gallapfel 55
Gallussäure 55
Gay-Lussac, J. F. 63, 98
Geisterbeschwörung 58
Geognosie 153
Gerste 216
Glanzkobold 133, 134
Glaubersalz 233, 234
Glühwein 212
Gold 21—24, 53, 134—137, 143, 144
Goethe, J. W. von 7—9, 15, 19, 20, 35, 112, 135, 164
Graham, Th. 17
Griess, P. 248
Grove, W. R. 185
Gurken 203

***H**aber, Ch.* 16
Haber, F. 16
Halle, J. S. 27, 62
Hammerschlag 5
Harkort, E. 152
Heerbrandt, J. F. 19
Hefe 216
Heumann, K. 2
Hexe von Endor 62
Farbwerke Hoechst 245
Hoffmann, E. T. A. 14, 38
Hofmann, A. W. von 101—105
Hohlspiegel 60, 61
Holz 139
Holzasche 172
Holzkohle 80, 206
Homunculus 9
Honig 215
Hoppensack, J. M. 145—150
Hornauer, G. 24
Humboldt, A. von 2, 98, 99

***I**mhoff, M. v.* 218
Indigo 207
Ingenhousz, J. 86—98, 106, 107
Iod 56

***J**annuarius, S.* 51

Kältemischungen 31
Kalkspat 136
Kalidüngemittel 182

Kalium 171
Kaliumalaun 135
Kaliumhydroxid 176
Kaliumnitrat 178, 249
Kaliumpermanganat 191
Kampfer 44, 49
Kieselsäure 16
Kieselsaft 8
Kirchhoff, G. R. 85
Klettenberg, K. von 8
Knallerbsen 63
Knallgas 86, 91, 93, 225
Knallsilber 63
Kobell, F. v. 219
Kölnisches Wasser 210
Kohle 75
Kohlendioxid 123, 226
Kohlendisulfid 220, 238—240
Kolbe, H. 198—204
Konservendose 196
Konservierung 194
Kunstdünger 178—183
Kupferbaum 12

Landriani, M. 96
Laterna Magica 58—60
Lavoisier, A. L. 121, 142, 227, 232
Leduc, St. 18, 19
Liebig, J. von 7, 51, 63, 178, 179, 182, 183, 185, 195, 196, 203, 218—238
Linde, K. von 230
Liköre 205—208
Lötrohr 151—160
Luftballon 112—125
Lunte 77

Mandelkern 44
Mangan 4
Mann, Th. 7, 16
Marcet, J. 3
Marignac, J. Ch. G. de 187
Marsbaum 15, 17
Marzipan 44
Masters, Th. 31—34
Maupertuis, P. L. M. de 162
Mennige 134, 135, 142
Mitscherlich, H. 2, 99, 231
Mohr, F. 7, 218, 222
Montgolfier, St. und *J.* 113—115

Natriumnitrit 243, 245
Natriumsilicat 16
Newton, J. 162
Nitrat 249, 250
Nitrit 243, 249, 250

Obstsäfte 216
Oxidation 156
Oxidationsflamme 157, 158
Ozon 185—193

Paracelsus, Ph. A. T. 8, 9
Pemmikan 202
Pharaoschlange 63—65
Phlogiston 139
Phosphor 45—48, 62, 107, 192
Phosphoreudiometer 103
Pistole, elektrische 86, 89, 93
Pizenberger, O. 108—110
Platin 162—169
Platinmohr 169
Platinschwamm 167, 169, 170
Plattner, C. F. 151—157
Platzpatrone 41
Plinius 145
Pökeln 202
Pottasche 133—135, 171—176, 183
Prandtl, W. 185
Priestley, J. 96
Pulvergase 82
Punsch 211—213

Quarz 134
Quecksilber 23, 134, 144, 145, 150, 165
Quecksilberrhodanid 64

Rakete 66, 69, 72, 73, 74
Reduktion 142
Reduktionsflamme 159, 160
Reichard, G. und *W.* 115—122
Reichenbach, G. von 131
Reiseknallgaseudiometer 98
Ritter, J. W. 164
Robert, Gebrüder 114, 116
Roscoe, H. E. 1
Rothgültigerz 142
Runge, F. F. 3

Safran 207
Salicylsäure 198, 200, 204
Salpeter 26, 27, 43, 72, 75, 78, 80, 81, 83, 133, 139, 141, 241, 243, 245, 248, 249
Salpetersäure 43
Sauerstoff 2, 4, 5, 96, 165, 168, 190, 192, 223, 239
Schelling, F. W. J. von 186—190
Scherer, J. A. 98
Schilling, E. 145, 156
Schönbein, Ch. F. 185—193
Schwarzpulver 66, 80
Schwefel 7, 43, 50, 72, 75, 78, 80, 81, 83, 223
Schwefelkohlenstoff siehe Kohlendisulfid
Schwefelsäure 191
Schweflige Säure 50, 198
Schwerspat 136
Seebeck, Th. J. 164, 165
Sell, E. 240
Silber 7, 12, 13, 53, 133, 134, 136, 137
Silberchlorid 55
Silbercyanid 63
Silicatvegetationen 16
Speiseeis 28, 33
Spießglanz 141
Stahlfeder 2, 141, 142
Staßfurter Abraumsalze 179—180, 181—183
Steinkohle 139
Stickstoffdioxid 100
Stickstoffmonoxid 100
Stieler, J. 223—238
Sublimation 140

Tancredus, Latinus 27
Terpentin 79
Theriak 210
Tinte, sympathetische 51—55
Torf 139
Traube, M. 17, 18
Trommsdorff, J. B. 94—98

Ulloa, A. de 162

Vauquelin, N. L. 99, 165
Verkalkung 141
Verwandtschaften 136
Villafranca, B. 26
Volhard, J. 218, 222, 223, 238
Volta, A. 86, 88, 97, 98, 106, 107

Wagner, J. R. 194—198
Walchner, F. H. 153—155
Wasser 104, 134, 225
Wasserglas 17, 135
Wasserstoff 86, 107, 110, 113, 121, 124, 126, 128, 165, 168, 225
Wein 205, 206
Weinstein 135
Werlich, A. E. F. 165
Werner, A. G. 129
Wetterglas 49
Willstätter, R. 16
Wismut siehe Bismut
Witt, O. N. 17, 18, 63—65, 171
Wöhler, F. 63, 90, 154, 221
Wollaston, W. H. 155, 163, 164

Zink 141
Zinn 43, 44, 133, 141
Zinnober 145, 234
Zucker 45, 51, 65, 206
Zündkerze 88, 97

Signa chemica.

Acidum, sauer,	+
Acetum, Eßig,	⊞
Aer, Luft,	🜁
Alcali,	╪
Alumen, Alaun,	O
Amalgama,	aaa
Antimonium, Spießglaß,	♁
Aqua, Wasser,	▽
Aqua fortis, Scheidwasser,	🜃
Aqua regia, Königs-Wasser,	🜆
Argentum, Silber,	☽
Arsenicum, Gift,	☍
Aurum, Gold,	☉
Balneum Mariæ, Marienbad,	MB
Calx, Kalk,	Ψ
Cancer, Krebs,	♋
Caput mortuum, Todtenhaupt,	☹
Cinnabaris, Zinnober,	🜍
Cuprum, Kupfer,	♀
Crystallus, Crystall,	X
Destillare, destilliren,	♌
Drachma, Quintlein,	ʒ
Ferrum, Eisen,	♂
Ignis, Feuer,	△
Libra, Pfund,	℔
Limatura martis, Eisenfeil,	♂
Mercurius, Queckſilber,	☿
Mercurius sublimatus,	☿
Mercurius præcipitatus,	☿
Nitrum, Salpeter,	⦶
Oleum, Oel,	∞
Plumbum, Bley,	♄
Phlegma,	☩
Pulvis, Pulver,	♁
Præcipitare, niederschlagen,	⫩
Regulus, König,	♔
Retorta, Retorte,	🝭
Sal ammoniacum, Salmiac,	⊖* *
Sal petræ, nitrum, Salpeter,	⦶
Scrupulus, Scrupel,	℈
Semis, halb,	ß
Spiritus, Geist,	∼
Spiritus Vini, Brandenwein,	🜈
Stannum, Zinn,	♃
Stratum super stratum,	f.f.f.
Sublimare, sublimiren,	⫨
Sulphur, Schwefel,	🜍
Tartarus, Weinstein,	🜿
Terra, Erde,	🜨
Tinctura, Tinctur,	℞
Venus, Kupfer,	♀
Viride aeris, Grünspan,	⊕
Vitriolum, Vitriol,	⊕
Vitrum, Glas,	⨳
Uncia, Unze,	℥
Urina, Urin,	⊡

A. Gewichte.

1) Deutsches Apotheker- oder Nürnbergisches Medizinal-Gewicht

Ist in ganz Deutschland sich gleich, und legt eine Unze zum Grunde, die 1765/8 Richtpfenningstheile schwerer ist, als jene vom cölln. Markgewichte; indem 8 Unzen **Medizinal-Gewicht** 66949 Richtpf. die **köllnische Mark** aber zu 8 Unzen 65536 Richtpf. wiegen. Ein **Pfund** hält 12 Unzen oder 24 Loth; eine **Unze** 8 Drachmen oder Quentchen, oder 2 Loth; eine **halbe Unze** oder 1 Loth 4 Quentchen oder Drachmen; ein Quent oder **Drachme** 3 Skrupel, der **Skrupel** 20 Gran, und die **Gran** 17,4346 Richtpf. Folglich beträgt eine Unze 24 Skrupel oder 480 Gran = 8368⅝ Richtpf., und ein Pfund 5760 Gran. — Keine von diesen Gewichtssorten, davon in den Apotheken eigene, bis zu einem halben und Viertels-Gran herunter sich vorfinden müssen, darf so wenig unrein und mit Schmutz bedeckt, als schon mehr oder weniger abgenutzt seyn.

2) Schwedisches Apothekergewicht.

Ein Pfund von diesem ist ein Skrupel 1876/103 Gran leichter, als das deutsche Pfund.

3) Englisches Apothekergewicht.

Ein Pfund davon ist 3 Drachmen, 2 Skrupel und 1321/103 Gran schwerer, als vom deutschen.

4) Altfranzösisches Apothekergewicht

Die Unze hält 8 Gros oder Drachmen; diese 3 Skrupel; der Skrupel 24 Grains. Das Pfund zu 12 Unzen ist schwerer, als das deutsche, welches nur 11 Unzen, 5 Drachmen, 37 Gran im französischen Gewichte beträgt, so, daß also nach diesem auf die Drachme 12 Gran mehr, und auf den Skrupel 4 Gran mehr, als in Deutschland gezählt werden.

5) Neufränkisches Gewicht.

Zur Einheit der Gewichte ist hier der Kubikcentimeter mit destillitem Wasser gefüllt angenommen worden, der itzt **Gramme** heißt, und 18,841 Grains oder 18,827 Gran wiegt. Daraus werden alle größere und kleinere Gewichte gemacht, z. B. *Decagramme* (10 Gr.) gleich 22/3 Qt.; *Hectogramme* (100 Gr.) 31/4 Unze; *Kilogramme* (100 Grammen) 2 Pf. 5 Qt. 49 Gran; *Myriagramme* (10000 Gr.) 20 Liv. 7 Onz. 0 Gros, 58 Grs. oder 20 1/2 Pf.; *Decigramme* (1/10 Gr.) fast 2 Grain; *Centigramme* (1/100 Gr.) 1/5 Grain; d. *Milligramme* (1/1000 Gr.) 1/50 Grain.

6) Deutsches gemeines bürgerliches, oder Kramer-Gewicht.

Das Pfund hält bekanntlich 16 Unzen, oder 32 Loth; das Loth 4 Quentch. und das Quentch. 4 Pfenningninggewichte. Diese Gewichte sind fast allenthalben, außer in **Frankreich**, **Spanien**, und in der **Schweiz** ungleich, und weichen von den **medicinischen** Gewichtssorten mehr oder weniger ab; man kann daher die halbe Unze im Medicinalgewichte nicht geradezu für 1 Loth im burgerlichen, oder die Drachme für 1 Quentchen nehmen; indem 1 Pf. zu 32 Loth **Münchner Stadtgewicht** 37 Loth $2\frac{1}{2}$ Drachm. oder Quentl und 6 Gran **Medicingewicht** giebt, oder auch 1 Pf. zu 24 Loth **Medicingewicht** 20 Loth, 1 Quent, 2 Pf. und 208 Richtpf. **Münchner Stadtgewicht** hält.

Spielmanns Pharmacop. general. §. 6. Gren a. a. o. §. 180.

v. Clausberg demonstrative Rechenkunst ꝛc.

7) Köllnisches Markgewicht

ist auch als Gold- und Silbergewicht eingeführt; das Pf. hat 2 Mark; die Mark 8 Unzen oder 16 Loth, oder 288 Gran; das Loth 4 Quentchen oder 18 Gr.; das Quentchen 4 Pfenninggewichte; das Pfenninggewicht entweder 2 Heller oder 17 Eschen, oder 19 Assen, und der Heller 128 Richtpfenningstheile, mithin die Mark 65536 Richtpf. Nach diesem Richtpfenninge lassen sich andere Gewichte bestimmen, und sehr genau vergleichen. So fand ich die **Münchner-Mark** = $\frac{1}{2}$ Pf. zu 16 Loth Stadtgewicht um 32 Richtpf. geringer, als die **Wiener Mark**; gleichwie ich eben diese **Münchner Mark** mit 19 Loth 3 Pf. **köllnisch Gewicht** ins Gleichgewicht brachte. Ein baier. Kubikf.

Wasser

11) Probiergewicht.

Mit diesem verjüngten Gewichte, das etwa um tausendmal kleiner ist, als das gewöhnliche Gewicht, prüft man den Gehalt der Erze im Kleinen. Der hier angenommene Probiercentner hält gewöhnlich 1 Quentchen, oder 100,110 Gran. oder 1024 Rpfth. köllnisch, und ist in 100,110, oder 112 Theile, wie in Grossen abgetheilt. Zum Probieren des Goldes im Kleinen dient eine verjüngte Mark zu 128 Rpfth., oder 24 Karat ꝛc.; zum Probieren des Silbers aber eine verjüngte Mark zu 16 Loth oder Pfenninggew. von 256 Rpfth. oder zu 162 Rpfth.

B. Gemäße.

1) Deutsche Gemäße.

Gefäße aus Zinn, verzinntem Blech ꝛc. von bestimmtem Umfange. Sie weichen sehr von einander ab. So hält z. B. in **Sachsen eine Maaß** oder Quartier 4 Mark köllnisch, oder 2 bürgerliche Pfunde, oder 64 Loth Handelsgewicht, und wird in Obersachsen in 2 **Nössel**, das Nössel zu 32 Loth; in Niedersachsen aber in vier Nessel oder Ort, ein Ort zu 16 Loth eingetheilt. Vier **Quartier** machen in Niedersachsen **ein Stübchen**, anderswo 2, auch vier Quartier oder Maaß eine Kanne (congius, cantharus) aus. In **Baiern** hält ein Eymer 60 **Münchner-Maaß** (sollte eigentlich 64 Maaß halten) die **Münchner-Maaß** hält 43 Decimalkubikzoll, oder 0,043 Kubikfuß hies. Maaß. — Da die

Flüßig-

Wasser wiegt 44 Pfund, 8 Loth, 3 Quent, 2 Pf. und 170 Richtpf. Münchnergewicht, im köllnischen Gewichte aber 53 Pf., 6 Loth, 1 Pf. 75 Richtpf.

8. Englisches Troygewicht.

Ein Pfund desselben hält 12 Ounces; die Ounce 20 Penny Weights, oder nach kölln. Markgewicht 12 Pfenninggewicht, oder 480 Grän, oder 8720 — 24 Rpfth.; ein Penny weight 24 Grains, oder nach kölln. Markg. 4361/5 Rpfth.; ein Grain 20 Mites, oder n. K. Mrkg. 187/40 Rpfth. — Das in England übliche avoir du pois Gewicht ist leichter, als jenes. Vom erstern enthält nämlich 1 Unze 4371/2 Troygran; 1 Troygran aber 480 Grän.

9) Holländisches Troygewicht.

Die Mark zu 8 Onzen, oder n. K. Mrkg. 68985 Rpfth.; die Once 20 Engels, d. i. köllnisch 8623 Rpfth. ein Engel 32 Aas, oder 431 5/32 Rpfth. kölln. Eine Mark Troygew. ist folglich 256 Aasen schwerer, als 1 Mark köllnisch.

10) Altfranzösisches Troygewicht.

Die Mark zu 8 Unzen, oder 68729 Rpfth. köllnisch; die Unze 8 Gros, oder 8591 1/8 Rpfth. kölln.; der Gros 3 Deniers, oder 1073 57/64 Rpfth. kölln.; der Denier 24 Grains, oder 357 185/192 Rpfth. kölln.

Flüßigkeiten, welche der Scheidekünstler bearbeitet, nicht einerley Dichtigkeit, d. i. Schwere haben, so sind diese Gemäße allein zum Wasser, und zu keinen andern Flüßigkeiten anwendbar, die besser nach dem Medizinal- oder kölln. Markgewicht abgewogen werden.

2. Mensurirgläser.

Gläserne Maaßgefäße sonst zu den feinen und feinsten Flüßigkeiten bestimmt. — Ihr Gebrauch darf sich höchstens bloß auf Wasser einschränken; übrigens sind sie durchaus verwerflich, weil sie das vorgeschriebene Gewicht des Körpers, den man mißt, nie richtig bestimmen, und nie ganz rein gehalten werden können.

3) Neufränkische Maaß.

Die Grundlage davon bestimmt noch immer der Quadrant des Meridians, dessen zehnmillionster Theil *Mètre* = 3 Fuß, 0 Zoll, 11,44 Lin. = 0/513243 Toisen heißt. Aus diesem gehen alle übrigen Arten von Maaßen hervor. Die Namen von 1/10, 1/100, 1/1000 *Mètre* sind: *Decimètre* = 3 Zoll, 8 Lin., 4 points; für die körperlichen Maaße flüßiger Substanzen ist die Einheit zur Benennung genommen, die ein **Kubik**-*Decimètre* ist, d. h. ein kubisches, oder auch cylindrisches Gefäß, dessen Seitenlinie einem *Decimètre* gleich ist, und *Litre* genannt wird, d. i. 50,4641 Par. Kubikzollen gleich. Es hält etwa 2 Pfund Wasser ꝛc. Hievon heißt 1/10, 1/100, 1/1000 *Decilitre*, *Centilitre*, *Millilitre* ꝛc. Das *Kilolitre* enthält 29,2032 Par. Kubikfuß. Das *Decalitre* hat 10 Litres; das *Hectolitre* 1 0 Litres. Tausend Litres zusammen sind einem Kubik-*Mètre* gleich.